国家出版基金项目
NATIONAL PUBLICATION FOUNDATION

“十四五”国家重点图书出版规划项目
核能与核技术出版工程

先进核反应堆技术丛书（第一期）
主编　于俊崇

液态金属冷却快堆技术

Liquid Metal Cooled Fast Reactor Technology

杨红义　著

上海交通大学出版社
SHANGHAI JIAO TONG UNIVERSITY PRESS

内容提要

本书为“先进核反应堆技术丛书”之一。本书聚焦极具潜力的第四代核电系统堆型——液态金属冷却快堆的基本原理和工程技术，以钠冷快堆和铅基快堆这两种目前国际上的主流发展堆型为主要参考对象，介绍了包括中子学、燃料与材料、液态金属冷却剂、热工流体力学、屏蔽与辐射防护、系统与设备、仪控与供电系统、安全分析、瞬态设计与分析等方面的内容。此外，本书还就液态金属冷却快堆电站涉及的关键设备、系统和运行工况进行了介绍，点面结合，使读者能较全面地了解液态金属冷却快堆的技术原理和发展情况。本书可作为高等院校核科学与工程相关专业、学科的研究生教材，也可供从事液态金属冷却快堆的科研人员和工程技术人员参考。

图书在版编目(CIP)数据

液态金属冷却快堆技术/ 杨红义著. —上海：上海交通大学出版社，2023.1
(先进核反应堆技术丛书)
ISBN 978-7-313-27508-0

Ⅰ. ①液… Ⅱ. ①杨… Ⅲ. ①液态金属冷却堆—快堆—技术 Ⅳ. ①TL425

中国版本图书馆 CIP 数据核字(2022)第 177497 号

液态金属冷却快堆技术
YETAI JINSHU LENGQUE KUAIDUI JISHU

著　　者：杨红义
出版发行：上海交通大学出版社　　地　　址：上海市番禺路 951 号
邮政编码：200030　　电　　话：021-64071208
印　　制：苏州市越洋印刷有限公司　　经　　销：全国新华书店
开　　本：710mm×1000mm　1/16　　印　　张：25
字　　数：418 千字
版　　次：2023 年 1 月第 1 版　　印　　次：2023 年 1 月第 1 次印刷
书　　号：ISBN 978-7-313-27508-0
定　　价：198.00 元

先进核反应堆技术丛书

编　委　会

序

人类利用核能的历史始于 20 世纪 40 年代。实现核能利用的主要装置——核反应堆诞生于 1942 年。意大利著名物理学家恩里科·费米领导的研究小组在美国芝加哥大学体育场，用石墨和金属铀“堆”成了世界上第一座用于试验可实现可控链式反应的“堆砌体”，史称“芝加哥一号堆”，于 1942 年 12 月 2 日成功实现人类历史上第一个可控的铀核裂变链式反应。后人将可实现核裂变链式反应的装置称为核反应堆。

核反应堆的用途很广，主要分为两大类：一类是利用核能，另一类是利用裂变中子。核能利用又分军用与民用。军用核能主要用于原子武器和推进动力；民用核能主要用于发电，在居民供暖、海水淡化、石油开采、冶炼钢铁等方面也具有广阔的应用前景。通过核裂变中子参与核反应可生产钚-239、聚变材料氚以及广泛应用于工业、农业、医疗、卫生等诸多领域的各种放射性同位素。核反应堆产生的中子还可用于中子照相、活化分析以及材料改性、性能测试和中子治癌等方面。

人类发现核裂变反应能够释放巨大能量的现象以后，首先研究将其应用于军事领域。1945 年，美国成功研制原子弹，1952 年又成功研制核动力潜艇。由于原子弹和核动力潜艇的巨大威力，世界各国竞相开展相关研发，核军备竞赛持续至今。另外，由于核裂变能的能量密度极高且近零碳排放，这一天然优势使其成为人类解决能源问题与应对环境污染的重要手段，因而核能和平利用也同步展开。1954 年，苏联建成了世界上第一座向工业电网送电的核电站。随后，各国纷纷建立自己的核电站，装机容量不断提升，从开始的 5 000 千瓦到目前最大的 175 万千瓦。截至 2021 年底，全球在运行核电机组共计 436 台，总装机容量约为 3.96 亿千瓦。

核能在我国的研究与应用已有 60 多年的历史，取得了举世瞩目的成就。

1958 年，我国第一座核反应堆建成，开启了我国核能利用的大门。随后我国于 1964 年、1967 年与 1971 年分别研制成功原子弹、氢弹与核动力潜艇。1991 年，我国大陆第一座自主研制的核电站——秦山核电站首次并网发电，被誉为“国之光荣”。进入 21 世纪，我国在研发先进核能系统方面不断取得突破性成果，如研发出具有完整自主知识产权的第三代压水堆核电品牌 ACP1000、ACPR1000 和 ACP1400。其中，以 ACP1000 和 ACPR1000 技术融合而成的“华龙一号”全球首堆已于 2020 年 11 月 27 日首次并网成功，其先进性、经济性、成熟性、可靠性均已处于世界第三代核电技术水平，标志着我国已进入掌握先进核能技术的国家之列。截至 2022 年 7 月，我国大陆投入运行核电机组达 53 台，总装机容量达 55 590 兆瓦。在建机组有 23 台，装机容量达 24 190 兆瓦，位居世界第一。

2002 年，第四代核能系统国际论坛（Generation Ⅳ International Forum，GIF）确立了 6 种待开发的经济性和安全性更高的第四代先进的核反应堆系统，分别为气冷快堆、铅合金液态金属冷却快堆、液态钠冷却快堆、熔盐反应堆、超高温气冷堆和超临界水冷堆。目前我国在第四代核能系统关键技术方面也取得了引领世界的进展：2021 年 12 月，具有第四代核反应堆某些特征的全球首座球床模块式高温气冷堆核电站——华能石岛湾核电高温气冷堆示范工程送电成功。此外，在号称人类终极能源——聚变能方面，2021 年 12 月，中国“人造太阳”——全超导托卡马克核聚变实验装置（Experimental and Advanced Superconducting Tokamak，EAST）实现了 1 056 秒的长脉冲高参数等离子体运行，再一次刷新了世界纪录。经过 60 多年的发展，我国已建立起完整的科研、设计、实（试）验、制造等核工业体系，专业涉及核工业各个领域。科研设施门类齐全，为试验研究先后建成了各种反应堆，如重水研究堆、小型压水堆、微型中子源堆、快中子反应堆、低温供热实验堆、高温气冷实验堆、高通量工程试验堆、铀-氢化锆脉冲堆、先进游泳池式轻水研究堆等。近年来，为了适应国民经济发展的需要，我国在多种新型核反应堆技术的科研攻关方面也取得了不俗的成绩，如各种小型反应堆技术、先进快中子堆技术、新型嬗变反应堆技术、热管反应堆技术、钍基熔盐反应堆技术、铅铋反应堆技术、数字反应堆技术以及聚变堆技术等。

在我国，核能技术已应用到多个领域，为国民经济的发展做出了并将进一步做出重要贡献。以核电为例，根据中国核能行业协会数据，2021 年中国核能发电 4 071.41 亿千瓦时，相当于减少燃烧标准煤 11 558.05 万吨，减少排放二氧化碳 30 282.09 万吨、二氧化硫 98.24 万吨、氮氧化物 85.53 万吨，相当于造林 91.50 万公顷(9 150 平方千米)。在未来实现“碳达峰、碳中和”国家重大战略和国民经济高质量发展过程中，核能发电作为以清洁能源为基础的新型电力系统的稳定电源和节能减排的保障将起到不可替代的作用。也可以说，研发先进核反应堆为我国实现能源独立与保障能源安全、贯彻“碳达峰、碳中和”国家重大战略部署提供了重要保障。

随着核动力和核技术应用的不断扩展，我国积累了大量核领域的科研成果与实践经验，因此很有必要系统总结并出版，以更好地指导实践，促进技术进步与可持续发展。鉴于此，上海交通大学出版社与国内核动力领域相关专家多次沟通、研讨，拟定书目大纲，最终组织国内相关单位，如中国原子能科学研究院、中国核动力研究设计院、中国科学院上海应用物理研究所、中国科学院近代物理研究所、中国科学院等离子体物理研究所、清华大学、中国工程物理研究院、核工业西南物理研究院等，编写了这套“先进核反应堆技术丛书”。本丛书聚集了一批国内知名核动力和核技术应用专家的最新研究成果，可以说代表了我国核反应堆研制的先进水平。

本丛书规划以 6 种第四代核反应堆型及三个五年规划(2021—2035 年)中我国科技重大专项——小型反应堆为主要内容，同时也包含了相关先进核能技术(如气冷快堆、先进快中子反应堆、铅合金液态金属冷却快堆、液态钠冷却快堆、重水反应堆、熔盐反应堆、超临界水冷堆、超高温气冷堆、新型嬗变反应堆、科学研究用反应堆、数字反应堆)、各种小型堆(如低温供热堆、海上浮动核能动力装置等)技术及核聚变反应堆设计，并引进经典著作《热核反应堆氚工艺》等，内容较为全面。

本丛书系统总结了先进核反应堆技术及其应用成果，是我国核动力和核技术应用领域优秀专家的精心力作，可作为核能工作者的科研与设计参考，也可作为高校核专业的教辅材料，为促进核能和核技术应用的进一步发展及人才的培养提供支撑。本丛书必将为我国由核能大国向核能强国迈进、推动我国核科技事业的发展做出一定的贡献。

于俊崇

2022 年 7 月

前　言

核能是安全、经济、高效的清洁能源，是人类应对气候变化的重要能源选择，具有广阔的发展前景。面向“十四五”及未来较长一段时期，我国将坚持“安全有序”的方针，加快发展核能，助力“碳达峰、碳中和”国家能源发展目标的实现。在此形势下，第四代先进核能系统作为先进核能的主要代表必将迎来加速发展。

第四代核反应堆系统理论的提出，旨在改善核能安全，加强防止核扩散，提高核燃料利用率与自然资源的利用率，并提高核能的经济性。其中液态金属冷却快中子反应堆是重点发展和研究的方向，被誉为极具潜力的第四代核电系统堆型。它不仅可以大量应用常规不可使用的贫铀，而且能促进新的核燃料生产，通过构建核燃料闭式循环体系，大幅提高铀资源的利用率，同时反应堆兼具较高的安全性。在液态金属冷却快中子反应堆发展领域，钠和铅(包括铅铋合金)两类冷却介质的反应堆是目前国际上的主流发展方向。

钠冷快堆是采用液态金属钠作为冷却剂的快中子反应堆，具有燃料资源利用率高和热效率高的优点；铅基快堆是指采用液态金属铅或铅铋合金冷却的快中子反应堆，具有中子能谱硬、冷却剂沸点高等优点，并且具有良好的核废料嬗变和核燃料增殖能力，以及较高的固有安全性和非能动安全特性。

本书系统地介绍了液态金属冷却快堆相关专业技术，内容兼顾实用性，结合了编者几十年工程设计和研发的经验，既有基础性概念，又阐述了工程技术应用和经验，通过理论与实践相结合，全面地描述了液态金属冷却快堆技术的发展。根据我国核能发展“热堆—快堆—聚变堆”三步走战略和核能可持续发展的目标，液态金属冷却快堆无论是增殖和嬗变的绝对优势方面，还是小型化、模块化以及可移动等功能扩展方面都得到了世界先进核能开发领域的广泛关注。为此，国内各核技术研究院、高校和设备供货商也紧跟潮流，以期了解更多关于液态金属冷却快堆的研发进展和关键技术。本书的撰写正是针对关注快堆技术发展的各领域相关从业者的诉求，以期提供体系化以及全面完整的快堆技术知识。

最后感谢中国原子能科学研究院段天英研究员、龙斌研究员、杨勇研究员、杜爱兵研究员、过明亮高级工程师、周志伟高级工程师、颜寒高级工程师、侯斌高级工程师、王丽霞高级工程师、陈振佳高级工程师以及中国科学院近代物理研究所顾龙研究员、彭天翼、李金阳等对收集和整理本书各章节素材和内容提供的帮助。

限于编者水平及成书时间的紧迫，本书中存在的不妥之处，敬请读者批评指正。

缩略语对照表

外文缩写	外 文 全 称	中 文 全 称
ADS	accelerator driven sub-critical system	加速器驱动次临界系统
AMTEC	alkali metal thermoelectric converter	碱金属热电转换器
ANSI	American National Standards Institute	美国国家标准协会
ANL	Argonne National Laboratory	阿贡国家实验室
BASE	beta-alumina solid electrolyte	β氧化铝固体电解质
CEA	French Atomic Energy and Alternative Energies Commission	法国原子能与替代能源委员会
CEFR	China Experimental Fast Reactor	中国实验快堆
CFD	computational fluid dynamics	计算流体力学
DEC	design extension condition	设计扩展工况
DRACS	direct reactor auxiliary cooling system	直接反应堆辅助冷却系统
ELSY	European lead-cooled system	欧洲铅冷系统
FFTF	fast neutron high-flux test facility	快中子高通量试验装置
IPPE	Institute of Physics and Power Engineering	（苏联）物理与动力工程研究院
IRACS	intermediate reactor auxiliary cooling system	中间回路辅助冷却系统
KAERI	Korea Atomic Energy Research Institute	韩国原子能研究所

(续表)

外文缩写	外 文 全 称	中 文 全 称
LANL	Los Alamos National Laboratory	洛斯阿拉莫斯国家实验室
LBE	lead-bismuth eutectic	铅铋合金
LFR	lead-based fast reactor	铅基快堆
LLFP	long-lived fission product	长寿命裂变产物
LME	liquid metal embrittlement	液态金属脆化效应
MOX	mixed oxide fuel	混合氧化物燃料
PSA	probability safety analysis	概率安全分析
RVACS	reactor vessel auxiliary cooling system	堆容器辅助冷却系统
SFR	sodium-cooled fast reactor	钠冷快堆
SGTR	steam generator tube rupture	蒸汽发生器破管事故
TWR	traveling wave reactor	行波堆

目　　录

第 1 章
绪　论

核能是 20 世纪人类的一项伟大发现,并已取得卓越的成果和显著的应用效益,为人类发展和社会进步做出了巨大的贡献。本章基于核能发展的起源讲述核裂变和链式反应的基本概念,重点介绍液态金属冷却快中子反应堆的特点和优势,以及世界各国快堆技术的发展情况。

1.1　概述

20 世纪 30 年代,正电子、中子、重氢的发现,把放射化学迅速推进到一个新的阶段。30 年代末期,德国放射化学家和物理学家奥托・哈恩(Otto Hahn,1879—1968)首次在中子轰击铀核的实验中观测到"核裂变"现象,并由奥地利-瑞典原子物理学家莉泽・迈特纳(Lise Meitner,1878—1968)从理论上解释了"核裂变"现象,自此人类开创了利用原子能的新纪元。

在裂变反应发生后,重原子核分裂为两个较小的原子核和 2～4 个中子,同时释放出大量的能量,科学家们很快意识到核裂变链式反应的可能性。但是,实际链式反应的实现是非常困难的。

一方面,目前发现的能够发生裂变反应的核素可分为"易裂变核素"和"可转换核素"。其中,易裂变核素(如铀-235,符号为^{235}U)在任意能量中子的轰击下,均能够发生裂变反应,但其在自然界中的天然丰度极低,仅为 0.7%;而可转换核素(如铀-238,符号为^{238}U)只有在特定能量中子的轰击下,才能够发生裂变反应。另一方面,易裂变核素在不同中子能量条件下,裂变概率也有极大差异。当中子能量较低时,^{235}U 的裂变概率远大于中子能量较高条件下的裂变概率,而裂变反应产生的中子大多能量较高。

因此,为了维持链式反应的持续进行,有两个可行的发展方向。一是通过多次散射作用，将中子能量大幅度降低，降低到与原子处于热平衡状态，成为“热中子”，提高裂变概率，以弥补易裂变核素丰度上的不足。二是提高核燃料中^{235}U等易裂变核素的丰度，提高易裂变核素的原子核密度，弥补在中子能量较高时，低裂变截面的不利影响。这也使得之后反应堆发展分为相应的两个方向，即热中子反应堆和快中子反应堆。

随着核能技术的发展，俄罗斯和美国等国已经开始着手研发第四代核能系统。第四代核能系统的概念于1999年提出，旨在改善核能安全，加强防止核扩散，提高核燃料利用率，并提高核能的经济性。其中，利用液态金属冷却的快中子反应堆（简称快堆）技术备受关注。在快中子反应堆中，所使用的引起裂变反应的主要是未经过慢化的、平均中子能量为0.08～0.1 MeV的快中子。较高的中子能量也使得快堆具备了两项区别于热中子反应堆的属性，即“增殖”和“嬗变”。良好的核废料嬗变和核燃料增殖能力能够构建核燃料闭式循环体系，大幅提高铀资源的利用率；同时较高的固有安全性和非能动安全特性，以及较高的能量密度与较长的运行寿期也使得快堆具有较好的安全性和经济性。

因此，液态金属冷却快中子反应堆被列入第四代核能系统主力发展堆型。多年来，俄罗斯、美国、法国、日本等国均致力于推进液态金属冷却快堆的发展和研究，并取得了较大进展。

1.1.1 增殖

早在20世纪40年代初，科学家就在实验中发现，^{238}U和^{232}Th在能量大于1 MeV的快中子轰击下能够发生核裂变，而当快中子能量小于1 MeV时，两种核素会俘获中子，经过一系列衰变过程分别转化为易裂变核素^{239}Pu和^{233}U，如图1-1所示。因此，^{238}U和^{232}Th也称为“可转换核素”。

U-Pu转化链

$$ {}^{238}_{92}\mathrm{U} \xrightarrow{(n,\gamma)} {}^{239}_{92}\mathrm{U} \xrightarrow{\beta^-(23.5\ \mathrm{min})} {}^{239}_{93}\mathrm{Np} \xrightarrow{\beta^-(2.35\ \mathrm{d})} {}^{239}_{94}\mathrm{Pu} $$

Th-U转化链

$$ {}^{232}_{90}\mathrm{Th} \xrightarrow{(n,\gamma)} {}^{233}_{90}\mathrm{Th} \xrightarrow{\beta^-(23.4\ \mathrm{min})} {}^{233}_{91}\mathrm{Pa} \xrightarrow{\beta^-(27\ \mathrm{d})} {}^{233}_{92}\mathrm{U} $$

图1-1 可转换核素转化链

在核反应堆中，一般用转换比，即产生的易裂变核素数量与消耗的易裂变核素数量之比，来衡量核反应中易裂变核素的转化能力，用CR表示。

以压水堆为代表的热中子堆为例，转换比为0.5～0.6，但在快中子反应堆中，转换比可达到1.3～1.5。这说明了在快堆中易裂变核素的产生速度高于消耗速度，易裂变核素实现了增殖，因此，通常也将大于1的转换比称为"增殖比(BR)"。

在反应堆中，中子通常通过以下几种方式被消耗：

(1) 被易裂变核素吸收，引发裂变反应，维持持续链式反应；

(2) 被可转换核素吸收，历经一系列衰变，转化生成易裂变核素；

(3) 以无产出方式消耗，包括以(n, γ)等方式被核素吸收，且未产生新的裂变中子和易裂变核素，此时中子损失的个数用 L 表示。

为了实现转换比CR大于1，即在消耗1个易裂变核素时，同时生成多于1个的易裂变核素，需要满足极为苛刻的条件。根据图1-1所示易裂变核素的转化过程，为了实现CR大于1，且同时满足中子数量平衡而维持持续链式反应，单次裂变产生的平均中子数量 η 需要满足以下基本条件：

$$\eta - 1 - 1 - L \geqslant 0 \tag{1-1}$$

即 $\eta \geqslant L + 2$，简单来说，单次裂变产生的中子数量 η 须大于2。换一个角度说，转换比 $\text{CR} \approx \eta - 1 - L$，单次裂变产生的中子数量 η 越高，转换比CR越大。

由图1-2可知，当中子能量在1 eV以下时，单次裂变产生的中子数量 η

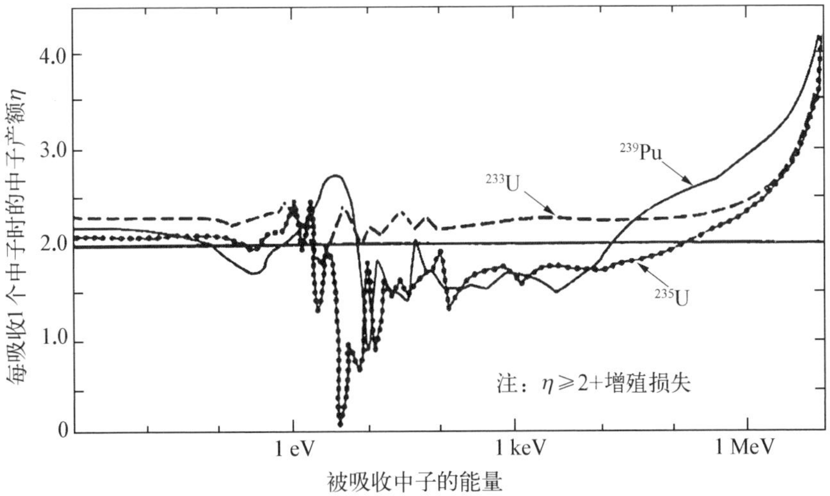

图1-2 三种核素单次裂变产生中子数量随中子能量的变化[1]

远低于高能区。换言之，快堆中子能谱下单次裂变产生的中子数量远高于热堆能谱下的数量，因此，在快堆中更易实现上述三种易裂变核素的增殖。通常，最受欢迎的增殖系统是以^{238}U和^{239}Pu为基础的快堆。

1.1.2 嬗变

在反应堆运行过程中，会产生大量放射性产物，高放射性废物的处理和储存一直是核能行业中的重要研究课题。

绝大多数放射性裂变产物，如钡、锶、铯、氪和氙等，具有相对较短的半衰期，但也存在部分裂变产物具有极长的半衰期，如^{99}Tc的半衰期是2.1×10^5 a，^{129}I的半衰期是1.6×10^7 a[2]。

另外，运行反应堆中还会产生大量长寿命锕系元素，如^{237}Np(半衰期为2.1×10^6 a)、^{241}Am(半衰期为4.3×10^2 a)、^{243}Am(半衰期为7.3×10^3 a)。

在自然衰变条件下，这些高放射性废物需要花费几百万年的时间才能达到天然铀的放射性水平。对这些放射性废物采用储存掩埋的方法是不现实的，因为相对这些放射性核素极长的半衰期，一般储存容器和建筑物几十年、上百年的寿命太短了。横跨百万年的几千、几万次重新包装、迁移和监测是不可想象的，也存在极大风险。

随着反应堆运行产生的乏燃料逐渐增多，国内外越来越重视对长寿命高放射性废物的处理。目前，对长寿命高放射性废物的处理主要采用分离和嬗变的方法。通过物理和化学方法将长寿命放射性废物单独分离，再通过嬗变将其处理成短寿命放射性废物，大大降低了放射性废物的储存时间。同时国内外还提出了用加速器、热中子堆、聚变堆和快堆来实现嬗变的方法。加速器方法需要消耗大量电能，经济性相对较差；聚变堆技术目前仍处于探索发展阶段，技术应用存在极大不确定性；热中子反应堆中热中子能够消耗部分锕系元素，但也会产生新的长寿命高放射性废物，且由于锕系元素对热中子的吸收，对反应堆中子经济性有一定的影响。

而在快堆中，快中子引发重核裂变，产生热量，焚烧长寿命裂变产物。这样长寿命核素通过裂变和吸收中子转变成短寿命核素，将放射性核素半衰期从几十万年降低至几百年，结合分离储存技术便可进行最终处置。

能源供给和能源安全一直是制约全球经济发展的重要因素，也是世界各国政府工作的重中之重。随着全球气候变暖和大气环境质量的下降，人们对环境保护和可持续发展问题逐渐达成共识。可以预见，核能在未来保障能源安全领域将发挥重大作用。而快中子反应堆,以其增殖和嬗变的特性,也必将成为核燃料循环中极为重要的一环。

1.2 快堆的分类

快堆的分类方式主要有两种:一是按冷却剂类型分类,二是按一回路系统布置方式分类。目前,世界上开展快堆技术研发的国家,主要还是从反应堆冷却剂角度来进行分类,可分为钠冷快堆、铅基快堆等。

1) 钠冷快堆

以液态金属钠作为冷却剂的快中子反应堆称为钠冷快堆(SFR)。

如图 1-3 所示为钠冷快堆典型结构,典型的钠冷快堆系统通常包含 3 个循环回路:一回路钠主冷却系统、二回路钠冷却系统(中间回路)和三回路水系统(给水和蒸汽系统)。

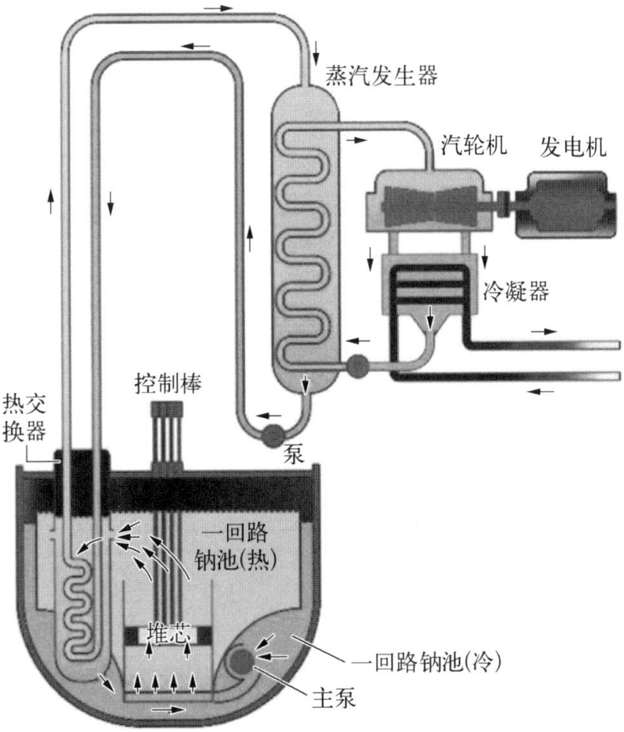

图 1-3 钠冷快堆典型结构

在快堆中，通常燃料中易裂变核素的富集度较高，且需要可能引起中子慢化和吸收的结构材料尽量少，快堆堆芯比同等功率条件下的压水堆堆芯更小，堆芯功率密度更高，对冷却剂的传热性能有着更高的要求。钠冷快堆以液态金属钠作为冷却剂，液态金属钠具有极佳的传热性能，能够适应反应堆高功率密度的传热需求；另外，钠熔点相对较低(约 98 ℃)，沸点较高(常压下为约 883 ℃)，且与奥氏体不锈钢等常规材料的相容性较好。这使得系统可以在低压条件下，实现较高的运行温度。一方面，低压系统不仅使系统的设计制造难度降低，而且使系统的可靠性和安全性获得较大提升。另一方面，超过 500 ℃的运行温度也能够对应提升蒸汽参数，提高整个装置的热效率。液态金属钠也具有较好的中子物理特性，不会引起中子的显著慢化，其中子吸收截面较低，吸收中子后产生的同位素^{24}Na 半衰期仅为 14.97 h，使一回路冷却剂能够在停闭后快速降低辐射水平。优异的中子物理特性使得钠冷快堆可以具备较高的增殖比。

液态金属钠完美地契合了作为快堆冷却剂的三点基本要求，所以在早期发展中，钠冷快堆受到了更多的重视和投入。钠冷快堆技术是目前快堆核电技术的主流，也是目前成熟度最高的快堆堆型技术。目前世界上已累计建造超过 20 座钠冷快堆，并已获得了超过 350 堆·年的运行经验。钠冷快堆历经了实验堆阶段、原型堆阶段，现已发展到大型商业快堆建设阶段。世界上已经建成多座大型商业示范电站，对快堆的两点主要特性(增殖和嬗变)，都起到了极好的示范效果。

2) 铅基快堆

除液态钠外，液态金属冷却快堆还有两种冷却剂的选择：液态铅(100.0 at%① Pb)和液态铅铋合金(LBE，45.0 at% Pb 和 55.0 at% Bi)，通常将以铅或铅铋合金作为冷却剂的快中子反应堆称为铅基快堆(LFR)。

图 1-4 所示为典型铅基快堆的基本结构。与钠冷快堆相似，目前针对一回路系统设计大多采取池式结构，但液态铅和铅铋合金不会与水发生剧烈化学反应，因此在铅基快堆中，省略了中间回路，给水直接与一回路冷却剂进行换热，热损失相对更小。因此在理论上，同等条件下铅基快堆具有更高的热效率。铅和铅铋合金沸点比钠更高(铅：1 748 ℃；LBE：1 638 ℃)，所以铅基快堆在工业制氢、重油裂解等需要高温热源的工业领域也极具应用前景。铅基快

① 本书采用符号 at%表示原子百分含量。

堆同样具备快堆的两项重要特征：增殖和嬗变。为此，铅基快堆同样是构建闭式燃料循环，增殖易裂变核素，处理长寿期锕系元素的重要选择。

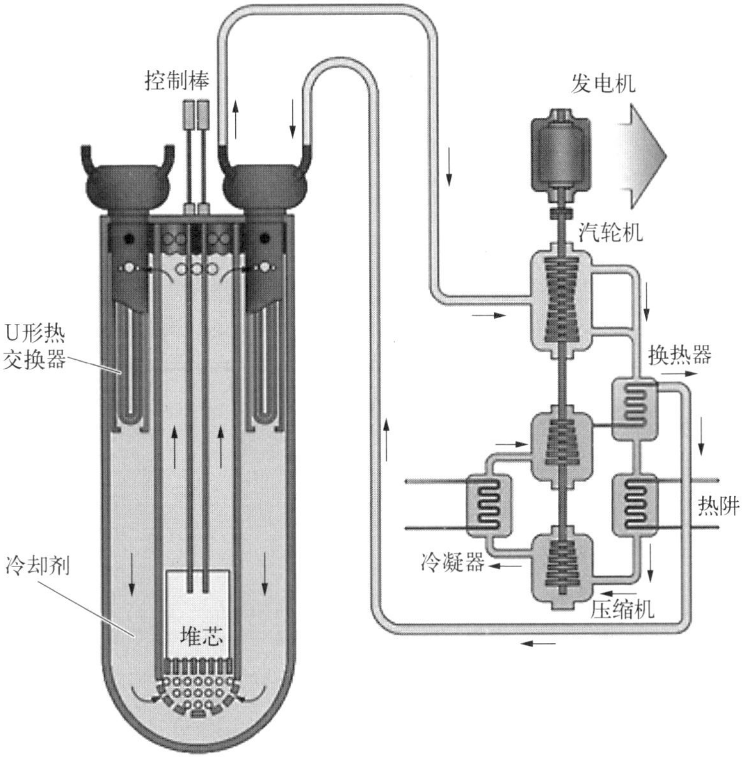

图1-4 铅基快堆典型结构

1.3 世界各国快堆技术的发展

自核裂变现象引发世界关注起，快堆与热堆技术的研究开发就同步开始了，在20世纪50—60年代就建成了世界上第一批实验快堆，如FERMI-Ⅰ、EBR-Ⅱ和DOUNREAY DFR；并在此之后的70年代初期，先后建成了一批原型快堆，如Phénix、BN-350和DOUNREAY PFR；快堆在70年代后期达到了巅峰，由原型快堆阶段进入大型商业示范快堆的建设阶段，开始商业化推进，在此阶段，完成了BN-600和Super-Phénix等。本节将对世界范围内快堆技术的发展及我国快堆技术路线的选择进行介绍。

1.3.1 美国快堆技术

在原子能研究的早期，有相当一部分科学家意识到了和平利用核能的问题。恩里科·费米(Enrico Fermi，1901—1954)就是其中的典型代表，他研究了增殖的概念，提出了利用可转换核素^{238}U转化为易裂变核素^{239}Pu的设想，为此美国建成了一系列的快堆，使液态金属冷却快堆进入快速发展期，如表1-1所示。

表1-1 美国快中子反应堆

型　号	研发设计机构	热功率/MW	冷却剂	状态	结构形式
CLEMENTINE	洛斯阿拉莫斯国家实验室	0.02	汞	停闭	回路式
EBR-Ⅰ	阿贡国家实验室	1.4	钠钾	停闭	回路式
LAMPRE	洛斯阿拉莫斯国家实验室	1	钠	停闭	回路式
SEFOR	通用电气公司	20	钠	停闭	回路式
EFFBR (Fermi-Ⅰ)	美国原子能发展委员会	200	钠	停闭	回路式
EBR-Ⅱ	阿贡国家实验室	62.5	钠	停闭	池式
FFTF	西屋先进反应堆机构	400	钠	停闭	回路式
CRBRP	西屋电气公司	975	钠	停止建设	回路式

美国快堆发展经历了三个阶段，分别是早期技术探索阶段、实验堆和原型堆建设阶段、新时期快堆技术发展阶段。

1) 早期技术探索

1946年11月，由洛斯阿拉莫斯国家实验室(Los Alamos National Laboratory)主导建设的CLEMENTINE反应堆首次达到临界，主要用于验证使用钚作为燃料产生动力的可能性。该反应堆采用钚金属作为燃料，堆芯体积仅为2.5 L，使用液态汞作为冷却剂，于1949年3月达到满功率运行，在完成相关实验后，于1952年关闭退役。

在同一时期，阿贡国家实验室(Argonne National Laboratory)也在进行另一座快中子反应堆——EBR-Ⅰ的设计建造工作。EBR-Ⅰ位于爱达荷福尔斯附近，其采用铀合金作为燃料，以钠钾合金作为冷却剂。建造这个反应堆的主要目的是验证增殖概念的正确性，评价液态金属冷却剂的可行性，验证快中子系统的控制特性等。该反应堆于1949年开始建造，1951年8月达到临界。在1951年12月20日，EBR-Ⅰ反应堆开始产生电力，其电功率为200 kW，这是世界历史上第一次使用核能产生电能。虽然当前在世界范围内，绝大多数核电厂为热中子反应堆，但人类第一次利用核能发电却是源自技术和工艺更加复杂的快中子反应堆。

2) 实验堆和原型堆建设

自20世纪50年代起，美国开展了一系列实验堆和原型堆的设计和建造工作。由于EBR-Ⅰ的成功建设，1954年，阿贡国家实验室开始着手EBR-Ⅱ反应堆的设计。EBR-Ⅱ反应堆是世界上第一个池式快中子反应堆，其所有的一次钠部件和反应堆都安装在共用的钠池内。该反应堆于1954年着手进行设计，在1963年11月达到临界。

同一时期美国还建造了另一座快中子反应堆——费米快中子增殖反应堆(EFFBR)。1951年，美国政府向各大工业集团发出邀请，邀请其参与民用核能领域的反应堆设计。底特律爱迪生公司(Detroit Edison Company)对快中子增殖堆非常感兴趣，建议工业界和政府组成联合企业，最终促成了费米快中子增殖反应堆的建造。反应堆堆芯体积为400 L，采用金属铀做燃料，设计生产能力最大达200 MW，1963年8月达到临界，于1970年关闭。

20世纪50年代中期，洛斯阿拉莫斯国家实验室开始建造熔融钚实验堆，目的主要在于研究熔融钚合金作为反应堆燃料的可行性，以及熔融钚合金与各材料的相容性。最初的反应堆设计名为“LAMPRE Ⅰ”，功率为20 MW。在开始详细设计之后，由于对于某些核心材料在高温及高辐射环境下的行为知之甚少，LAMPRE Ⅰ的设计从根本上更改为一个1 MW的测试反应堆，但可为设计功率为20 MW的LAMPRE Ⅱ提供高温及高辐射环境下的材料数据。LAMPRE Ⅰ反应堆于1961年达到干式临界，1963年关闭，而计划建设的LAMPRE Ⅱ最终没有落地建成。

直至1960年左右，快中子反应堆设计已从早期的注重燃料增殖转向快中子反应堆的经济效益。这个转变使美国和西欧的科学家们增强了对铀钚氧化物燃料作为快中子增殖反应堆燃料的研究兴趣，开始了由金属合金燃料研究向氧化物陶瓷燃料研究的转变。为了验证氧化物燃料的多普勒效应，验证快堆的固有安全特性，在 K. P. Cohen、B. Wolfe 和 W. Hafele 领导下的国际合作小组联合美国原子能委员会、通用电气公司、Karlsruhe 核实验室、欧洲原子能联营和被称为西南原子能联合财团的 17 个美国电力公司，共同建造西南实验氧化物快堆（SEFOR），在验证混合氧化物（UO_2-PuO_2）燃料快堆的多普勒效应方面，取得了巨大成功。

20 世纪 60 年代后期，美国自然科学界普遍认为，在建设原型堆电站前，应有牢固的工业技术基础，同时应开展广泛的试验。因此，美国决定建造一座 400 MW 的反应堆，即快中子通量密度试验装置（FFTF），并提供开放和封闭的试验回路，为燃料和材料提供典型的辐照环境，该堆于 1980 年初达到临界。从实际运行结果来看，快中子通量密度试验装置对于快堆先进燃料和材料的开发发挥了重大的作用。

为建立反应堆大部件试验环境，完善工业实验体系，通过设计、建造和运行来证实快堆电厂的性能、可靠性、安全性和大型商用电厂的技术可行性，美国政府和美国公司联合投资，建设了 350 MW 的原型堆电站，即 Clinch 河增殖反应堆（CRBRP），拟定于 20 世纪 80 年代早期投入运行。然而，1978 年开始，美国核能发展成为政治的热点话题，能源政策悬而未决，CRBRP 在经历几届美国政府的更替后已被无限期搁置。

3）新时期快堆技术发展

美国核电发展已有相当规模，根据其现有装机容量，压水堆等热堆核电机组积存了大量的乏燃料亟待处理。因此，近些年，仍有新的快堆项目提出（见表 1－2），其中的 PRISM 和 TWR－P 这两个快堆的设计均着眼于乏燃料的处置、钚材料的处理和闭式核燃料循环的完善。

表 1－2　新时期美国研制的快堆

型　号	研 发 机 构	冷却剂	热功率/MW	电功率/MW
PRISM	通用-日立核能公司	钠	840	311
TWR－P	泰拉能源公司	钠	1 475	600

（续表）

型　号	研发机构	冷却剂	热功率/MW	电功率/MW
ARC-100	先进反应堆概念公司	钠	286	100
G4M	四代能源公司	铅铋合金	70	25
SUPERSTAR	阿贡国家实验室	铅	300	120
W-LFR	西屋电气公司	铅	950	460

PRISM是模块化池式反应堆，是由通用-日立核能公司以商业应用为目的而开发的钠冷快堆型号，其热功率为840 MW，净输出电功率为311 MW。设计始于1981年，得到了美国政府多个开发计划的支持。该堆设计结合了美国以前的钠冷快堆的测试数据和操作经验，同时致力于改进废旧核燃料处置策略，倾向于使用成本低的燃料并尝试重复使用燃料。为此，其堆内燃料采用了U-Pu-Zr多组分金属核燃料，着眼于压水堆乏燃料中钚的处置。

泰拉能源公司提出的TWR-P是一个基于"行波堆"概念的钠冷快堆型号。2006年，比尔·盖茨与合伙人联合创办了泰拉能源公司，致力于将"原位"增殖和焚烧的技术应用到钠冷快堆电站中。技术路线采取金属燃料的设计方案，建成可供测试实验的原型行波堆（TWR-P）。通过在原型行波堆基础上开展充分试验和材料辐照测试，逐步积累技术，最终实现商业驻波堆（TWR-C）型号研发并推广[3]。

在铅基反应堆方面，20世纪50年代初，美国启动了核动力潜艇（NPI）的开发工作。铅基快堆技术作为其中一项重要技术路线，美国也进行了针对铅铋冷却剂的研发工作，然而在结构材料耐腐蚀性、冷却剂质量控制和维护问题等方面并没有取得突破性进展，因此在60年代停止了铅基快堆的研究计划。之后，材料领域的发展，以及俄罗斯在铅基堆军用领域取得的巨大成就，激发了美国对铅基快堆的重视。

2000年，美国能源部重新启动铅基快堆研究计划，分别设立了铅铋快堆ABR项目和小型模块化铅冷快堆SSTAR项目。其中，ABR项目由爱达荷国家工程与环境实验室和麻省理工学院联合研究，主要开展用于嬗变锕系元素的铅铋快堆基础科学研究。ABR项目设计的反应堆热功率为700 MW，电功率为 300 MW，候选燃料为氮化物燃料和金属燃料，二回路采用超临界二氧化碳布雷顿循环。研究人员针对 ABR 反应堆开展了乏燃料嬗变性能、反应堆热工水力特性、材料腐蚀机理、铅铋活化特性，以及反应堆经济可行性和工程可行性等方面的研究。

小型可运输铅冷快堆（SSTAR）项目由阿贡国家实验室、劳伦斯伯克利国家实验室和洛斯阿拉莫斯国家实验室（LANL）联合研究，主要目标是研发一种便于运输的小型核能系统，具有可运输、自动化运行特点的新型反应堆。这种下一代反应堆可产生 10～100 MW 的电功率，可以安全地在船或载重货车上运输。

该堆的技术主要有三大特点：① 一回路系统采用自然循环；② 采用盒式堆芯设计，寿期为 30 a；③ 自动负荷跟踪能力，且不需要控制棒动作；④ 超临界二氧化碳的布雷顿能量转化系统。如果这些技术创新全部得以实现，那么铅基快堆将会是一个符合全球核能伙伴计划和第四代核能系统要求的独一无二的并极具吸引力的核能系统。但是由于 SSTAR 的概念设计过于先进，目前的技术水平无法满足其建造要求。

2011 年，在 SSTAR 项目基础上，阿贡国家实验室设计了基于现实可行技术的小型自然循环铅冷快堆“SUPERSTAR”。该反应堆热功率为 300 MW，电功率为 120 MW。一回路采用自然循环冷却技术，堆芯采用弥散型金属燃料，堆芯换料周期为 15 a，二回路采用超临界二氧化碳布雷顿循环发电系统。与 SSTAR 相比，SUPERSTAR 主要是通过降低反应堆的设计参数来提高工程可行性。

此外，在铅基快堆技术发展上，美国先后提出了小型模块化铅铋冷快堆“G4M”和中型铅冷快堆“W - LFR”。G4M 的设计构想最初孕育于洛斯阿拉莫斯国家实验室，之后通过技术转让计划授权给亥伯龙电力公司用作商业设计研发。该反应堆热功率为 70 MW，电功率为 25 MW，以液态铅铋合金为冷却剂，堆芯燃料采用富集度为 19.75%的氮化铀燃料。G4M 应用了模块化反应堆的设计理念，可实现主体结构在专用厂房内的制造和装配，并由船舶和铁路等方式运输至厂址。该项目是由美国商务部、美国国务院和美国能源部联手发起的，旨在为使用核电的发展中及发达国家/地区提供新的核技术和解决方案。

W - LFR 反应堆是由美国西屋电气公司（Westinghouse Electric Corporation）提出的铅冷快堆，其采用了包括超临界二氧化碳布雷顿循环、氮化物燃料和B类非能动安全特性在内的众多创新性技术，旨在打造一个在安全性、经济性和灵活性方面都极为优秀的铅冷快堆型号。目前W-LFR仍处于初步概念设计阶段，并计划在2030年前启动运行，其目的是展示铅冷示范快堆技术的可行性和基本性能，保证商业部署的成功实现。

1.3.2　苏联/俄罗斯快堆技术

苏联也是较早开始研究液态金属冷却快堆技术的国家之一，在20世纪40年代末期，美国、苏联、法国和德国等相继加入了发展快堆的队伍，但后期由于种种原因，美国、法国和德国等国家相继终止了快堆的建设计划，而苏联/俄罗斯则一直保持着快堆的研发设计和建设的步伐，在快堆技术领域保持着领先地位。表1-3展示了苏联/俄罗斯钠冷快堆系列型号的发展情况。

表1-3　苏联/俄罗斯钠冷快堆

型　号	研发设计机构	热功率/MW	状　态	结构形式
BR-5/BR-10	原子能部	5/10	停闭	回路式
BOR-60	核反应堆研究院	60	运行	回路式
BN-350	下诺夫哥罗德机械制造设计局	750	退役	回路式
BN-600	下诺夫哥罗德机械制造设计局	1 470	运行	池式
BN-800	下诺夫哥罗德机械制造设计局	2 000	运行	池式
BN-1200	下诺夫哥罗德机械制造设计局	2 800	设计	池式
MBIR	俄罗斯反应堆研究所	150	建造	回路式

1）早期技术探索和实验堆阶段

早在20世纪40年代末期，苏联就已经在奥布宁斯克（Obninsk）的物理与动力工程研究院（Institute of Physics and Power Engineering）开始BR-1的设计建造工作。该反应堆是一座以金属钚为燃料的零功率临界装置，于1955

年首次达到临界。之后，工程设计人员在 BR－1 的基础上进行了升级改造，将热功率提升到 100 kW，使用汞作为冷却剂，重新命名为 BR－2。随后设计建造了 BR－3，主要用于研究热耦合堆。

苏联在 BR－1、BR－2 和 BR－3 各项试验的基础上，确定了“钠冷＋陶瓷燃料”的基本方针。随后重新设计建造了 BR－5。该反应堆于 1958 年 7 月开始零功率运行，1959 年 7 月达到满功率，其热功率为 5 MW。之后，BR－5 历经了几次升级改造，1973 年重新达到临界，将功率增加到 10 MW，重新命名为 BR－10。该反应堆主要用于研究和考验燃料，研究不同种类的反应堆结构材料，并生产医学同位素，一直运行到 2004 年。BR－5/10 的建造和运行为考验燃料和研究不同种类结构材料的辐照性能提供了大量宝贵的数据和经验，完成了多项提高反应堆安全性技术方案的测试。

早期的实验研究不仅为苏联快堆技术的发展奠定了坚实基础，而且深刻影响了苏联/俄罗斯后续技术路线的选择。金属燃料虽然具有较高的增殖比，但在辐照环境下稳定性较差，汞冷却剂本身具有一定的毒性，沸点低，易形成汞蒸气，且对某些结构材料具有一定的腐蚀性，为此，后续苏联/俄罗斯设计的快堆绝大多数采用了“陶瓷氧化物燃料＋液态钠冷却剂”的技术路线。

1965 年 5 月，苏联在位于季米特洛夫格勒市的核反应堆研究院（Research Institute of Atomic Reactors）开始了 BOR－60 反应堆的建设，并在 1969 年达到临界[1]。该反应堆堆芯功率为 60 MW，额定电功率为 12 MW。建造 BOR－60 的最主要目的是建立一个稳定的材料辐照试验平台，在该反应堆上，苏联完成了多种形式核燃料和结构材料的辐照考验，为苏联/俄罗斯核燃料技术进步和结构材料性能的提升做出了不可磨灭的贡献。在 BOR－60 退役后，由多用途快中子研究堆（MBIR）接替其在科研生产链条中的位置。

MBIR 是一座设计更为先进的多环路研究堆，其堆芯采用混合（铀-钚）氧化物（MOX）燃料，额定热功率可达 150 MW，辐照能力更强，约为 BOR－60 的 4 倍。除辐照相关试验外，MBIR 还能够对铅、铅铋、钠和气体冷却剂进行试验。MBIR 于 2014 年获得了俄罗斯联邦生态技术和原子能监督服务局批准的厂址许可，于 2015 年获得了建造许可证，目前已完成了控制组件安装的第一阶段任务。

2）原型堆阶段

苏联是世界上第一个进入原型快堆电站阶段的国家，从 20 世纪 60 年代开始设计，在今哈萨克斯坦境内的阿克套(Aktau)建造了原型堆 BN－350，采用了金属氧化物陶瓷 UO_2 作为燃料，其额定电功率为 350 MW，堆芯额定热功率为 750 MW，如图 1－5 所示。该反应堆于 1972 年 11 月首次达到临界，1973 年中进入功率运行。该反应堆一回路主系统采用了回路式设计，反应堆通过 5 条冷却环路实现堆芯热量导出，反应堆输出的 1 000 MW 热功率中的一半用于海水淡化，反应堆每天生产 8 000 t 的淡水，提供 130 MW 的电力供应。同时，BN－350 还承担了大规模钠技术试验装置的角色，此外还用于测试燃料元件和其他的堆芯零件。

图 1－5 BN－350 快堆核电厂[4]

然而，1973 年由于蒸汽发生器的焊接质量问题，造成了钠泄漏事故，引发钠火。因此，1973—1975 年，BN－350 进行停运维护，对 6 个蒸汽发生器中的 5 个进行了维修，并于 1976 年以 650 MW 的热功率运行，最终于 1999 年彻底关闭。

在 BN－350 达到满功率之前，苏联政府就已决定根据在 BN－350 设计建造过程中获得的技术积累，着手进行另一座更大规模钠冷快堆 BN－600 的设计和建造工作。BN－600 在技术方案选择上与 BN－350 有一定的差异。

BN-600将建造厂址选在别洛雅尔斯克(Beloyarsk),堆芯热功率为1 470 MW,额定电功率为600 MW,如图1-6所示。该反应堆于1979年完成建造工作,1980年首次达到临界。

在BN-600投入运行的第一年内,也发生了数次钠泄漏和蒸汽发生器泄漏事件,但由于设计人员在设计过程中对预期泄漏事件的包络处理,这些泄漏事件都没有造成极为严重的后果,反而从某种程度上证明了反应堆保护系统的重要性和有效性,验证了所设计系统对控制泄漏事件后果的能力。BN-600在此后的服役过程中,主设备得到了不断升级和更新,其运行寿命也得到了延长。鉴于BN-600在俄罗斯所有核电机组中最佳的运行和生产记录,BN-600运行寿期有望延长至2040年。

图1-6　BN-600快堆核电厂[4]

3) 商业示范电站阶段

在BN-600之后,俄罗斯开始了大型商业示范快堆BN-800的设计和建造工作。新一代钠冷快堆BN-800是俄罗斯快堆发展历史中另一个重要的里程碑。该反应堆于1983年开始在别洛雅尔斯克建造,计划于1992年建设完成，但由于1986年在乌克兰境内切尔诺贝利核事故的发生，俄罗斯境内乃至世界范围内的核电技术发展都陷入了停滞状态。另外，在1990年苏联解体后，国内政治和经济困境进一步阻碍了该项目的重启。直到2006年初，BN－800的建设工程才得以重新启动，于2014年6月27日首次实现临界，2016年8月17日实现满功率运行，同年11月正式投入商业运行。

在别洛雅尔斯克还规划了下一代更高功率水平的BN－1200的建设任务。该反应堆热功率为2 800 MW，电功率为1 220 MW，运行温度为550 ℃，燃耗深度为120 GW·d/t。俄罗斯能源部网站公布的2035年能源战略草案并未给出BN－1200的部署计划，原定2030年投运的建设计划被推迟。

4）铅基快堆技术发展

俄罗斯不仅在钠冷快堆技术领域保持了国际领先地位，在铅基快堆技术发展中也占据了绝对领先地位。俄罗斯是最早研究铅基快堆的国家，解决了铅基快堆应用中的一系列关键问题，并把该技术成功应用到"阿尔法"级攻击型核潜艇上。

液态铅和铅铋合金相对稳定的化学性质使得铅基快堆在特殊环境条件下的安全性更好，因此苏联时期，在水面舰船和水下潜艇等军事应用领域，对铅基快堆进行了大量研究，研发设计了155 MW的OK－550反应堆型号，以及后续的BM－40A型号。1963年苏联建成了第一艘用于试验和训练的铅基快堆核潜艇，1971年第一艘"阿尔法"级核潜艇服役，1971—1981年又先后有6艘"阿尔法"级核潜艇服役，并安全稳定运行。

"阿尔法"级核潜艇具有机动性强、速度快等特点，具备高达40节(kn，1 kn=1.852 km/h)以上的水下航速，号称"水下歼击机"，极大地提高了俄罗斯海军的战斗力。虽然铅基堆造价昂贵，且在当时技术条件下维护起来非常困难，但是俄罗斯关于铅基快堆的军事应用研究一直没有停止。俄罗斯(苏联)在总结相关经验教训的基础上进一步完善了铅基快堆技术，使得目前俄罗斯的铅基快堆技术属于世界领先水平，并在军用和民用领域都取得较大突破。长期以来，俄罗斯在铅基快堆的材料、结构形式、系统工艺和运行维护等领域进行了大量的研究工作，取得了显著的成果。

近年来，俄罗斯在科学研究和民用领域，大力发展铅基快堆技术，提出了SVBR－75/100和BREST等型号的设计方案，如表1－4所示。

表 1-4　俄罗斯铅基快堆型号

型　号	研发机构	冷却剂	状　态	应用目标	热功率/MW	电功率/MW
SVBR-100	AKME 工程公司	铅铋	详细设计	商业示范堆	280	100
BREST-OD-300	动力工程研究和发展所	铅	详细设计	示范堆	700	300

SVBR-75/100 是基于俄罗斯 50 多年的铅铋反应堆研发经验和实际运行经验，并结合俄罗斯国内钠冷快堆的建造和运行经验而提出的小型模块化铅铋冷却快堆型号。该反应堆一回路采用了一体化池式设计，用铅铋合金作为冷却剂，热功率为 280 MW，电功率为 75～100 MW，堆芯采用氧化物陶瓷燃料。单体机组主要结构采用了模块化设计，单个机组（模块）能够进行独立运输、安装、更换和维护。俄罗斯对 SVBR-75/100 的定位是核动力电池及基于核电池组的核电厂，该反应堆不仅体积小，也容易扩展，灵活性可满足局部地区和工业各种环境下的需求，可部署在不适宜大规模全面开发和利用能源的偏远地区和边疆，可用于发电、制氢、工艺供热、海水淡化和居民供暖等多个领域。

BREST 铅冷快堆的研发是俄罗斯国家原子能集团公司（Rosatom）实现闭式核燃料循环计划的重要组成部分。根据相关报道，俄罗斯国家原子能集团公司将在位于谢韦尔斯克（Seversk）的西伯利亚化学联合体建设一个中间示范电力综合体，其中包括建设一个致密铀钚（氮化物）快堆燃料制造/再加工模块、一座 BREST-OD-300 反应堆和一个乏燃料后处理模块。

其中，BREST-OD-300 是装机容量为 300 MW 的铅冷堆，采用 169 盒 U-Pu 混合氮化物燃料，富集度约为 13.5%，换料周期为 900～1 500 d，堆芯进出口温度高达 420 ℃和 535 ℃[5]。其设计目标是立足于现有成熟技术，贯彻反应堆固有安全原则，全面满足对现代核能的各项要求。俄罗斯当局于 2016 年 8 月批准了首堆及其配套的核燃料制造厂建设，目前正在开展工程建设，并计划在 2035 年前建成投入运行。

1.3.3　法国快堆技术

1958 年，法国开始加强原子能工业的建设，由于法国工业的快速发展，以及法国国内煤、石油等常规化石资源的相对短缺，法国制订了民用核能发展计划，对核能发电给予了高度重视。法国钠冷快堆发展情况如表 1-5 所示。

表 1-5　法国钠冷快堆

型　号	研发设计机构	热功率/MW	冷却剂	状　态	结构形式
Rapsodie	卡达拉什核研究中心	40	钠	停闭	回路式
Phénix	法国原子能与替代能源委员会、法国电力集团	563	钠	停闭	池式
Super-Phénix	法国原子能与替代能源委员会、法国电力集团	3 000	钠	退役	池式
ASTRID	法国原子能与替代能源委员会、阿海珐	1 500	钠	暂停	池式

1) 早期技术探索和实验堆发展阶段

法国对快中子反应堆的研究始于 20 世纪 50 年代初期，其发展快堆比俄罗斯和美国晚，且由于当时法国国内时局动荡，法国的快堆技术发展初期进展异常缓慢。但鉴于后期国家正确的决策和举措，促使法国快堆后来居上。

在俄罗斯和美国快堆发展早期，更侧重于快堆的增殖，因此大多反应堆采用金属合金燃料，但由于压水堆等热核反应堆技术的发展，法国政府在发展初期就选定了快堆的经济性和安全性作为发展快堆所追求的首要目标。因此，熔点高，在中子辐照条件下稳定性更好，能够达到极高燃耗的陶瓷氧化物燃料成为燃料技术方案的首选。

1966 年 1 月 28 日，在法国科学家 G. Vendryes 的领导下，法国第一座钠冷快堆“狂想曲(Rapsodie)”达到临界，同年 12 月达到额定满功率 24 MW。在 1967 年 8 月—1970 年 2 月，反应堆运行状态良好，平均负荷因子超过 81%，并完成了 13 项辐照试验。“狂想曲”反应堆的主要目的在于验证钠冷快堆的安全性和可靠性，以及核燃料所能达到的燃耗深度。为此，该反应堆在燃料及相关部件方面的制造经验为后续“凤凰堆(Phénix)”的设计和建造提供了充分的依据。

2) 原型堆和商业示范电站阶段

“凤凰堆(Phénix)”是继“狂想曲(Rapsodie)”之后的法国钠冷快堆原型堆，

该反应堆电功率为 250 MW，1968 年建于法国南部罗纳（Rhone）河边，并于 1973 年 8 月 31 日达临界，1974 年 3 月满功率运行。其建堆目的是取得原型堆电厂的运行经验。当时，“凤凰堆”的顺利投产运行在国际上为法国的快堆技术赢得了广泛赞许和认可。

在凤凰堆计划顺利推进的同时，1971 年法国政府决定大力发展快堆技术，抢占快堆市场，自此开始在“凤凰堆”基础上又进行“超凤凰（Super-Phénix）”反应堆的建造计划。“超凤凰”得到了欧盟 5 个国家的经济和技术支持，包括法国、意大利、德国、比利时和荷兰。该反应堆于 1977 年开始建造，其额定电功率高达 1 200 MW，是同期苏联 BN－600 功率的 2 倍，如图 1－7 所示。该堆原计划于 1983 年达到临界，实际却推迟到了 1985 年 9 月，最终于 1986 年正式投入运行。

图 1－7 “超凤凰”核电厂①

最初，法国政府为表达对其美好的期许，采用“Phénix”这一传说中能够涅槃重生的神鸟为其命名。但是“超凤凰（Super-Phénix）”反应堆在其正式投入商业运行后一直坎坷不断，除 1987 年 3 月发生冷却剂泄漏事故外，之后又连续出现几次偶发事故，进而引起了公众及有关当局的关注及不安；加之当时法

① 图片来源：维基共享资源网（Wikimedia Commons）。

国国内能源供给过剩,“超凤凰”反应堆经济性表现较差,在社会反核势力的大力鼓动下,法国政府于 1998 年 2 月正式宣布永久关闭“超凤凰”反应堆的决定。

2010 年 11 月 9 日,法国原子能与替代能源委员会(CEA)和阿海珐集团(Areva)在巴黎签订了开展第四代反应堆原型装置设计研究合作协议,共同开发先进钠冷示范快堆(ASTRID)技术。协议的签订标志着 ASTRID 计划研究阶段的开始,该反应堆是一座 600 MW 的池式钠冷快堆,堆芯热功率为 1 500 MW,采用 MOX 燃料,其目标是建设一座用于验证创新设计的示范堆,证明钠冷快堆设计可以符合第四代核电系统要求,即能够实现核材料循环利用,获得高利用率与高可靠性,同时证明该堆型的安全性。可 ASTRID 并未能顺利开展,2019 年负责项目协调工作的 25 人工作组正式解散,法国原子能与替代能源委员会也宣布暂停先进钠冷技术示范反应堆项目,并推迟至 21 世纪下半叶。

1.3.4 日本快堆技术

日本国内自身能源资源相对匮乏,其能源供给几乎 90%依靠进口,这也促使日本政府十分支持增殖堆的发展计划,在日本原子能委员会成立后不久制订了“核能开发利用基本计划”。1964 年原子能委员会召开动力堆研究恳谈会,正式开始快堆技术研究。1967 年日本为执行快中子反应堆的发展计划,成立了动力堆核燃料开发事业团(PNC)。日本国内实力雄厚的企业集团,包括富士(Fuji)、日立(Hitachi)、三菱(MTH)和东芝(Toshiba),都参与了快堆技术的发展,如表 1-6 所示。

表 1-6 日本快堆

型 号	研发设计机构	热功率/MW	冷却剂	状 态	结构形式
JOYO	日本核燃料循环开发机构/东芝/日立/三菱/富士	140	钠	停运	回路式
MONJU	动力堆核燃料开发事业团/东芝/日立/三菱/富士	714	钠	暂时关闭	回路式
JSFR	日本原子能委员会	3 530	钠	设计阶段	池式

常阳(JOYO)堆是日本的第一座实验快堆，主要用于开展先进燃料和材料的试验研究，该堆于1970年2月获得建造许可，1977年4月达到临界，初期运行功率为75 MW，1980年对堆芯进行了改造，功率提升到100 MW。1983年至2000年，常阳堆主要作为未来日本快堆先进燃料和材料的辐照试验平台，积累了大量辐照实验数据和快堆运行经验[6]。

文殊(MONJU)堆是日本的原型快堆，如图1-8所示。与常阳堆情况一样，采用回路式冷却系统和UO_2-PuO_2燃料。文殊堆从1968年开始设计，而后经过设计迭代和制造准备，于1985年开始建造，1995年8月并网发电。1995年12月，文殊堆二次热传输系统发生钠泄漏事故，并引发小规模火灾。对此，日本原子能机构对钠泄漏事故原因进行了彻底调查，对厂方进行改造，加强了针对钠化学反应的安全措施，并获得了监管部门和当地政府的批准。2010年5月，经过14年多的长时间停堆后，第一时间启动了零功率堆芯确认试验，并准确预测了装载复杂燃料(如含镅燃料)的堆芯物理参数。2010年8月，文殊堆运行中发生第二次事故，由于容器内燃料输送装置掉落至反应堆容器，工厂人员及时进行了维修，为下一次功率提升试验做好了准备。然而，自2011年3月11日福岛核事故以来，文殊核电厂再次进入待命状态。2016年

图1-8 “文殊”核电厂[4]

底，日本做出了关闭文殊堆的决定，拟用30年实现文殊堆的退役。

虽然日本决定关闭文殊堆，但并不会停止快堆研究，日本各界正在研发日本钠冷快堆示范装置。1999年，日本启动了商业化快堆可行性评估项目，研究充分评估了各类快堆堆型和燃料选型，最终决定进一步研发钠冷示范快堆。此后，日本在原型堆——文殊堆和实验堆——常阳堆的研发基础上规划建设了日本钠冷快堆(JSFR)(见表1-6)，主要目的是研发一种紧凑型钠冷快堆系统，从而提高快堆的经济性和安全性，实现技术创新，但由于日本快堆事故和福岛核事故等多方面的影响，该项目未取得实质性进展。2006年日本政府又启动了FaCT项目，拟在钠冷示范快堆概念设计中采用若干关键创新技术，同时进行创新技术的开发。日本原子能委员会对其钠冷示范快堆的研发定位如下：① 实现可持续能源生产；② 减少放射性废物；③ 实现并达到与未来轻水反应堆同等的安全性；④ 追求与其他未来能源可比拟的经济性。2010年，技术评估证明了钠冷示范快堆的可行性，并明确了未来研发方向，启动了FaCT-Ⅱ项目。但受福岛地震的影响，2011年日本政府暂停了相关经费的支持。随后关于钠冷示范快堆的设计研发工作主要集中于应对地震与海啸等严重事故的系统方案设计和提高装置可维护性设计这两个方面。

在铅基反应堆研究领域，自1990年起，日本东京工业大学面向长寿期应用场景启动了小型可运输模块化反应堆的设计，可认为是现今小型模块化铅铋反应堆的雏形。该反应堆功率为50 MW，可采用金属燃料或氮化物燃料，反应堆采用液态铅铋共晶合金作为冷却剂，换料间隔约为12 a，配置有两台主泵和两台螺旋管蒸汽发生器。反应堆出厂后处于全密封状态，寿期末运送回厂房进行全堆换料。其概念设计首次较为全面地评估了金属燃料和氮化物燃料的堆芯物理和热工特性。

随后东京工业大学设计了铅铋-水直接接触沸水快堆(PBWFR)，其概念是在反应堆热池中直接注入水，利用水与铅铋冷却剂直接接触产生蒸汽，其优势是可取消反应堆中的主泵和蒸汽发生器，但会带来铅水反应、冷却剂氧控、钋控制和堆芯蒸汽夹带等一系列问题。

1999年，日本核燃料循环开发机构与日本原子能公司以实现增殖为目标启动了对商用铅基快堆循环技术的评估工作，拟开发750 MW铅铋冷却快堆，其设计目标燃耗为150 MW·d/t，使用氮化物燃料时系统增殖比可达1.19。设计侧重于实现铅基反应堆关键优势要素的评估，并基于设计工作归纳未来重点发展的方向和研发内容。2006年，通过总结评估得出如下结论：① 使用氮化物燃料的情况下铅基快堆才能满足对燃料增殖的需求;② 腐蚀和氮化物燃料是研发的关键问题,这类问题短期内无法解决。因此,日本停止了建设商业装置或示范装置的研发及建设计划,转而支持各类大学、研究所、公司等单位开展基础技术研发。其工作主要集中于概念设计、材料腐蚀研究、抗腐蚀材料研发、热工水力学特性研究、中子学特性研究、氮化物燃料制备与处理技术研究等方面。先后完成现有钢材在高温腐蚀下的适用性评估、新型氧化物弥散强化(ODS)合金钢与铝涂层钢的耐腐蚀特性评估、混凝土与高温冷却剂相互作用特性研究、基于"绝热燃料循环"的反应堆概念设计等工作。

另外,日本原子能研究院从 20 世纪 70 年代中期开始一直致力于发展高放射性固体废物中长寿命核素的分离-嬗变技术。在 1988 年,研究院启动了一个关于分离-嬗变技术研发的工程项目,称为"OMEGA"项目。在工程支持下,研究院提出了双层燃料循环方案,其中分离-嬗变技术是在一个专用的和小规模的燃料循环中进行的。研发活动范围覆盖反应堆全部区域、分离-嬗变燃料循环技术以及加速器驱动次临界洁净核能系统(ADS),以实现双层燃料循环概念。1998 年秋,研究院和高能加速器研究机构一起提出"高功率质子加速器合作计划(J-PARC)",主要基于新的高功率质子加速器探索生命科学、材料科学、粒子物理、核物理以及 ADS 技术等相关前沿科学。

1.3.5 英国快堆技术

英国也是最早开始发展核能的国家之一,在 20 世纪 50 年代初期,英国政府就已开始快中子反应堆研究工作,其研究方向主要集中在反应堆物理方面,并在英国牛津郡的哈韦尔(Harwell)完成了两座零功率临界试验装置,用于快中子反应堆物理研究。

1955 年英国开始建造"唐瑞(Dounreay)"快中子反应堆,采用金属铀燃料元件,该反应堆于 1959 年达到临界,1963 年 7 月开始满功率运行。从那时起直到 1977 年,在英国的快中子反应堆计划中,该反应堆主要用于燃料和材料的实验研究。

继"唐瑞"快堆建造之后,英国又开发了"唐瑞"原型快堆(PFR),如图 1-9 所示。该反应堆的建堆目的是验证大容量钠冷快增殖堆核电厂的可行性,并开展示范快堆燃料辐照试验,其建造始于 1966 年 6 月,地点在苏格兰北端"唐瑞"堆附近,采用池式结构,它是第一个全部使用 UO_2-PuO_2 燃料的原型快堆电厂,并于 1974 年 3 月达到临界。

图 1－9 英国原型快堆核电厂[4]

英国实验快堆和原型快堆的发展情况如表 1－7 所示。

表 1－7 英国快堆

型号	研发设计机构	热功率/MW	冷却剂	状态	结构形式
DFR	英国原子能管理局	60	钠	停闭	回路式
PFR	英国原子能管理局	650	钠	停闭	池式

1.3.6 印度快堆技术

印度在快堆技术发展领域起步较晚，但在印度政府核能发展“三步走”战略中，快中子增殖堆是第二阶段发展的重要组成部分。印度政府在借鉴国际快堆发展经验的基础上，结合本国在实验研究中积累的经验，最终确定钠冷快堆作为快堆技术的发展方向。印度快堆发展情况如表 1－8 所示。

表 1-8 印度快堆

型号	研发设计机构	热功率/MW	冷却剂	状态	结构形式
FBTR	印度英迪拉甘地原子能研究中心	40	钠	运行	回路式
PFBR	印度英迪拉甘地原子能研究中心	1 250	钠	建设	池式

印度第一座快中子增殖实验快堆(FBTR)于 1985 年在卡尔巴卡姆(Kalpakkam)正式投运,该反应堆是由印度英迪拉甘地原子能研究中心(IGCAR)参照法国“狂想曲”快堆设计完成的,其额定热功率为 40 MW,电功率为 13.2 MW,以液态金属钠作为冷却剂,并采用铀钚碳化物作为堆芯燃料。

此后,印度政府又开始原型快堆(PFBR)的设计开发。首要目的是验证商业部署钠冷快堆电站的技术和经济可行性;其次也将开展对关键设备、部件和仪表等在高温钠环境下寿期内的运行考验,积累运行和维护经验。原型快堆设计由印度英迪拉甘地原子能研究中心主持开展,其一回路系统采用池式设计,堆芯燃料采用 MOX 燃料。该反应堆于 2003 年开始建设,并于 2012 年建设完成。

日本福岛核事故后,印度提出了建设先进钠冷示范快堆 FBR-1 和 FBR-2 的计划,电站由两个 600 MW 先进钠冷快堆机组组成,仍然采用 MOX 燃料,设计寿期为 60 a,目标燃耗深度为 200 GW·d/kg。其建设目标是进一步提升反应堆的经济性和安全性,降低 20%～25%的材料,减少 2 a 以上建设周期,同时满足福岛核事故后第四代核能系统的要求。

1.3.7 韩国快堆技术

韩国对于钠冷快堆的定位是在满足能源供应需求的基础上减少核废料的产生。自 1992 年起,先后针对韩国先进液态金属反应堆 KALIMER-150 和 KALIMER-600 开展了若干设计研发工作(见表 1-9),主要集中于堆芯中子学、热工水力学、钠工艺技术的设计与研究。2012 年,韩国成立了钠冷快堆研发机构,全面负责进度管理和经费来源,拟通过原型快堆的研发,到 2050 年实现钠冷快堆技术的商用。面向快堆发展战略,韩国原子能研究所(KAERI)启动了高温后处理厂的研发与建设,拟于 2020 年实现示范装置的建设,2025 年启动先进后处理厂的建设。拟在 2018 年掌握燃料制造技术，2024 年启动 U-Zr 合金制造厂的建设，并逐步转向 U-TRU-Zr 金属燃料的工业化制造。

表 1-9 韩国快堆

型 号	研发设计机构	热功率/MW	冷却剂	状态	结构形式
KALIMER-150	韩国原子能研究所	392	钠	设计	池式
PGSFR	韩国原子能研究所	392	钠	运行	池式
PEACER-300	SNU 核材料实验室	850	铅铋	设计	回路式
PEACER-550	SNU 核材料实验室	1 560	铅铋	设计	回路式

2012 年，韩国启动了 150 MW 原型快堆（PGSFR）的设计，该装置主要目的是对未来商用快堆所用的 U-TRU-Zr 燃料进行测试和考验，并验证闭式循环对超铀核素的嬗变能力。该装置初始装料为 U-Zr 合金，设计最大燃耗深度为 107 MW·d/kg，采用过热蒸汽的朗肯循环进行发电，并围绕堆芯物理、燃料组件、热工水力、系统结构开展了较为详细的设计。

在面向系统的热工水力实验方面，韩国原子能研究所建设了 STELLA 系列台架，一期台架已于 2013 年建成，主要目的是进行主泵、换热器样机的测试，并进行设计软件的验证，二期台架侧重于系统安全验证和设计验证，正在建设中。

在面向燃料研发方面，韩国原子能研究所针对 U-Zr 合金的燃料制造工艺进行了研究，基于颗粒物燃料和改进喷射法研制了燃料芯块样件，该方法可限制镅等超铀核素的蒸发，燃料制造损耗有望限制在 0.1%以内；基于 γ 辐射成像对燃料的裂纹与孔隙进行了测试；同时基于 HT9 和 FC92 制作了包壳样件，并开展了蠕变、拉升等测试。

韩国原子能研究所与俄罗斯物理和动力工程研究院合作，开展了若干零功率堆芯方案的研究与分析，针对 U-Zr 合金堆芯、U-TRU-Zr 合金堆芯开展了较为深入的实验，对稳态中子学性能、钠空泡效应、轴向膨胀效应、径向膨胀效应进行了研究与验证。

在铅基快堆研究领域，韩国在 1997 年开始了嬗变快堆（PEACER）的概念设计工作，其研究目的是防扩散、环境友好、可容错、可持续和经济性。目前共有两代 PEACER，即 PEACER-550 和 PEACER-300。

1.3.8 欧盟其他国家快堆技术

欧洲是核能发展的发源地，在快堆技术领域也占据了重要位置。欧盟各国在 20 世纪 60 年代初开始对钠冷快堆进行研究，累计有近百堆・年的运行历史。除英国和法国外，德国、意大利和比利时等国都制订了钠冷快堆、铅基快堆技术领域的发展计划，也完成了多座快堆的设计和建设，具体如表 1 - 10、表 1 - 11 所示。

表 1 - 10 欧盟其他国家钠冷快堆

型 号	国 家	热功率/MW	冷却剂	状 态	结构形式
KNK - II	德国	58	钠	停闭	回路式
SNR - 300	德国	762	钠	停止建设	回路式
PEC	意大利	120	钠	无限期停运	回路式

表 1 - 11 欧盟其他国家铅基快堆

型 号	冷却剂	国 家	热功率/MW	电功率/MW
ALFRED	铅	欧盟/意大利	300	125
ELSY	铅	欧盟/意大利	1 500	600
ELFR	铅	欧盟/意大利	1 500	630
ELECTRA	铅	瑞典	0.5	—
SEALER	铅	瑞典	140	58
LFR - AS - 200	铅	卢森堡	480	212
LFR - TL - X	铅	卢森堡	60/30/15	20/10/5
MYRRHA	铅铋合金	比利时	100	—
EFIT	铅	欧盟	400	—

20 世纪 60 年代早期，德国对快中子增殖反应堆中使用氧化物燃料很感兴

趣，同时认识到多普勒效应的重要性。当时，德国的快中子反应堆计划的实施主要是与国家原子反应堆建造公司(INTERATOM)合作的。而德国、比利时、荷兰的财团出资的比例约为70%、15%、15%。早期的一个零功率装置是Sneak临界装置。之后在德国卡尔斯鲁厄建造了一个热功率为60 MW的紧凑钠冷快堆装置，命名为“KNK-Ⅰ”，并于60年代期间投入运行，后来该装置被改建成了一个58 MW的快中子试验装置，命名为“KNK-Ⅱ”，于1977年达到临界，在1992年永久关停。在20世纪70年代初期，德国开始原型快堆电厂SNR-300的设计和建设工作，其设计额定功率为300 MW，用UO_2-PuO_2陶瓷燃料作为燃料，SNR-300建造在德国威斯特法伦州，莱茵河下游的卡尔市附近，该反应堆于1973年开工，1988年建成，但由于其建设成本增加数倍，再加上切尔诺贝利核事故之后民众和政府对核能发展的抵触心理，SNR-300反应堆最终未能装料运行。

进入21世纪后，欧洲多个国家的核电政策开始松动，意大利和瑞典开始重启核电计划。与此同时，核电技术先进的国家围绕安全性、经济性以及核不扩散要求开展了大量反应堆技术研发活动，先进反应堆技术、小型反应堆技术和新一代反应堆技术等各种类型的先进反应堆技术研究均取得了新的进展。

欧盟也是铅冷快堆的坚定拥护者。切尔诺贝利核事故后，欧盟多国基于援助俄罗斯提高核安全的计划，深层次地介入了俄罗斯核科学研究活动。俄罗斯铅铋冷却快堆技术解密后，欧盟以开发焚烧超铀元素和长寿命裂变产物的ADS靶件冷却剂为名义，与俄罗斯开展铅铋快堆合作研究。欧盟联合研究中心有一批高水平的铅冷却剂研究专家和实验设施，对重金属冷却剂和铅基快堆开展了多方面细致的研究，目前是西方研究铅基快堆的科学中心。

自2006年起，欧盟在欧洲原子能共同体第六框架合作计划的支持下，开展了欧洲铅冷系统(ELSY)项目，由意大利安萨尔多(Ansaldo)组织协调，建立了一个由欧洲组织组成的广泛联盟，旨在确定工业规模铅冷快堆的主要选项，通过工程技术特征验证设计是否具有竞争力和安全性，同时验证是否完全符合第四代核能可持续性和次锕系元素(MA)燃烧能力的目标要求。

在2010年“欧洲铅冷系统”项目结束后，欧盟在第七研发框架计划(FP7)内启动了“LEADER”项目，该项目主要目标是进行工业规模铅基快堆的概念设计和小规模示范装置(即ALFRED示范反应堆)的概念设计。在欧洲铅冷系统项目的反应堆概念基础上进行更新和迭代后，完成了工业示范规模铅基快堆的设计，欧盟赞助 50%经费，共有 17 个欧洲组织、2 个韩国组织、1 个美国组织参加了项目研究。

欧盟的铅基快堆采用池式结构，主要设备放在高为 11 m、直径为 12 m 的主容器内，所有堆内构件都可抽出，运行参数选择很保守，入口温度为 480 ℃；二回路采用超临界蒸汽循环，热效率可达 42%。采用纯铅做冷却剂，成本低，在设计上宽打宽用，对提高系统的热容量和主池内设备屏蔽有利。而铅的缺点是高熔点，必须远程处理燃料装卸。

在铅基快堆研究中，虽然目前瑞典、卢森堡和比利时等国家尚未完成快堆工程的建设，但都参与了欧盟铅基快堆的研究计划，也投入了大量科研经费支持瑞典皇家理工学院（KTH）等欧洲顶尖学府开展铅基快堆的相关科学研究。

瑞典 LeadCold 公司正在开发一种小型模块化铅冷快堆 SEALER（Swedish Advanced Lead Reactor），使用^{235}U 丰度为 19.9%的氧化铀燃料，采用了能够实现临界的最小堆芯，电功率为 3～10 MW；如果满功率（90%容量因子）运行，其堆芯寿期可达 10～30 a。在反应堆中，铅冷却剂的最高温度将保持在低于 450 ℃的水平，以使燃料包壳和结构材料的腐蚀在几十年寿期里是可控的。目前，瑞典能源局已向瑞典模块化反应堆股份公司（德国 Uniper 能源瑞典分公司和瑞典 LeadCold 公司的合资企业）授予 9 900 多万瑞典克朗（约 1 060 万美元）的资金，以支持在奥斯卡港核电厂建设一座小型模块化铅冷快堆的电动非核原型堆。该原型堆将从 2024 年开始运行 5 年，用于在高温熔融铅的环境中测试并验证材料和技术。

除此之外，欧盟在加速器驱动次临界系统的研究领域也进行了深入研究。铅基快堆与加速器、散裂靶的有机结合是工业级核嬗变装置的另一条重要技术路线。

1.3.9 中国快堆技术

我国核能发展战略是“热堆—快堆—聚变堆”三步走战略。快堆作为核能发展的第二步，为的是充分利用铀资源，解决核能长期发展的燃料供应问题。从世界快堆技术发展的历史来看，快堆核电厂的发展大致要经历“基础科研、实验堆、原型堆和大型商业示范堆”这四个阶段。我国快堆技术发展也是如此，我国钠冷快堆技术发展始于 20 世纪 60 年代中期，历经了基础研究阶段和实验快堆的设计建造阶段，目前已正式迈入示范快堆电站的建设阶段。

1）基础研究阶段

20 世纪 60 年代中后期，在第二机械工业部（中国核工业集团有限公司前身）的领导下，中国原子能科学研究院组织了约 50 人的快堆科研技术队伍，重点开展快堆中子物理、热工水力、结构材料、仪表和钠工艺技术等方面的科学研究。同时，在这一阶段建成了包括著名的“东风六号（DF－Ⅵ）”在内的 12 套快堆技术研究装置。

“东风六号（DF－Ⅵ）”是中国自行设计和建造的第一座快中子零功率装置，建造于中国原子能科学研究院内，于 1970 年 6 月 29 日首次达到临界，主要用于快堆的反应堆物理计算模型、群截面和计算方法的实验验证，如图 1－10 所示。

图 1－10 “东风六号”零功率装置

我国首台快堆零功率装置建成不久，1971 年 12 月，中国原子能科学研究院的快堆部分搬迁至四川核动力工程研究基地。中国首批快堆技术人员在这段时间完成了大量的快堆基础研究工作。通过一系列实验装置的设计、建造、运行和试验，在快堆中子物理学、热工流体力学、材料腐蚀特性、钠系统工艺和关键系统部件等方面都进行了广泛而深入的探索，为我国快堆技术的发展奠定了坚实基础。

2）实验堆阶段

1986 年 3 月，中国快堆事业的应用和发展拉开了帷幕，在“863 计划”的支持下，中国快堆技术进入了以建造 65 MW 实验快堆为工程目标的应用研究阶段。这个阶段，在中国原子能科学研究院的牵头下，清华大学、西安交通大学和核工业一院等多家高校和科研院所，基于基础研究阶段科研工作积累的大量经验，开始了以中国实验快堆（CEFR）为目标的研究论证，开展了 9 个课题 61 个子课题的预先研究，建成各类实验装置约 20 台套，对钠系统工艺、快堆核燃料和安全性研究等多个关键领域进行了预研论证。同时，于 1992 年开展了与俄罗斯的技术合作，合作内容涉及概念设计咨询和设计验证等多个方面。同期还建成快中子零功率装置实验室、钠工艺实验室和热工安全实验室等多座大型试验设施，用于实验快堆规模的热工水力、系统验证和关键部件设备考验。

1995 年 12 月，中国实验快堆（见图 1－11）正式立项，开始了全面工程的设计和建造；2000 年 5 月，中国实验快堆浇筑第一罐混凝土；2010 年 7 月，首次达到临界；2011 年 7 月，实现 40％功率并网发电；2014 年 12 月，实现满功率运行 72 小时。中国实验快堆一回路系统采用池式设计，额定热功率为

图 1－11 中国实验快堆外景

65 MW，额定电功率为 20 MW，使用铀钚混合氧化物燃料，用液态钠作为冷却剂，主热传输系统由两个并联独立环路组成。中国实验快堆的建设使我国取得了一系列快堆设计、建造、运行和维护方面的工程经验，同时也打造了一个集材料中子辐照考验、关键系统和设备考验以及运行人员培训于一身的综合平台；实验快堆在设计时兼顾了原型堆的功能，实现了我国快堆的跨越式发展，为后续示范快堆的发展奠定了良好基础。

3）示范堆阶段

为实现大规模核能的可持续发展，提高铀资源利用率，确保核能燃料供应的安全性，需要在 2030 年开始陆续建造一批大型商业快堆，支持我国核电容量的不断发展。因此，我国制定了 2025 年建成 600 MW 示范快堆电站的目标。

示范快堆是在中国实验快堆设计、建造和运行经验的基础上，由中国核工业集团有限公司自主设计、研发和建造的商用示范快堆工程，该反应堆是一座 600 MW 的快中子反应堆，主体结构采取池式设计，以液态金属钠作为冷却剂，采用“钠—钠—水”三回路系统设计，堆芯采用铀钚陶瓷氧化物燃料。虽然示范快堆延续了中国实验快堆的技术路线，但随着功率的大幅增加，系统设备及技术方案也发生较大变化，需要大量深入的研究、试验和设计迭代。

4）铅基快堆技术发展

除钠冷快堆外，中国在铅基快堆领域也开展了多项研究。

中国原子能科学研究院自 20 世纪 90 年代科技部 ADS 先导专项起开展铅铋堆相关的基础技术研究，在铅铋冷却剂基本特性和工艺方面、钋- 210 处理方法、材料技术和氧控技术等方面积累了一定的经验，建成了铅铋零功率装置、铅铋静态腐蚀回路、铅铋热对流回路等实验装置，获得了一批宝贵的实验数据。

21 世纪以来，中国原子能科学研究院又先后建成了铅铋静态腐蚀试验装置、铅铋动态腐蚀装置和铅铋热对流回路等多项堆外铅铋试验台架。2019 年 10 月，中国首座铅铋合金零功率反应堆——启明星Ⅲ号首次实现临界，这是我国唯一一个堆芯带核的铅铋反应堆研究试验装置，正式开启了铅铋堆堆芯核特性物理实验的相关工作，取得了堆芯核参数的实验数据，并可直接用于中国核工业集团各型号铅铋反应堆工程化设计基础核数据的宏观检验、堆芯设计与安全分析方法的全面验证，以及反应堆运行技术的创新研发。这标志着中国在铅铋快堆领域的研发跨出实质性一步，进入工程化阶段。

在铅基反应堆方面，中国科学院也较早开展了相关科研工作。2011 年针对第一阶段任务，中国科学院启动了战略性先导科技专项“未来先进核裂变能——ADS 嬗变系统”，2017 年 10 月完成了专项的结题验收[7]。通过科研，在强流超导直线加速器、高功率重金属散裂靶、次临界反应堆等设计、关键样机研制及系统集成等方面都取得了实质性突破，为我国率先建成世界首台加速器驱动次临界研究装置 CiADS 创造了充分必要条件。同期，中国科学院核能安全研究所依托先导科技专项开展了 CLEAR－I 等多个铅基堆方案设计，并建成 CLEAR－S 和 KYLIN－Ⅱ 等液态重金属试验回路，对铅铋反应堆进行系统试验和工程技术验证。

另外，中国核动力研究设计院、中广核研究院等单位也不同程度地开展了铅基反应堆的工程技术研究工作，西安交通大学、上海交通大学等高校也做了铅基反应堆软件开发和基础性探索研究工作。

参考文献

[1] 苏著亭，叶长源，阎凤文，等. 钠冷快增殖堆[M]. 北京：原子能出版社，1991.
[2] 周培德. 快堆嬗变技术[M]. 北京：中国原子能出版社，2015.
[3] 章庆华，王佳明，王海东，等. 行波堆渐行渐近：全球首座行波堆示范电厂加快面世步伐[J]. 中国核工业，2017(4)：22－27.
[4] International Atomic Energy Agency. Fast reactor database 2006 update，IAEA－TECDOC－1531[R]. IAEA：Vienna，2006.
[5] 肖宏才. 自然安全的 BREST 铅冷快堆：现代核能体系中最具发展潜力的堆型[J]. 核科学与工程，2015，35(3)：395－406.
[6] 青木成文，能澤正雄. 快堆工程设计总论[M]. 汪胜国，胡德俊，刘胜吾，译. 乐山：快堆研究编辑部，1986.
[7] 詹文龙，徐瑚珊. 未来先进核裂变能：ADS 嬗变系统[J]. 中国科学院院刊，2012(3)：375－381.

第 2 章
中子学

核反应堆是一种能以可控方式产生自持链式裂变反应的装置。它由核燃料、冷却剂、慢化剂(对于热中子反应堆)、结构材料和吸收材料等组成。核反应堆内的核反应过程是中子与核反应堆内各种核素相互作用的过程。

反应堆中子学设计的主要内容如下：① 反应堆的临界特性。确定反应堆临界或者达到次临界状态和不同次临界状态下的堆芯尺寸和组成,并且给出控制棒移动和燃料燃耗的反应性效应,评估在正常运行和异常情况下发生的反应性变化。② 确定反应堆功率和堆内功率分布,分析燃料的燃耗、堆内材料性能变化、放射性物质积累等情况,评估辐射屏蔽是否满足要求。

2.1 概述

快堆物理与热中子反应堆(简称“热堆”)物理差异较大。快堆堆芯内不存在慢化剂,堆芯尺寸更小,堆芯功率密度更高[1]。在热堆中,具有较高的热中子吸收截面的材料对堆芯性能的影响极大。快堆中几乎不存在热中子,各种材料对快中子的吸收截面较小,快堆中不需要考虑氙中毒和钐中毒效应,燃耗过程中燃料的消耗和裂变产物积累引起的反应性下降也少得多。由于大多数材料对快中子吸收少,快堆堆芯内材料的选择没有特别严格的限制。

与热中子相比,快中子的平均自由程更长。因此快堆堆芯耦合比热堆更为紧密,不存在区域不稳定问题,并且燃料元件内中子通量下沉较小。

热堆中慢化剂膨胀和热谱谱移效应是影响反应性温度系数的需考虑的因素,而快堆中需要关注的是多普勒效应和冷却剂膨胀对反应性温度系数的影响。快堆的温度系数比热堆的小,两者在温度反馈过程中的动力学行为是相似的。仅在对极短时间尺度内瞬态行为进行分析时,快堆与热堆才有明显差异。

综上所述，快堆物理特性取决于堆芯的材料和尺寸，但堆芯结构细节对其影响较小。对于钠冷快堆而言，当热传输系统的需求使得堆芯高度限制在 1 m 左右时，堆芯均功率密度约为 500 MW/m^3。快堆中，堆芯直径取决于所需的输出功率，堆芯的临界特性是通过改变燃料中易裂变材料的富集度实现的。对于气冷或铅冷反应堆，功率密度较低(约为 200 MW/m^3 或更低)，堆芯最佳高度更大(气冷堆和铅冷堆分别约为 1.5 m 和 2 m)。

2.2 计算方法

为确定堆芯中子学特性及参数，在核工程设计中首先要开展堆芯物理计算，因此选择合适的计算方法和条件非常重要。本节将重点介绍相关的理论知识和技术。

2.2.1 输运理论与扩散理论

中子输运理论研究中子在介质中的输运过程，主要有两类方法：蒙特卡罗方法和确定论方法。

在介质中由于中子运动及其与原子核的散射碰撞，原来在某一位置具有某一能量和运动方向的中子，经过一些时间将在另一位置以另一能量和运动方向出现。我们说中子从一个位置、能量和方向输运(或迁移)到另一位置、能量和方向上，这种过程叫作输运过程。

研究中子输运的基本原则是中子数目守恒。在一定体积内，中子密度随时间的变化率应等于它的产生率减去泄漏率和移出率，可表示为

$$\text{中子密度变化率} = \text{产生率} - \text{泄漏率} - \text{移出率} \tag{2-1}$$

即当系统处于平衡状态(即稳态)时中子密度变化率为零。

若讨论在 t 时刻，在相空间 $(\boldsymbol{r}, E, \boldsymbol{\Omega})$ 上的中子平衡。那么可以得到中子输运方程[2]：

$$\begin{aligned} &\frac{1}{v}\frac{\partial \phi}{\partial t} + \boldsymbol{\Omega} \cdot \nabla \Phi(\boldsymbol{r}, E, \boldsymbol{\Omega}, t) + \sum_t \Phi(\boldsymbol{r}, E, \boldsymbol{\Omega}, t) \\ &= \iint \sum_s (\boldsymbol{r};\ E', \boldsymbol{\Omega}' \rightarrow E, \boldsymbol{\Omega};\ t) \Phi(\boldsymbol{r}, E', \boldsymbol{\Omega}', t) \mathrm{d}E' \mathrm{d}\boldsymbol{\Omega}' + S(\boldsymbol{r}, E, \boldsymbol{\Omega}, t) \end{aligned} \tag{2-2}$$

式中，$S(\boldsymbol{r}, E, \boldsymbol{\Omega}, t)$ 为中子源项的贡献，$\boldsymbol{\Omega}$ 代表中子运动方向。这是非稳态

情况下的中子输运方程，它构成了反应堆物理分析及中子输运理论的基础。

稳态时，$\frac{\partial n}{\partial t}=0, \phi=\phi(\boldsymbol{r}, E, \boldsymbol{\Omega})$，即得到稳态中子输运方程。若考虑简化情况，即中子具有相同的能量，则方程可简化为

$$\boldsymbol{\Omega} \cdot \nabla \Phi(\boldsymbol{r}, \boldsymbol{\Omega})+\Sigma_{\mathrm{t}} \Phi(\boldsymbol{r}, \boldsymbol{\Omega})=\int_{\boldsymbol{\Omega}'} \Sigma_{\mathrm{s}}(\boldsymbol{r}, \boldsymbol{\Omega} \rightarrow \boldsymbol{\Omega}') \Phi(\boldsymbol{r}, \boldsymbol{\Omega}') \mathrm{d} \boldsymbol{\Omega}'+S(\boldsymbol{r}, \boldsymbol{\Omega}) \tag{2-3}$$

式中，Σ_{t} 表示总截面，Σ_{s} 表示宏观截面。由此可见，在一般情况下，稳态时它包含有 $\boldsymbol{r}(x, y, z)$、E 和 $\boldsymbol{\Omega}(\theta, \phi)$ 6 个自变量。这对于方程求解是很困难的。为进一步简化，在许多应用和情况下没必要考虑方向 $\boldsymbol{\Omega}$，因此可采取消除 $\boldsymbol{\Omega}$ 的两个独立标量变量来处理，这种方法就是"扩散理论"。

扩散理论的基础是假定通量各向同性，散射也是各向同性的。散射各向同性的修正用 $\Sigma_{\mathrm{f}}=\Sigma_{\mathrm{s}}(1-\mu)$ 代替 Σ_{s}，其中 Σ_{f} 与 Σ_{s} 分别表示宏观裂变截面与宏观散射截面。当然，在强吸收介质和真空边界附近是不适用的。

在大多数快堆计算中，通常情况下采用扩散理论即可满足计算分析需求。因为，快中子截面很小，平均自由程通常为 0.1 m 或更长。燃料、冷却剂和结构材料的核特性有着显著差异，但由于单个燃料元件和结构件的尺寸通常只有几毫米，远小于中子的平均自由程，所以反应堆大部分区域可以看作是均匀的。需注意，在快堆中使用扩散理论时，堆芯和增殖层之间边界误差会大一些。

在稳态计算分析工作中，扩散理论只需要处理 4 个独立变量，而输运理论需处理 6 个变量，这在很大程度上降低了对计算资源的需求。因此，直到 21 世纪初，大多数反应堆设计和运行的通量计算都采用扩散理论。近年来，随着计算机能力的提升，输运理论计算的可实现性提高，得到更广泛的应用。

2.2.2　多群扩散理论

扩散方程是用连续变量 $\boldsymbol{r}$ 和 E 来表述中子能量分布的，可采取数值分析方法针对有限个离散位置和能量进行求解。将输运方程中的所有方向进行积分和改写，并将中子能谱离散为 G 个能群区，在只考虑外源的情况下，式(2-3)的稳态形式可表达为 G 个耦合方程，则每一群的通量 Φ_g 对应方程如下[3]：

$$-\nabla \cdot \boldsymbol{D}_g \nabla \Phi_g + \Sigma_{rg}\Phi_g = \sum_{g'=1}^{g-1}\Sigma_{g'\to g}\Phi_{g'} + \frac{1}{k}\chi_g \sum_{g'=1}^{G}(\nu\Sigma_f)_{g'}\Phi_{g'} + S_g \tag{2-4}$$

式(2-4)即为多群扩散方程，$\Sigma_{r,g}$ 是反射截面。其中 $g=1,2,3\cdots,G$、ν 为裂变中所放出的中子数。能量离散采用降序排列，第一群包含能量最高的中子，而第 G 群包含能量最低的中子。在同一能群内可无须考虑散射的贡献。其中，扩散系数 $D_g=\frac{1}{3}\Sigma_{sg}(1-\bar{\mu}_g)$，$\bar{\mu}$ 为实验室坐标系下的平均散射角余弦。在不同性质的介质交界面上的边界条件是 Φ_g 和 $\boldsymbol{J}_g=D_g\nabla\phi_g$ 应当是连续的。

对于外源驱动的反应堆（$S_g\neq 0$），$k=1$，则 Φ_g 不稳定，是线性增长的，代表反应堆处于超临界状态。

对于无外源的临界反应堆（$S_g=0$），可以从两种角度理解式中 k 值的物理意义。当 $k\neq 1$ 时，反应堆处于次临界或超临界状态，Φ_g 不能稳定存在。只有当 $k=1$ 时，式(2-4)计算的通量 Φ_g 才具有明确的物理意义。另一种方法可将 k 视为本征方程的最大特征解，通过数值计算以获得反应堆每个状态下的 k 和 Φ_g，但是当 $k\neq 1$ 时，Φ_g 是没有明确物理意义的。反应堆设计分析工作必须通过改变堆芯的材料组成使得 $k=1$，此时对应的 Φ_g 为临界反应堆中的通量。

当忽略能量间的差异，对扩散方程进行单群处理时，无须再考虑群间散射项[式(2-4)中右边的第三项]，此时式(2-4)可简化为

$$D\nabla^2\Phi + \left(\frac{\bar{\nu}\Sigma_f}{k} - \Sigma_a\right)\Phi + S = 0 \tag{2-5}$$

因为中子移出通过俘获和裂变两种途径实现，所以简化过程可使用 $\Sigma_a=\Sigma_c+\Sigma_f$ 代替 Σ_r。

在进行多群方程求解之前，必须给出群常数 D_g、Σ_{rg}、$\Sigma_{sg'\to g}$、$\chi_g\bar{\nu}_g$ 以及 Σ_{fg} 的值，而这些值依赖于反应堆内各种材料的微观截面。由于截面随中子能量的变化而变化，所以群常数包含每一群所覆盖能量范围内的平均值。

原则上讲，可以通过将能量区间划分为很窄的精细能群使得每一群内每个截面的变化很小，但在实际中无法实现该目标。因为截面随能量变化非常复杂，特别是在共振区域，想要实现很小的群间截面差异，需要无法想象的大量能群数。在快堆堆芯计算中，希望通过几十个能群划分实现精确计算，此时

需匹配恰当的计算方法。

2.2.3　基模计算与群常数

在求解式(2-4)之前，多群截面的制作需详细考虑精细群中各个能群间的中子通量(中子能谱)的差异，如再详细考虑中子通量的空间差异，计算过程将极为复杂。此时可通过对空间差异进行简化处理来克服上述困难。鉴于空间相关差异主要存在于式(2-4)中的第一项，简化过程可以使用 $-B^2\phi_g$ 代替 $\nabla^2\phi_g$，其中 B^2 为“曲率”，由该区域的材料和几何条件共同决定，与中子能量无关。对于净吸收中子的区域，必须使 $B^2<0$。

采用上述简化之后，空间中各个区域可看作一个点，群常数计算只需考虑中子能谱差异，无须考虑空间项。此时，可以将能量区间划分为大量的精细群，使得每群内的截面变化很小。为区别于后续扩散计算中所用的宽群能谱结构，精细群可以用下标 n 表示，宽群使用下标 g 表示。

当 B^2 满足临界需求时，我们可以令 $k=1$。在上述假设下，ϕ_n 可表达如下[1]：

$$\phi_n=\left(\sum_{n'=1}^{n-1}\Sigma_{sn'\to n}\phi_{n'}+x_{n'}\right)/(D_nB^2+\Sigma_{rn}) \tag{2-6}$$

由于求解区域已被看作一个点，此时精细群通量的归一化处理可按照下式进行：

$$\sum_{n=1}^{N}\nu_n\Sigma_{fn}\phi_n=1 \tag{2-7}$$

由方程(2-6)可以看出，想获得 ϕ_n 必须掌握 $\phi_{n'}$ 的信息，由于无向上散射，其中 $n'<n$。也就是说我们需要从高能群 ϕ_1 开始逐个求解。求解得到的中子注量率需通过大量迭代计算，直到 B^2 的取值使得方程(2-7)成立。上述求解过程即为基模计算。即便需要大量迭代过程，基模计算仍可以快速便捷地完成超精细群(1 000 群甚至更多)的计算。

反应堆通常由具有不同成分的几个区域组成，每个区域进行单独的基模计算，以获得该区域的中子能谱。获得每个区域的精细群能谱后，就可完成宽群截面的制作。例如，多群裂变截面由下式给出：

$$\bar{\nu}_g\Sigma_{fg}=\sum_{n\in g}\bar{\nu}_n\Sigma_{fn}\phi_n/\phi_g \tag{2-8}$$

式中，$\phi_g = \sum_{n\in g}\phi_n$。在基模计算中，已经引入 $\nabla^2\phi$ 随能量变化的方式与 ϕ 相同的假设。因此，扩散系数可由下式给出：

$$D_g = \sum_{n\in g} D_n\phi_n / \sum_{n\in g}\phi_g \tag{2-9}$$

群转移截面包括非弹性散射和弹性散射的贡献。非弹性散射分量由下式给出：

$$\Sigma_{\mathrm{is}g'\to g} = \sum_{n\in g}\sum_{n'\in g'}\Sigma_{\mathrm{is}n'\to n}\phi_{n'}/\phi_{g'} \tag{2-10}$$

但是弹性散射必须区别对待，因为宽群能量间隔能与 ξE_g 相比较，其中 ξ 是平均对数能降，E_g 为第 g 群的能量下边界，E_{g-1} 为第 g 群的能量上边界。因此，弹性散射的多群截面可表示为

$$\Sigma_{\mathrm{es}g'\to g} = \sum_{n\in\xi(g-1)}\Sigma_{\mathrm{es}n}\phi_n/\phi_{g-1} \tag{2-11}$$

除基波模态计算外还有一种简化计算方式，即对群常数作粗略估计。在无吸收且散射截面为常数时，$\phi(E)$ 将会以 $1/E$ 的规律变化。尽管实际能谱在很宽的能量范围内偏离了这种变化规律，但是在单群的宽度范围内，$\phi\propto 1/E$ 的假设有时是准确的，此时多群裂变截面可以写为

$$\bar{\nu}\Sigma_{\mathrm{f}g} = \int_{E_g}^{E_{g-1}}\bar{\nu}\Sigma_{\mathrm{f}}\mathrm{d}E/EU_g \tag{2-12}$$

式中，

$$U_g = \ln(E_{g-1}/E_g) \tag{2-13}$$

相应的弹性散射转移截面为

$$\Sigma_{\mathrm{es}(g-1)\to g} \approx \xi\Sigma_{\mathrm{es}}\phi(E_{g-1})/U_{g-1} \tag{2-14}$$

2.2.4 共振

许多核素的截面在部分能量区间存在明显的峰值，称为共振峰。铀和钚等重核在 1～100 eV 或更高的能量范围内有共振峰。轻核共振出现在 100 keV 或更高的能区。例如，^{23}Na 在 3 keV 处有一个孤立共振峰，即使这些共振峰通过实验方法可以分辨出来，但若拟基于基波模态方法进行计算却不

好实现,因为必须要把能群分解得很细。好在共振区的反应率可以通过下述方法直接计算。

以中子俘获为例,一个单独的共振峰附近微观截面可表示为

$$\sigma_c = \sigma_{c0}\left(\frac{E_0}{E_c}\right)^{\frac{1}{2}} \Big/ \left(1+\frac{4(E_c-E_0)^2}{\Gamma^2}\right) \tag{2-15}$$

式中,E_0 是共振峰处的通量,σ_{c0} 是共振峰能量 E_0 处的俘获截面,Γ 是共振宽度(最大截面一半时能量对应的总宽度),E_c 是中子与靶核的相对动能。如果靶核是静止的,$E_c = E/(1+1/A)$,其中 A 是靶核质量与中子质量的比,E 为中子能量。

2.2.4.1　温度的影响

除非反应堆处于绝对零度,不然靶核是不可能静止的。靶核随机的热运动会对 E_c 造成影响,如果靶核刚好向中子方向运动,则 E_c 会增大。反之,当靶核背离中子方向运行时,E_c 会减少。倘若靶核速度的概率分布可知,其对反应截面的影响是可以计算出来的。

通常假设靶核的运行速度服从于麦克斯韦-玻尔兹曼分布。图 2-1 反映了 ^{238}U 原子在不同温度时平行于某一速度分量的分布。

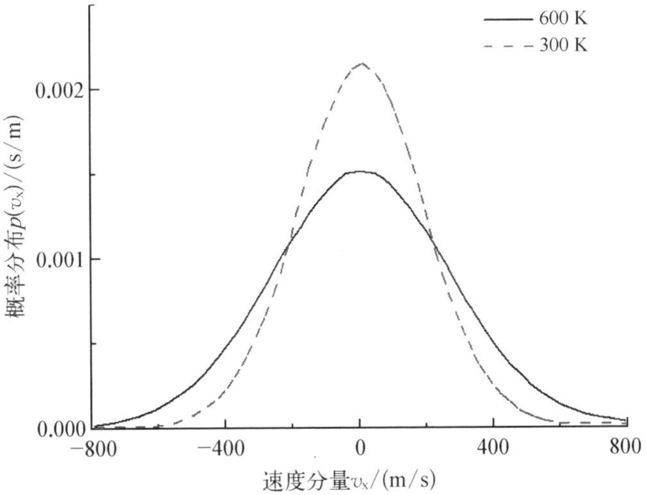

图 2-1　温度对^{238}U 靶核速度分量的影响

由图 2-1 所示关系可以推出 E_c 的概率分布,从而得到中子能量为 E 时的平均俘获截面为

$$\bar{\sigma}_c(E,T) \approx \sigma_{c0}\left(\frac{E_0}{E}\right)^{\frac{1}{2}}\psi(\zeta,x) \tag{2-16}$$

式中，

$$\psi(\zeta,x)=\frac{1}{2\zeta\sqrt{\pi}}\int_{-\infty}^{\infty}\frac{\exp[-(x-y)^2/4\zeta^2]}{(1+y^2)}\mathrm{d}y \tag{2-17}$$

$$\zeta^2=4E_0BT/A\Gamma^2 \tag{2-18}$$

$$x=2(E-E_0)/\Gamma \tag{2-19}$$

T 是绝对温度，B 是玻尔兹曼常数。式(2-16)所做的近似在大多数快堆应用中引入的误差可以忽略不计。

图 2-2 给出了温度对有效截面的影响，用 $\psi(\zeta,x)$ 的多普勒函数表示。其中，共振能 E_0 附近的平均多普勒展宽截面 $\bar{\sigma}_c(E,T)$ 与温度的关系就包含在 $\psi(\zeta,x)$ 函数内，图 2-2 中参数 ψ、ζ 和 x 分别正比于截面、绝对温度和中子能量。

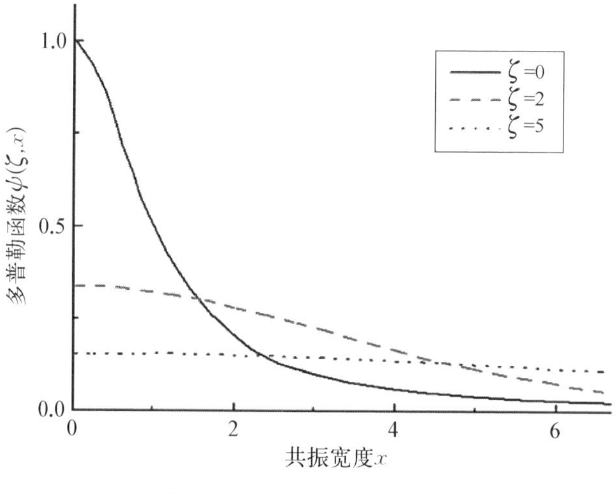

图 2-2　温度对共振区有效截面的影响

2.2.4.2　有效截面的影响

为确定一个含共振峰的中子能群的群截面，我们必须知道在共振区内中子通量的变化情况。在大多数情况下，“窄共振”简单近似可以准确地评估群截面。假设一个区域内包含两种材料，其中一种材料具有恒定的散射截面 Σ_s，另一种材料只有单个俘获共振峰，且共振区很窄以致于其宽度 $\Gamma \ll \xi E_0$，此处

ξ 为中子散射的平均对数能降。中子通量 $\Phi(E)$ 随着 $1/(E\Sigma_t)$ 的变化而发生改变，其中 Σ_t 为总截面，即 $\Sigma_t = \Sigma_s + N\sigma_c$，这里 N 为单位体积内俘获材料的原子数目，所以含有共振的能群的俘获截面表示为

$$\Sigma_{cg} = \int_{E_g}^{E_{g-1}} \frac{\bar{\sigma}_c \mathrm{d}E}{\Sigma_t E} \Big/ \int_{E_g}^{E_{g-1}} \frac{\mathrm{d}E}{\Sigma_t E} \tag{2-20}$$

式中，分母是群内的总中子通量 Φ_g。代入 Σ_t，并采取近似后可得

$$\Sigma_{cg} \approx \Gamma J / \Phi_g \tag{2-21}$$

其中，

$$J = \frac{1}{2}\int_{-\infty}^{\infty} \psi \mathrm{d}x / (\psi + \beta) \tag{2-22}$$

$$\beta = \Sigma_s / N\sigma_{c0} \tag{2-23}$$

因此，群俘获截面和总俘获率取决于温度（与 ζ 有关）和散射截面。图 2-3 给出了不同 ζ 值情况下，J 随 β 的变化规律。由图可知，当 β 较大时，J 与 ζ 无关，但当 β 较小时，J 随着 ζ 的增大而增大。这意味着在"无限稀释"条件下，当有很少俘获材料时，俘获率与温度无关。但当吸收材料较多时，俘获率随温度升高而增加，这就是材料俘获引起的多普勒效应。

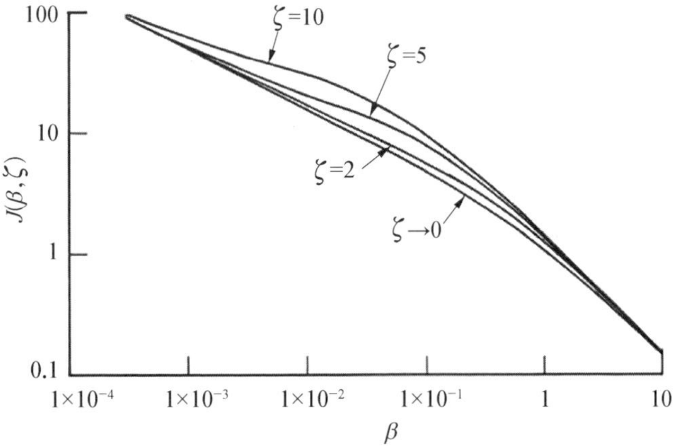

图 2-3　共振自屏与稀释效应

出现上述情况是因为随着温度的上升，有效共振峰变低且能区展宽。中子能量在共振峰处下降，总的效应是共振峰处每单位能量的反应率下

降。然而，在共振峰的两侧，σ_c 的增加要大于通量的下降，导致 $\phi\sigma_c$ 增大。综合来看，在共振区两侧反应率增加大于峰值处的减少，因此总反应率增加。

上述理论适用于所有的共振反应。在快堆中，^{235}U 或 ^{239}Pu 的裂变率和吸收率，尤其是 ^{238}U 的吸收率，都会随温度升高而增大。裂变率会增加反应性，而吸收率会使反应性降低。在快中子反应堆中，俘获效应影响更大，通常会产生负的多普勒效应，为此更利于反应堆稳定运行。共振吸收和多普勒效应只是有效共振截面分析中相对简单的解释。更为详细的分析应考虑中子通量积分变化，有些共振峰不是孤立的，共振峰重叠，在高能区共振峰不可分解，窄共振近似不适用。

2.2.5　中子价值与微扰理论

中子价值是在临界反应堆中，在 $\boldsymbol{r}$ 处投入一个能量为 E、运动方向为 $\boldsymbol{\Omega}$ 的中子引起的对稳定功率的贡献。由定义可知，中子价值是 $\boldsymbol{r}$、E 和 $\boldsymbol{\Omega}$ 的函数。

假设考虑扰动导致在反应堆中某个点 $\boldsymbol{r}$ 处的小区域 $\mathrm{d}V$ 的 g 群俘获截面增加 $\delta\Sigma_{cg}$，g 群中子俘获率增加了 $\Phi_g(\boldsymbol{r})\delta\Sigma_{cg}\mathrm{d}V$。因为空间不同位置处，不同能量的中子对于堆芯性能有不同的重要性，上述过程对 k 的影响取决于中子能量 E 和其位置 $\boldsymbol{r}$。例如，在堆芯边缘处的中子即便未发生俘获也可能会泄漏出去并丢失，堆芯中心被俘获的中子有可能引发另一次裂变反应，所以边缘处的中子的重要性不如中心处的中子。此时我们需要引入一个中子价值 ϕ^* 来表示中子的重要性。

ϕ^* 的物理意义可以通过如下过程理解。如果一个除裂变外没有中子源的反应堆正处于临界状态，并且以一定的平均功率 P 运行。在堆内 $\boldsymbol{r}$ 点处人为地引入一个 g 群中子，那么功率将在一段时间后稳定到一个新的平均值 $P+\delta P$，其中 δP 是一个随机量。如果可以重复进行多次实验，则原则上可以找到由于中子引入而导致的平均功率变化。$\delta P/P$ 即为在 $\boldsymbol{r}$ 处 g 群中子价值 $\phi_g^*(r)$。

考虑上述定义，可以看出，由于在 $\boldsymbol{r}$ 处俘获增加 $\delta\Sigma_{cg}$ 而引起的功率变化率为

$$\dot{P}=-\phi_g^*(r)\phi_g(r)\delta\Sigma_{cg}\mathrm{d}V \tag{2-24}$$

式中，$\dot{P}=\dfrac{\mathrm{d}P}{\mathrm{d}t}$。为确定这种扰动对 k 的影响，我们还必须了解怎样通过 ϕ^* 表

示实际功率。在 dv 中产生新的 g 群中子的速率为 $S_g dv$，其中

$$S_g = \sum_{g'} \chi_g \bar{v}_{g'} \Sigma_{fg'} \phi_{g'} \tag{2-25}$$

如果这些中子的平均寿命为 λ，则 dv 内的 g 群中子数为 $\lambda S_g dv$，它们对反应堆功率的贡献为 $\lambda \phi_g^* S_g dv$。因此反应堆总功率为[1]

$$P = \sum_g \int \lambda \phi_g^* S_g dv = \int \sum_g \sum_{g'} \lambda \chi_g \bar{v}_{g'} \Sigma_{fg'} \phi_{g'} \phi_g^* dv \tag{2-26}$$

此处定义功率变化的时间常数 $\tau = P/\dot{P}$。

从反应堆动力学应用点堆模型可以看出，τ 与反应性 ρ 的关系为 $\tau = \lambda/\rho$，其中 ρ 定义为 $(k-1)/k$。为此，可以得出

$$\rho = -\phi_g^*(r)\phi_g(r)\delta\Sigma_{cg} dv / C \tag{2-27}$$

其中，

$$C = \int \sum_g \sum_{g'} \chi_g \bar{v}_{g'} \Sigma_{fg'} \phi_{g'} \phi_g^* dv \tag{2-28}$$

Duderstadt 和 Hamilton[4] 在著作中表明，在一般情况下，对于任何群常数的扰动引起的反应性的变化 $\delta\rho$ 由下式给出：

$$\delta\rho = \frac{1}{C}\int_R \Big\{ \sum_g \sum_{g'} [\delta(\chi_g \bar{v}_{g'} \Sigma_{fg'}) + \delta\Sigma_{sg'\to g}]\phi_g^* \phi_{g'} - \sum_g (\delta\Sigma_{rg}\phi_g^* \phi_g + \delta D_g \nabla\phi_{g'}^* \nabla\phi_g) \Big\} dv \tag{2-29}$$

上述反应性变化与扰动的关系即为微扰理论。

在基模计算情况下，要求反应堆是严格临界的 $(k=1)$，总通量归一化，式(2-7)意味着在裂变中诞生的中子的价值也可进行归一化处理，因此有

$$\sum_{n=1}^{N} \chi_n \phi_n^* = 1 \tag{2-30}$$

大多数多群扩散理论的表达式相当繁复，用矩阵形式表示更为简洁，故式(2-3)可写成

$$\boldsymbol{M\Phi} = \frac{1}{\boldsymbol{\kappa}}\boldsymbol{F\Phi} \tag{2-31}$$

式中，κ 是有效增殖系数，$\boldsymbol{\Phi}$ 是列向量 $\begin{pmatrix}\phi_1\\ \phi_2\\ \cdots\\ \cdots\end{pmatrix}$，$\boldsymbol{M}$ 和 $\boldsymbol{F}$ 是矩阵，则

$$\boldsymbol{M}=\begin{pmatrix}-D_1\nabla^2+\Sigma_{r1} & 0 & 0 & \cdots\\ -\Sigma_{s1\to2} & -D_2\nabla^2+\Sigma_{r2} & 0 & \cdots\\ -\Sigma_{s1\to3} & -\Sigma_{s2\to3} & -D_3\nabla^2+\Sigma_{r3} & \cdots\\ \cdots & \cdots & \cdots & \cdots\end{pmatrix} \tag{2-32}$$

和

$$\boldsymbol{F}=\begin{pmatrix}\chi_1\bar{\upsilon}_1\Sigma_{f1} & \chi_1\bar{\upsilon}_2\Sigma_{f2} & \chi_1\bar{\upsilon}_3\Sigma_{f3} & \cdots\\ \chi_2\bar{\upsilon}_1\Sigma_{f1} & \chi_2\bar{\upsilon}_2\Sigma_{f2} & \chi_2\bar{\upsilon}_3\Sigma_{f3} & \cdots\\ \chi_3\bar{\upsilon}_1\Sigma_{f1} & \chi_3\bar{\upsilon}_2\Sigma_{f2} & \chi_3\bar{\upsilon}_3\Sigma_{f3} & \cdots\\ \cdots & \cdots & \cdots & \cdots\end{pmatrix} \tag{2-33}$$

式中，Σ_{rg}（其中 $g=1,2,3,\cdots,n$）为移出截面，Σ_f 为宏观裂变截面。若中子价值 $\boldsymbol{\Phi}^*=\begin{pmatrix}\phi_1^*\\ \phi_2^*\\ \cdots\\ \cdots\end{pmatrix}$，则可以证明 $\boldsymbol{\Phi}^*$ 是下式的解：

$$\boldsymbol{M}^{T}\boldsymbol{\Phi}^*=\frac{1}{\kappa}\boldsymbol{F}^{T}\boldsymbol{\Phi}^* \tag{2-34}$$

式中，$\boldsymbol{M}^T$ 和 $\boldsymbol{F}^T$ 分别是 $\boldsymbol{M}$ 和 $\boldsymbol{F}$ 的转置矩阵（即 $\boldsymbol{M}^T$ 的元素 i、j 是 $\boldsymbol{M}$ 的元素 j、i，$\boldsymbol{F}^T$ 的元素 i、j 是 $\boldsymbol{F}$ 的元素 j、i）。方程(2-34)为方程(2-31)的共轭方程。因此，$\boldsymbol{\Phi}^*$ 也称为“共轭通量”或“伴随中子通量”。需注意，$\boldsymbol{\Phi}^*$ 不具有通量的物理意义和数学意义。例如：两个相邻的群 g 和 $g+1$ 合并形成一个新的群 g'，则 $\phi_{g'}=\phi_g+\phi_{g+1}$；但 $\boldsymbol{\Phi}^*$ 是不具相加性的，且 $\phi_{g'}^*$ 是介于 ϕ_g^* 和 ϕ_{g+1}^* 之间的平均值。

方程(2-29)所示的一阶微扰理论可使用矩阵表示为

$$\delta\rho=\int_R\boldsymbol{\Phi}^*(\delta\boldsymbol{F}-\delta\boldsymbol{M})\boldsymbol{\Phi}\mathrm{d}V\Big/\int_R\boldsymbol{\Phi}^*\boldsymbol{F}\boldsymbol{\Phi}\mathrm{d}V \tag{2-35}$$

式(2-29)称为“一阶”有两个原因。第一个原因是忽略了二阶小量;第二个原因是 $\boldsymbol{\Phi}$ 和 $\boldsymbol{\Phi}^*$ 为反应堆无扰动时的中子通量和伴随通量,可通过式(2-26)和式(2-27)独立求解。精确微扰理论要求采用引入扰动后的中子通量进行评估,但其结果与一阶微扰理论差别很小,且物理过程更为复杂,实际计算分析中很少应用。

2.2.6　计算技术及方法

计算中子的输运及其与物质的相互作用是核反应堆物理分析的基础内容。本节将介绍几种计算方法及技术,包括输运和扩散理论、蒙特卡罗方法以及计算精度及验证。

2.2.6.1　输运和扩散理论

基于反应堆堆芯参数和核反应截面数据,可计算出堆芯多群中子通量和各群的中子价值。

核反应的截面数据通常来自实验测量数据和理论计算的数据,通过评价和整理做成评价核数据库并以文件形式发布,如美国评价核数据库(ENDF)、OECD 国家联合评价裂变库(JEFF)、日本评价核数据库(JENDL)、中国评价核数据库(CENDL)和俄罗斯评价核数据库(BROND)等。使用上述微观截面参数,结合堆芯部分参数(通常是堆型对应的能谱参数),通过截面处理程序可获得材料的精细群截面(1 000 多群)。

进一步通过基模计算等方式,可将精细群截面处理为宽群宏观截面(通常为 20～30 群),代入扩散方程或输运方程,则可获得更为精确的堆芯通量分布与中子价值。

可采取 Greenspan、Kelber 和 Okrent 等人的建议对式(2-27)用双迭代方法进行求解。由于多群方程在找到恰当的 k 值之前是无法获得中子通量 ϕ_g 的,所以采用“内迭代”求解中子通量分布,“外迭代”确定特征值的方式进行求解。外迭代计算可通过以下两种方式中的任何一种完成:第一种方式保持反应堆的组分和尺寸不变,通过比较迭代过程中 k 值的变化情况,直到收敛,解出方程。这相当于计算反应堆的反应性水平。第二种方式通过改变组分(如堆芯钚浓度)或尺寸(如堆芯半径)直至临界,即 $k=1$,相当于临界堆的设计。

在反应堆设计初期,需要确定大量的性能参数时,三维反应堆通常可以近似表示为二维(r,z)圆柱模型,通过二维计算评估堆芯性能并确定部分参数。

但是对于详细堆芯设计和支撑反应堆运行的模拟计算，就需要采用堆芯三维模型。此时空间划分时，径向采用六边形或三角形网格，轴向进行线性划分。

在反应堆设计初期，采用扩散理论已经足够，但涉及堆芯精细模拟时，必须采用输运理论。典型的输运计算程序使用六边形节块法，每个节块对应堆芯内特定位置，如燃料组件、控制棒或嬗变靶组件等所处的位置。用程序计算每个节块内的中子平均通量，再通过在角度上的球面谐波和在空间上的多项式处理，确定节块内的中子通量精细分布。通过中子平均通量可以预测组件功率等性能参数，而通过中子通量精细分布可以计算出组件内单个燃料元件的功率。

2.2.6.2　蒙特卡罗方法

输运理论和扩散理论是基于描述大量中子与大量靶核相互作用的平均行为的方程，非常复杂，数值求解过程更为复杂。蒙特卡罗方法从单个中子的行为出发，通过对大量中子行为特性的统计可实现输运方程中各物理现象的统计。单个中子在靶核之间直线运动，与靶核相互作用时发生特定反应的概率正比于反应截面。相比而言，其物理过程和求解过程更为简单、直接。

中子与哪些靶核发生核反应、核反应类型、反应后中子的方向和能量等特征信息均是在其发生概率的基础上，通过随机抽样确定的。随机抽样过程通过随机数生成器在(0,1)范围内均匀地产生随机数，中子由产生到消失的所有随机数组成一个随机序列组 R_n。蒙特卡罗方法中的“固定源计算”可更为直接地理解这种抽样过程。由中子源发出的中子，其运动方向 (θ,ψ) 由满足 $\psi=4\pi R_1$ 和 $\theta=\arccos(1-2R_2)$ 的两个随机数 R_1 和 R_2 确定，其能量由满足 $R_3=\int_0^E S(E')\mathrm{d}E'$ 的随机数 R_3 确定，其中 $S(E')$ 是源中子能谱的归一化表现形式。假设反应堆由离散区域(燃料、冷却剂、结构等)组成，每一个区域内材料成分和核反应特性相同。此时中子沿其发射方向 (θ,ψ) 会飞行 $n=-\ln R_4$ 个平均自由程后，与靶核发生首次相互作用。中子沿飞行方向可能跨越一个或者多个区域。实际飞行距离按照 $m=x_1\Sigma_{t1}+x_2\Sigma_{t2}+\cdots+x_i\Sigma_{ti}$ 给出，其中 x_1 是中子产生后的飞行距离，x_2 是下一区域飞行距离，x_i 是最终与靶核作用时所在区域的飞行距离。

当中子与靶核发生相互作用时，需产生更多的随机数来选择与哪一种靶核发生相互作用以及相互作用的类型(弹性散射、非弹性散射、俘获或裂变等)，上述选择与宏观截面加权后确定了相互作用的细节过程。如果发生弹性散射或非弹性散射，中子会以新的能量和方向继续飞行，需结合弹性散射和非弹性散射的物理过程（如弹性散射可能使中子飞行方向具有各向异性，非弹性散射会使靶核处于不同的激发态）通过新的随机抽样过程确定细节。如果发生俘获反应，中子会消失。发生裂变时，旧的中子由一个或多个新中子替代，新中子的数量和能量需通过易裂变核素（靶核）的平均中子数（ν）和裂变中子份额（χ）数据由随机抽样确定。这些新中子像之前一样被追踪，直至它和由它产生的中子被俘获或泄漏出反应堆。计算最复杂的部分是确定中子通过的区域和通过边界时的具体位置。

通过对大量中子按照上述过程作用时的核反应过程及其发生位置的记录可获得关键的中子学参数。例如反应率可以通过记录单位体积内发生反应的数目来估计，功率密度可以通过裂变发生率来推导。中子通量可以通过持续记录单位体积内所有中子总径迹长度来估计，中子流可由记录通过单位面积的中子数来估计。通过对记录事件的分析，可由 $\lim\limits_{N\to\infty}(N_q/N)$ 给出某一事件发生的概率，其中 N_q 是事件 q 的记录数，N 是已经计算的中子历史事件总数。当投入的中子数足够多时，事件 q 的统计偏差达到限值要求后，即可得到满足置信度要求的统计结果。

临界反应堆的计算要求得到有效增殖因子 k_e 及其对应的中子通量和反应率等参数，相比上面所述的固定源计算过程略为复杂。在计算过程中，跟踪一定数量的中子（N_1 个，在临界计算中常称为一批中子）至其俘获、裂变或最终泄漏后的位置，如果此过程通过裂变反应新产生的中子数为 N_2，则 $N_2/N_1=k_{e1}$ 为 k_e 的初代计算值。以 N_2 为参考进行第二批中子的跟踪，可以获得新的 N_3，并获得 $N_3/N_2=k_{e2}$；以此类推可获得一系列的 k_{en} 值，当统计偏差足够小时，统计结果即为满足置信度要求的有效增殖因子 k_e。上述过程中存在一个明显的问题：如果分析方案是一个超临界堆芯，则会出现 $N_n>N_{n-1}>\cdots>N_2>N_1$，即统计若干批次后 N_n 的量将大到无法计算；对于次临界系统，则可能出现统计若干批次后 N_n 趋近于零。上述问题将严重影响计算分析的可行性，为解决该问题引入粒子权重的概念，认为产生的第二批抽样的次数仍为 N_1，但每个中子的权重为 k_{e1}，相当于抽样了 N_2 个中子，所以 $k_{e2}=N_3/N_2=N_3/(k_{e1}N_1)$。以此类推：

$$k_{en}=N_{n+1}/N_n=N_{n+1}/(k_{en-1}N_{n-1}) \tag{2-36}$$

对于中子通量和反应率信息，每一批计算结果需除以该批粒子的等效权重(k_{en})。需指出,计算得到的中子通量信息和反应率信息只有在 $k_e=1$ 时,才具有明确的物理意义。

在 k_e 的计算中,初代粒子通常只是人为给定位置和能谱,其粒子能量、产生位置均与本征状态下裂变中子的具体信息有很大差异。初代投入的粒子需经过若干代的计算,才能达到与本征状态信息相近的水平。因此最终统计时,需舍弃开始计算的若干批次。

图 2-4 给出了 k_e 计算的流程。为得到可靠的 k_e 和临界时的几何条件以及材料成分要求,计算中常需要每批投入 $1\times10^4\sim1\times10^5$ 个粒子,计算批次为几百甚至上千,一般需舍弃前几十批的计算结果。通常千万量级的总粒子数可获得 0.000 1 左右的标准偏差,进一步提高总粒子数,统计偏差还会更小。随着计算机的发展,蒙特卡罗计算的精度也在逐渐提升。

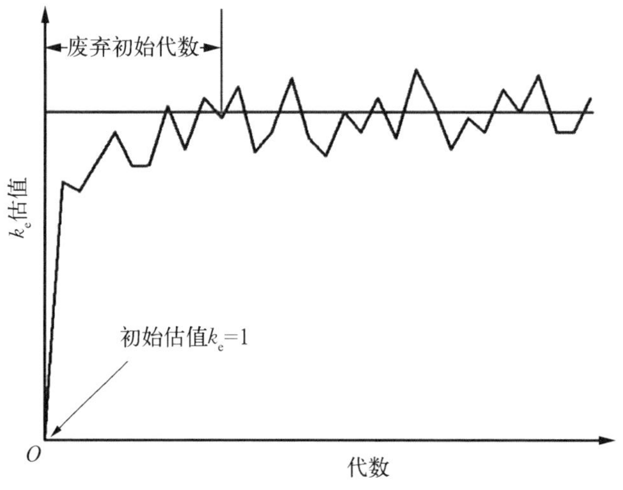

图 2-4 蒙特卡罗计算(估值 k_e)

某个参数(如空间某位置处的中子通量)的统计偏差与所有计算事件对该参数的贡献有关。粗略预估,统计偏差与发生事件的平方根成反比。这意味着为了保证低通量区域(如反应堆边界)估值的可靠,必须有足够多的事件发生在该区域。假设反应堆中心处在 N 个事件时其通量的估值已达到可接受水平,对于反射层或增殖包层,其通量水平是中心处的 1/10,则总事件数提升至 $100N$,才能达到之前预设的可接受水平。

屏蔽计算通常要求将中子注量率降低 1×10^{12} 甚至更多,上述特点意味着需要投入巨大的粒子数,才能在屏蔽区域外得到可信的结果,严重限制了蒙特卡罗方法在屏蔽计算分析中的使用。而蒙特卡罗计算中的粒子分裂技术在很大程度上提高了蒙特卡罗方法在屏蔽计算中的适用性。

例如，一个中子通过堆芯外边界进入屏蔽区时分裂成两个中子，每一个中子有初始中子的一半“重要度”(权重)，然后允许每一个中子有一个独立的历史。这种方法将屏蔽区的事件数提高至原来的2倍，但每个事件的重要度降低至原来的$\frac{1}{2}$，在保持计算结果一致性时，提高了屏蔽区的统计事件数。这个过程可以在屏蔽层外侧部分其他边界重复，以使整个屏蔽层具有统计学意义的中子数量，当然此过程每个区域中的中子重要度也在逐级衰减。图2-5给出了蒙特卡罗方法中的分裂过程，可以看出，中子重要度由堆芯向区域4依次递减。

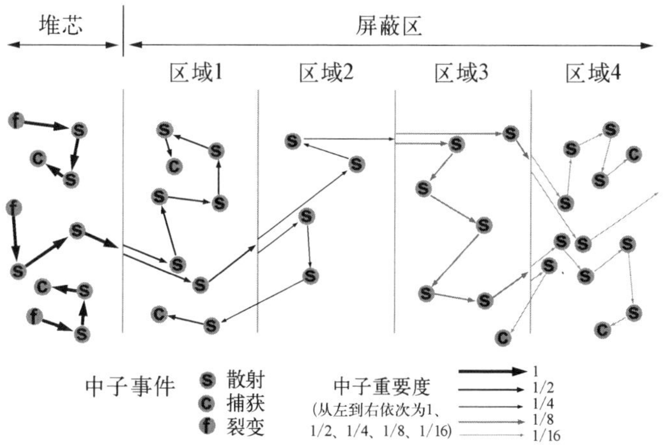

图2-5　蒙特卡罗计算:“分裂”中子

2.2.6.3　计算精度与实验验证

在快中子堆中使用多群扩散理论计算的准确度取决于如下因素：① 计算得到反应性的偏差；② 全堆范围内大多数位置处的功率分布的偏差，在靠近堆芯边缘或靠近控制棒位置处功率的偏差。引起上述偏差主要有两方面原因，一方面是数据库的不确定度，另一方面是采用扩散理论过程中引入的近似。后者是在边缘或靠近控制棒组附近偏差较大的原因。

偏差水平是否达到要求需通过实验进行验证。特别是某一新的堆芯结构或新材料引入堆芯时，需通过大量实验研究进行验证。当针对某一堆型和材料的计算方法的可靠性经过大量验证后，就可减少实验验证工作。

准确度验证工作理论上可以在高功率阶段进行，但实际应用过程存在多方面的问题：一是高功率堆芯中的中子注量率水平和高运行温度可能导致部分测量方法失效；二是堆芯放射性水平使得探测器无法布置于堆芯进而限制了探测方法应用的灵活性；三是温度波动和功率波动会导致高功率堆芯中的微扰测量具有很大的不确定性。基于上述原因，大部分的准确度评估实验是基于零功率堆开展的。这种装置功率只有数瓦，不需要冷却，且放射性水平较低，这使得各种实验操作更为方便且具有更高的灵活性。在零功率装置中，高功率装置中的各种材料(燃料、结构材料、冷却剂材料)以样品或可拆卸模块的形式组装成零功率装置的堆芯，样品和模块通常具有高功率装置的结构特征。

反应堆的中子学参数通常通过如下的方法进行测量：① 裂变反应率可通过裂变电离室和径迹法进行测量，使用^{238}U的电离室可对高能中子(兆电子伏特量级)进行测量，^{235}U则对于千电子伏特量级的中子更为敏感，两者结合可在全能量范围对计算精确度进行评估。径迹法通常使用特制的云母片记录裂变产物的径迹，达到评估裂变反应率的目的。② 中子能谱可通过多箔活化法、飞行时间法和正比计数器进行测量。对于快谱堆芯，多箔活化法需更多地采用阈能活化片以满足快中子测量需求。飞行时间法和正比计数器可更好地实现快中子的测量。③ 微扰测量可以通过在堆芯引入不同的样品再通过有刻度的控制棒或燃料装载重返临界来评估样品的反应性价值。④ 通过对控制棒在偏离临界后功率的动态变化行为的测量分析，可实现控制棒价值的刻度[5]。

图 2-6 给出了某一零功率装置中子能谱的测量结果和模拟结果。其中，

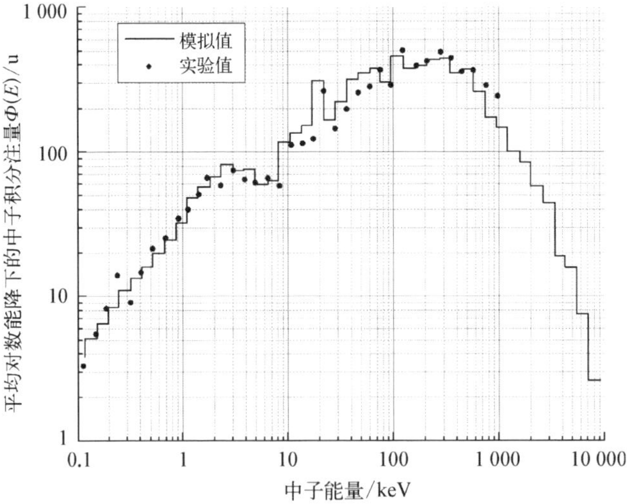

图 2-6　中子能谱的实验值与模拟值比较

中子能谱是通过飞行时间法测量的，模拟谱给出了46群计算结果。该中子能谱中，可以明显观测到在30 keV左右由于铁材料共振吸收作用引起的中子份额降低。为方便比较分析，测量中，中子能谱常按照平均每对数能降下的中子注量率 $\phi(U)$ 给出。某一能群区间的中子注量率为 $\phi_g=\int_g^{g+1}\phi(E)\mathrm{d}E$，定义中子对数能量为 $U=-\ln E$，则 g 群平均对数能降为 $\Delta U_g=\ln E_g-\ln E_{g+1}$，平均对数能降下的中子注量率可表达为 $\phi_g(U)=\phi_g/\Delta U_g$。

2.3　中子通量分布

由于中子-核反应的截面与中子能量有关，因此为确定中子与物质的反应率，必须先确定中子能量分布；反之，中子与物质的反应率又决定了中子输运过程。本节介绍快堆中子能谱以及功率分布的内容。

2.3.1　快堆中子能谱

为了说明不同设计方案对中子通量和中子重要度价值的影响，本节将以表2-1中描述的方案为参考堆芯（热功率为2 500 MW的增殖堆），比较设计方案引起的中子学参数的差异。

表2-1　某增殖堆参考堆芯方案

圆柱尺寸			组成/%（体积分数）				材料密度/(kg/m³)			燃料密度/(kg/m³)
高度/m	直径/m	曲率/m^{-2}	冷却剂	燃料	结构	吸收体	冷却剂（钠）	结构材料（不锈钢）	吸收体（$^{10}BeO_2$）	$(U,Pu)O_2$
1	2	18	50	30	19	1	840	7 900	2 000	8 900

在表2-1所示的材料组分中，吸收体份额代表初装料阶段控制棒材料的相对份额或者燃耗末期裂变产物的相对份额。假定不锈钢成分为74% Fe、18% Cr和8% Ni。为保证燃耗末期芯块空隙可包容裂变气体，减小肿胀，燃料总密度选择氧化物燃料理论密度的80%。

基于ANL 16群截面数据，通过基模计算可获得中子能谱。通过调整富集度 E[定义为Pu/(U+Pu)]可使反应堆达到临界。

图 2－7 对参考堆芯的中子能谱与^{239}Pu的裂变中子能谱进行了比较(易裂变核素的裂变中子能谱是非常相似的)。裂变中子平均能量约为 2 MeV，在散射作用下裂变中子能量逐渐降低，在参考堆芯中峰值出现在 0.3 MeV 左右，低于该数值时，中子通量急剧下降，堆芯中小于 1 keV 的中子通量几乎为零。

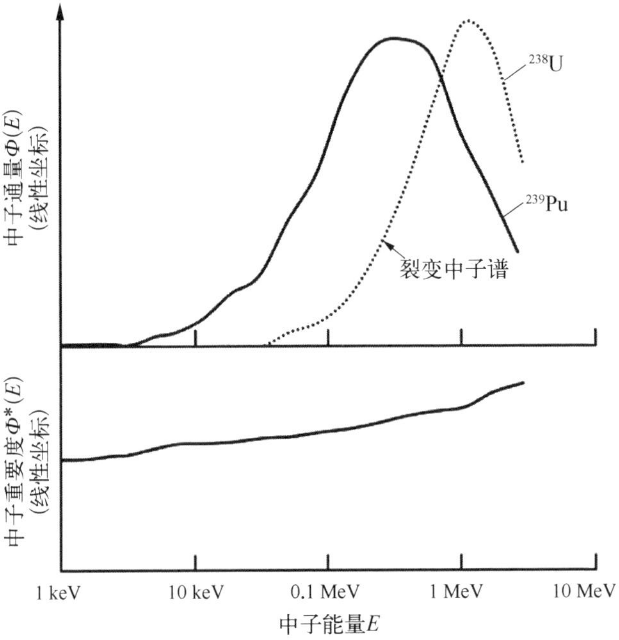

图 2－7 参考堆芯内的中子通量和中子重要度

在中子能量较高(＞0.5 MeV)的情况下，^{238}U 的非弹性散射以及^{56}Fe和^{23}Na的非弹性散射作用十分重要。^{238}U 原子核的最低激发能级为 45 keV，即 45 keV 以上的中子均可能与^{238}U 发生非弹性散射，且反应过程中会使得中子能量很可能减少 45 keV 以上。^{56}Fe 和^{23}Na 的非弹性散射阈值为 845 keV 和 439 keV，发生反应后中子能量减少更为明显。

在较低中子能量的情况下，弹性散射会使中子能量降低，反应堆中的轻材料(如^{23}Na、^{16}O 和^{12}C 等)具有一定慢化效果。由于上述材料慢化能力较弱，中子能量降低过程中需要发生多次碰撞，导致扩散到堆外或被吸收的概率很大，所以中子通量随能量的降低而不断下降。

部分中子会被^{23}Na 或^{56}Fe 俘获，大多数俘获反应是在中子与^{238}U 的作用过程中发生的。

图 2－7 显示，中子重要度随中子能量增加而逐渐增加。1 MeV 以上时，^{238}U 具有发生裂变的可能性，所以中子重要度较高。在低能区（<3 keV，未在图 2－7 中显示），由于 ^{239}Pu 的裂变截面比 ^{238}U 的俘获截面上升得更快，中子引发裂变的可能性增加，所以中子重要度随中子能量的减少而呈增加趋势。需注意，虽然高能中子与 ^{238}U 发生裂变反应会产生中子，但其俘获反应依然存在并会导致中子消失。

1）燃料成分对中子能谱的影响

图 2－8 给出了采用碳化物燃料或金属燃料（燃料总密度选取理论密度值的 80%，分别为 10 900 kg/m^3 和 14 300 kg/m^3）代替参考芯中的氧化物燃料后的堆芯中子能谱的变化。虽然碳原子核比氧原子核更轻，但在(U，Pu)C 内的慢化原子数比(U，Pu)O_2 内的慢化原子数更少，导致中子平均能量较高，即图 2－8 所示的中子能谱峰值处中子通量较高的现象，这种现象通常称为能谱硬化。由于中子的重要度随着能量的增加而增加，碳化物燃料带来的能谱变硬的特性可以使堆内布置更多的增殖材料。另外，碳化物燃料的密度更高，堆

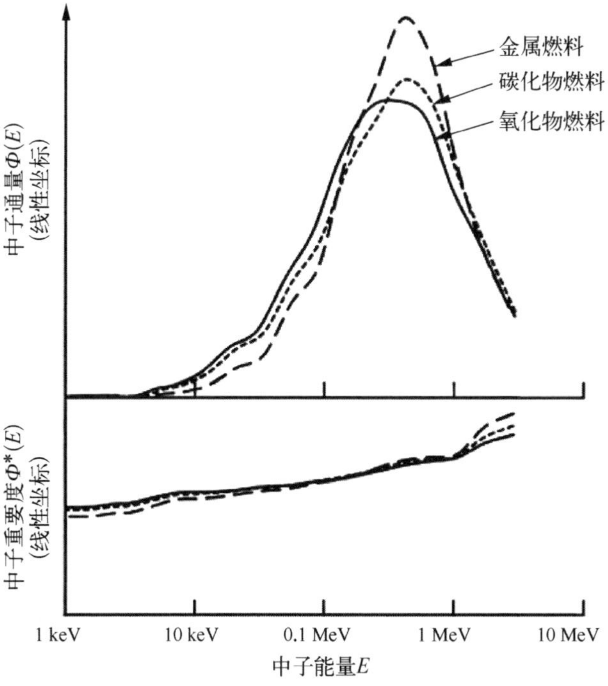

图 2－8　燃料材料的影响评估

芯可在更低的富集度水平下实现临界，可以有更多的可转换核素通过俘获反应实现增殖。

中子能量高于 1 MeV 时，碳化物燃料的中子重要度更高。这是因为燃料富集度较低，^{238}U 装载量更多，等效裂变俘获比的增加提高了中子重要度。

对于金属燃料，能谱与中子重要度的影响机制相似，但其效果更为明显。

2）冷却剂对中子能谱的影响

因为冷却剂占据堆芯体积的大部分，所以冷却剂的选择对中子通量和反应堆性能具有重要影响。其中，中子能量大于 1 MeV 时，冷却剂的非弹性散射的差异对中子能谱的影响最为显著。图 2－9 给出了使用钠、铅铋合金(54.5% Pb 和 45.5% Bi)和二氧化碳作为参考堆芯的冷却剂时的中子能谱曲线。铅铋合金和二氧化碳的慢化能力比钠的慢化能力弱（铅和铋的原子更重，二氧化碳的密度更小），所以使用这两种冷却剂时中子能谱都会变硬。裂变中子谱的峰值约为 2 MeV。^{238}U 与铁的非弹性散射使大量中子的能量降低到 0.7 MeV 左右。在 0.7 MeV 附近，使用铅铋合金和二氧化碳为冷却剂的堆芯的中子能谱出现一个尖峰，但钠堆内的中子能谱却相对更为平滑，产生上述现

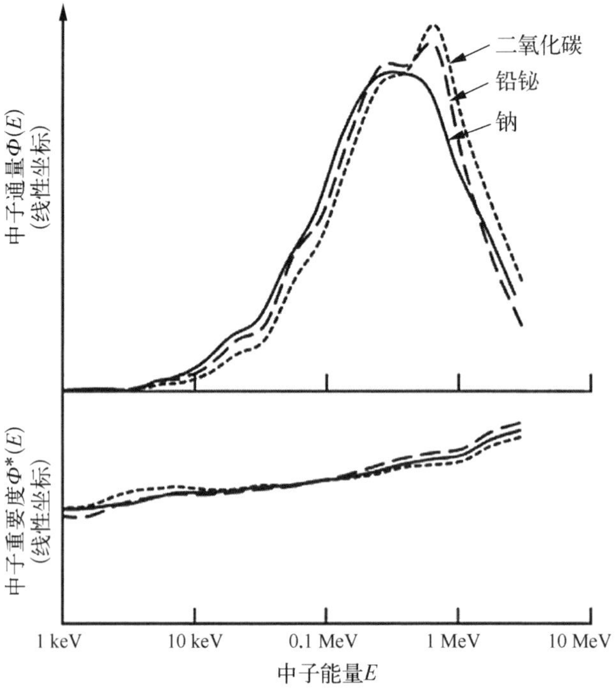

图 2－9　冷却剂材料的影响评估

象的主要原因在于钠材料在高能区具有较大的弹性散射截面。

虽然铅铋合金慢化能力较弱，但其宏观散射截面较高，气体冷却剂由于密度较低，宏观散射截面很小，这就意味着铅铋反应堆中泄漏中子更少，也就是说铅铋堆可在更低的燃料富集度下实现临界。因此铅铋堆的中子重要度曲线更陡，而气冷堆的中子重要度曲线更为平缓。

3）堆芯尺寸对中子能谱的影响

在以下两种条件中，通过对参考堆芯的能谱进行计算可获得图 2－10 的曲线。

（1）$-B^2=18\ \text{m}^{-2}$（圆柱形堆芯，高为 1 m，直径为 2 m）。

（2）$-B^2=28\ \text{m}^{-2}$（圆柱形堆芯，高为 0.9 m，直径为 1.2 m）。

其中，B^2 为反应堆的曲率。比较可以发现，小堆约有 47%的裂变中子泄漏出堆芯，而大堆芯只泄漏了 32%的裂变中子。由于小堆的中子能谱更硬，所以中子重要度的曲线更为平缓。这种情况与气冷堆相似。

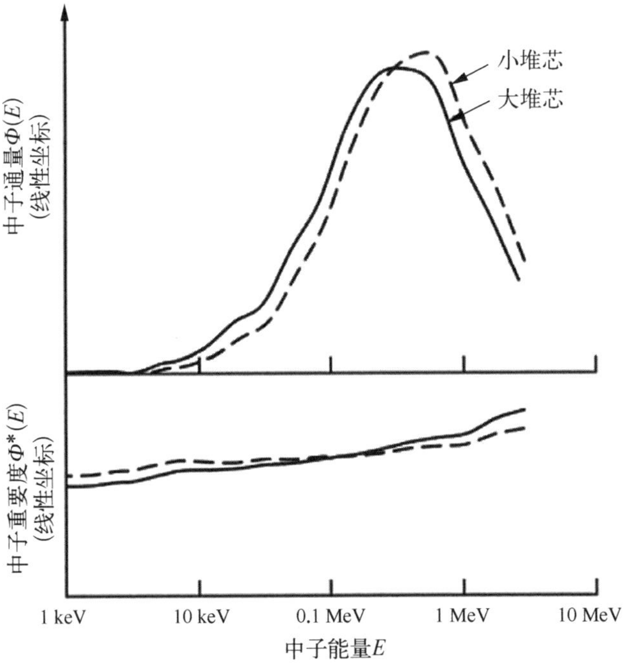

图 2－10　堆芯尺寸的影响评估

4）钚成分对中子能谱的影响

反应堆中使用的钚主要来自热堆乏燃料再处理过程。热堆的燃料在连续发生俘获反应后，会生成钚的多种同位素，燃耗越深，产生的钚同位素越多。另外钚同位素的相对份额也与燃耗深度有关。例如：AGR 在铀燃耗为 20 000 MW·d/t 时，乏燃料中钚元素由^{239}Pu、^{240}Pu、^{241}Pu、^{242}Pu 组成，对应的占比为 56∶20∶15∶9。比较上述钚同位素与纯^{239}Pu 燃料的堆芯能谱可以发现：两者能谱差异较小，但使用钚同位素的堆芯中所需要的"易裂变材料/(易裂变材料＋可转换材料)"由 26％降低到 22％，这是因为钚同位素中，^{241}Pu 的裂变截面比^{239}Pu 更高，而且 $\bar{\upsilon}$ 值和中子产额也更高。但对于"(Pu)/(Pu＋U)"的富集度而言，钚同位素堆芯的富集度约为 32％，而纯^{239}Pu 堆芯的富集度约为 26％，也就是说后者可装载的^{238}U 更多。然而在实际应用中，使用^{239}Pu 的反应堆的目的常在于武器级的钚焚烧，而非核燃料增殖。

5）钍成分对中子能谱的影响

图 2－11 给出了钍铀循环(^{232}Th—^{233}U)以及铀钚循环(^{238}U—^{239}Pu)对堆芯能谱的影响的差异。使用钍时，在较高中子能量情况下的非弹性散射作用较弱，导致中子能谱较硬。

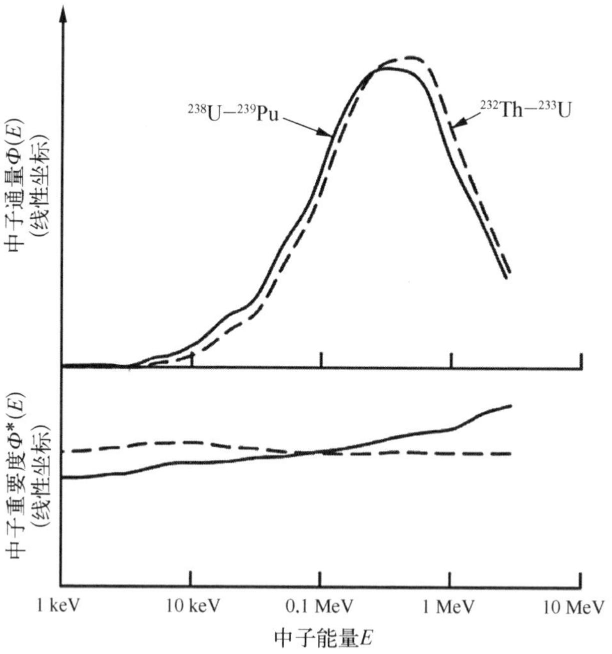

图 2－11　钍循环的影响评估

由于在 0.1～1.0 MeV 中子通量峰区域内，^{233}U 裂变截面比^{239}Pu 裂变截面小，含钍堆芯的富集度将会更高(如由23%升至27%)。

在采用钍铀循环的堆芯中，中子重要度的曲线更为平缓。这是因为在较低中子能量情况下，^{233}U裂变截面明显高于^{239}Pu裂变截面。

6) 快谱堆芯内的中子平衡

表2-2给出了使用不同燃料、冷却剂时堆芯中子的产生项和消失项。

表2-2　堆芯内的中子平衡

主要指标	参考堆芯	金属燃料	碳化物燃料	铅铋冷却	气体冷却	小堆芯	AGR的钚组分	钍循环
富集度/%	25.8	14.6	20.1	22.2	28	34.7	30.8	26.8
中子产生								
易裂变核素	0.904	0.836	0.875	0.913	0.902	0.922	0.813	0.982
增殖核素	0.096	0.164	0.125	0.087	0.098	0.078	0.187	0.018
中子消失								
燃料吸收	0.488	0.538	0.514	0.513	0.462	0.444	0.486	0.519
冷却剂俘获	0.001	0.001	0.001	0.005	0	0	0.001	0.001
结构材料俘获	0.012	0.01	0.011	0.014	0.01	0.009	0.012	0.011
吸收体俘获	0.125	0.093	0.115	0.147	0.098	0.083	0.126	0.106
泄漏	0.374	0.358	0.359	0.321	0.43	0.464	0.375	0.363
增殖比	1.08	1.34	1.17	1.02	1.19	1.19	1.26	0.94

快堆中冷却剂和结构材料的俘获反应引起的中子消失项所占份额很小。控制棒等吸收体引起的中子吸收约为10%。

快堆泄漏中子份额较大(为30%～40%)，在燃料区外布置增殖材料或乏燃料是实现核燃料增殖和乏燃料嬗变的重要途径。

因为在千电子伏特级中子能量范围内，^{232}Th的俘获截面比^{238}U的俘获截面更低，氧化物燃料钍铀循环反应堆无法实现增殖。相对来说，碳化物燃料可以获得更高的增殖比。

2.3.2 功率分布和富集区

如果堆芯内的所有燃料的成分完全相同，那么功率密度几乎与中子通量成正比，堆芯径向功率分布如图 2－12(a)所示。从热工水力学角度而言，并不希望出现上述分布。如果冷却剂以相同的速度流过堆芯，不同位置处温度差异较大。当堆芯外侧的低温冷却剂与中心的高温冷却剂混合时，熵将会增加，减小有效输出能量，并且在混合区域将会出现大的温度波动，反复变化过程会造成堆芯结构性能的破坏。如果限制堆芯外区域的冷却剂流动(进行流量分配)，可使出口温度变得均匀。通常会将堆芯划分为两个或多个径向区域，在较外部的区域布置更高富集度的燃料，提升外部区域的功率密度，进行功率展平，如图 2－12(b)所示。在无流量分配时可降低冷却剂温度差异，在流量分配时可减小泵功率需求[1]。

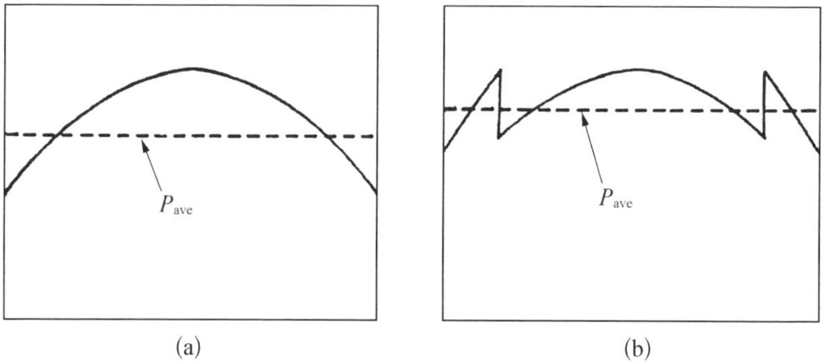

图 2－12　富集区的划分对径向功率分布的影响

(a) 单区；(b) 双区

图 2－13 给出了小型增殖反应堆内中子通量和功率密度的径向分布。分区布置堆芯划分为两种富集度区(富集度分别为 22％和 28％)，外部布置有增殖区。如果堆芯是均匀的，则堆芯富集度约为 24％。在堆芯中部和外区的峰值功率密度大致相同，优化了堆芯径向功率峰因子 P_{max}/P_{ave}，其中 P_{max} 是在最热通道内产生的功率，P_{ave} 是所有通道的平均功率，采用单区和双区划分时堆芯的功率峰因子分别是 1.35 和 1.21。

需要指出，增殖区内的功率密度是随运行历史变化的。增殖区产生的易裂变材料会发生裂变并释放能量，其功率密度会随运行时间增加而显著升高。

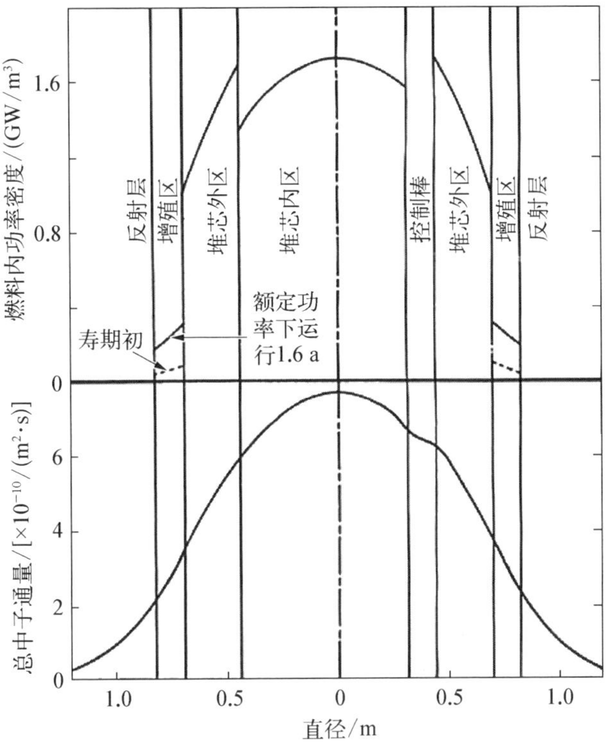

图 2-13　中子通量和功率密度的径向分布[1]

通常增殖组件在堆内时间比燃料组件时间更长。寿期初,反应堆径向增殖燃料元件中心处的功率密度为 60 MW/m^3;当反应堆以 600 MW 的功率运行 1.6 a 后,该处的功率密度上升至 210 MW/m^3。

2.4　快堆增殖过程

快堆与热堆相比具有增殖能力,为此,本节将详细介绍快中子反应堆的增殖过程。

2.4.1　超铀核素形成

“重锕系核素”一词一般用于原子序数大于等于 93 的人造核素,它们是通过铀元素的俘获反应产生的,有时也称为“超铀核素”或者“超铀元素”。在实际应用中,钍元素的俘获反应产生的人工核素也常称为“超铀核素”。

就反应堆运行和经济性角度而言，超铀核素中最重要的核素是^{239}Pu和^{233}U。其主要产生途径是^{238}U和^{232}Th的俘获反应及其后续β衰变过程，产生的^{239}Pu和^{233}U会进一步通过俘获反应和β衰变产生更高原子序数的核数。图2-14和图2-15对上述过程形成的核素变化链做了简化描述。水平箭头表示中子俘获，垂直箭头表示β^-（向上）或β^+（向下）衰变。

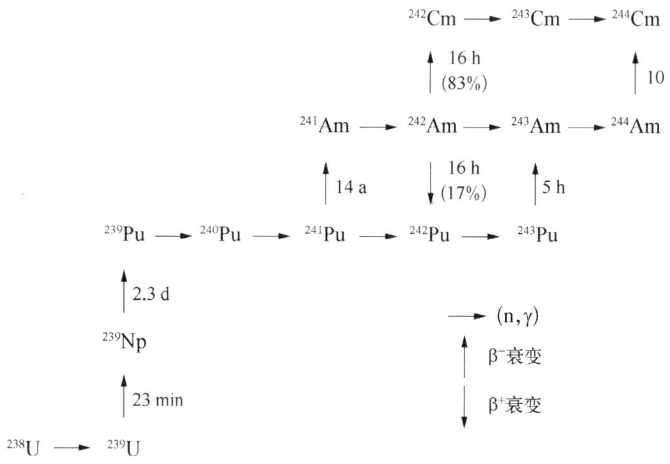

图2-14　从^{238}U到锕系核素的形成

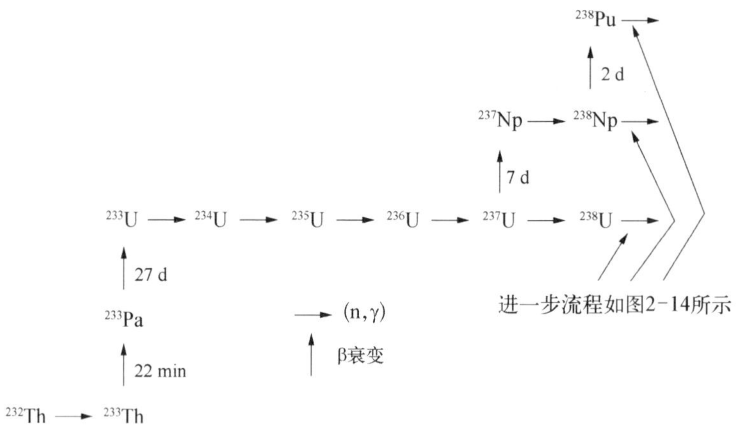

图2-15　从^{232}Th到锕系核素的形成

图2-14和图2-15更清晰地反映了超铀核素的产生过程，仅考虑了对运行性能影响较大的一些过程，而省去了一些细节。例如，^{243}Am是有β^-衰变的，但其衰变过程缓慢（半衰期是7 370 a）；两图中几乎所有不发生β衰变的核

素都会发生 α 衰变，但其半衰期均大于 1 000 a。上述两个过程对反应堆运行的影响较小，所以在评估运行性能的产生链中可忽略不计。如就燃料后处理角度和放射性废物处置的角度而言，发生 α 衰变的核素是放射危害性评估的重点对象，此时产生链中需要重点考虑该类核素。如^{241}Am(半衰期为 433 a)的 α 衰变产物^{237}Np 的 α 衰变半衰期是 2.1×10^6 a，是核废料长期危险性评估中的重要核素。

很多超铀核素都会发生自发裂变，但因半衰期较长，大多数情况下不必考虑其影响。然而^{242}Cm 和^{244}Cm 这两种核素的自发裂变需予以关注，它们的自发裂变半衰期分别为 7.2×10^6 a 和 13.2×10^6 a。这两种核素产生的中子在反应堆正常运行时微不足道，但是在停堆阶段需重点考虑。由图 2-14 可以看出，锔(Cm)同位素是^{241}Pu 的衰变产物，所以其累积量和中子源强度取决于燃耗过程产生^{241}Pu 的量。^{242}Cm 和^{244}Cm 使得反应堆在停堆阶段处于外源驱动的次临界状态，此时的停堆功率和燃耗深度(^{242}Cm 和^{244}Cm 累积量)与停堆时间(^{242}Am 和^{244}Am 衰变产生^{242}Cm 和^{244}Cm)相关。

图 2-14 与图 2-15 中几乎所有的(n,γ)反应都可以通过(n,2n)反应走向相反方向(产生中子数少 1 的核素)。因为(n,2n)反应截面很小，通常不考虑此过程。但是^{233}Pa 的(n,2n)需重点考虑，图 2-16 显示该反应经过一系列 α 和 β 衰变最终生成^{208}Tl。^{208}Tl 会释放 2.6 MeV 的 γ 射线，且累积量较为可观，是 Th-U 循环中乏燃料后处理过程中需重点考虑的内容。

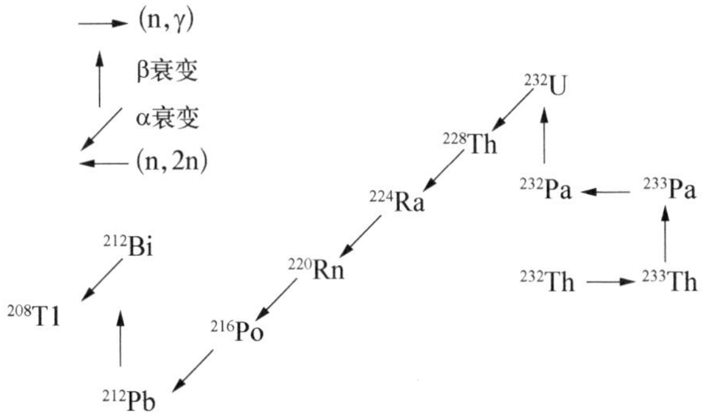

图 2-16　从^{232}Th 到^{208}Tl 的形成

2.4.2　增殖

快堆的最典型的应用是增殖，把可转换核素转变为易裂变核素。增殖比

表征着快堆增殖性能的强弱，其定义为

$$B = \frac{\text{易裂变核的生成率}}{\text{易裂变核的消失率}} = \int \sum \Phi(E) \Sigma_{\text{cfertile}} \mathrm{d}V \Big/ \int \sum \Phi(E) \Sigma_{\text{afission}} \mathrm{d}V \tag{2-37}$$

式中，Σ_{cfertile} 为可转换核素的宏观中子俘获截面；Σ_{afissile} 为易裂变核素的宏观中子吸收截面。

式(2－37)中所示的增殖比是所有能群在空间各个位置处(包含增殖区)的积分。

增殖比是评估反应堆增殖性能时经常使用的参量，但它无法表征各同位素之间的差异。计算增殖比时，^{241}Pu 原子核可等效为^{239}Pu 原子核，但^{241}Pu 的裂变截面较高而俘获截面较低，是一种更好的反应堆燃料。

增殖增益 G 是评估中子增殖性能的另一种参量。评估过程中详细考虑了不同核素在增殖过程中的价值，其中各核素的价值是通过单群微扰理论计算各个核素对反应性的贡献获得的。

如果把中子看作单群，中子通量 ϕ 和中子价值 ϕ^* 是成正比的。且单群时无须考虑群间中子散射项的贡献，令 $\Sigma_r = \Sigma_f + \Sigma_c$($\Sigma_t$ 为宏观裂变截面，Σ_c 为宏观中子俘获截面，Σ_r 为在 r 处的宏观总截面)，并将式(2－29)改写为单群形式，可获得如下关系：

$$\delta\rho \propto \int_R [\delta(\bar{\nu}\Sigma_f - \Sigma_f - \Sigma_c)\phi^2 + \delta D(\boldsymbol{\nabla}\phi)^2] \mathrm{d}V \tag{2-38}$$

宏观截面是以 $\phi\phi^*$ 为权重在全能量范围内的平均值。因此宏观裂变截面可表示为

$$\Sigma_f = \sum_i N_i \bar{\sigma}_{fi} \tag{2-39}$$

式中，下标 i 代表反应堆组成的核素，N_i 表示第 i 种核素单位体积核子数，$\bar{\sigma}_{fi}$ 表示第 i 种核素平均微观裂变截面，其加权平均过程为

$$\bar{\sigma}_{fi} = \int_0^{\infty} \sigma_{fi}(E)\phi(E)\phi^*(E)\mathrm{d}E \Big/ \int_0^{\infty} \phi(E)\phi^*(E)\mathrm{d}E \tag{2-40}$$

式中，$\phi(E)$ 和 $\phi^*(E)$ 是基模计算时获得的中子通量和中子价值。

从式(2－39)可以看出，当忽略散射影响时，第 i 种核素增加一个原子时引起的反应性增量正比于 w_i，如式(2－41)所示。此处 w_i 即为第i 种原子的

价值,用来衡量它对建立一个相同设计的新反应堆时的作用。

$$w_i = \bar{\nu}\bar{\sigma}_{fi} - \bar{\sigma}_{fi} - \bar{\sigma}_{ci} \tag{2-41}$$

增殖增益 G 等于生成易裂变核素净增加的价值除以易裂变核素消失时失去的价值。就物理意义而言,增殖增益 $G \approx B - 1$。

计算增殖增益时,常认为核素价值正比于反应堆中各核素的原子数,也就是说增殖区核素的价值等同于其在临界堆芯中的价值。相当于认为增殖区和堆芯的燃料经过后处理后以新燃料的形式装入反应堆中。因此,增殖增益 G 是评估产生核素用于新堆芯时的增殖性能的参数。

2.4.3　内增殖

实际上,增殖产生的核素也会对正在运行的反应堆的性能产生影响。此时大多数新产生的易裂变核素在增殖区内,其对全堆反应性的贡献很小。为此,引入内增殖增益 G_I,表征增殖过程对正在运行的反应堆的影响,其定义过程与 G 不同之处在于,根据式(2-38)计算对反应性的影响时,只在燃料区进行积分,不考虑增殖区的影响。对于大多数反应堆而言,G_I 是负值,这意味着堆芯易裂变材料有净损失,但是对于金属燃料或气冷快堆而言,它可能是正值。

G_I 计算中假设燃料组分的变化在全堆反应中是均匀的,实际反应堆中组分变化与中子通量分布有关。所以 G_I 无法直接代表反应性的变化,只能定性表征:当 G_I 较大时,燃耗反应性损失较小。燃耗过程反应性减少越小,换料间隔越长,燃耗深度越大,可有效提高反应堆的产能、增殖、焚烧效率。

在换料之前,快堆是通过提升控制棒来补偿燃料减少引起的反应性下降的。控制棒吸收的中子会使得可用于增殖的中子减少。因此,当燃料反应性较小时,可减少控制棒装载的吸收材料,提高堆芯燃料增殖性能。

对于用于嬗变或钚焚烧的快堆,G_I 为负值且燃耗引起的反应性损失较大,由此引起的经济性差和连续运行能力低是该类堆型的主要特点。

2.4.4　燃料成分的变化

随着燃耗进行,燃料中各类核素的含量会发生明显变化。图 2-17 以 1 kg ^{238}U 在快堆内完全通过裂变反应(自身裂变和其俘获产物裂变)而消失的过程为例,阐述各超铀核素的变化行为。^{238}U 含量随燃耗近似呈线性减少,产生 ^{239}Pu 的速率也在减小。燃耗初期,^{239}Pu 质量快速增加,^{240}Pu、^{241}Pu 和 ^{242}Pu

的增加速率随质量数的增加而减小。当^{239}Pu 的产生速率和裂变速率相同时，^{239}Pu 质量到达峰值，随着燃耗深度进一步加大，其质量会减小。在该图中，^{243}Pu、镅(Am)同位素和锔(Cm)同位素因其产生质量较小，其变化行为并未体现。也就是说，对于运行而言，上述三类核素并不重要。

图 2-17 用三种单位表示了燃耗深度：① 发生裂变的原子百分比(单位为%)；② 能量释放量(J/kg)，假设各种核素裂变过程中每次裂变产生的能量均为 200 MeV 时，随着燃耗进行，每千克释放的能量会增加。1%燃耗相当于 0.8 TJ/kg；③ 功率历史表征的燃耗(MW·d/t)，该方法将裂变产生能量表示为功率与运行有效时间的乘积，在设计分析中更便于使用，1%燃耗相当于 10 000 MW·d/t。

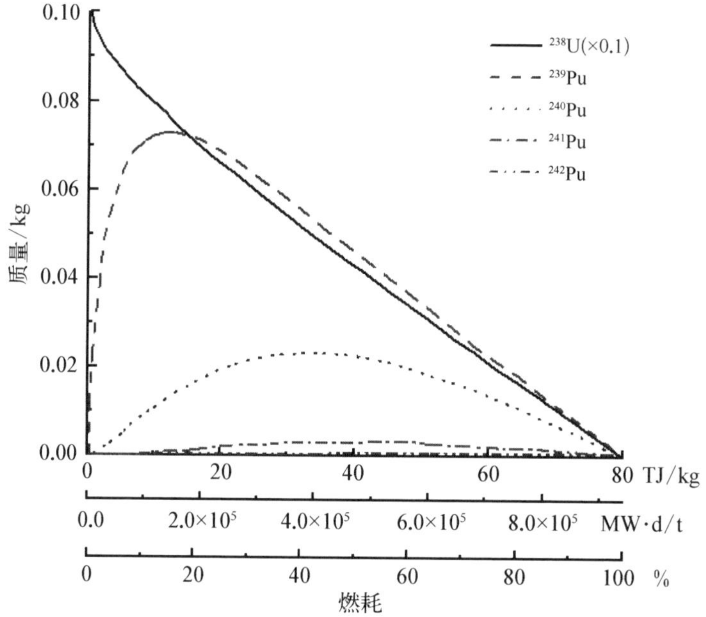

图 2-17　1 kg ^{238}U 的完整燃耗

图 2-18 给出了图 2-17 中各种钚同位素相对份额随着燃耗的变化行为。燃耗初期，最先产生的核素为^{239}Pu，其相对份额为 100%，随着^{239}Pu 的累积，^{240}Pu 等核素相继产生，且其份额逐渐增大，最终各核素产生量与消耗量(裂变和俘获)相等时会达到平衡。由图 2-18 可以看出，对于快谱堆芯而言，卸料时钚同位素的比值与燃耗深度有关。在多次循环后钚各同位素会达到一个稳定的比例，具体数值与堆型有关。图 2-18 中平衡时同位素数量比

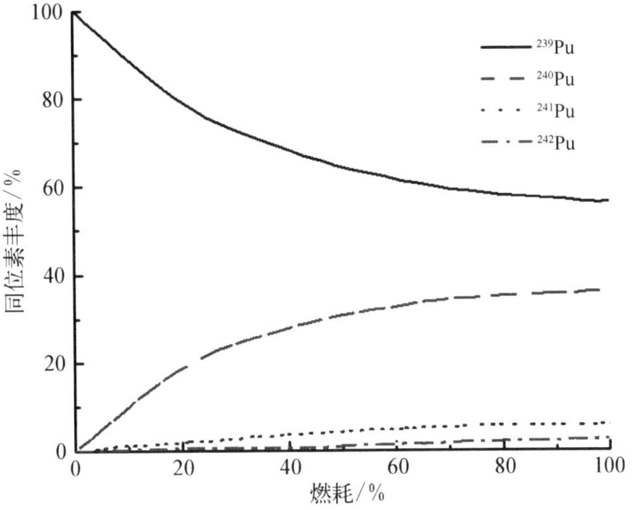

图 2-18 钚同位素成分随着燃耗的变化

值^{239}Pu：^{240}Pu：^{241}Pu：^{242}Pu≈26：36：5：2。

图 2-19 给出了一个理想化铀循环反应堆在连续补给可转换核素^{238}U时，各种同位素质量随着燃耗的变化。该堆热功率为 2 500 MW，堆芯含有 7.4 t 易裂变和可转换燃料（即重核）。^{239}Pu 的初始富集度为 23%，其浓度随着

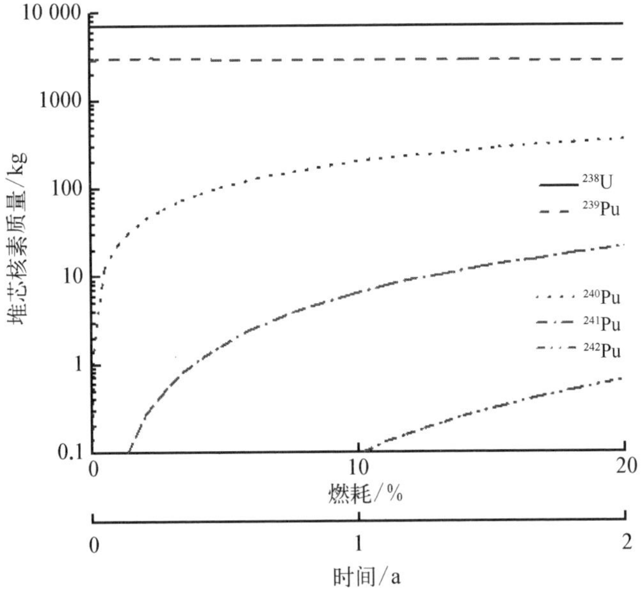

图 2-19 在铀循环反应堆中燃料成分的演变

易裂变核素^{241}Pu浓度积累呈下降趋势，也就是维持裂变反应所需的钚同位素富集度在持续下降。

图 2-20 给出了在钍循环系统中各核素的变化行为。为保证初始装料可临界，初期装载大量^{239}Pu。由于铀同位素产生过程较为缓慢，且平衡时相对份额不足以维持临界，需持续供应^{239}Pu。由图 2-20 也可看出，^{237}U 和^{238}U 的累积过程极为缓慢且相对量较小。相比铀循环，钍循环过程中产生高毒性的超铀核素量很小。

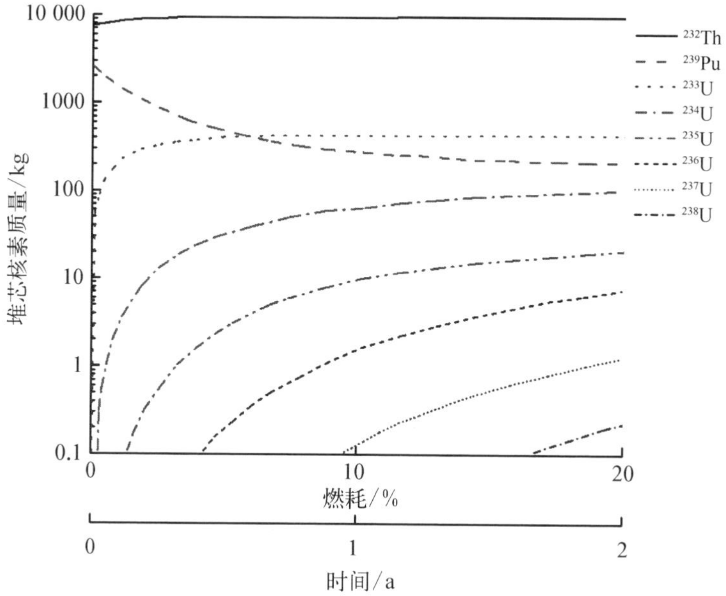

图 2-20　在钍循环反应堆中燃料成分的演变

（热功率 2 500 MW、7.4 t 重核）

然而，图 2-19 和图 2-20 仅是理论的情况，因为在实际中可转换核素的补给不连续，而是在换料期间按批次装载的。目前燃料可达到的最大燃耗深度约为 20%，此时在铀循环反应堆中钚含量大约为 77% ^{239}Pu 和 21% ^{240}Pu。如果需要获得更高的^{239}Pu 相对份额（高纯钚），则需更早地取出燃料进行后处理，约对应百分之几的燃耗。

图 2-21 给出了典型快堆中燃料成分的变化情况。运行期间^{238}U 和^{239}Pu质量不断减少，需通过提升控制棒来保证系统维持临界。在每个运行周期末，取出部分受到辐照的燃料，装载钚富集度较高的新的燃料，对上一运行周期内

消耗的钚进行补偿。取出的燃料通过进一步后处理，将钚同位素分离出来用于燃料制作。

图 2－21 假设堆芯启动和每次换料后装载的钚都是纯^{239}Pu。在整个燃耗过程中，较高钚同位素持续产生且相对份额在逐渐增加。因^{242}Pu 的产生量较少，图 2－21 中无法明显看出其含量。

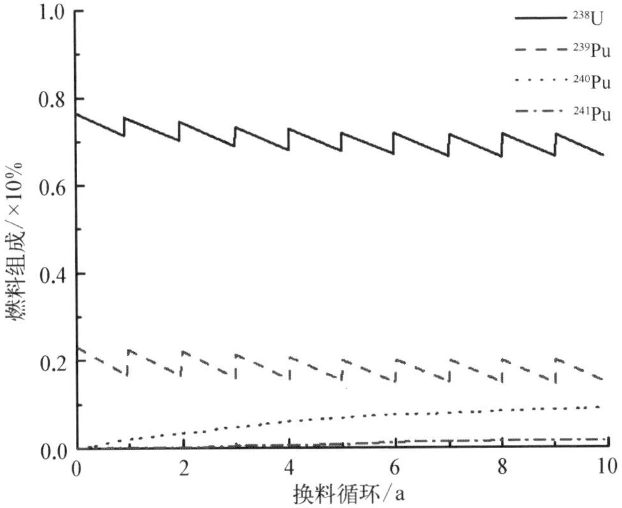

图 2－21　运行时反应堆燃料组成的变化

2.5　反应性控制

快堆是通过在堆芯内移出或插入中子吸收材料制成的控制棒进行控制和停堆的。早期实验堆有时会采用移动燃料或移动反射层的方法进行反应堆控制，但这些方法在大型动力反应堆中并不可行。本节将介绍控制棒的材料和反应性价值，以及各种反应性系数。

2.5.1　控制棒控制

控制棒用于控制反应性的快速变化，设计时主要考虑的因素是控制棒材料和控制棒价值，以及对反应性的要求。

2.5.1.1　材料

高^{10}B 富集度的 B_4C 是快堆控制棒的典型材料，另外金属钽、铕和钆的氧化物也有部分应用。^{10}B 可通过(n,α)反应俘获中子，在 0.1 MeV 以下，其截面很高且随能量 E 按照 $1/\sqrt{E}$ 规律变化，在快堆中 ^{10}B 控制体通常是通过吸收低能端的中子实现的。

采用硼做控制体的一个缺点是它吸收中子后产生大量氦原子，氦原子在碳化硼晶体内不断积累并形成氦泡，破坏晶体结构的同时引发材料辐照损伤。另外，^{10}B 会随着辐照时间的增加而消耗，进而导致其控制性能下降。上述两方面的因素限制着反应堆中控制棒的寿命。需要指出，停堆棒只在停堆或换料期间使用，大多数情况下在中子注量率较小的位置，其寿命不受辐照损伤和 ^{10}B 消耗的影响。

2.5.1.2 反应性价值

如果一根控制棒插入堆芯深度为 x，如图 2-22 所示，反应性变化(忽略除中子俘获的其他影响)正比于替换效果在整个棒长度上的积分，其中，替换效果是指 $\phi\phi^*$ 乘以控制棒材料的俘获截面与插入时替换的材料(假设是冷却剂)俘获截面的差，即

$$\Delta\rho \propto \int_0^x \Sigma_g \phi\phi_g^* (\Sigma_{c,rod} - \Sigma_{c,coolant}) dx \tag{2-42}$$

结果是与位置相反的一个反应性“S”形曲线，如图 2-22 所示[1]。一根控制棒完全插入堆芯引起的反应性变化一般称为这根控制棒的“价值”。

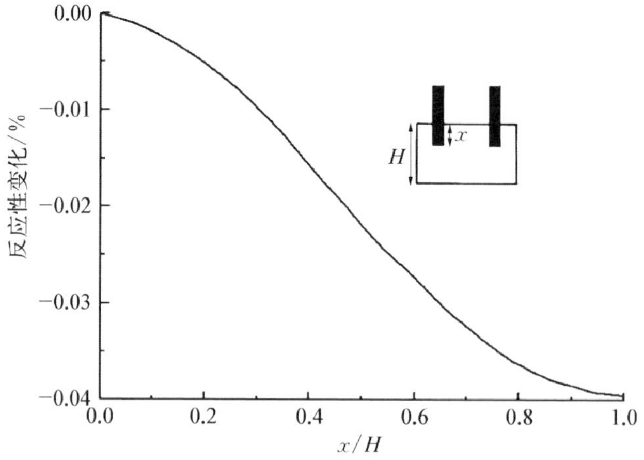

图 2-22 插入部分控制棒的反应性

上述控制棒价值是由一阶微扰理论得出的，因其分析过程中没有考虑控

制棒下插过程中 ϕ 与 ϕ^* 的变化。图 2－23 给出了控制棒插入时或提出时处于 1/3 位置处中子通量的轴向分布情况。由图 2－23 所示关系可以看出，当控制棒下插时，中子通量分布形状发生了明显的变化，有一种将中子通量分布整体“向下推”的效果。

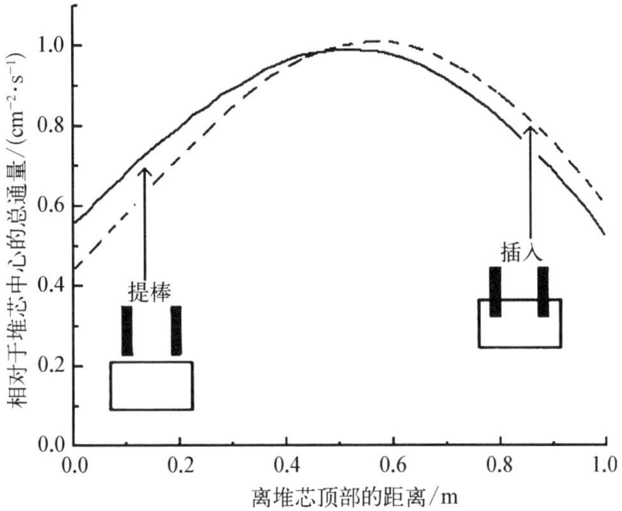

图 2－23　控制棒移动时中子通量的轴向分布

图 2－24 给出了单根控制棒部分插入时周围中子通量分布情况，由图我们可以看出在控制棒附近中子通量是如何被“抑制”的。这种通量“抑制作用”

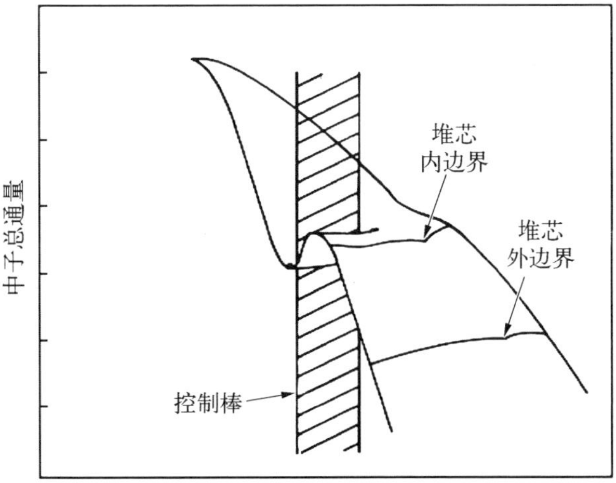

图 2－24　单根控制棒附近中子通量情况

意味着某根控制棒的价值与其发生作用时其他控制棒的位置相关。反应堆中通常有多根控制棒和停堆棒，如果附近的控制棒处于下插状态，则所关注的控制棒的价值会减少；如果附近控制棒处于提升状态，则所关注的控制棒的价值会增加。

在快堆中，为尽可能减少中子通量的畸变，通常要求同时移动所有控制棒，以补偿反应性的损失，否则可能会引发堆芯一侧的功率密度高于另外一侧、冷却剂出口温度更加不均匀、冷热流混合过程的熵增会增加、不同位置处燃料燃烧率不同等一系列不利影响。

2.5.1.3 反应性要求

一般反应堆的反应性随着温度和燃耗的增加而减小。因此，处于冷态的并装载新燃料的反应堆的反应性最大，处于换料末期的满功率的堆芯反应性最小。初装料时，控制棒处于完全下插状态，其总的反应性必须足以补偿温度和燃耗引起的反应性变化，进而在燃料循环末期通过控制棒提升仍保持临界状态。表 2-3 给出了增殖反应堆的典型反应性要求。“停堆裕度”是确保堆芯在换料期间，即便装载过多的燃料或发生某些误操作，仍保持次临界状态的安全限值。停堆裕度同时需满足允许单根或多根控制棒可被移除或替换的要求。

表 2-3 控制棒、停堆棒和安全棒反应性要求

序号	反应性变化因素	反应性价值/%
1	温度(低功率时从关机到临界状态)	−0.6
2	功率(从低功率到满功率)	−1.0
3	整个换料循环的燃耗	−2.4
4	停堆裕度	−2.4
5	总计(反应性价值)	−6.4

注：表中反应性变化因素应满足如下要求。① 控制棒(覆盖操作中反应性的变化)应考虑温度、功率和整个换料循环燃耗的反应性价值的叠加影响；② 停堆棒(在换料期间使反应堆处于次临界状态)要考虑停堆裕度的反应性价值；③ 安全棒(可独立随时关闭反应堆)应考虑温度和功率的反应性价值的叠加影响。

安全棒的设置要求在弹棒事故或某些控制棒操作机构无法动作的情况

下，反应堆均可从其运行状态实现停堆。

从原理上来看控制棒、停堆棒和安全棒没有区别：组成上述控制棒的材料可能完全相同，但不同的名称代表着不同的功能。作为重要安全系统，反应堆的停堆系统需通过多样性设置加强其可靠性，因此停堆棒会采用与普通控制棒不同的材料或不同的运行机制。

需要注意的是，表 2-3 给出的是增殖反应堆内的反应性要求，可转换核素的内增殖很大程度上补偿了燃耗反应性损失，如不考虑这种补偿，实际的燃耗反应性损失可能会达到 6%左右的水平。对于增殖堆而言，各类控制棒所占堆芯体积为 7%～10%。对于嬗变堆或焚烧堆而言，控制棒所占体积更大，且燃耗反应性损失会成为限制其换料周期的主要因素。

2.5.2　反应性反馈

对于正在运行中的核反应堆，由于中子数目非常大，因而它的变化足以引起裂变功率的变化，进而引起温度的变化，反过来又导致反应性变化，这个机制称为反应性反馈。

2.5.2.1　温度效应

温度对反应堆的反应性存在如下几方面的影响：① 温度变化影响着燃料的共振自屏效应，直接影响^{238}U 的俘获率；② 温度变化会引发材料密度的变化，其中冷却剂密度变化的影响对堆芯中子学性能的影响最为重要；③ 对于结构材料而言，温度变化不仅会造成结构尺寸的变化，也同时影响着各个部件在堆芯的相对位置，造成堆芯中子学性能的变化。

大多数情况下，很小的温度变化引起的尺寸、密度和材料自屏效应的变化也很小，并且与温度变化成正比。此时反应性的变化近似于线性且具有独立性，可以使用一阶微扰理论进行相关计算。所以温度引起的反应性变化常表示为 $\mathrm{d}\rho/\mathrm{d}T_i$ 的形式，即反应性系数。其中 T_i 是当前状态下的温度(例如冷却剂入口温度或平均燃料温度)，$\mathrm{d}\rho/\mathrm{d}T_i$ 可以视为常数，并且与具体温度无关。

上述近似在某些特殊情况下可能不成立。例如：正常运行阶段燃料棒弯曲并发生相互接触后，几何尺寸与温度变化已经无法用正比关系描述，进而导致一阶微扰理论的失效；在极端事故工况下，高燃料温度伴随着冷却剂沸腾出现，此时一阶微扰获得的反应性系数也无法用于该类情况的描述。

2.5.2.2　多普勒系数

随着温度的升高，燃料中各种核素的共振截面出现峰值下降，共振宽度增大，导致燃料整体的共振自屏蔽效应降低，进而引起反应性的变化。在上述过程中，中子的有效能量依赖于中子与靶核的相对运动，其行为类似于光学与声学中的多普勒效应，由此产生的反应性变化常称为多普勒效应。自屏效应的减少常会引发低于 20 keV 的中子与燃料中各种核素的核反应截面的增加，最终引起的反应性变化是各种截面变化综合作用的表现。其中俘获截面 σ_c 与裂变截面 σ_f 变化引起的反应性变化最为显著。在增殖堆中，多普勒效应引起的 ^{238}U 俘获反应的增加高于 ^{239}Pu 裂变反应的增加，最终使得堆芯呈现较大的负多普勒系数。其他致力于核废料焚烧和产能的快中子堆的多普勒系数与其燃料种类、几何结构有关。

不同共振峰引起的多普勒效应与温度呈现不同的关系：对于高能低共振峰而言，由该峰引起的贡献与 $T^{-3/2}$ 成正比；而对于低能高共振峰而言，其贡献与 $1/T$ 成正比。但对于总的效应而言，当考虑各共振峰所占权重后，快谱堆芯中多普勒系数与 $1/T$ 成正比。因此实际应用中，会采用多普勒常数来描述其影响，其表达形式为 $-T\mathrm{d}\rho/\mathrm{d}T$，即多普勒系数与分析温度的乘积。

图 2-25 以低富集度燃料装载的增殖堆为例，给出了不同核素引起的多普勒效应。由图可以看出，各核素对反应性的主要影响来自 1 keV 附近的不可分辨共振峰。^{239}Pu 裂变的增加会引起反应性的增加，而其他核素俘获反应的增加会引起反应性的减小。其中最主要的反应性减小来自 ^{238}U。除此之外，结构材料中的铁核素的共振俘获也会引起堆芯负的反应性，但其所占份额很小。

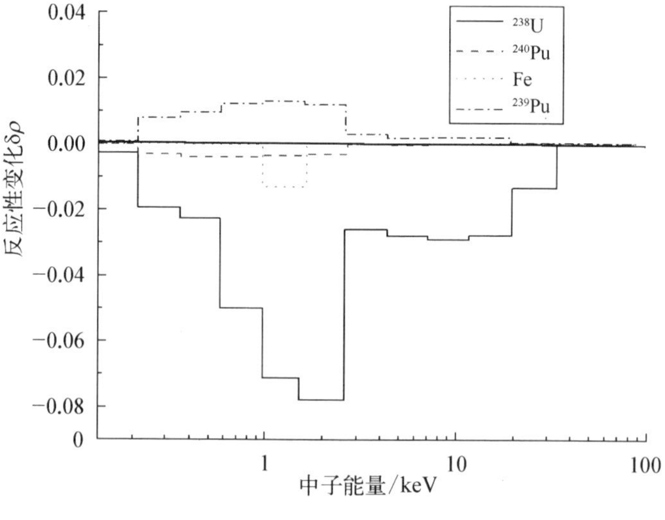

图 2-25　某一温度点下不同核素的多普勒效应

在反应堆运行过程中，堆芯燃料的温度并不相同，多普勒效应是温度的函数，因此存在正确使用平均温度的问题。在导热系数恒定的圆柱形燃料元件中，体积加权平均温度 $\overline{T}$ 介于中心温度和表面温度之间。由于多普勒效应在低温下较强，所以受多普勒效应影响的有效温度 T_{eff}略低于平均温度 $\overline{T}$，但差别很小。若燃料元件中的温度处于平衡状态，则可以表示如下：

$$\frac{T_{\mathrm{eff}}}{\overline{T}} \approx 1 - \frac{1}{3}\left(\frac{\overline{T} - T_0}{\overline{T}}\right)^2 \tag{2-43}$$

径向不同位置处的燃料组件的温度差异对多普勒效应的影响，可结合式(2-29)给出的一阶微扰理论详细评估。

2.5.2.3　冷却剂密度相关反应性系数

温度相关的冷却剂效应更多地体现为温度引起的冷却剂密度变化产生的影响。

对于钠堆而言，具体影响过程可从以下四个方面进行阐述：

(1) 能谱变化项。钠密度降低引起向低能群散射(相当于一种慢化项)的份额减少，使得中子能谱偏硬，峰值能量稍有增加。由图 2-7 可以看出，对于一个以钚为燃料的反应堆，中子能量的峰值处于中子价值增加的上升区，因此会引起反应性的增加。对于钠堆而言，冷却剂对“能谱慢化”的作用更为明显，因此能谱变化项会引入较大的正反应性贡献。

(2) 冷却剂俘获项。钠密度降低直接引起俘获反应的减少，从而引起反应性的增加，即俘获过程引入一个正的反应性系数。因为钠冷却剂只俘获少量的中子，这一项贡献通常很小。

(3) 燃料自屏项。钠密度降低，引起散射反应减少，间接引起燃料中吸收项减少，进而引起反应性的变化。燃料吸收项中，可转换核素的作用和裂变核素的效果与多普勒效应的降温过程类似。俘获项的减少可使反应性增加，而裂变项引起的反应性的减小无法抵消这种反应性的增加，最终导致此变化过程中产生正的反应性效应。但这部分的贡献引入的正反应性效应通常很小。

(4) 散射项。钠密度降低，引起散射反应减少，堆芯泄漏项增加，引入负的反应性效应。

上述四种影响中，慢化项、俘获项和自屏项需考虑中子通量价值的分布，因此其作用和堆芯位置的关系与 $\phi\phi^*$ 的分布情况相近，呈现中心处大、边缘处小的特点。对于散射项，其作用与中子梯度及其价值的分布相关，因此存在中间小、边缘大的分布特征。

表 2-4 给出了某一小型增殖快中子堆中的冷却剂温度均匀提升时，由上述各项引起的反应性系数情况。由表中数据可以看出，能谱项引入的正反应性系数与散射项引入的负反应性系数较为接近，综合作用下，堆芯呈现微正的反应性系数。

表 2-4　小型钠冷快堆中冷却剂温度系数的组成

组　成　项	$\frac{\partial\rho}{\partial T}/\mathrm{K}^{-1}$
能谱变化项	5.22×10^{-6}
冷却剂俘获项	0.78×10^{-6}
燃料自屏项	0.52×10^{-6}
散射项	-6.51×10^{-6}
总　计	0.01×10^{-6}

对于冷却剂丧失事故，其作用机制与密度引起的冷却剂温度效应相近。极端事故下，假设堆芯冷却剂全部丧失，引入的正反应性约为 4×10^{-5}。假设冷却剂丧失只发生在堆芯中能谱变化项、冷却剂俘获项和燃料自屏项的主导位置处，此时引入的正反应性可高达 7×10^{-3}。对于大型装置而言，冷却剂的丧失引入的正反应性更大，某 2 500 MW 的钠冷快堆，堆芯完全失冷情况下引入 0.017 的正反应性，中心部分失冷情况下引入的正反应性可达 0.02。

局部钠温变化或局部失钠情况下，冷却剂温度系数的正负值与具体位置相关。图 2-26 给出了某一大型增殖堆中，轴向不同位置处发生失冷事故时反应性的变化行为。在中心处，以能谱变化项、冷却剂俘获项、燃料自屏项为主导，呈现正的反应性系数。在边缘处，以散射项为主导，呈现负的反应性系数。需指出，增殖包层的引入使得边缘处中子泄漏引入的负的反应性有明显减少。对于非增殖堆型，空泡效应通常为负效应[6]。

对于铅基冷却快堆，冷却剂密度变化引起的四种作用均很小。特别是能谱变化项引入的正反应性贡献相比钠冷快堆小很多。整体而言，活性区中心

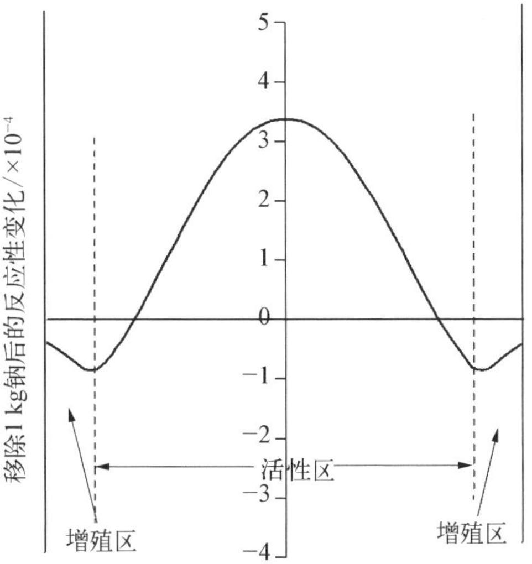

图 2－26　钠空泡效应的空间分布

处，铅堆的冷却剂温度系数可能出现正值，当扩大到整个燃料组件长度上，总的冷却剂温度系数呈现负值[7]。

铅基堆的冷却剂密度系数常为负值。在某些情况下，铅基堆的全堆空泡效应可能为正，但因铅基材料沸点在 1 700 ℃左右，与其运行温度之间的温差更大，且燃料包壳会在冷却剂沸腾前熔化，因此全堆规模的冷却剂沸腾现象不可能发生。铅基堆中，局部的空泡效应指燃料包壳破裂后，裂变气体释放过程中产生气泡的现象。具体引入的反应性与气泡产生位置及其后续迁移过程有关，需进行详细的计算分析。

2.5.2.4　结构材料相关温度效应

反应堆中不同位置处的结构材料相关的反应性温度效应与详细设计方案有关。本节举例对结构材料的整体效应进行阐述，但在实际应用过程中还需要根据具体设计方案进行详细分析。

结构随温度的实际变化可从径向变化和轴向变化两个方面阐述。径向的变化主要取决于承担支撑作用的结构材料相关的变化，进而影响材料的相对空间布局，如支撑格架热膨胀引起的燃料组件间距变大。轴向变化主要体现为燃料包壳、组件盒的轴向伸长。

结构材料随温度的变化在反应堆物理设计与分析中的重要体现为“平均等效密度”。温度上升时，结构材料的等效密度降低，而冷却剂的平均等效密度没有变化甚至会出现增加的情况。

等效密度减小、体积增大最终体现为泄漏中子的增加，因此结构材料的膨胀通常体现为引入负的反应性，具有负温度系数。轴向、径向膨胀系数与堆型、燃料选型以及堆芯的高径比(H/R)有关。图 2－27 以一个氧化物燃料的圆柱形增殖堆为例，给出了不同高径比时，轴向和径向尺寸增加 1%时由结构材料引起的堆芯反应性的变化情况。在该堆中，径向膨胀引入的负反应性较大且随着高径比的增加而减小。轴向反应性引入的反应性较小，对于无限平板堆，高径比接近于 0 时，轴向膨胀引入的反应性接近于 0。随着高径比的增大，引入的负反应性增大。

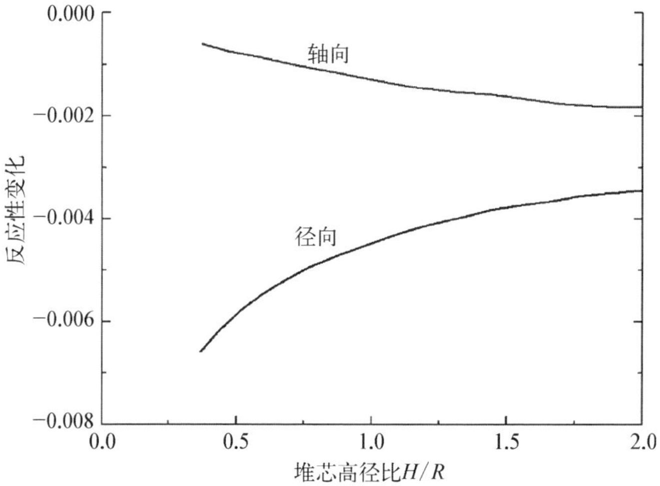

图 2－27　堆芯反应性变化趋势(发生 1%线性膨胀时)

2.5.2.5　燃料元件/组件弯曲引入的温度效应

对于一个反应堆系统而言，功率分布呈现中间大边缘小的特征，从而导致靠近中心的燃料元件/组件具有更高的温度。因此，当反应堆由冷停堆、热停堆状态下过渡到满功率运行过程中，原本笔直的燃料元件会发生弯曲。这种弯曲引发的对反应性方面的影响与燃料组件/燃料元件的支撑固定方式有关。当进行单端固定时，弯曲呈远离堆芯高温度区的趋势(散开状)，进而引入负的反应性。当进行双端固定时，弯曲呈靠近堆芯高温度区的趋势(内缩状)，从而引入正的反应性。

实际反应堆中，采用了多种约束方式来减小上述因素造成的组件弯曲，因此弯曲效应引入的反应性很小。燃料元件在组件内通过绕丝和格架等约束限制其径向位置的变化。燃料组件盒间采取相应抗弯曲措施，减小径向变化。

燃料组件/燃料元件会在制造公差引入的间隙中发生扭曲，此时会引入复杂的非线性效应。

2.5.2.6　整体温度效应评价

在反应堆运行过程中，堆芯内不同材料的温度按照其特有的规律变化。评价整体温度效应时，应对各种效应的组合进行综合评价。

等温温度系数是用于整体温度效应评价的一种方法。这种评价方法中，假设全堆芯内各位置处温度变化量相同，评估温度变化过程中的反应性变化率。等温温度效应综合考虑了多普勒效应、冷却剂密度效应、轴向和径向膨胀效应，可将其理解为当反应堆功率和冷却剂流量不变时，改变冷却剂入口温度引起的堆内反应性随入口温度的变化趋势。基于此方法测量的温度系数即为等温温度系数。需注意，多普勒系数与燃料温度相关，因此等温温度系数也与具体温度(或者说堆芯功率水平)有关。某一用于增殖的钠冷快堆在冷态时(低功率水平)等温温度系数约为-2.5×10^{-5} K^{-1}，在功率运行阶段的等温温度系数约为-1.5×10^{-5} K^{-1}。

功率反应性系数是整体效应的另一个评价参数。冷却剂入口温度相同时，随着功率的增加，冷却剂流量成正比增加。此变化过程中，冷却剂与结构材料的温度不变，因此功率反应性效应仅与多普勒效应有关。例如，某2 500 MW的钠冷增殖堆的功率系数约为-3×10^{-6} MW^{-1}。

2.5.2.7　反应性系数相关设计

在严重事故中，反应堆的行为与多普勒效应和冷却剂丧失引起的反应性变化紧密相关。较大的负反应性系数可减轻事故的严重程度，因此需了解方案设计对反应性系数的影响。

燃料富集度是影响反应性系数的重要因素之一。高富集度的小堆芯与低富集度的大堆芯相比，由于^{238}U发生裂变的概率降低且高能中子更易从堆芯泄漏，中子价值随中子能量的增长更为缓慢。因此对于钠冷增殖堆，随着富集度的增加，钠相关的能谱变化项引入的正反应性呈减小趋势。由于^{238}U的装载量减少，多普勒效应引入的负反应性呈减小趋势。

降低堆芯高度，在堆内引入增殖元件也可以使钠效应引入更大的负反应性，但多普勒效应引入的负反应性可能变小。虽然需要更多的装载量，但整体的增殖比增加。就安全角度而言，增加钠效应引入的负反应性比多普勒效应的减少更为重要。因此某些方案的设计中会重点考虑降低堆芯高度。图2-28给出了在保持体积不变的条件下，改变堆芯高度对钠冷增殖堆反应性的影响。

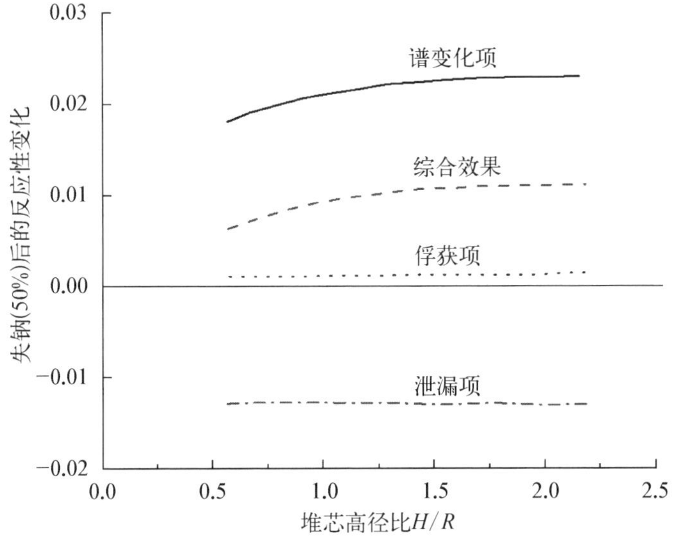

图 2-28　不同堆芯形状下失钠反应性效应

通过在堆芯布置更多的有慢化作用的材料(如 BeO 和^{11}BC)进行适当的中子能谱软化也是减少钠效应的一种方法。如果在堆芯材料中加入 10%的 BeO,可以使总的冷却剂反应性系数变为负值并使多普勒效应引入更大的负反应性。这种方法可以同时使冷却剂反应性系数和多普勒反应性系数变为负值,但是需要更多的临界装载。

通过增加燃料中^{241}Pu 的相对份额可以同时使多普勒效应和冷却剂效应引入更多的负反应性。相比而言,当中子能量降低时,^{241}Pu 的裂变截面上升趋势比^{239}Pu 的更快,所以提高^{241}Pu 的相对份额可以提高低能中子的中子价值。^{241}Pu 更高的裂变截面意味着可以增加可转换核素(^{238}U 和^{240}Pu)的相对份额,因此多普勒效应引入的负反应性将增大。然而这种方法带来的效果相对较小,且提高^{241}Pu 的相对份额将很大程度提高核燃料生产成本,因此实际设计中很少采用这种方式。

当使用碳化物燃料替换氧化物燃料时,中子能谱会变硬,燃料富集度会减小,因而导致钠效应中的能谱变化项引入的正反应性更大,但多普勒效应会引入更多的负反应性。

对于钍铀循环,中子能量变化引起的中子价值变化不大,冷却剂能谱变化项引入的正反应性很小。由于中子在 1 keV 附近的价值更大,负的多普勒系数会变得更小。

在多普勒效应中，负的反应性主要由^{238}U和^{240}Pu等核素提供，表2－5给出了一个2 500 MW反应堆堆芯无冷却剂时，燃料中不同组分引入的多普勒效应。其中的钚份额是MOX燃料制造中的最大份额。致力于钚焚烧和次锕系核素嬗变的快堆堆芯中，^{238}U的相对份额小于增殖堆中的，因此多普勒效应引入的负反应性会变小。由表2－5中数据可以看出，即便没有^{238}U的装载，对于经过辐照的钚燃料而言，其中的^{240}Pu会使多普勒系数仍为负值。但是对于高纯^{239}Pu，多普勒可能为正值，此时可以考虑采用加入慢化材料（如BeO等）的方式将多普勒系数变为负值。

表2－5 钚焚烧快堆中各核素对多普勒系数（$-T\frac{d\rho}{dT}$）的贡献

核　素	份额/%	俘　获	裂　变	综　合
^{238}U	55	－0.50	0.00	－0.50
^{239}Pu	15	－0.06	0.10	0.04
^{240}Pu	18	－0.11	0.02	－0.09
^{241}Pu	4	－0.00	0.01	0.01
^{242}Pu	8	－0.02	0.00	－0.02
总　计	100	－0.69	0.13	－0.56

在焚烧堆或嬗变堆中，由于^{238}U所引起的裂变减少，中子重要度的能量分布更为平缓。因此，冷却剂效应中能谱变化项引入的正反应性更小。但是对于钚焚烧堆而言，^{240}Pu的快中子裂变截面更大，其相对份额的增加会使得中子重要度曲线随中子能量重新变得陡峭，进而使得冷却剂能谱变化项引入更大的正反应性。

2.6 次临界反应堆物理

次临界反应堆的有效增殖因子$k_e<1$，因此其必须在外中子源的驱动下才可实现稳定运行。外源消失后，由于无法维持中子平衡，中子注量率将逐步降低，最终处于停堆状态。因此，在正常运行时，不会出现临界安全问题，具有

固有的安全性。

次临界反应堆的堆芯功率与源强度呈正比关系。堆功率与外中子源强度的关系可以近似表达如下：

$$P \propto S/(1-k_{\mathrm{e}}) \tag{2-44}$$

式中，S 代表外中子源强度，P 代表功率，$k_{\mathrm{e}} < 1$。驱动次临界堆的外中子源可以来自放射性中子源（^{252}Cf 源、Am－Be 中子源等）和散裂中子源等。高能强流质子与重金属散裂靶作用后，由于“级联-蒸发”作用产生的强中子源可达 1×10^{17}/mA，在强中子源的作用下，可获得高功率次临界反应堆。其中高能强流质子可由回旋或直线质子加速器提供。上述系统即为加速器驱动的次临界系统（ADS）。ADS 产生的中子可以用于处理嬗变长寿命裂变产物（LLFP）和次锕系核素（MA）等核电厂产生的乏燃料，也可以用于核燃料增殖（如基于 Th－U 循环的 ^{233}U 的增殖）。

2.6.1　中子经济性

次临界堆芯组件的作用可以理解为使散裂源中子输出倍增，倍增因子与其 k_{e} 有关。图 2－29 对倍增过程的中子经济性进行了阐述。这种简化分析表明 $\eta + S = L + C + 1$，对于每一个受到破坏的裂变核，$\eta = \bar{\nu}/(1+\alpha)$，其中 $\bar{\nu}$ 为原子核每次裂变产生的平均中子数，裂变中子产生的数量是 $\alpha = \sigma_{\mathrm{f}}/(\sigma_{\mathrm{f}} + \sigma_{\mathrm{c}})$，$S$ 代表引入的外中子源项，L 代表被结构材料、冷却剂、屏蔽材料等捕获而丢失的中子数目，C 代表可利用的中子数。此外，由于链式反应产生 η 个新中子，成为 $\eta + S$ 个中子，故 $k_{\mathrm{e}} = \eta(\eta + S)$，经过整理可得

$$C = \frac{S}{(1-k_{\mathrm{e}})} - 1 - L \tag{2-45}$$

如果加速器驱动反应堆用于增殖，则 C 就代表增殖比。由于锕系核素裂变过程中伴随的俘获反应在消耗重锕系核素的同时会产生新的重锕系核素，因此，每个燃料原子被轰击后重锕系核素的数量净减少为 $C\alpha(1+\alpha)$。

对于临界堆而言，L 的数值约为 0.2，其中 50％是由控制棒吸收引起的。而对于 ADS 系统，当堆芯处于一定次临界水平，加速器满足控制要求时，可考虑不加载控制棒。此时 L 项有望减小至 0.1 的水平，可获得更高的增殖或嬗变效果。

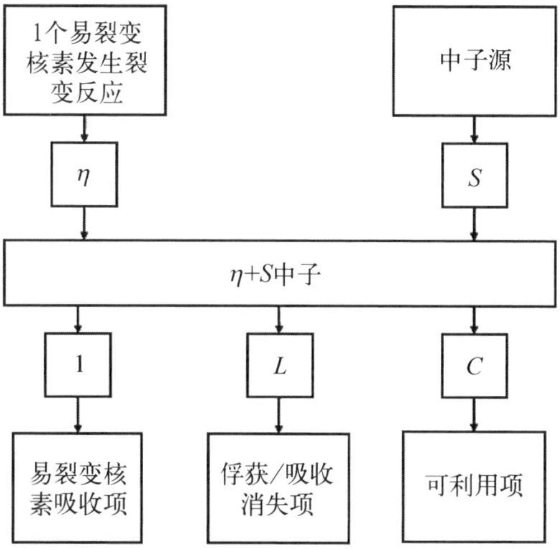

图 2-29 ADS 系统中的中子经济性

2.6.2 中子倍增与功率放大特性

ADS 装置的放大特性可从两方面进行考虑，一方面是增大加速器输出，从中子来源角度看，其增益 G_n 为 $(\eta+S)/S$。基于式(2-45)可引入源倍增因子 k_e 这一物理量，用来代表裂变产生中子项 η 与总的中子消耗项$(\eta+S)$的比值：

$$k_e = \frac{\eta}{\eta + S} \tag{2-46}$$

式中，k_e 与堆芯布置、外源在堆芯的相对位置有关。由于中子增益 $G_n = (\eta+S)/S$，因此可得

$$G_n = 1/(1-k_e) \tag{2-47}$$

另一方面作为一种能量来源，散裂靶中的各质子相互作用产生比裂变更多的中子，从而获得更大的增益。高能质子(1 GeV 以上)与散裂靶作用时产生的中子数目与质子能量近似成正比关系，当能量高达 1 GeV 的质子撞击铅靶 n_n 时，约产生 18 个中子，所以 $n_n \approx E_p/E_0$，其中 E_0 处每个中子的能量约为 55 MeV。

由图 2-29 所示，在次临界组件中，每个源中子被易裂变材料吸收的份额为 $1/S$，其中 $\frac{1}{S}(1+\alpha)$ 为发生的裂变数，假设每次裂变释放 200 MeV 的裂变

能 E_f。那么能量增益 G_e 可近似表达为 $E_f/[E_0S(1+\alpha)]$，根据 $S=\eta(1-k_e)/k_e$ 和 $\eta=\bar{\nu}/(1+\alpha)$ 可得

$$G_e=\frac{E_f k_e}{E_0\bar{\nu}(1-k_e)} \tag{2-48}$$

在实际应用的 ADS 中，k_e 为接近 1 的数，而 $E_f/E_0\approx200/55\approx3.6$，因此可用下式进行放大效果的评估：

$$G_e\approx\frac{3.6}{\bar{\nu}(1-k_e)} \tag{2-49}$$

需指出，式(2-49)中分子取决于裂变靶的性质，而 $\bar{\nu}$ 取决于可裂变材料。

2.6.3 次临界堆中的反应性变化

随着燃耗过程中燃料组分的变化，次临界堆芯的反应性也在发生变化。由式(2-44)可以看出，为保证输出功率不变，可从调节加速器束流强度或使用控制棒组件调节堆芯反应性的角度来进行；然而从 ADS 的潜在应用场景而言，需设计为取消控制棒组的堆芯，以减小式(2-45)中的 L 项，进而提高嬗变或增殖过程的可利用中子数。取消控制棒组的同时，也可降低系统的复杂度，并且降低建造成本。

取消控制棒组意味着 ADS 必须在各种可能的工况下(特别是装换料期间)保持次临界水平并留有足够的安全裕量。另外，次临界状态的确认要求发展新的方法进行反应性的测量与监督。基于此方面的考虑，研究人员建议无控制棒组的 ADS 的 k_e 选择在 0.95～0.97 范围内，要求堆芯设计者设计的堆芯在燃料循环周期内的反应性波动尽量小。

对于依靠加速器束流强度进行功率控制的 ADS 而言。假设燃料循环周期内 k_e 从 0.99(1%的停堆裕量)变化为 0.96，此时需要束流强度发生 4 倍的变化以保证运行期间堆芯功率保持一致。这不仅要求加速器达到很高的功率，且其运行过程具有高度的可靠性，从而增加了加速器的研发建造成本。此外，4 倍的束流功率变化会增加系统对于无保护超功率事故的安全要求。为减小 ADS 对加速器系统的要求，部分学者提出将 ADS 设置为使用控制棒组的系统，同时将堆芯运行在浅层次临界水平(如 $k_e\approx0.995$)，以减小束流强度对稳态功率的要求[8]。

2.6.4　次临界堆芯的功率密度

ADS次临界堆芯中的中子注量率分布情况与其次临界水平紧密相关。图2-30对$k_e=0.995$、$k_e=0.95$的次临界堆芯，以及临界堆芯中径向中子注量率分布进行了比较。该反应堆模型为圆柱形反应堆，高为1 m，直径为2 m，中子源设置于活性区的中心。由图中数据可以看出，中子源对于堆芯外边界处的中子注量率的分布影响较小，越靠近外源的地方，中子注量率越高。次临界水平越深，中子注量率分布越不均匀。$k_e=0.995$时，径向分布情况与临界状态下的分布情况已经极为相似。

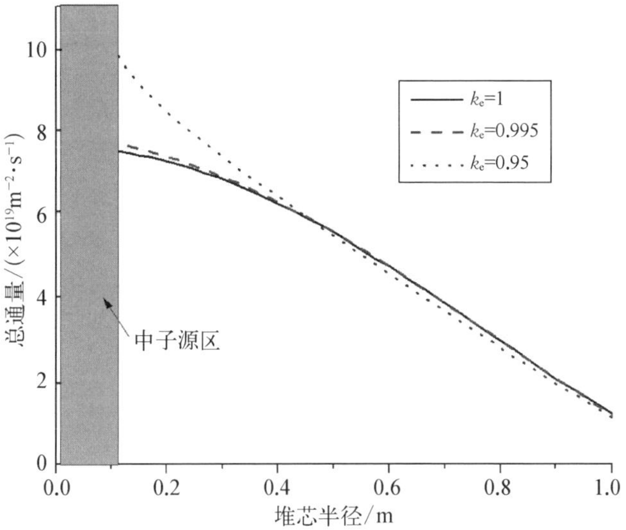

图2-30　次临界反应对通量分布的影响

为减小功率密度分布差异，在ADS中可采用与临界堆相似的分区燃料布置方案进行功率展平。但是在靠近中子源区的位置，需进行更为详细的设计以避免出现组件/元件过热的现象。

参考文献

[1]　贾德 A M. 快堆工程引论[M]. 阎凤文，译. 北京：原子能出版社，1992.
[2]　谢仲生. 核反应堆物理分析(下册)[M]. 北京：原子能出版社，1996：10-11.
[3]　苏著亭，叶长源，阎凤文，等. 钠冷快增殖堆[M]. 北京：原子能出版社，1991：84-85.
[4]　Duderstadt J J, Hamilton L J. Nuclear reactor analysis[M]. New York: John Wiley

& Sons,1976.
[5] 史永谦. 核反应堆中子学实验技术[M]. 北京：中国原子能出版社,2011.
[6] Satyamurthy P, Degwekar S B, Nema P K. Design of a molten heavy-metal coolant and target for Fast-Thermal Accelerator Driven Sub-Critical System (ADS) [R]. Moscow: Working Group on Fast Reactors, 2000.
[7] Grasso G, Petrovich C, Mattioli D, et al. The core design of ALFRED, a demonstrator for the European lead-cooled reactors[J]. Nuclear Engineering and Design, 2014, 278: 287 - 301.
[8] Artioli C, Chen X, Gabrielli F, et al. Minor actinide transmutation in ADS: the EFIT core design [C]//International Conference on the Physics of Reactors 2008, Interlaken, Switzerland, 2008.

第 3 章 燃料与材料

快堆除了追求较高的增殖比之外，还追求高燃耗和高冷却剂出口温度，基于这些考虑，快堆燃料选择标准至少应考虑六个方面：① 在运行温度范围内，具有足够的稳定性；② 能承受高燃耗，辐照肿胀小；③ 具有较好的热性能，具有高熔点、高热导率；④ 燃料易裂变原子密度高；⑤ 燃料及包壳和冷却剂相容性好；⑥ 具有较成熟的制造工艺。

根据燃料选择的标准，就钠冷快堆而言，适用的燃料包括金属燃料、氧化物燃料、碳化物燃料和氮化物燃料。从快堆燃料发展来看，早期的快堆都采用金属燃料，但是由于对金属燃料辐照性能及元件设计的认识不足，仅辐照到很低的燃耗时，包壳就发生破损，而氧化物燃料在轻水堆上已经得到广泛应用，具有较为成熟的经验。因此，从 20 世纪 60 年代开始快堆燃料发展转向了氧化物燃料，包括 UO_2 燃料和 MOX 燃料，并获得了丰富的运行经验。直到 20 世纪 80 年代，美国通过改进金属燃料辐照性能和元件设计，验证了金属燃料同样可以达到高燃耗水平。20 世纪 90 年代以后，国际上开始关注碳化物和氮化物燃料，但是由于这两种燃料制造工艺不成熟等原因，目前仍然处于研究阶段，缺乏在快堆规模化的使用经验和数据。相比之下，氧化物燃料从元件设计到制造工艺，都具有较高的成熟度，在快堆中得到了实际应用。

3.1 燃料组件结构及材料

燃料组件是堆芯的关键部件之一，本节将对其结构和材料进行介绍。

3.1.1 燃料组件结构

典型的液态金属快堆燃料组件主要是由一个螺旋金属绕丝或格架维持径

向定位和由栅板维持轴向定位的燃料棒束装入一个六角形外套管构成。在燃料棒束的上方依次有上屏蔽件和组件操作头，操作头上有冷却剂出口孔。在燃料棒束的下方依次有下屏蔽件和组件在堆芯的定位管脚，管脚上有冷却剂的入口孔和控制流量的结构。此外，在组件上部的外表面上有垫块，以保持组件之间的距离。图 3-1 是典型堆芯组件结构示意图，主要由燃料棒、外套管、操作头、栅格架、管脚等结构组成。

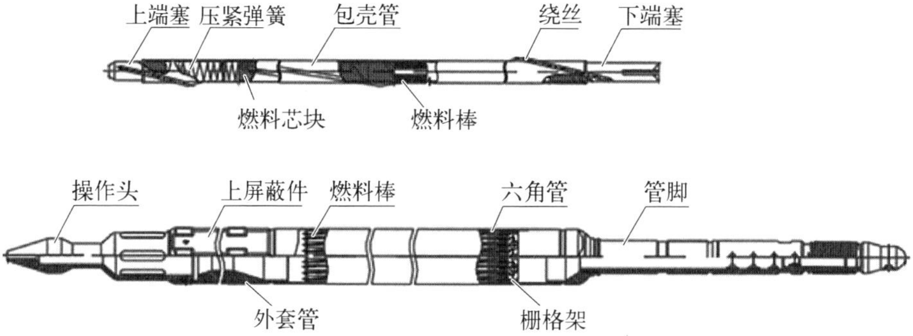

图 3-1　典型的快堆燃料棒组件结构

1）燃料棒

典型的快堆燃料棒是细长的密闭式结构，以氧化物燃料棒为例，它主要是由一根无缝的不锈钢包壳管和圆柱形氧化物燃料芯块构成。燃料芯块位于棒内的中央段，它是由许多短的芯块堆垛而成，棒的上部和下部是贫化 UO_2 芯块，组成上、下两个轴向转换区。在上转换区芯块的上方是压紧弹簧，裂变气体储存腔布置在下轴向转换区的下方，也有布置在上轴向转换区的上方，也可两者兼之。在棒的两端是上、下端塞，构成了封闭式的燃料棒，在燃料棒外表面上有一根金属绕丝，固定在上、下端塞上。燃料棒内部充有氦气，增加热传导。像中国实验快堆的燃料棒就主要由上端塞、包壳、压紧弹簧、芯块柱（轴转区芯块、燃料芯块）、下端塞和绕丝组成。

2）操作头

操作头为换料设备提供抓取结构，并作为冷却剂流出组件的出口通道。装入堆芯的相邻组件通过操作头上垫块之间相互接触实现径向定位，保证组件装卸料，同时使组件之间形成盒间流。

3）外套管

外套管是连接组件上、下端结构的重要构件。外套管的结构形式由燃料棒排列方式决定，一般燃料棒为三角形排列的外套管为六角形。外套管径向约束燃料棒的同时也约束了冷却剂，并提供了必要的流道。

外套管提供了一个防护层，当某一组件中有少数燃料棒发生破损时，可阻止事故向邻近的其他组件蔓延。

4）栅格架

栅格架为燃料棒提供轴向支撑，并将相邻燃料棒的棒间距限制在一定范围内。燃料棒直接插入栅格架并焊接固定，栅格架与外套管焊接固定。除此栅格架一种方法外，还可以使用替代定位方式实现燃料棒的轴向定位，例如栅板与下过渡接头焊接将燃料棒插接在栅板上等方法。

5）管脚

管脚与堆芯支撑结构接触，为整个组件提供支撑；同时是冷却剂的入口，通过调节管脚入钠孔、节流片数量和尺寸来调节压降和流量；在冷却剂入口上下部分设计有密封结构，确保一定量的冷却剂进入组件内，实现组件的水力学液力自紧，不让组件浮起。

冷却剂入口上下端的密封主要通过镶嵌在螺旋槽中的弹簧与小栅板联箱管座壁接触实现。当需要将部分冷却剂通过密封位置漏流至其他位置时，可考虑使用松枝结构，通过调节松枝外径尺寸大小以调节漏流量大小。

3.1.2　组件结构材料

为了使反应堆获得良好的经济性，需要燃料组件结构材料具有较好的性能，但通常结构材料是限制燃料性能的关键问题。这里所指的结构材料是燃料棒包壳管和组件外套管所用的材料。这两种构件受到一种特殊的钠或者铅铋等液态金属冷却剂的侵蚀和$(2\sim3)\times10^{23}$ cm^{-2} $(E>0.1$ MeV)中子辐照注量，相当于100～150 dpa① 的辐照损伤剂量，其中燃料包壳在350～700 ℃高温下还受到各种载荷（裂变气体压力、热应力和各种部件之间的相互作用力）以及裂变产物对包壳内壁的腐蚀等，要求燃料组件和燃料棒保持结构稳定性和完整性，所以选择材料是设计者的重要任务之一。

3.1.2.1　结构材料选择标准

选择这类材料所要求的特性与材料化学成分、冶金条件的关系如图3-2所示。选择快堆结构材料主要遵循以下准则：① 有足够好的抗快中子辐照性能；

① dpa是材料辐照损伤的单位，其含义是给定注量下每个原子平均的离位次数。

② 与冷却剂钠有较好的化学相容性；③ 可接受与燃料的相容性；④ 适应各种运行条件下要求的力学特性；⑤ 快中子吸收截面低；⑥ 可焊性好，制造成本低。

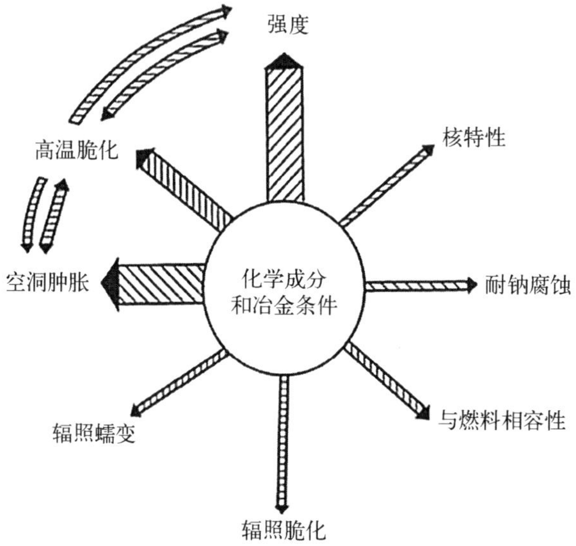

图 3-2　包壳材料特性与其化学成分、冶金条件的关系[1]

表 3-1 给出了十余种金属材料在快中子谱和热中子谱环境下的吸收截面。金属材料分为三组，就快堆而言，吸收截面小于 10 mb[1 b(靶恩)＝1×10^{-24} cm^2]是可接受的。这样便排除了第Ⅱ组和第Ⅲ组的材料。

表 3-1　几种金属原子的吸收截面

分　类	金 属 分 组	σ(n,γ)(0.1 MeV)/mb	σ(n,γ)(热中子)/b
Ⅰ	Al	4	0.230
	Ti	6	5.8
	Fe	6.1	2.53
	Cr	6.8	3.1
	V	9.5	15.1
Ⅱ	Si	10.0	0.16
	Co	11.5	37.0
	Ni	12.6	4.8
	Zr	15.1	0.18
	Cu	249	3.77
	Mn	25.6	13.2

(续表)

分　类	金属分组	σ(n,γ)(0.1 MeV)/mb	σ(n,γ)(热中子)/b
Ⅲ	Mo	71.0	2.7
	Nb	100.0	1.15
	W	178.0	19.2
	Ta	325.0	21.0

剩下的Ⅰ组材料中只有铁(奥氏体不锈钢和铁素体马氏体钢)和钒(钒基合金)具有工艺价值。铝没有足够的强度,铬和铬基合金易脆,也不能用。

有些镍基合金和钒基合金的高温力学强度比奥氏体不锈钢好,不过这个优点被它们的高吸收截面所抵消,但是镍基合金在核级钠杂质(O,H)中的抗腐蚀性能不如奥氏体不锈钢。如果采用镍基合金做包壳材料,除了需要严格控制冷却剂钠的纯度外,还可能发生大量的质量迁移(从一回路热端迁移至冷端)。此外,有些镍基合金有显著的高温脆化问题;钒基合金抗辐照性能好,但与冷却剂钠相容性相当差,高温下与氧化物燃料相容性更差,现在已完全停止对这种合金的研究。

包壳是防止放射性物质泄漏的第一道屏障,它的功能是包覆燃料,必须保持燃料棒的密封性。在运行条件下,由于辐照肿胀和蠕变会引起燃料棒直径增加,使燃料棒之间,以及燃料棒束与外套管之间发生相互作用;同时高达700 ℃的包壳还要承受裂变气体压力引起的应力和内外壁间存在几十度温差引起的热应力,所以选择包壳材料的重要原则是抗辐照性能好,并兼有良好的抗高温蠕变性能和高温力学性能。

包壳材料在辐照过程中通常有一定的辐照蠕变产生应力松弛,可缓解包壳上的应力。还需要提及的是,燃料棒绕丝的特性应与包壳材料相同或相近,如果定位绕丝的肿胀大于包壳,绕丝就不会贴紧包壳并带来热扰动,如果绕丝肿胀小于包壳,就会引起包壳环绕丝扭转。

外套管的主要功能体现在两方面。一是作为钠流动通道,保证进入管脚内的冷却剂全部流经燃料棒束;二是便于操作燃料棒束。与包壳一样,外套管的肿胀是负面的,因为它的肿胀变形使外套管之间发生接触,外套管变形会增加对边距和弯曲等。外套管必须具有适当的力学特性,有足够的强度,经得起操作时的冲击载荷。

最后还必须指出,快堆燃料组件的结构材料在堆内以及燃料循环各个阶段应具有良好的抗腐蚀性能，包括材料在堆内运行期和堆内储存期，都应具有良好的抗钠腐蚀性能，以及辐照后在水池中储存时的抗水腐蚀性能，而且为了满足后处理要求，包壳在硝酸溶液中也不应被溶解。

以上材料选择标准主要针对钠冷快堆。对于铅铋（或者铅）冷快堆，其冷却剂铅铋（或者铅）除了具有很好的中子学性能之外，还具有优良的抗辐照性能、传热性能和安全特性，但由于高温流动的液态铅铋合金（LBE）会通过溶解、冲刷、侵蚀等一系列物理和化学过程对结构材料造成严重的腐蚀破坏，并且可能引起结构材料脆化，从而对反应堆系统的安全运行造成严重影响。因此，铅铋堆应用前必须解决高温铅铋合金与结构材料相容性的关键科学和实际工程问题。可以说，铅铋合金导致的腐蚀问题是目前限制包壳材料最为关键的问题。

3.1.2.2　结构材料发展现状

快堆结构材料是限制燃料元件寿命（燃耗）的最主要因素之一。因此，发展快堆的国家都十分重视包壳材料的研究工作。根据快堆发展史，除了最早英国的 DFR 燃料棒包壳曾使用过铌（Nb），美国的 FERMI 燃料棒包壳使用锆（Zr）外，后来几乎所有的快堆包壳材料都选用奥氏体不锈钢，类似美国的 300 系列 AISI 304 不锈钢和 AISI 316 不锈钢，因为奥氏体钢能提供如图 3－2 所要求的较好的综合性能，不过应该指出，各国虽然使用同类奥氏体不锈钢，但是化学成分、冶金工艺略有差别，它们的性能也不完全一样。

早期实验快堆使用的奥氏体不锈钢是工业用的不锈钢，如固溶态或退火的 304 不锈钢和 316 不锈钢。1967 年在英国 DFR 堆上发现燃料包壳的辐照肿胀，从此发展快堆结构材料的主导思想是寻找抗辐照肿胀性能好的材料。研究的主要途径如下：在奥氏体不锈钢中添加稳定化元素（钛、铌等）；改变主要和次要元素的化学成分比例；改善冶金工艺和严格控制制造技术条件（固溶退火温度、中间热处理工艺、冷加工量等），经过这些努力燃料棒包壳和外套管变形得到了显著的改善。图 3－3 和图 3－4 分别为包壳和外套管辐照肿胀的实例[2]。

第二类材料是高镍（Ni）合金，通过系统地研究这种材料表明，它是抗肿胀性能相当好的材料。人们对以下多种镍基合金进行了研究：法国的 Inconel706、INC706，英国的 PE16，美国的 PE16、INC706，以及其他成分的镍基合金。实验结果证实这类合金抗辐照肿胀性能好，即使在高注量时肿胀也很低。但辐照后出现的严重脆化会导致大量燃料棒包壳破裂。

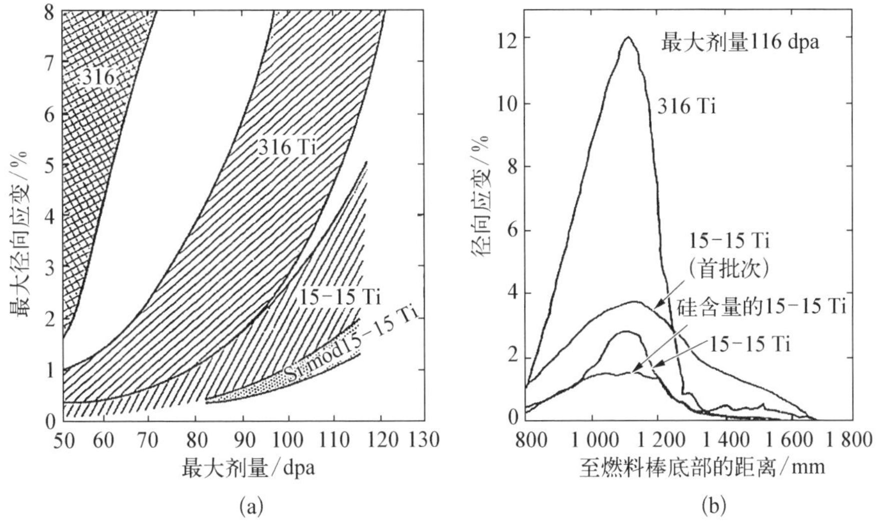

图 3-3　几种包壳材料耐辐照性能的比较

(a) 最大径向应变与辐照注量的关系；(b) 辐照到 116 dpa 时径向应变与燃料棒轴向距离的关系

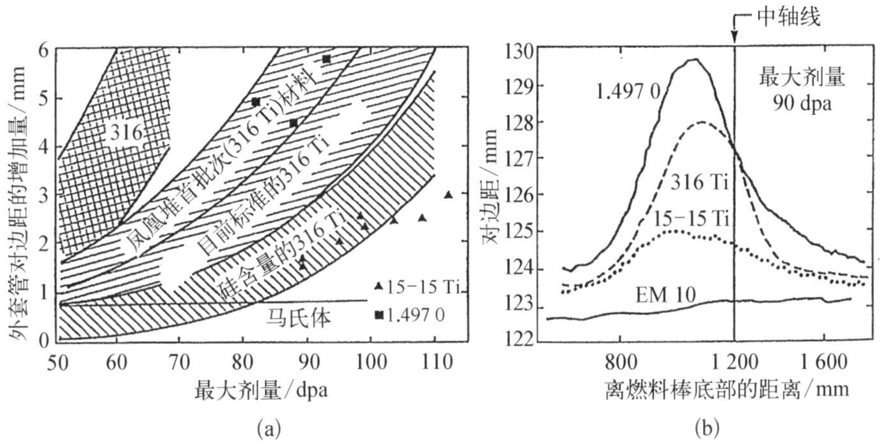

图 3-4　各种外套管材料耐辐照性能的比较

(a) 对边距随辐照注量的变化；(b) 辐照到 90 dpa 时对边距沿外套管长度的变化

最后一类材料是铁素体-马氏体钢，从研究的结果看，这类材料是外套管最好的材料，具有极好的抗肿胀性能，辐照损伤剂量可达 200 dpa，不过抗辐照蠕变性能和力学性能在 550 ℃以上时急剧下降是这种材料最大的缺点，无法满足包壳使用中 700 ℃的高温要求，仅可用作温度较低的外套管材料。

不过由于铁素体-马氏体钢的优异的抗肿胀性能，在适当降低一定的组件出口钠温的情况下，也可作为包壳材料，美国在金属燃料快堆方面开展过大量的研究。ODS钢不仅继承了铁素体-马氏体钢良好的抗肿胀能力，同时大幅度提升了高温力学性能，是包壳材料的发展方向，目前许多国家针对这些材料正在进行实验研究工作，但距离工程应用还有较长的路要走。

(1) 早期实验快堆包壳材料(1965—1972年)为固溶状态或退火的工业用奥氏体不锈钢。固溶处理的304不锈钢辐照注量只允许28 dpa(5.5×10^{22} cm^{-2})，而固溶处理的316不锈钢允许的辐照注量为44 dpa(8.8×10^{22} cm^{-2})。

1970年初，法国实验快堆RAPSODIE第一个堆芯的包壳管为固溶态316不锈钢，辐照注量达到40 dpa。

(2) 第一代快堆包壳材料(1972—1986年)改善了奥氏体不锈钢的抗肿胀能力。原型堆(PFR和FFTR)的第一代包壳材料采用20%冷加工的316不锈钢和稍加改进的316不锈钢，在实验堆进行大量的辐照试验工作，以便获得原型堆设计和领取许可证所需要的数据。表3-2列出了美国、日本和法国快堆第一代包壳材料的化学成分。

表3-2　第一代快堆包壳材料的化学成分(wt%)(各种316型不锈钢)

元　素	材　料				
	N-lot	FFTF	D9	PNC	316Ti
Cr	16.4	17.5	13.5	16.7	17.0
Ni	13.6	13.3	15.9	13.8	14.0
Mo	2.9	2.5	1.7	2.4	2.5
Mn	1.4	1.7	2.0	1.7	1.5
Si	0.47	0.55	0.82	0.8	0.5
C	0.07	0.053	0.04	0.06	0.05
P	0.02	<0.01	<0.01	0.025	0.02
S	0.02	0.006	0.004	0.007	—

(续表)

元　素	材　料				
	N-lot	FFTF	D9	PNC	316Ti
B	<0.005	<0.000 5	<0.000 5	0.003	0.002
Ti	—	—	0.32	0.08	0.4
Nb+Ta	—	—	—	0.05	—

注：前三种材料是美国的，PNC是日本的，316Ti是法国的；wt%代表质量分数。

(3) 第二代快堆包壳材料是在第一代中加了微量稳定化元素钛，并进行冷加工20%的316型不锈钢，显示中等程度的肿胀。当快中子注量达到(1.5～2)×10^{23} cm^{-2}(约100 dpa)时，它的肿胀程度是不可接受的。所以高于该损伤注量时，必须研究低肿胀的第二代包壳材料。

在20世纪80年代初，就有大量的候选低肿胀包壳和外套管材料在小型实验堆和原型堆中试验，到90年代初，这些候选材料品种大大缩减，主要为表3-3所列的一些材料。

表3-3　第二代快堆包壳材料的化学成分(铁为余额)(wt%)

元素	材　料								
	PNC 1520	15-15Ti	PE-16	HT9	FMS	EM-10	FV448	ODS(欧洲)	ODS(日本)
Cr	15	15	17	12	11	9	11	13	12
Ni	20	15	44	0.5	0.8	—	0.7	—	0.15
Mo	2.5	1.2	3.3	1.0	0.5	1.0	0.65	1.5	—
Mn	1.7	1.5	0.1	0.5	0.5	0.5	1.0	—	—
Si	0.4	0.4	0.2	0.25	0.05	0.3	0.5	—	—
C	0.06	0.1	0.07	0.2	0.12	0.1	0.1	—	0.05
Ti	0.25	0.5	1.3	—	—	—	—	2.2	0.5

（续表）

元素	材料								
	PNC 1520	15 - 15Ti	PE - 16	HT9	FMS	EM - 10	FV448	ODS（欧洲）	ODS（日本）
Nb+Ta	0.1	—	—	<0.05	0.07	—	0.3Nb	—	—
P	0.025	<0.015	0.001	<0.015	0.002	—	—	—	—
B	0.004	0.005	<0.05	—	0.002 2	—	—	—	—
S	0.001	—	—	<0.01	0.002	—	—	—	—
V	0.01	—	—	0.02	0.2	—	0.15	—	—
W	—	—	—	0.5	2.0	—	—	—	2.8
Y_2O_3	—	—	—	—	—	—	—	0.5	0.3
Al	—	—	1.3	—	—	0.16	—	—	—

我国快堆结构材料研制起步较晚，所以不必从“零”开始，我们吸取和总结了国际上快堆结构材料发展的经验，确定了中国快堆结构材料研发的路线：316Ti 奥氏体不锈钢→15 - 15Ti 奥氏体不锈钢→铁素体/马氏体钢→ODS 钢。为此，CEFR 的燃料棒包壳使用了 20%冷加工 316Ti 奥氏体不锈钢；示范快堆燃料棒包壳材料为 15 - 15Ti 奥氏体不锈钢，而外套管材料为铁素体-马氏体钢。

第二代包壳材料是示范快堆、商用快堆的包壳和外套管候选材料，当前大部分材料仍处在研制开发阶段，如表 3 - 4 所示。不过已在实验快堆和原型快堆上进行了大量的辐照试验研究。先进奥氏体不锈钢 15 - 15Ti 和 PNC1520 作为包壳分别在 Phénix 和 MONJU 上进行了试验，快中子注量可达 3.5×10^{23} cm^{-2}（约 175 dpa）。高镍合金 PE16 有着潜在应用价值，具有良好的高温力学强度，而且它的抗肿胀性能比奥氏体不锈钢的好，是欧洲 EFR 燃料棒包壳候选材料之一，最高快中子注量可达 3.6×10^{23} cm^{-2}（约 180 dpa）。但是在 Phénix 和 PFR 上的辐照试验表明，这种材料经中子辐照会引起严重的脆化，容易造成包壳破坏，所以现在停止了这种材料的研究工作。

表 3-4 第二代快堆包壳和外套管材料

快堆计划	包 壳	外套管	快堆计划	包 壳	外套管
美国	HT-9	HT-9	日本	PNC1520C. W FMS ODS	FMS
欧洲	PE-16 15-15TiC. W	FV448 EM-10			

目前注意力主要集中在开发和改进包壳和外套管用奥氏体不锈钢和铁素体不锈钢，提高它们的抗肿胀和高温力学性能。美国用 HT-9 作为燃料棒包壳的先导组件，最高快中子注量已达 3×10^{23} cm^{-2}（约 150 dpa），但是铁素体-马氏体钢在高温下（620 ℃）强度下降较大，目前只适合用作外套管材料。俄罗斯的 BN-600 燃料组件外套管采用的是铁素体不锈钢（EP450），为改善性能，目前正在开发氧化物弥散强化（ODS）的铁素体/马氏体钢材料。当快中子注量达 1.9×10^{23} cm^{-2}（约 95 dpa）时，辐照引起的脆化几乎难以接受，并且这种材料在制备上存在许多困难，诸如钢材生产、加工变形等。不过进一步改进这种钢材仍有巨大的潜力，所以美国和日本都在开发这种材料。

以上主要是钠冷快堆的结构材料研发情况。对于铅基快堆，目前国际上铅铋堆的主流包壳材料选择铁素体/马氏体不锈钢，其主要原因是镍在铅铋合金中具有极大的溶解度，镍含量较高的不锈钢无法承受铅铋的腐蚀，因此选用不含镍的铁素体-马氏体不锈钢。铅铋合金中的氧含量与不锈钢的腐蚀速率息息相关，一定的氧含量可以在不锈钢表面形成氧化膜，阻挡了铅铋对不锈钢的腐蚀；但过高的氧含量使得氧化层过厚并脱落，无法起到阻挡铅铋腐蚀的作用。因此，在铅铋反应堆中，对冷却剂的氧浓度控制成为抑制包壳材料腐蚀的重要手段。

马氏体钢通常以 550 ℃温度为界，产生以下现象：

(1) 马氏体钢在温度低于 550 ℃以下时，氧化层由外层的 Fe_3O_4 磁铁矿和内层致密的尖晶石型 Fe-Cr 化合物构成，在某些情况下观察不到 Fe_3O_4；有时也可在外层观察渗入的铅，双氧化层可防止钢的溶解。

(2) 温度达 550 ℃高温时，在 Fe-Cr 尖晶石型氧化物层下面可观察到一层内氧化层，在内氧化层里，氧化物沿着晶界沉积。

总体上，对于在控制氧含量的静态和动态 LBE/Pb 中所进行的腐蚀试验，当温度低于 500 ℃时，多数马氏体钢和奥氏体钢形成保护性的氧化物膜，特别是对氧浓度高于 1×10^{-6} wt%的短时间到中长时间的应用，奥氏体生成薄的氧化物层。当氧浓度低于 1×10^{-6} wt%时，多数钢将发生溶解，尤其是奥氏体钢，因为镍在 LBE/Pb 中的溶解度高。当温度高于 550 ℃时，保护性氧化物的形成是不确定的，由于长时间溶解会使膜的保护作用失效。

3.2 燃料元件辐照现象

在反应堆中，燃料元件在高中子注量率、高线功率、高温的复杂环境下运行。在该环境中燃料元件会产生各种物理、化学变化。例如：芯块会发生致密化、辐照肿胀、辐照蠕变、裂变气体释放、固体裂变产物产生与迁移等现象；包壳会发生辐照肿胀、辐照蠕变等现象。包壳的相关现象在上节中已做介绍，本节重点介绍芯块的辐照现象。

芯块的这些现象主要与芯块所处的高温、陡峭的径向温度梯度、辐照环境有关，同时也与裂变引起的结构材料晶格变化、裂变产物的产生、裂变产物在轴向和径向上迁移形成新的相有关。所有这些现象都相互重叠并相互影响，但是为了清楚起见，在本节中将它们分开介绍，首先介绍芯块的温度环境，然后尽可能以辐照现象出现的时间顺序进行介绍。

与压水堆相比，快堆中使用的氧化物燃料、结构材料有所不同。压水堆中的 UO_2 或 MOX 富集度为 3%～8%，而快堆中的燃料富集度为 15%～30%，甚至 60%。最重要的是，这些燃料的工作温度不同。对于压水堆，典型燃料的温度范围为 500～1 600 ℃；对于快堆，燃料的工作温度范围为 800～2 200 ℃。而快堆的燃耗目标(100～200 GW·d/t)也远高于压水堆(50～60 GW·d/t)。

3.2.1 温度

当链式反应开始时，铀和钚原子裂变的第一个结果就是发热。因此，首先介绍这种热量是如何产生和传递的。

铀或钚原子核分裂为两个裂变产物核时，会释放约 200 MeV 的能量。该能量的 80%表现为裂变产物核的本身动能，对于一个裂变产物核，重裂变产物核能量约为 65 MeV，轻裂变产物核能量约为 95 MeV；其余大部分是 β 和 γ 辐照。除了中微子带走的 10 MeV 外，几乎所有这些能量都以热量形式留在燃料元件中。

燃料元件有较大的高径比，燃料棒可视为无限长的实心圆柱棒(或当芯块具有中心孔时为环形)，因此，热量以纯径向方式流动。

在某些情况下，尤其在寿期初，芯块包壳间隙仍然敞开时，燃料元件不一定轴向对称：芯块一侧与包壳接触，而另一侧的间隙是平均间隙的两倍。燃料中可能会出现沿圆周的温度梯度，但该梯度相对于径向梯度较低，因此通常假设为轴对称。

当导热系数为常数时，中心线温度 T_c 和表面温度 T_s 之间的差与燃料尺寸无关。与线性功率 P_l 成正比：

$$T_c - T_s = \frac{P_l}{4\pi\lambda} \tag{3-1}$$

对于氧化物燃料，其热导率 λ 会随温度而显著变化。通过对传导方程积分建立热导率和线性功率之间的关系。对于快中子反应堆，燃料元件功率沿径向分布可以忽略。中心线温度 T_c 和表面温度 T_s 与线性功率 P_l 的关系可以写成

$$\int_{T_s}^{T_c} \lambda \mathrm{d}T = \frac{P_l}{4\pi} \tag{3-2}$$

快堆燃料中心温度超过 2 000 ℃，表面温度梯度能达到 4 000 ℃/cm，而压水堆在正常工作条件下芯块的中心温度很少超过 1 200 ℃。

径向温度变化可认为是抛物线形，如果热导率恒定并且没有出现较大的通量变化，尤其是在 MOX 或高富集度的 UO_2 燃料棒中，则将是完美的抛物线形。实际上，热导率不仅取决于温度，还取决于许多其他参数(尤其是孔隙率和氧含量)，这些参数也随芯块的半径而变化。这就解释了为什么通常使用燃料元件分析程序进行温度计算时，需要考虑每个变量对该行为模型的影响，通过建模模拟该变量随时间的变化，并考虑到它们对温度的影响。

3.2.2　温度影响

快堆氧化物燃料的温度很高。这些温度及高温度梯度会导致芯块几何形状、材料微观结构甚至局部成分发生改变。

1) 热膨胀

燃料元件中的温度升高导致热膨胀，其在燃料中的热膨胀值与包壳中的

热膨胀值不同,导致芯包间隙减小并反过来影响燃料的温度。

由于燃料中的温度高,即使包壳具有更高的热膨胀系数,燃料热膨胀总是大于包壳的热膨胀。因此,热态下的间隙尺寸小于初始间隙尺寸。

2) 芯块开裂

燃料中的径向温度梯度会引起内部应力。芯块中遇到的最大拉伸应力如下:

$$\sigma_{max}=\frac{E\alpha}{2(1-\nu)}(T_c-T_s) \tag{3-3}$$

式中,E 为杨氏模量,ν 为泊松比(=0.31),α 为热膨胀系数,T_c 为中心温度,T_s 为表面温度。这些应力仅取决于 T_c-T_s 的值,因此与温度梯度无关。

像大多数陶瓷一样,氧化物燃料在低于熔化温度一半的温度下是脆性的。因此,当最大应力 σ_{max} 超过断裂应力 σ_{rupt} 时,芯块破裂,如下式:

$$T_c-T_s>2\frac{(1-\nu)}{E\alpha}\sigma_{rupt} \tag{3-4}$$

根据弯曲测试确定的断裂应力 σ_{rupt} 会根据表面的状态发生很大变化。以 130 MPa 的平均值计算,一旦 T_c-T_s 超过 100 ℃,换句话说,就是在第一次功率上升的开始,芯块就开始破裂,而线功率仍然只有约 50 W/cm。

因此,在第一次功率上升结束时,芯块就会开裂。芯块的横截面通常会有约十个裂缝。裂纹的走向主要是径向的,但是在几个热循环后,除了圆周裂纹之外,还会出现横向裂纹(垂直于圆柱轴)。裂纹产生的氧化物碎片彼此相对移动,导致平均芯块直径略微增加,这种现象称为重定位现象。

3) 热弹性应变

氧化物芯块长度有限(6~14 mm)。芯块侧面的顶部和底部附近,轴向应力为零。热弹性计算表明,在热应力的作用下,最初的正圆柱体芯块趋向于沙漏形,顶部和底部呈凸形表面。

因此,外半径的位移在芯块边缘达到最大值。这种额外的变形虽然很小,但在功率变化期间仍可能对包壳强度产生不利影响,因为包壳与芯块接触部位随后成为应力集中部位。

因此,压水堆一般采用碟形的芯块。由于快堆燃料芯块温度与中子注量率高,足以使燃料产生塑性应变与蠕变变形,使这种现象得以缓和,因此快堆芯块不需要采用碟形。

4）重结构

温度越高，燃料微观结构的变化越快且范围越广，如晶粒的形态和燃料的孔隙率。因此，在快堆燃料元件中，这种结构变化（称为“燃料重结构”）具有最显著的效果。重结构的结果是产生了中心孔，形成了柱状晶、等轴晶等分区[3]。

在快堆芯块的中心，出现了棱镜状的气孔，孔的长轴方向与热梯度方向相同。这些气孔称为“棱镜状气孔”。

在棱镜状气孔的热壁面与冷壁面之间，出现的热梯度 $(\mathrm{d}T/\mathrm{d}x)_{\mathrm{p}}$ 大于相邻区域燃料之间存在的热梯度 $(\mathrm{d}T/\mathrm{d}x)_{\mathrm{f}}$，即

$$(\mathrm{d}T/\mathrm{d}x)_{\mathrm{p}}=\frac{\lambda_{\mathrm{f}}}{\lambda_{\mathrm{p}}}(\mathrm{d}T/\mathrm{d}x)_{\mathrm{f}} \tag{3-5}$$

式中，$\frac{\lambda_{\mathrm{f}}}{\lambda_{\mathrm{p}}}$ 为燃料热导率与气孔里的气体（主要是烧结的氩与氦）的热导率之比，一般情况下该值大于1，这导致平衡的蒸气压在棱镜状气孔的热壁上比冷壁上高。蒸气压的这种差异驱动了蒸发-冷凝机制：从热壁蒸发并在冷壁上冷凝的物质沿热梯度向下传播，从而导致棱镜状孔的反向位移沿着热梯度朝着芯块的中心移动。

棱镜状孔的位移速度 v_{p} 与温度梯度 $(\mathrm{d}T/\mathrm{d}x)_{\mathrm{p}}$ 正相关，与氧化物蒸气压（同温度）以及氧化物分子通过孔洞中所含气体的扩散速率 D_{g} 正相关，即

$$v_{\mathrm{p}}=\mathrm{const}\,\frac{D_{\mathrm{g}}}{T}\exp\left(\frac{-\Delta H_{\mathrm{v}}}{kT}\right)\left(\frac{\mathrm{d}T}{\mathrm{d}x}\right)_{\mathrm{p}} \tag{3-6}$$

式中，const 是根据实验测量得到的常数，ΔH_{v} 为蒸发焓值，D_{g} 随着压力和气体原子质量而降低。

在孔的冷壁上，氧化物以几乎单晶的形式冷凝。当移向芯块的中心时，孔会破坏燃料的初始结构，并在其后留下非常长的晶粒（长 1～3 mm，宽数十微米），称为柱状晶粒。这些晶粒在金相仪中能非常清楚地显示出来，因为在其迁移过程中，晶界的特征是在透镜孔的外围释放了一串小气泡。这些微孔在芯块中心出现，导致形成中心孔，该孔由部分初始孔隙度和裂纹的体积组成。孔的位移速度随温度快速变化，并且在 1 800 ℃以上的高温下形成柱状晶粒。在任何给定的燃料棒中，温度越高，中心孔的直径和柱状晶粒区域的直径就越大。

辐照后检验表明，在压水堆燃料中间位置或快堆燃料柱状晶粒的外圈位置，这些温度高的地方晶粒尺寸都会有明显增加，晶粒生长是由边界位移产生的，然而，在边界处较小的晶粒会消失，形成较大的晶粒。以热力学观点来看，与边界表面张力有关的能量减少会导致尺寸增加。一旦温度以及温度梯度足够高，在堆外和堆内都会发生这种现象。

在快堆燃料中，晶粒生长主要发生在中低燃耗水平，温度范围为 1 300～1 800 ℃。大的制造孔主要随着物质在气相中的迁移而迁移。在高燃耗时，晶界被晶界中大量的气体积聚所阻塞。晶粒生长速率表示如下：

$$\frac{\mathrm{d}G^3}{\mathrm{d}t}=\frac{\mathrm{const}}{p_\mathrm{b}P_\mathrm{b}}\exp\left(\frac{-\Delta H_\mathrm{v}}{kT}\right)T^{-\frac{1}{2}} \tag{3-7}$$

式中，G 为晶粒度，p_b 为气孔的压力，P_b 为晶界气孔率。

另外，在压水堆芯块中，晶粒的生长只能在高燃耗下看得到，并在辐照燃料棒的最热最高线功率区域。

在快堆燃料棒中，在活性区中平均燃耗约为 1%时，芯包间隙减小。除了芯块开裂和移动的影响外，芯包间隙减少主要由芯块肿胀引起。例如在柱状晶区，在高温下少量的裂变气体(即使气体是由制造杂质产生，如碳)就会聚合造成芯块肿胀，这是因为气泡会长大、聚合而达到大尺寸。然而，这种肿胀无法测量，因为它们在长大的同时会向中心迁移，形成中心孔。唯一可以观察到的这种机理的现象是中心孔变大。与该现象有关的高温区域推动了较冷的开裂区域，从而导致间隙闭合。在燃料棒的末端，由于芯块膨胀和重定位(由功率循环导致)而导致的间隙闭合要慢得多。

在快堆芯块中，由于中心孔的形成和间隙闭合的原因，会导致燃料元件中心温度显著降低。

5) 燃料成分的径向重新分配

在辐照刚开始时，如果温度很高(主要在快堆燃料中)，某些燃料成分会在热梯度的作用下径向迁移。当燃料是亚化学计量时会发生氧迁移，而铀和钚元素也是如此。

(1) 氧的重分布。在辐照开始时，快堆燃料的化学计量通常是欠化学计量，平均孔隙率 O/M 比通常为 1.96～1.99。第一次功率上升时，氧气沿径向重新分布，它“降低”了热梯度，从而使外围氧化物的化学计量成分接近 2.0，而在最热的中央区域，O/M 比可能变得非常低。由于氧气的扩散速率很高，因此这种径向重新分布实际上在功率上升期间就立即发生了。

通过在辐照结束时测量辐照后燃料中 O/M 比的径向变化，可以清楚地证实这种效果。

目前研究者已经提出了几种模型来解释这种氧的重分布现象：① 气相中的氧通过 CO/CO_2 对（由于碳作为氧化物中的杂质存在）或 H_2/H_2O 对，从芯块裂纹和开孔迁移；② 固相中的热扩散，氧元素形成的氧空位可通过不可逆热力学方程来描述；③ 循环通量模型，考虑了在气相中的传输和在固相中的扩散。

在所有这些模型中，必须定义一个传递热 Q^*（由实验确定），它将表征重分布的程度。在半径方向的每个点，与化学计量比的偏差 x 可以通过下式与温度关联：

$$\ln x = \frac{Q^*}{RT} + A \tag{3-8}$$

式中，Q^* 为 5～10 cal/mol 的数量级，随 O/M 比的增加而略有增加；A 为常数。

这种氧的重分布对燃料的温度也起着有利的作用，因为它通过使芯块周围的 O/M 比值达到 2.00，从而提高了最高热通量穿过区域的热导率。

（2）钚的重分布。快堆燃料辐照后检验显示钚发生径向重分布，主要影响柱状晶区：钚在中心孔的附近（即最热的区域）富集，柱状晶区的外边界附近贫化。钚的这种径向重分布在很大程度上是产生柱状晶和中心孔过程的直接结果。由于孔的热壁蒸发或冷壁凝结效应，使得棱镜状气孔通过物质产生迁移。对于亚化学计量的氧化物燃料（1.96＜O/M＜2.00），蒸气相主要由 UO_3 组成。对于铀而言，蒸发-冷凝机制比钚更有效，因此，孔的热壁富含钚。在中心孔边缘最热的区域中钚含量增加，而在柱状晶的外边界处钚含量降低。在低于柱状晶粒温度的区域，蒸气压变得太低而无法蒸发，蒸发-冷凝机制无法产生明显的效果。棱镜状气孔不是此机制的唯一媒介，所有开放的孔和裂纹都会参与这种重分布。

中心孔边缘钚富集的主要后果是熔化温度略有降低，燃耗局部增加。在高钚含量（＝45%）堆芯的燃料中，这种重分布还会使少量燃料的钚含量（50%）提高到硝酸无法溶解的程度，非常不利于乏燃料的后处理，因此必须对

MOX 中的钚含量加以限制。

3.2.3 辐照效应

在快堆中，高温使燃料在辐照刚开始时就发生了复杂变化。辐照损伤是由于材料受到中子轰击后在燃料中产生了极大的点缺陷。虽然氧化物燃料的萤石结构特别适合抵御这种破坏，但是仍然会改变某些性能。更重要的是，在温度的影响下，燃料的热活化现象仍会持续。

铀和钚原子的裂变将引入大量的新元素，其中一些是稀有气体。这些裂变气体的行为将在本章中进行讨论，因为其与辐照效应密切相关。

在高燃耗并已经产生大量气体时，辐照可以在较低的温度下引起微观结构的重要变化，以致于不能通过热活化现象来解释。尤其是在快堆芯块的外围和压水堆芯块的外围已观察到这种演变，称为“边缘效应”。

3.2.3.1 扩散

在所有材料中的燃料都会发生扩散，而且由于辐照，即使在低的温度下，扩散速率也可以保持显著水平。

与所有陶瓷型氧化物一样，在 UO_2 和(U，Pu)O_2 燃料中，氧离子的热活化扩散比金属离子快得多，其扩散速率随化学计量组成的增加而增加。在高化学计量区域，氧通过间隙机制扩散，而在低化学计量区域，氧通过空位机制扩散。

在反应堆中，铀和钚的扩散机理在高温下不会受到很大影响，但是在 1 000 ℃以下时，会出现仅取决于裂变率的热扩散机理。

1) 反应堆内致密化

在密度约为 95%的氧化物芯块中，孔隙率分布通常是双峰的，其第一最大值对应于烧结的自然残留物——小孔(微米级)，并且第二个最大值对应于较大的尺寸(>10 μm)，这是由于添加了造孔剂而导致的。

在辐照下，芯块经历与小孔逐渐消失有关的致密化。致密化现象对快堆芯块几乎没有影响，因为它被重结构掩盖了。另外，在压水堆燃料中，在 5～10 GW·d/t 的燃耗后，这种致密化导致燃料缩小 0.25%。这种现象在很大程度上取决于制造工艺，因此在设计中已将其考虑在内。

2) 蠕变

在 UO_2 和(U，Pu)O_2 氧化物中，出现了以下两种热激活的蠕变机理[2]。

其一，在中等温度和相对较低的应力下，蠕变是 Nabarro 型的，即它是由物质的扩散导致的。蠕变率由下式表示：

$$\dot{\varepsilon}=\exp(\alpha P)\frac{A}{G^2}\sigma\exp\left(-\frac{Q_1}{RT}\right) \tag{3-9}$$

式中，$\dot{\varepsilon}$ 为蠕变率，P 为气孔率，σ 为应力，T 为温度，G 为晶粒尺寸，A、α、R 为常数，Q_1 为空位激活能。

其二，在高温和高应力下，变形是由位错的滑移引起的。蠕变率表达如下：

$$\dot{\varepsilon}=\exp(\beta P)B\sigma^{4.4}\exp\left(-\frac{Q_2}{RT}\right) \tag{3-10}$$

式中，β、B 为常数。

在反应堆中，Nabarro 蠕变似乎被加速了。除此之外，还出现了一种新型的蠕变，这是由辐照下的扩散所致，是一种非热扩散机理，因此这种辐照蠕变的速率与裂变密度 F 成正比，即

$$\dot{\varepsilon}=C\sigma F(C\text{ 为常数}) \tag{3-11}$$

由于氧化物的高蠕变速率，快堆燃料元件通常可以承受在燃料及其包壳之间可能产生的机械相互作用，而中心孔提供了燃料可以蠕变的空间；间隙闭合后，在裂变产物的作用下，氧化物肿胀不断使包壳受力。但是，由于这种机制运行缓慢，通常可以证明，在它们达到可能损坏包壳的水平之前，辐照蠕变足以缓解应力。

功率上升时发生的热膨胀差异会产生动力学更快的机械相互作用应力。可是在以标准功率辐照的快堆燃料棒中，由于高温而引起的热蠕变足够快，可以防止应力达到危险水平。仅当这些功率上升幅度较大时，从氧化物相对较低的功率水平开始，氧化物中的应力以及在包壳中的应力才可以达到可能变形和损坏包壳的水平。

3.2.3.2 裂变气体行为

气态裂变（裂变产物）主要产物是惰性气体，包括同位素的氙形式为 ^{129}Xe、^{131}Xe、^{132}Xe、^{134}Xe 和 ^{136}Xe，同位素的氪形式为 ^{83}Kr、^{84}Kr、^{85}Kr 和 ^{86}Kr，三元裂变产生氦，α 衰变产生 ^{238}Pu、^{241}Am 或 ^{242}Cm。

这些不同气体的裂变产物取决于中子能量（热中子或快中子），以及易裂变原子（铀或钚）的种类。在快堆中，可裂变气体每发生一次裂变的产额如下：

氙为 0.23,氪为 0.02,氦为 0.01。

在某些情况下,特别是在快堆芯块的中心区域,诸如卤素等裂变产物,在高温下呈气态,或者这些裂变产物至少在瞬间具有与惰性气体相当的性能,但从燃料中释放后,它们向较冷的两端迁移,在冷端形成稳定的组分。

将惰性气体引入晶格会导致以下结果:① 燃料肿胀(即与燃耗有关的体积增加);② 气体释放到气腔中,从而引起燃料元件中的内压升高;③ 气泡起着类似于孔隙的作用,从而改变燃料芯块的热导率。这些气体的行为受非热现象(与裂变有关)和与温度有关的扩散机制影响。

1) 反冲与击出现象

当裂变碎片击中燃料表面时,在芯块表面附近释放的气体裂变产物原子可以直接从燃料中逸出,称为反冲逃逸。裂变碎片也可能将一些原子拉到芯块外部,这称为击出。

这些反冲和击出机制在低温下的裂变气体释放中起着主要作用。释放出的气体分数取决于表面与体积之比,并随基体中气体数量的增加而增加,因此随着燃耗的增加而增加。

超过某个阈值(取决于温度和燃耗),就会发生气泡萌发。在以 45 GW·d/t 燃耗辐照的压水堆芯块中,透射电镜显示从冷区(=500 ℃)移到热区(=1 000 ℃)时,气泡主要存在晶间,尺寸范围为 10~100 nm。尽管扩散本质上来自辐照下的扩散,但是扩散机理永远不会完全与热无关。非常小的气泡中的内部压力可能很大,接近吉帕量级,因此这些气泡中的气体可能处于超临界状态。这些气泡是由于氧化物中的过饱和气体原子的排出而增长的。但当裂变发生在气泡附近时,气泡中存在的一些气体原子可能会在裂变产物产生的弹性冲击的作用下被送回到基质中。因此,很小的气泡甚至会消除,从而使大量气体保持在氧化物燃料中的过饱和状态。

2) 热激活

在快堆芯块中,热激活机制起着主要作用。由于进入氧化物晶格中的惰性气体会有相似的扩散机理。因此,在高温($T \geqslant 1\,200$ ℃)下,热扩散变得大于辐照扩散。气泡的生长速度更快,最重要的是可以随机方式或在温度梯度的作用下迁移。气泡的这种迁移是通过整体扩散、表面扩散或蒸发-冷凝(高温下的主要机理)而发生的。

在它们迁移的过程中,这些气泡可能在晶粒内会两两合并,从而增加它们的平均大小。实际上,若 N 个体积为 V 且半径为 r 的气泡共包含 n 个气体原子，则气泡中的压力 p 与平衡氧化物表面张力 γ 的关系如下：

$$pV = \frac{n}{N}RT = \frac{2\gamma}{r}V \tag{3-12}$$

因此，被气体占据的总体积称为“气体肿胀”，与气泡的平均半径成正比。在快堆芯块中，高温促进了聚结，如果不释放大部分气体，气体肿胀将是巨大的。

迁移过程中的一些气体聚集在晶界处。以这种方式捕获的气泡会增长并聚结，这也导致了它们相互连接。当气泡增长到一定程度，最终会导致燃料的破裂或开孔，从而使这种晶界的气体释放到气腔中。

3.2.3.3 裂变气体释放

快堆燃料装载比压水堆要大得多，它释放出了大部分气体。为此需要提供大的气腔。在辐照开始时，裂变气体释放分数在40%附近，在高燃耗时甚至达到80%左右。

在中等燃耗时(7at%)，燃料温度是控制裂变气体释放的主要参数：热活化机理导致的释放体现在1 400 ℃以上，而在1 000 ℃以下非常轻微。用微探针检查被照射到数个原子百分数燃耗的燃料，结果表明，氧化物的外围保留了这些气体的全部，而在柱状晶粒的中心区域，残留气体的量低于检测阈值。

因此，释放率与氧化物的温度相关，与线功率、实心或环形几何形状、密度以及任何影响氧化物和包壳之间间隙中热传递的因素相关，特别是包壳变形，扩大间隙，增加表面温度。

燃耗超过8at%时，外围区域释放出大量的气体，而这不可能与假设的温度升高相关。实际上，该区域中气体的积累导致了微观结构的变化：晶粒细分为较小的晶粒，从而有助于气体释放。因此，通过局部保留的气体测量结果表明，在相同的燃料棒和相同的水平下，例如对于相同的线功率，当冷区域出现新的具有非常细小的晶粒的微结构时，燃料中的保留气体量首先随着燃耗的增加而增加，然后突然下降。

3.2.3.4 铀转化为钚

通过中子轰击捕获中子将^{238}U同位素转化为^{239}Pu，这种铀钚转化现象会产生能量并伴随钚含量的增殖。因此，在Phénix辐照的燃料中，初始燃料的钚含量为21%；当燃耗达到10at%时，由于^{238}U转换为钚，因此燃料中仍有

19%的钚。同时考虑到增殖组件中增加的钚，快堆全部堆芯中增殖的钚超过了消耗量。

3.2.4 裂变产物效应

氧化物燃料中裂变产物的量对燃料元件的堆内行为起着重要作用。这些裂变产物的化学状态与燃料的氧金属比有关，该氧金属比在辐照期间的变化取决于裂变产物消耗的氧，并因此取决于它们形成的化合物的性质。由于这些裂变产物的存在，氧化物燃料的热、机械和物理化学特性以连续的方式变化，从而直接影响燃料温度、包壳腐蚀、氧化物-包壳相互作用以及包壳失效时与冷却剂的反应。不同裂变产物化合物的物理和化学状态决定了这些物质所占据的体积，因此导致肿胀，即由裂变引起燃料体积的增加。

3.2.4.1 裂变产物形成

除了数量不多的三分裂(产生三个原子，其中一个是氦或氚)外，每个裂变都会产生两个裂变产物。每个裂变产物产生的概率按照具有马鞍形的曲线分布。这意味着包括^{235}U在内的原子在大多数情况下会产生两种质量数的原子。裂变产物出现的可能性与中子能谱的关系不大，但是对裂变原子的性质很敏感：^{239}Pu裂变相对于^{235}U裂变向着第一峰的右侧移动。

裂变时产生的大多数裂变产物是不稳定的短寿命核素。考虑到燃料在反应堆内辐照时间(几年)，半衰期为几天的裂变产物大大影响了氧化物的行为。半衰期超过数年的那些裂变产物在辐照时间尺度上被认为是不变的。但一些短寿命的裂变产物仍然起着重要的作用，这些裂变产物衰变后的子核可以发射中子(缓发中子)，特别是碘和溴。缓发中子的存在可使链式反应得到控制，同时可利用缓发中子探测包壳的破损。

当然，元素的性质将影响氧化物的物理化学行为，但是单个元素可能以来自多个衰变链的不同同位素形式出现。

因此，对燃料元素的性能有很大影响的铯以三种同位素形式存在：^{133}Cs、^{135}Cs和^{137}Cs。^{137}Cs来自寿命很短的^{137}Xe(3.9 min)，因此可以在产生它的地方找到。另外，^{133}Cs源自^{133}Xe，后者的半衰期更长(5.3 d)；在燃料最热的区域(尤其是快堆中的柱状晶区域)，^{133}Xe有足够的时间离开氧化物并到达气腔。因此，^{133}Cs的一部分形成在气腔中，并凝结在氧化物芯块(活性区)的末端，随后中子轰击将其激活为^{134}Cs。

3.2.4.2　固体裂变产物

除气态裂变产物的特殊情况外，大多数裂变产物在燃料中形成固相。根据形成的相的类型，这些裂变产物可以分为以下三类。

(1) 形成金属沉淀物的裂变产物：钼、锝、钌、铑、钯、银、镉、铟、锡、锑、碲。

(2) 形成氧化物沉淀的裂变产物：铷、铯、钡、锆、铌、钼、碲。

(3) 氧化形式的裂变产物，但溶解在氧化物基质中：锶、锆、铌、钇和镧系元素镧、铈、镨、钕、钷、钐。

我们发现一些裂变产物处于金属或氧化状态，例如钼，既是金属形式又是氧化形式，其中主要形式是在辐照过程中演化的。下面以钠冷快堆为例描述燃料芯块的情况。

1) 裂变产物形成金属夹杂物

在平均或高燃耗时，对快堆燃料的显微放大检查会显示出白色沉淀物，尤其是在燃料的高温区域。电子探针显微分析表明，涉及两种类型的金属夹杂物：一种类型由5种重金属即钼、锝、钌、铑和钯组成，而另一种类型由元素钯、碲和锡聚结。

这些夹杂物的晶粒尺寸取决于温度，在芯块的边缘，夹杂物的直径为微米量级。在柱状晶粒中，这些夹杂物的尺寸可以达到5～10 μm。在高燃耗和高功率的快堆燃料棒中，其中的一些夹杂物迁移到中心孔中，在那里它们形成了相当大的簇(有时长达1 mm)，从而证明了这些裂变产物在燃料中轴向和径向迁移的可能性。由5种金属(钼、锝、钌、铑和钯)组成的金属相以六方晶形式结晶，并在略低于2 000 ℃的温度下熔化，因此围绕快堆芯块中心孔的金属相处于液态。

锝、钌和铑等裂变产物几乎全部积存在燃料芯块中，但实验发现所生成的裂变产物中，钼和钯仅有一部分，并且其含量在辐照过程中会发生变化。钼的这种氧化作用会影响整个芯块，但在边缘区域的影响不明显，这可能出于动力学原因。

钯与其他金属的不同之处在于它的蒸气压很高。不管多少燃耗，我们通常在这些钼、锝、钌、铑和钯夹杂物中发现生成的钯不到一半，其余以金属态保留，构成面心立方夹杂物。它们主要由钯和碲以及少量锡和锑组成。高燃耗下这些夹杂物在高倍率电子显微镜下特别明显，还观察到了钯-银-镉的金属夹杂物。

2）燃料基质中溶解的氧化裂变产物

从裂变产物的热力学角度来看，如果裂变产物氧化物在燃料中的溶解度足够的话，它们会溶解在 UO_2 或(U，Pu)O_2 的基质中。但是，由于溶解度取决于温度、钚含量和氧与金属含量比(通常用 O/M 表示)，很难根据相图研究每个裂变产物明确的溶解度极限，同时存在大量裂变产物导致的最大溶解度偏离问题。

由相图研究表明，在裂变产物系列的溶解中所有稀土(RE)氧化物在 UO_2 中都可以混溶，包括(RE)O_2 和(RE)$_2O_3$ 半氧化物都是如此。因此，属于稀土族的所有裂变产物(钇、镧、铈、镨、钕、钷、钐和铕)几乎完全溶解在氧化物燃料基体中，因此通常不会迁移；只有在非常高的燃耗下，才能在氧化物夹杂物中发现极少量的这些裂变产物。

大量的锆、锶和铌溶解在基质中，ZrO_2 确实可溶于 PUO_2 中。它在 UO_2 中的溶解度要低得多，但会随温度和稀土的存在而增加。锆和锶的大部分通常以固溶体形式存在于燃料基质中，其余的则以第二氧化物相沉淀。

钡、铯和碲仅少量溶解。因此发现大部分钡处于第二氧化物相中。

3）裂变产物形成氧化夹杂物

快堆燃料棒中会出现灰色氧化夹杂物沉淀，通过电子探针显微分析表明，这些沉淀主要由钡和锆组成。溶解度受限的这两种裂变产物以钙钛矿结构的 $BaZrO_3$ 相形式存在。此外，钙钛矿相可以将锶、铯，以及铀、钚、锆、钼与少量稀土元素相溶，最终形成氧化夹杂物。

3.2.4.3 裂变产物迁移

随着燃耗深度不同，放射性裂变产物在燃料棒中一部分向径向迁移，另一部分向轴向迁移。

1）径向迁移

在快堆燃料棒中，高温使不同的挥发性裂变产物(如铯、碲、碘)从中心区域向周边冷区域径向迁移。

在低燃耗下，燃料包壳间隙充满了气体(包括新燃料填充的氦气以及裂变产生的氙和氪)，并在燃料肿胀作用下芯包间隙逐渐减小，一直减小到表面粗糙度为止。但是，燃耗超过 5at%时，该空间再次扩大(即使在没有包壳应变的情况下也是如此)，很快就达到了直径 150 μm，超过了 10at%燃耗，其中充满了裂变产物化合物，这些产物沿径向迁移，形成一层 JOG(称为“联合氧化物”)。显微探针检查表明，该 JOG 既不包含铀也不包含钚，而是大部分由钼酸铯类型的氧化物相以及钡、钯、镉和碲组成。

2）轴向迁移

从辐照一开始，快堆燃料棒中挥发性裂变产物就可能产生轴向迁移，这应该是通过处于开裂状态的芯块从重结构区域逸出的。

当燃料达到很高的温度时，在寿期之初，这些不稳定的裂变产物迁移会导致破坏性后果。在辐照的第一天，与铯相比，碲中的游离碲过剩很多。在中心孔上端的芯块上，游离碲在包壳中积累会产生严重的晶间腐蚀，称为“寿命开始腐蚀”。在 RAPSODIE－FORTISSIMO 燃料棒中最明显地观察到了这种现象，在该燃料棒中甚至导致了几次包壳故障。

在高放大倍数下，挥发性裂变产物的不稳定迁移（尤其是在 γ 射线谱中可以轻易辨别的铯）变得更加系统化，然后对应于铯从最大通量平面区域向芯块柱的两端偏移。

3.2.4.4　肿胀

裂变产生的体积变化是由燃料晶格参数的累积效应和冷凝或气态第二相贡献的额外体积引起的。

1）晶格参数变化

分别溶解了各种裂变产物的 UO_2 或（U，Pu）O_2 燃料的晶格参数测量结果表明，只有镧和铯会引起晶格膨胀。其他裂变产物（锶、钇、锆、铈、镨、钕、钐、铕、钆）均引起晶格收缩。

因此，对辐照燃料进行的晶格参数测量揭示了该参数随燃耗的线性衰减，即随着基质溶液中裂变产物的数量而线性衰减。

2）辐照肿胀

即使固溶体的晶格参数减小，在辐照期间燃料的总体积也会增加。这种体积的增加（称为“肿胀”）当然是由原子数的增加而引起的，并且与金属或氧化物相及裂变气泡相关。

这种肿胀的量可以从辐照后的氧化物芯块的密度测量中得出，也可以从压水堆棒的芯块柱的测量中得出。

在压水堆棒中，由于芯块的致密化，芯块的尺寸开始减小。然后，它经过最小值后线性增长，直到燃料包壳间隙以微大于 0.2%/(10 GW·d/t)的斜率至闭合为止。由此得出(0.6%～0.7%)/(10 GW·d/t)的体积肿胀率。

在辐照后的燃料上进行的密度测量清楚地显示了密度的线性衰减，斜率为 0.7%/at%。我们观察到压水堆燃料的肿胀与快堆燃料的肿胀没有明显区别，即使其中一个保留了所有气体，而另一个则释放了大部分气体。只要气泡保持很小(数十纳米)，气泡的总体积就很低。在功率瞬变的高燃耗的压水堆芯块中，当微米级尺寸的气泡在中心区域合并时，肿胀会加速。

从快堆芯块测量得出的结果是，在校正燃料释放的气体质量之后，观察到的肿胀率为 0.62%/at%(对于 10 GW·d/t，约为 0.73%/at%)，直到非常高的燃耗(20at%)，它似乎都保持恒定。实际上，这是一个整体肿胀的问题，需要综合考虑燃料基质、所有夹杂物和第二相的影响，包括在高燃耗时构成 JOG 的现象。因此，由于该裂变产物轴向迁移，尤其是铯，其化合物对这种肿胀起重要作用，与该平均值相比会有明显的变化。正因为铯从中心位置向两端迁移，高燃耗下最大燃耗位置的铯含量通常小于裂变产额，按平均原子百分数 0.62%计算，肿胀的值要比预期的低。

3.2.5 快堆燃料元件性能分析程序

快堆燃料元件性能分析程序能够计算稳态工况和事故工况下燃料元件的温度、变形与应力。

快堆燃料元件性能计算程序能进行考虑蠕变、辐照肿胀的元件分析。程序一般采用模块化设计，有单独的材料模块可以计算多种包壳材料，包括 316(Ti)SS 和 15－15Ti，而且往往具备可向 T91、T92 等先进包壳材料扩展的架构条件。

根据以上包壳的求解，可定制专门的前后处理器。前处理器可通过对话框形式实现对模型结构参数和材料物性参数的定义，通过图形界面显示几何模型；后处理器可对温度、应力与应变等计算结果进行显示。

3.2.5.1 快堆燃料元件性能分析程序的原理

快堆燃料元件性能分析主要涉及导热、间隙传热、裂变气体释放和气腔压力等方面。

1) 导热方程

在每个轴向段径向温度梯度的分析中，应用了一维热导方程，同时忽略了轴向的热传导。燃料每个径向环的热物性依赖于温度。基于目前的假设，轴向段的热传导可用下式描述：

$$\frac{\partial}{\partial t}[c_{\mathrm{v}}(T,r)T(r,t)]=\nabla[k(T,r)\,\nabla T(T,r)]+q(r,t) \quad (3-13)$$

式中，T 为温度(K)，r 为沿径向的坐标系(m)，c_v 为单位体积的热量(J/m^3)，k 为热导率[$W/(m \cdot K)$]，q 为体积释热率[$J/(m^3 \cdot s)$]。

2) 间隙传热方程

$$h = \frac{\lambda_m P_C}{0.5 \times R^{0.5} H} + \frac{\lambda_{gas}}{C(R_1 + R_2) + (g_1 + g_2) + GAP} + \left[\frac{1}{\varepsilon_1} + \frac{{r_1}^2}{{r_2}^2}\left(\frac{1}{\varepsilon_2} - 1\right)\right]^{-1} \frac{\sigma T_1^4 - \sigma T_2^4}{T_1 - T_2} \tag{3-14}$$

式中，λ_m 为芯块与包壳的等效热导率[$W/(m \cdot K)$]，P_c 为芯块与包壳接触压力(MPa)，R 为等效粗糙度(m)，H 为包壳的迈耶硬度(MPa)，λ_{gas} 为混合气体的热导率[$W/(m \cdot K)$]，R_1 与 R_2 为芯块与包壳表面粗糙度(m)，g_1 与 g_2 为气体跃迁距离(m)，GAP 为间隙(m)，r_1、r_2 为芯块与包壳尺寸(m)，ε_1、ε_2 为辐射发射率，σ 为斯特藩-玻尔兹曼常数，T_1、T_2 为芯块与包壳温度(K)。

3) 裂变气体释放

溶于基体的气体原子与储存在晶粒内部气泡的气体原子的数量取决于捕获与再溶解的平衡。气体原子溶于基体中，由于浓度梯度扩散的作用向晶粒边界移动。裂变气体原子在半径为 a 的理想球形晶粒中的扩散速率由 Speight 方程给出，方程中考虑捕获与再溶解，如下：

$$\frac{\partial c}{\partial t} = D\left(\frac{\partial^2 c}{\partial r^2} + \frac{2}{r}\frac{\partial c}{\partial r}\right) - gc + b'm + \beta \tag{3-15}$$

式中，c 为裂变气体氙和氪在单位体积固体基体中的原子数(cm^{-3})，D 为气体原子的扩散系数(cm^2/s)，g 为气体原子被晶粒内部气泡捕获的速率(s^{-1})，b' 为气体重新溶于集体的速率(s^{-1})，m 为气泡内单位体积的原子数(cm^{-3})，β 为单位体积芯块气体原子产生率($cm^{-3} \cdot s^{-1}$)。

4) 气腔压力

计算中假设裂变气体是理想气体，并且棒中的压力是均匀的，计算方法如下：

$$P_{gas} = \frac{n_T R}{\dfrac{V_{pl,L}}{T_{pl,L}} + \dfrac{V_{pl,U}}{T_{pl,U}} + \sum_{j=1}^{M}\left(\dfrac{V_{gap}^j}{T_{gap}^j} + \dfrac{V_h^j}{T_{pi}^j} + \dfrac{V_{int}^j}{T_{av}^j}\right)} \tag{3-16}$$

式中，P_{gas} 为气体压力(Pa)，n_T 为所有气体摩尔常数(mol)，R 为气体常数[$J/(K \cdot mol)$]，$V_{pl,L}$ 为下气腔体积(m^3)，$T_{pl,L}$ 为下气腔温度(K)，$V_{pl,U}$ 为上气

腔体积(m^3)，$T_{pl,U}$ 为上气腔温度(如果存在)(K)，V_{gap}^j 为 j 轴向段间隙体积(m^3)，V_h^j 为 j 轴向段中心孔体积(m^3)，V_{int}^j 为倒角等体积(如果存在)(m^3)，T_{gap}^j 为 j 轴向段间隙温度(K)，T_{pi}^j 为 j 轴向段中心温度(K)，T_{av}^j 为 j 轴向段对体积做加权后的温度(K)。

5) 有限元方程

在程序中，因为本构方程是基于无穷小变形理论(小增量模型)构造的，所以应变位移的关系表达式是线性的。非线性问题出现在应力和应变的关系式中。

(1) 三个方向上的平衡方程：

$$\begin{aligned}
&\frac{\partial\sigma_r}{\partial r}+\frac{1}{r}\frac{\partial\tau_{r\theta}}{\partial\theta}+\frac{\partial\tau_{rz}}{\partial z}+\frac{\sigma_r-\sigma_\theta}{r}+\bar{R}=0\\
&\frac{\partial\tau_{rz}}{\partial r}+\frac{1}{r}\frac{\partial\tau_{\theta z}}{\partial\theta}+\frac{\partial\sigma_z}{\partial z}+\frac{\tau_{rz}}{r}+\bar{Z}=0\\
&\frac{\partial\tau_{r\theta}}{\partial r}+\frac{1}{r}\frac{\partial\sigma_\theta}{\partial\theta}+\frac{\partial\tau_{\theta z}}{\partial z}+\frac{2\tau_{r\theta}}{r}+\bar{\theta}=0\\
&\frac{\partial\sigma_r}{\partial r}+\frac{\sigma_r-\sigma_\theta}{r}=0
\end{aligned}\tag{3-17}$$

(2) 应变-位移关系的三个方程(省略了剪切应变的另外三个方程)：

$$\begin{aligned}
&\varepsilon_r=\frac{\partial u_r}{\partial r}\\
&\varepsilon_\theta=\frac{u_r}{r}+\frac{\partial u_\theta}{\partial\theta}\\
&\varepsilon_z=\frac{\partial u_z}{\partial z}
\end{aligned}\tag{3-18}$$

(3) 应力-应变关系的四个本构方程(省略了剪切分量的另外四个方程)：

$$\begin{aligned}
&\varepsilon_r=\frac{1}{E}[\sigma_r-\nu(\sigma_\theta+\sigma_z)]+\alpha T+\varepsilon^{pl}+\varepsilon^{cr}+\varepsilon^{sw}\\
&\varepsilon_\theta=\frac{1}{E}[\sigma_\theta-\nu(\sigma_r+\sigma_z)]+\alpha T+\varepsilon^{pl}+\varepsilon^{cr}+\varepsilon^{sw}\\
&\varepsilon_z=\frac{1}{E}[\sigma_z-\nu(\sigma_\theta+\sigma_r)]+\alpha T+\varepsilon^{pl}+\varepsilon^{cr}+\varepsilon^{sw}\\
&\varepsilon_r+\varepsilon_\theta+\varepsilon_Z=0
\end{aligned}\tag{3-19}$$

3.2.5.2　快堆燃料元件性能分析的主要结果

本节以最大燃耗10at%，稳态运行507 d的燃料元件性能分析的温度、裂变气体释放、气腔压力、应力计算结果为例进行介绍。

1）燃料温度

燃料中心温度随时间的变化如图3-5所示，燃料温度变化与几个竞争过程的进程相关联。导致燃料温度变化的主要因素如下：① 燃料结构的改变（重结构与致密化）；② 燃料肿胀导致的燃料和包壳之间间隙的减少；③ 气体裂变产物（主要是氪、氙）进入芯包间隙；④ 包壳肿胀导致的燃料和包壳之间间隙的增加。

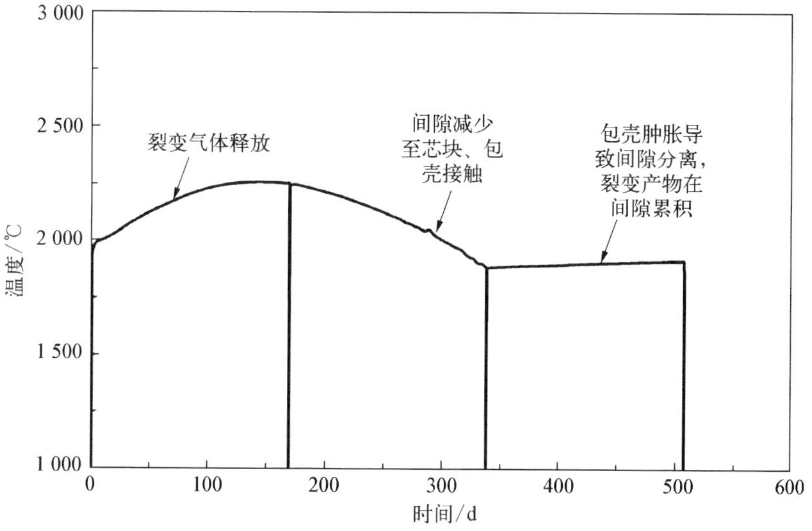

图3-5　燃料芯块中心温度随时间的变化

2）裂变气体

裂变气体的释放率随时间的变化如图3-6所示。裂变气体的释放主要是由线功率（温度）与运行时间（燃耗）决定的，且该变化不是线性的。

3）气腔压力

气腔压力随着时间的推移近似线性增加，如图3-7所示。寿期末气腔内的裂变气体压力一般小于5 MPa。

4）应力变化

包壳应力随时间的变化如图3-8所示，包壳应力变化与几个竞争过程的进程相关联。导致包壳应力变化的主要因素如下：① 热蠕变与辐照蠕变；② 气腔压力；③ 芯块与包壳的接触；④ 包壳肿胀。

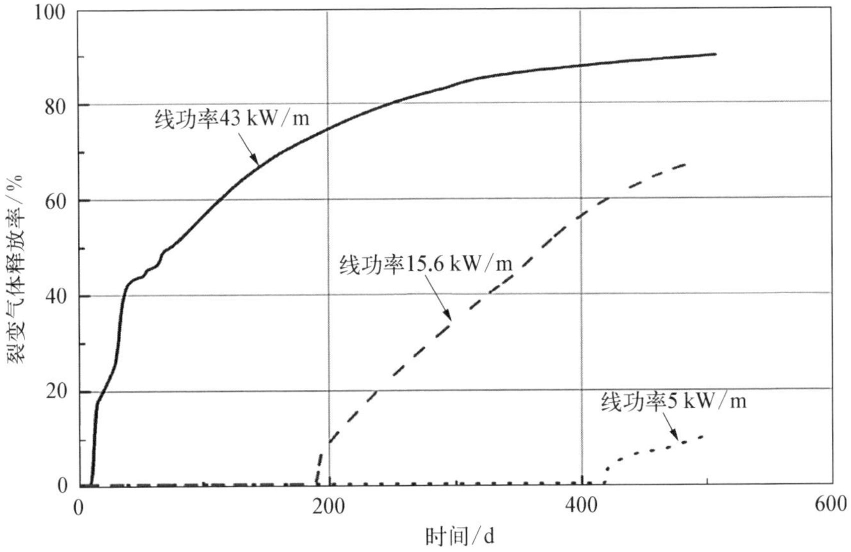

图 3-6　裂变气体随时间的变化

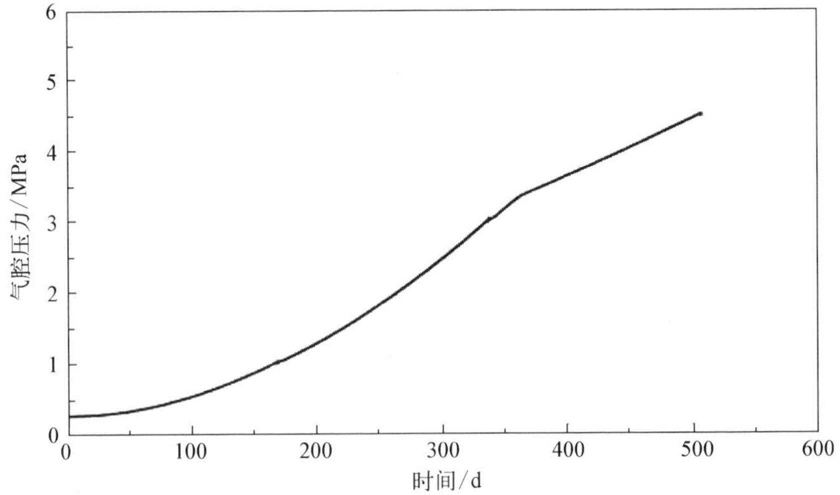

图 3-7　气腔压力随时间的变化

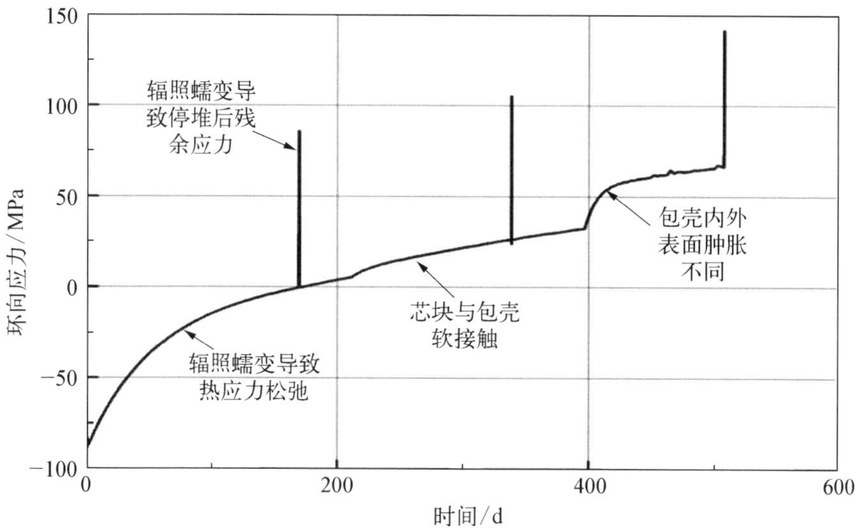

图 3-8　包壳应力随时间的变化

3.3　燃料组件设计

燃料组件是堆内操作的最小单位，它的基本任务是与控制棒组件一起维持反应堆链式反应，产生裂变热能，并为冷却剂提供恰当的流道，将热量带出燃料组件。燃料组件设计必须保证燃料组件及其零部件能经受住反应堆内的高温、高的快中子注量、在钠环境下长时间的辐照，直至寿期末保持组件结构基本完整，能进行正常的工艺运输操作。所以对燃料组件的设计，包括燃料组件结构设计、材料的选择、结构件机械设计、力学性能设计、燃料材料的热性能和辐照性能设计应满足设计准则，然后通过性能程序计算分析，表明设计满足设计准则，最后通过堆内、外试验验证设计的安全可靠性。

3.3.1　设计基准

燃料组件、其他组件应与堆芯结构、反应堆控制、反应堆保护、事故堆芯冷却系统共同保证满足以下具体要求：

在正常运行及预计运行事件工况下，燃料组件在设计寿期内不发生预期的包壳破损和燃料熔化。可能发生少量的包壳随机破损，但不允许超过燃料棒破损的运行限值，该限值与燃料棒的结构形式、材料和具体的堆芯设计参数有关。

在设计基准事故工况下，燃料组件应保持可冷却的几何形状，燃料组件及相关组件各部件的变形或破坏不能妨碍紧急停堆，燃料棒的破损不允许超过安全运行限值，一般情况下安全限值需满足以下条件：① 燃料棒包壳气密性破损率不大于堆芯燃料棒总数的 0.1%；② 燃料与冷却剂发生直接接触的燃料棒包壳破损率不大于堆芯燃料棒总数的 0.01%。但对于具体的燃料组件和堆芯设计，需要通过分析研究确定。

3.3.2 燃料棒设计准则

燃料棒设计准则从设计角度给出了设计限值和设定背景，包括包壳最高温度限值、包壳应力准则、包壳辐照肿胀变形限值、包壳腐蚀和磨损准则、燃料温度准则和燃料有效密度等参数。

1) 包壳最高温度限值

在设计寿期内，在正常运行工况下的包壳最高温度不允许超过稳态工况温度限值；在预计运行事件工况下的包壳最高温度不允许超过瞬态工况温度限值；在设计基准事故工况下，包壳最高温度允许在一定时间内超过瞬态工况温度限值。

2) 包壳应力准则

在燃料棒使用周期内，包壳的最大环向应力不允许超过许用应力。在乏燃料棒的堆内储存周期内，包壳的最大环向应力不允许超过许用环向持久强度。

3) 包壳辐照肿胀变形限值

寿期末，不允许包壳的辐照肿胀变形导致以下现象发生：① 引起的冷却剂减少导致包壳温度上升超过包壳温度许用值；② 引起的芯包间隙增大导致燃料芯块中心温度上升超过燃料熔点许用值；③ 引起的棒束与外套管接触力作用到包壳上，叠加包壳其他应力，超过包壳许用应力。

4) 包壳腐蚀和磨损准则

设计上应尽量抑制燃料棒相对运动，以防止燃料棒包壳因过度磨损而破损或明显降低其承受运行载荷的能力；进行包壳的应力强度评价时，应考虑由燃料棒腐蚀和磨损导致的寿期末包壳壁厚的减小。

5) 燃料温度准则

在有保护瞬态超功率事件下，考虑不确定性因素，燃料芯块最高温度不允许超过燃料的熔点(设计值)。

6) 燃料有效密度

设计寿期内,正常运行工况下的燃料有效密度的选择应能容纳燃料热膨胀和裂变产物引起的肿胀。

7) 混合氧化物

混合氧化物燃料$(Pu,U)O_2$中的化学计量应为亚化学计量,以减缓裂变产物对包壳内壁的腐蚀。

8) $(Pu,U)O_2$中UO_2和PuO_2的均匀度及PuO_2颗粒度

此参数的设计应能保证热导率和功率分布的均匀性。

9) 燃料棒压紧弹簧准则

在堆外运输和转运过程中,燃料棒气腔中设置的压紧弹簧应使燃料芯块柱在受到一定限值的轴向加速度时不发生轴向窜动。弹簧应能调节燃料芯块柱的轴向伸长;弹簧直径选取适当,使得产生的摩擦力足够抵抗芯柱的惯性力,同时不对包壳造成损伤。

10) 端塞和凹坑设计准则

端塞应能承受各工况下的内压载荷,保证结构完整;凹坑应能承受各工况下的轴向机械载荷和冲击力,保证结构完整。

3.3.3 燃料组件设计流程

在进行燃料组件初步结构设计时,需要根据快堆的设计功率和燃耗进行组件截面参数的初步估算,然后再进行物理和热工设计,通过物理和热工数据的计算对燃料组件初步截面参数进行修正,将修正的截面参数进行物理热工计算校核,直到得到满足设计目标的燃料组件截面参数。具体流程如图 3-9 所示。

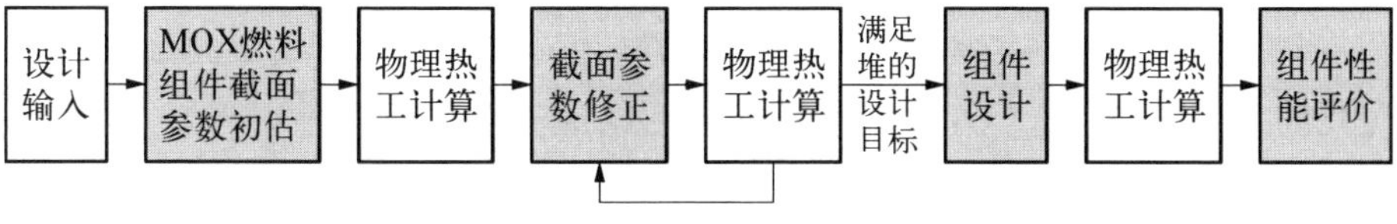

图 3-9　组件设计流程图

得到满足物理热工要求的燃料组件截面参数后,沿纵向和径向分别进行燃料棒结构尺寸设计和外套管结构尺寸设计。沿纵向的燃料棒结构尺寸设

计，首先是包壳管壁厚的设计，根据物理热工数据，包括元件棒径、最大线功率、燃料最大燃耗、包壳管寿期末目标压力峰值等，进行包壳管壁厚设计，要求包壳管所受环向应力最小，环向应力包括内压引起的周向应力和热应力，所选择的包壳厚度应加上腐蚀、制造公差和允许表面缺陷等影响量，并有一定裕量。

在进行芯包间隙设计时，应考虑其能够容纳燃料的径向变形量。

沿径向的外套管结构尺寸设计，首先是外套管内对边距设计，要考虑单根组件燃料棒数、P/D 值、温度引起的绕丝直径变化等，从而设计出外套管内对边距值。外套管壁厚的设计需要考虑外套管所受内外冷却剂压差等引起的受力状态。对于燃料组件盒间距的设计，要求组件盒之间有足够的间隙来容纳寿期内外套管截面发生的最大的径向变形，最终确定盒间距值。

3.3.4 燃料棒轴向结构尺寸设计

快堆燃料棒轴向结构设计需要考虑的因素是多方面的，包括燃料棒结构、包壳厚度、线功率密度、燃料芯块和气腔等，本节将逐一进行介绍。

3.3.4.1 燃料棒的一般结构

钠冷快堆的燃料棒一般是细长的密闭式结构，它主要由一根无缝的不锈钢包壳管和圆柱形氧化物燃料芯块构成。燃料柱位于棒内的中央段，它是由许多短的芯块堆垛而成，燃料柱的上、下通常是由贫化的 UO_2 芯块组成的轴向转换区。在上转换区芯块的上方是压紧弹簧，裂变气体储存腔布置在下轴向转换区的下方，也有布置在上轴向转换区的上方，也有两者兼之。在棒的两端是上、下端塞，构成了封闭式的燃料棒，在燃料棒外表面上有一根金属绕丝，固定在上、下端塞上。

上述的钠冷快堆燃料棒结构，燃料芯块在棒内沿轴向是均匀布置的，它的两端有贫化的 UO_2 轴向转换区，目前发展了两种新型的结构。

一种结构是燃料芯块轴向非均匀布置，在易裂变燃料柱的中间插入一段贫化的 UO_2 芯块，与 $(U,Pu)O_2$ 芯块一起构成一个整体的燃料柱，这种结构可以减缓包壳内壁腐蚀。

另一种结构的燃料芯块两端没有贫化的 UO_2 轴向转换材料，全是 $(U,Pu)O_2$ 芯块，这种结构可以提高燃料组件的烧钚量，但降低了增殖比。不过这两种结构的燃料棒只有少数国家（如法国）处于研究阶段，尚未实际应用。下面只介绍典型的钠冷快堆燃料棒结构设计。

3.3.4.2 线功率密度和燃料棒直径

燃料棒直径由棒表面传热能力决定，表面热流密度可以表达如下：

$$q = \frac{q_1}{\pi D} \tag{3-20}$$

式中，q 为热流密度（W/cm^2），q_1 为线功率密度（W/m），D 为燃料棒直径（m）。

对于压水堆，式（3-20）确定了实际的、最小的燃料棒直径（防止包壳烧毁）。但是在钠冷快堆中就不是这种情形，因为钠的冷却能力极好，这个烧毁的限制对钠冷快堆是不适用的。因此钠冷快堆燃料棒直径可以明显地小于压水堆燃料棒直径。

燃料中心温度取决于棒的线功率密度，它可以用下式表达：

$$q_1 = 4\pi \int_{T_s}^{T_o} \lambda_f(T)\mathrm{d}T \tag{3-21}$$

式中，$\lambda_f(T)$ 为燃料的热导率[W/(m·℃)]，T_o 为燃料中心温度(℃)，T_s 为燃料表面温度(℃)。

式（3-21）限制了钠冷快堆燃料棒的线功率，因为 T_o 必须低于燃料熔化温度。不过，式（3-21）与燃料棒直径无关。从燃料导出的热流仅是燃料中心和表面温度及燃料热导率的函数。

线功率密度对堆芯所有燃料棒的总长度起支配作用，或者说，线功率密度给定了堆芯高度和堆芯总的热功率水平以及堆芯燃料棒总数，线功率密度主要是由选用的燃料和最大允许温度 T_o 决定的，此外是燃料表面温度，它受燃料和包壳间的间隙大小影响很大，至少在反应堆早期工作期间，间隙闭合之前是这样。快堆设计的一个目标是在燃料中心温度不超过熔点的条件下，使平均线功率密度尽量高。燃料棒设计的主要步骤是选择由反应堆热功率水平确定堆芯燃料棒总长度和线功率密度平均值。

假设平均线功率密度已经选定，那么就可以对燃料棒的直径进行选择。燃料棒的直径通常指的是包壳外径，若燃料芯块半径为 R_f，则燃料芯块半径 R_f、燃料-包壳间的间隙以及包壳的厚度就决定了燃料棒直径。

在选择燃料棒直径时，设法使裂变材料比投料量 M_o/P 减到最小，这里 M_o 是堆芯裂变材料质量，P 是堆芯功率。最小的裂变材料比投料量会减少裂变材料的总投料量，又减少倍增时间。

裂变材料比投料量通过下式与线功率密度建立关系：

$$q_1 = e\rho_f \pi R_f^2 \frac{P}{M_o} \tag{3-22}$$

式中，e 为燃料中易裂变材料的质量份额，ρ_f 为芯块的质量密度（kg/m^3），R_f 为芯块半径（m）。

将式（3-22）中的裂变材料比投料量写成下式：

$$\frac{M_o}{P} = \frac{\pi \rho_f e R_f^2}{q_1} \tag{3-23}$$

确定了 q_1 值后，可以通过变化 ρ_f、e 和 R_f 的值，使 M_o/P 达到最小。ρ_f 值可变化的范围很小，因为有几个原因使 ρ_f 值限制在一个很狭窄的范围内。通过设计，使 ρ_f 尽可能地接近理论密度以提高热导率并降低所需要的裂变材料的投料量。但是增加 ρ_f 的结果是中子泄漏减少，引起 e 的减少量比 ρ_f 的相对增加量还大。另外，ρ_f 必须足够低，以补偿在稳态运行期间燃料的肿胀以及在热扰动工况期间的体积热膨胀。因此，最后给出钠冷快堆混合氧化物燃料芯块的理论密度为 85%～95%，而有效密度为 75%～90%。

参数 e 和 R_f 总是联系在一起的，要使 R_f 变小必须增加所需要的易裂变材料份额 e，但是燃料体积份额没有显著地减少，e 的增加就不会抵消 R_f^2 的减少。因此减小 R_f 也就减少了 eR_f^2 和 $\frac{M_o}{P}$，于是减小 R_f 是一理想目标。正是因为这样，快堆燃料棒直径才选择那样小。

在线功率密度一定时，燃料棒直径减少，热通量就会增加，因此，可接受的燃料棒直径的下限实际上取决于冷却剂能够传输不断增加的热流密度下的热量的能力。热流密度 q（w/m^2）、直径 D 和传热系数 h 之间的关系式如下：

$$q = \frac{q_1}{\pi D} = h(T_{co} - T_b) \tag{3-24}$$

式中，T_{co} 和 T_b 分别是包壳外表面和冷却剂整体温度。用钠做冷却剂时，即使在低流速情况下，h 仍然较高，不存在压水堆中所关心的烧毁问题，因此钠传热不是减少燃料棒直径的限制因素。燃料棒直径取决于若干限制因素。一个重要的限制因素是燃料棒直径小到一定限度后，其加工制造费用就很昂贵。第二个限制因素是节距-直径比，随着燃料棒直径的减少，最终总会出现这样的情况，即进一步减小燃料棒直径，必然需要增加 P/D 比（P 为相邻两棒的中心比，D 为燃料棒直径），进而这又将导致燃料体积份额显著地减少和增加裂变材料投入量，随着 D 的减小，最终比值 P/D 必定增加。增殖比随燃料直径的减小而减小，因此设计燃料棒直径的重要因素就是增殖比。

综合考虑上述多种因素后，人们认为钠冷快堆混合氧化物燃料棒直径为 6～9 mm，或近似为压水堆燃料棒直径的 2/3。而最大线功率密度的选择则需要考虑燃料芯块结构（有实心的、有中心孔的）、燃料的组分以及参数的不确定性。

3.3.4.3　包壳厚度

包壳是燃料棒的结构件，它使燃料棒保持结构完整性，并且把燃料和冷却剂隔开来，因而可以避免裂变产物进入一次冷却剂系统，所以包壳是裂变产物的第一道屏蔽。

燃料棒包壳厚度取决于下列诸因素：

（1）燃料棒是封闭式结构，裂变气体产物（常常保守假设 100%释放）基本上全部释放到燃料棒内的空腔中，随着燃耗的增加，棒内压力也增加，当到达设计的目标燃耗时，要求由包壳承受的压力所引起的应力不得超过允许应力。

（2）包壳外表面受冷却剂钠的腐蚀，内表面受裂变产物及其化合物的腐蚀，都使包壳的有效厚度减少，这种厚度的减少都会引起包壳承受的应力增加。

（3）包壳在加工制造中不可避免地存在尺寸公差和内、外表面缺陷，所以评价包壳容许承受的应力时应给予考虑。

（4）包壳厚度的确定还需考虑包壳承受的热应力。为了降低热应力，希望包壳薄些，但从包壳承受压力引起的应力角度考虑，又希望包壳厚些，所以包壳存在一个最佳厚度，由内压引起包壳的周向应力可表达为

$$(\sigma_\theta)_p = \frac{p}{2}\left(\frac{D_\mathrm{f}}{t}\right) \tag{3-25}$$

式中，p 为包壳内压，D_f 为芯块外径，t 为包壳壁厚。

由温差引起的周向热应力为

$$(\sigma_\theta)_\mathrm{th} = \frac{E\alpha}{2(1-\nu)}\Delta t_\mathrm{c} \tag{3-26}$$

式中，$(\sigma_\theta)_\mathrm{th}$ 为周向热应力，E 为包壳材料的弹性模量，α 为包壳材料的线性热

膨胀系数，ν 为材料的泊松比，Δt_c 为包壳内、外表面的温差。

包壳内、外表面温差可以用下式表达：

$$\Delta t_c = \frac{q_l}{2\pi\lambda_c}\ln\left(\frac{R_o}{R_i}\right) \tag{3-27}$$

式中，q_l 为线功率密度，R_o 为包壳外径，R_i 为包壳内径，λ_c 为包壳材料的热导率。

当包壳厚度 t 远小于包壳直径 D_c，且芯包间隙已闭合时，芯块外径 D_f 与包壳内径相等，包壳内、外表面温差用下式表达：

$$\Delta t_c = \frac{q_l}{\pi\lambda_c}\left(\frac{t}{D_f}\right) \tag{3-28}$$

由包壳内、外表面温差引起的周向热应力可写成

$$(\sigma_\theta)_T = \frac{pD_f}{2t} + \frac{E\alpha}{(1-\nu)\lambda_c}\frac{q_l}{2\pi}\left(\frac{t}{D_f}\right) \tag{3-29}$$

总的周向应力为

$$(\sigma_\theta)_{th} = \frac{E\alpha}{(1-\nu)\lambda_c}\frac{q_l}{2\pi}\left(\frac{t}{D_f}\right) \tag{3-30}$$

代入内压 p 后，式(3-30)对 $\left(\frac{t}{D_f}\right)$ 求导并令其等于零，便得到最佳的 $\left(\frac{t}{D_f}\right)$，从而得到包壳最佳壁厚。同时，还需考虑包壳内、外壁的腐蚀、制造公差、表面缺陷和安全裕量，最后得到包壳的设计厚度。

3.3.4.4 芯块-包壳间隙及填充介质

芯块与包壳间隙直接影响燃料的最高温度，所以尽量增大间隙传热系数，原始制造间隙和填充介质直接决定了间隙的传热系数。

在进行燃料组件燃料棒芯包间隙设计时，应考虑的因素如下：① 燃料芯块在堆内辐照过程中的辐照肿胀、热膨胀变形、蠕变变形；② 包壳辐照肿胀和热膨胀；③ 初始芯包间隙应能够容纳燃料的变形量，保证寿期末芯包不闭合，不发生芯包机械相互作用。

为了使燃料芯块与包壳之间有良好的传热性能，在间隙中填充导热性能好的介质，可供选择的有钠和氦两种介质。而填充介质的选择应根据介质本

身的热物理性质及其与燃料及包壳材料的相容性。

3.3.4.5　燃料芯块

典型商用的钠冷快堆燃料柱的总高度为1 m左右，它是由许多结构相同、燃料成分相同的短的燃料芯块堆垛而成的。芯块的直径略小于包壳管的内径，芯块两端的形状是平坦的，芯块的理论密度为85%～95%。

目前钠冷快堆燃料芯块有实心和带中心孔两种结构。前者倾向采用低密度的燃料芯块，后者倾向采用高密度的燃料芯块。具有中心孔的燃料芯块有两方面优点：一方面，钠冷快堆燃料工作温度可高达燃料的熔点，有了中心孔，不仅降低了燃料芯块的最高温度，也降低了燃料芯块的平均温度，从而降低了燃料的热容量，提高了燃料棒的安全性。由于燃料芯块温度和温度梯度的降低，减缓了裂变产物沿径向迁移，降低了对包壳内壁的腐蚀作用，抑制了裂变产物碲和铯引起的包壳裂纹的扩展。另一方面，有中心孔的燃料芯块密度较高，克服了制造低密度燃料芯块的困难，减缓了芯块对包壳的压应力，同时可以获得较低的燃料有效密度，增加了燃料自身调节肿胀的能力。中心孔相当于增加了气腔的体积，从而有利于降低燃料棒内的压力。

不过有中心孔的燃料芯块会降低燃料芯块单位高度上的易裂变原子数，此外其加工难度比实心燃料芯块大。

3.3.4.6　轴向转换区

转换区又称再生区或增殖区，它的材料为贫化的UO_2（^{235}U含量一般为0.3%～0.72%），其中^{238}U吸收逸出堆芯燃料区的中子，转换为易裂变材料钚的同位素，从而提高钠冷快堆的增殖性能。轴向转换区位于堆芯燃料区的上、下两端，它是由烧结的UO_2芯块组成的。

目前快堆将转换区材料UO_2芯块与易裂变燃料芯块一起布置在同一包壳管内，构成所谓的“一体化”结构，这种结构设计简单，加工费低。

3.3.4.7　气腔

燃料棒中设置气腔用于容纳燃料在辐照期间产生的气态裂变产物（裂变气体大部分是氙和氪），避免燃料棒内的气体压力超过允许值，典型的快堆寿期末燃料棒中裂变气腔的压力在6～10 MPa范围内。气腔可以设置在堆芯上方或堆芯下方，也有两者兼之，气腔的容积取决于燃耗和温度。

气腔设置在堆芯下方的主要优点如下：① 沿燃料组件长度上的温度梯度区会大大减少，组件的外套管不均匀的热膨胀变形减少，热弯曲变形小；② 气腔的平均温度低，包壳材料性能降低少；③ 若在同样的内压下，气腔容积会减少，燃料棒长度缩短，使组件变短，从而降低反应堆的高度。

从理论上分析，气腔设置在下方会降低燃料棒的破损概率，但仍存在一定的破损概率。如果气腔在堆芯下端，燃料棒一旦在气腔破裂，气体会通过堆芯区，对反应堆产生不安全因素。总之，在确定裂变气腔的最佳位置之前，需要进行全系统的评价。

3.3.4.8 芯块定位器

燃料棒中的芯块（燃料芯块和转换区芯块）上方有一定的空腔，除用于调节芯块的热膨胀和辐照肿胀，主要作为裂变气腔之用。这样燃料组件在运输和操作中燃料芯块会向上、下窜动，可能发生破裂。为了防止这种现象的发生，在芯块的上方设置芯块定位器，又称压紧弹簧，用以固定芯块在燃料棒中的位置，避免发生芯块的上、下移动。

现在钠冷快堆燃料中的芯块定位器普遍采用压紧弹簧。压紧弹簧分为两段，上段为压紧弹簧定位段，下段为压紧弹簧压缩段。组件运输中所受到的水平和竖直载荷均不超过 $5g$（g 为重力加速度），故压紧弹簧给芯块施加 $5g$ 以上压力，保证在组件运输中芯块不发生窜动。

3.3.5 燃料组件径向结构尺寸设计

本节将介绍快堆燃料组件径向结构设计中需要考虑的 P/D 热工参数、外套管和盒间距方面的因素。

3.3.5.1 P/D 热工设计

对于堆芯物理和燃料组件设计来说，燃料棒栅距与棒径之比（P/D）这一参数非常重要，直接决定堆芯设计方案是否合理优化。

热工方面影响 P/D 的主要因素有两个。一是 P/D 设计必须满足组件内棒束段最大流速的热工设计限值；二是 P/D 设计必须使得组件内冷却剂能较好地搅动，以带走足够多的热量。

从热工的角度进行设计，确定绕丝直径，作为后面外套管截面尺寸的设计输入。

3.3.5.2 外套管内对边距设计

外套管的内对边距尺寸由棒束尺寸、棒束与外套管间隙决定。棒束尺寸由包壳管外径及绕丝尺寸决定。

棒束与外套管之间间隙的确定取决于以下主要因素：

(1) 调节燃料棒束的肿胀，避免棒束的辐照肿胀对外套管产生过大的机械作用力；

(2) 燃料组件组装工艺的要求，保证棒束装入外套管时不致对外套管造成损伤。

从上述两个因素考虑，希望间隙大，但是过大的间隙会产生过大的边流量，影响冷却剂出口温度。

考虑到燃料棒束在收紧的工况时包壳管的温度限值，从热工的角度进行设计，确定绕丝直径和棒束与外套管间隙值。同时要对燃料棒束和六角形外套管在寿期末情况进行截面尺寸校核和受力分析，避免燃料棒束和外套管在寿期末发生肿胀后接触，产生过大的机械作用力，从而导致包壳破损。

对燃料棒束和六角形外套管在寿期末情况进行截面尺寸校核，包括对寿期末燃料棒束和外套管热膨胀和辐照肿胀的计算，获得寿期末燃料棒束与外套管的间隙值，若寿期末燃料棒束与外套管发生接触，那么需校核燃料棒束与外套管接触时产生的最大应力值。

3.3.5.3　外套管壁厚设计

外套管管壁承受内外钠压差载荷作用，稳态运行工况下，外套管最危险截面为活性区中平面和下截面。最大的压差载荷出现在外套管下部，由于该区域外套管温度较低，为冷却剂入口温度，在这个温度下可以用弹性理论分析外套管的受力状态，由应力确定外套管壁厚。

为保证外套管的结构完整性，要求外套管截面的最大应力 $\sigma_{max} \leqslant S_m$，$S_m$ 为许用应力。

为使外套管中平面和下截面都满足应力限值，取两处的 S_m/p 的小值作为设计壁厚的依据。

外套管的内对边距与几何参数比值 L/R 和 R/t 的关系为

$$S_{int0} = \left[2\left(\sqrt{3}\,\frac{L}{R}+1\right)-\frac{2}{R/t}\right]R \qquad (3-31)$$

式中，S_{int0} 为外套管初始内对边距(mm)，S_{int0} 对几何参数比值 L/R 和 R/t 的取值要求满足以下条件：

$$\frac{\sigma_{max}}{p} < \text{最小应力限值}$$

综上所述，可得燃料组件外套管截面参数，包括外套管壁厚、内倒角半径等。

3.3.5.4 燃料组件盒间距设计

由于辐照损伤和温度梯度作用，组件外套管会发生辐照蠕变、辐照肿胀和热膨胀变形，比较而言辐照变形所占比重比热膨胀变形大，因此截面总变形在活性区中平面附近最大。为避免寿期末外套管壁面可能发生的刚性接触，从设计角度要求组件盒之间有足够间隙来容纳寿期内外套管截面发生的最大径向变形。另外，盒间距还需考虑到制造公差的贡献。

综上所述，盒间距的设计要求可以表达为初始盒间距≥截面辐照肿胀变形＋辐照蠕变变形＋热膨胀变形＋制造公差。

3.4 燃料组件制造

本节将对快堆燃料组件制造所涉及的燃料芯块、燃料棒和燃料组件组装等方面进行详细介绍。

3.4.1 氧化物燃料芯块制造

目前建成的快堆普遍采用铀钚混合氧化物(U,Pu)O_2 燃料(MOX)，其芯块制造工艺大体包括混料、球磨、制粒、压制成型、预烧结、烧结、整径和密度检查。

1）混料

原始粉末的混料方法有机械混合法和共沉淀法。前者按规定的混合比将一定量的 UO_2 粉末和 PuO_2 粉末用混料机进行混料，得到均匀的 UO_2-PuO_2 混合粉末。后者按规定的混合比将硝酸铀酰[$UO_2(NO_3)_2$]和硝酸钚[$Pu(NO_3)_4$]混合，用氨水或草酸使铀和钚同时沉淀，经过滤、干燥、焙烧及还原得到(U,Pu)O_2 粉末。

2）球磨

用球磨机或振动机将(U,Pu)O_2 粉末粉碎 2～8 h，以获得烧结性能良好，密度符合标准的活性粉末。

3）制粒

加入固体添加剂，如聚氧乙烯系、多烃醇部分脂系、脂和醚系的有机物与(U,Pu)O_2 粉末相混合。在较低压力下成型，然后粉碎成约 20 目大小，选出符合要求的颗粒。或用水、酒精、四氯化碳等液体添加剂做成溶液，再在搅拌机中与(U,Pu)O_2 粉末混合成泥浆，经干燥、筛分、再干燥等整粒操作。

4）压制成型

用凸轮式或旋转式压力机将粉粒在模具中压制成型，一般初成型压力为98 MPa，正式成型为196 MPa，使生坯密度分别达到5 g/cm^3 和6 g/cm^3 左右。为了防止芯块上下两端面出现尺寸偏差且使密度尽可能均匀，可采用双向挤压。

5）预烧结

预烧结在400～800 ℃的还原气氛（氢气）保护下进行，使添加剂发生热分解逸出。如要除去芯块中的碳杂质，则应在700 ℃以上采用CO_2 气体保护更为有效。

6）烧结

$(U,Pu)O_2$ 的烧结在1 500～1 800 ℃的还原性气氛（N_2 - 5% H_2）或真空中进行，烧结时间为2～4 h。

7）整径

对烧结好的燃料芯块用直径分类仪进行分类，超过规定公差范围的芯块要整径，即在无心磨床上进行研磨。该工艺在有些国家的MOX芯块制造中未被采用。

8）密度检查

加工好的燃料芯块要随机抽样进行燃料芯块密度测量，根据质量验收标准决定取舍。

3.4.2　燃料棒制造

装填烧结芯块的燃料棒的组装过程如图3-10所示。

芯块装入之前需要检测芯块柱各类芯块质量及长度并满足设计要求。将芯块按堆垛长度分组，装入芯块皿，然后通过气压、油压或电机传动等方法自动装入包壳。装入芯块后即进行管口去污，管口去污是用酒精棉擦拭管口，去除放射性物质。管口去污后装入压紧弹簧、充入一个大气压的氦气，装上端塞。端塞与包壳之间是紧密结合的，在氦气氛下将上端塞机械压入。由于燃料棒内氦气的压力仅为一个大气压，所以可以将上端塞一次焊接成功而不需要堵孔焊。上端塞的焊接一般为钨极惰性气体焊接法自动或半自动进行。上端塞的焊接也可采用氦弧磁力焊，其端塞头部很薄，约1 mm厚，焊接后的焊缝为半球形。可直接在其上焊接绕丝上端头。

焊接后的燃料棒需用浸过酒精或丙酮的布擦拭表面进行棒表面去污，然

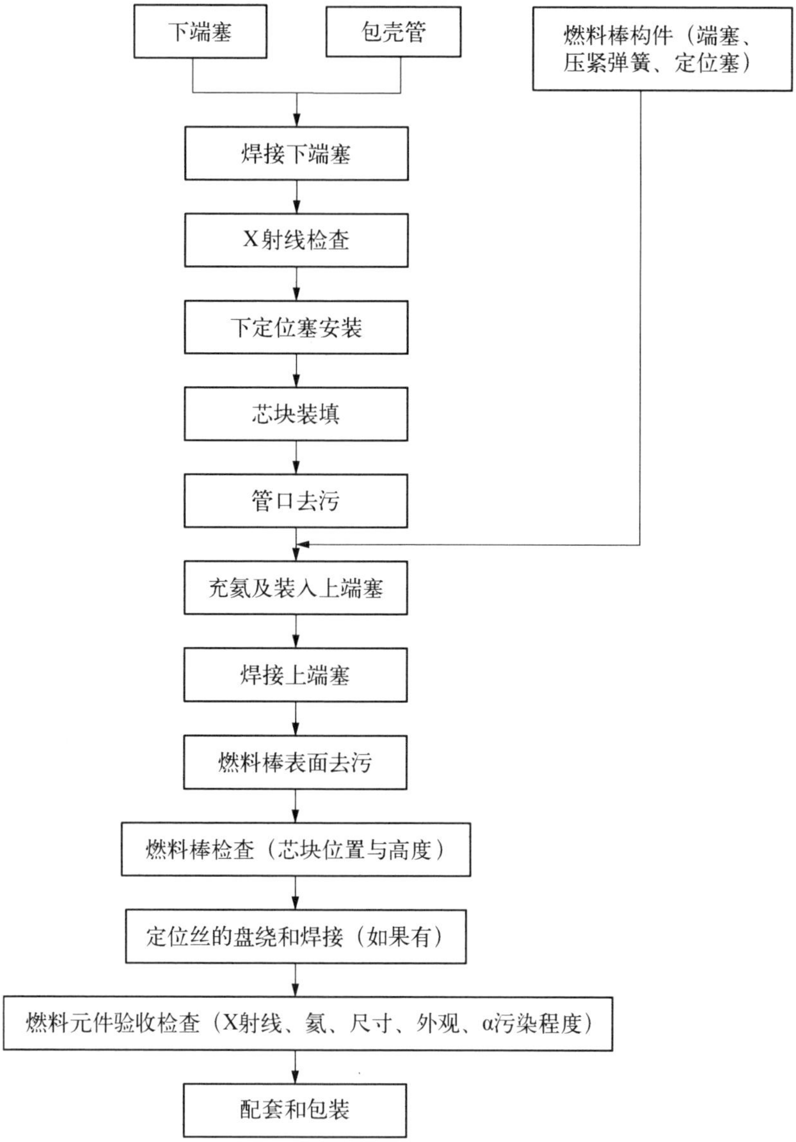

图 3-10　燃料棒的组装工序

后对焊缝进行 X 射线探伤，单棒进行高温氦检漏、平直度和外观检查。

3.4.3　燃料组件的组装

组件组装过程中一般将所有燃料棒与燃料棒轴向定位结构定位固定后形

成燃料棒束，再一并装入组件。

燃料棒轴向定位结构可采用栅板框架或蒜槽栅板结构，前者需要将栅板框架焊接在外套管内壁实现燃料棒棒束沿燃料组件的轴向定位，后者将蒜槽栅板焊接固定在下过渡接头上直接将燃料棒装入即可。图 3－11 所示为燃料棒端塞与栅板框架结构形式，图 3－12 所示为燃料棒端塞与蒜槽栅板结构形式。

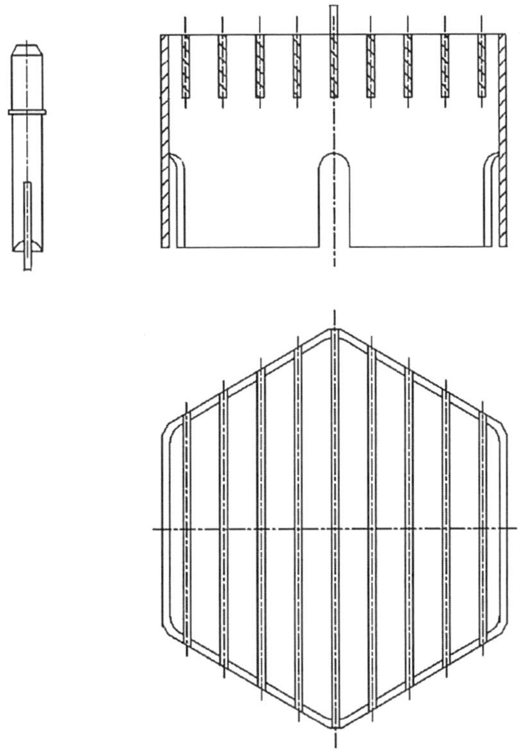

图 3－11　燃料棒端塞与栅板框架结构形式示意图

以典型钠冷快堆为例，燃料组件的组装顺序如图 3－13 所示。

快堆燃料组件是一个由上、中、下三个部件组装成的细长物体，希望三个部件组装后其轴线在一条直线上，而事实上它们之间必定存在形位公差。为保证堆芯形状及组件在堆芯内插拔顺畅，要求考虑组件操作头和管脚对燃料组件的轴向跳动量，在组件组装完成后需要进行组件形位检测，组件应能沿六个方向在自重下顺利通过组件量规。

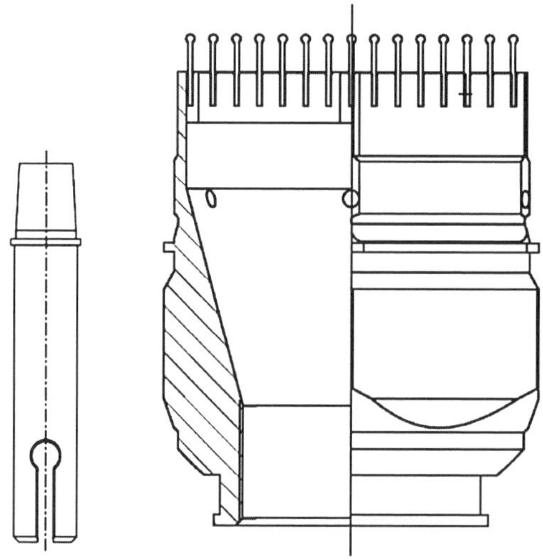

图 3-12　燃料棒端塞与蒜槽栅板结构形式示意图

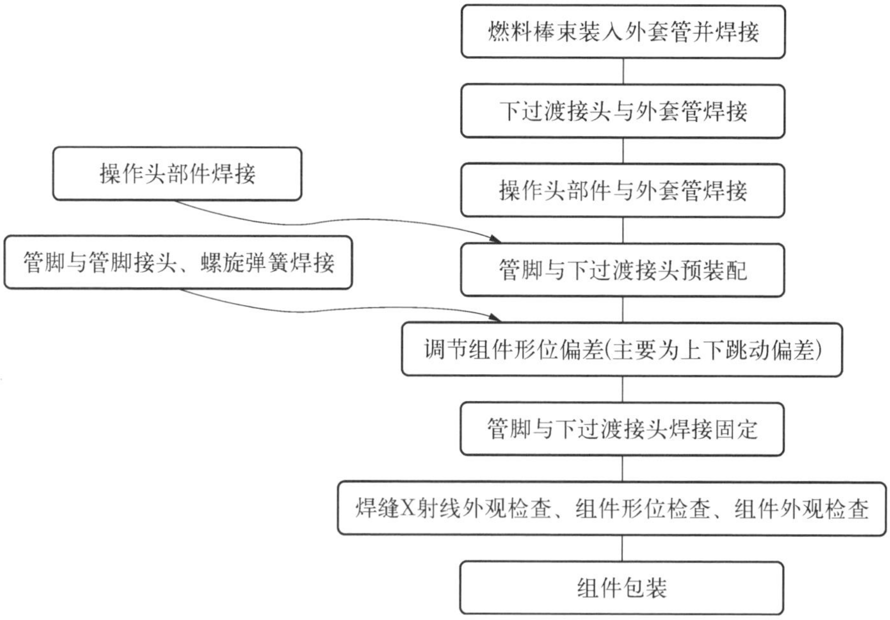

图 3-13　燃料组件的组装顺序

3.5　其他组件

快堆堆芯除燃料组件外，还有控制棒组件、中子源组件、转换区组件、不锈钢反射层组件和屏蔽组件，它们在反应堆启动和运行中扮演着不同的角色，有着不同的功能，本节将逐一进行介绍。

1）控制棒组件

快堆堆芯反应性的控制和调节依靠控制棒来完成，设计的快堆控制棒一般用不锈钢管做包壳，富集^{10}B的B_4C烧结芯块填充入包壳管组装成吸收体棒束，再装入六角形外套管，构成控制棒组件。

根据在堆芯中的功能用途，控制棒组件分为三种：补偿棒组件、安全棒组件和调节棒组件，其中^{10}B富集度不同，布置在堆芯不同位置，因此管脚结构和流阻也不尽相同。

补偿棒组件补偿过剩的后备反应性以及反应堆在运行过程中反应性的变化，还补偿由于温度和燃耗变化引起的反应性变化。

安全棒组件实现反应堆正常停堆和偏离正常运行状态时的紧急停堆。调节棒组件调节反应堆运行过程中的功率，并保持在规定的功率水平。

当反应堆正常运行工况受到破坏时，调节棒组件和补偿棒组件同时作用能将反应堆转入临界状态。三种控制棒组件主要结构相同，只是^{10}B丰度和管脚局部设计参数不同，控制棒组件包括相对独立的两部分：不移动套筒和中心移动体。吸收体棒束位于中心移动体内部，通过控制棒驱动机构将中心移动体上、下自由移动，实现对反应堆剩余反应性控制和停堆功能。

2）中子源组件

中子源组件可分为启动中子源组件和工作中子源组件。

启动中子源为初级中子源，都利用了铍的(α，n)反应。启动中子源组件中放置带$^{252}C_f$(自发裂变源)的密封源盒，提供规定的中子源，保证首次物理启动以及后续停堆换料时核测系统具有足够的中子计数率。图3-14为中国实验快堆启动中子源组件示意图。

工作中子源，也称为次级中子源，利用了铍的(γ，n)反应。工作中子源组件的原理是在堆芯内制造一定强度的中子流，以便在反应堆停堆和反应堆再次起动时，对堆芯未能达到可利用活性区所产生的中子反应进行监控，并将堆芯中子注量率提高到一定水平之上，使中子计数器能较好地统计特性，测出反

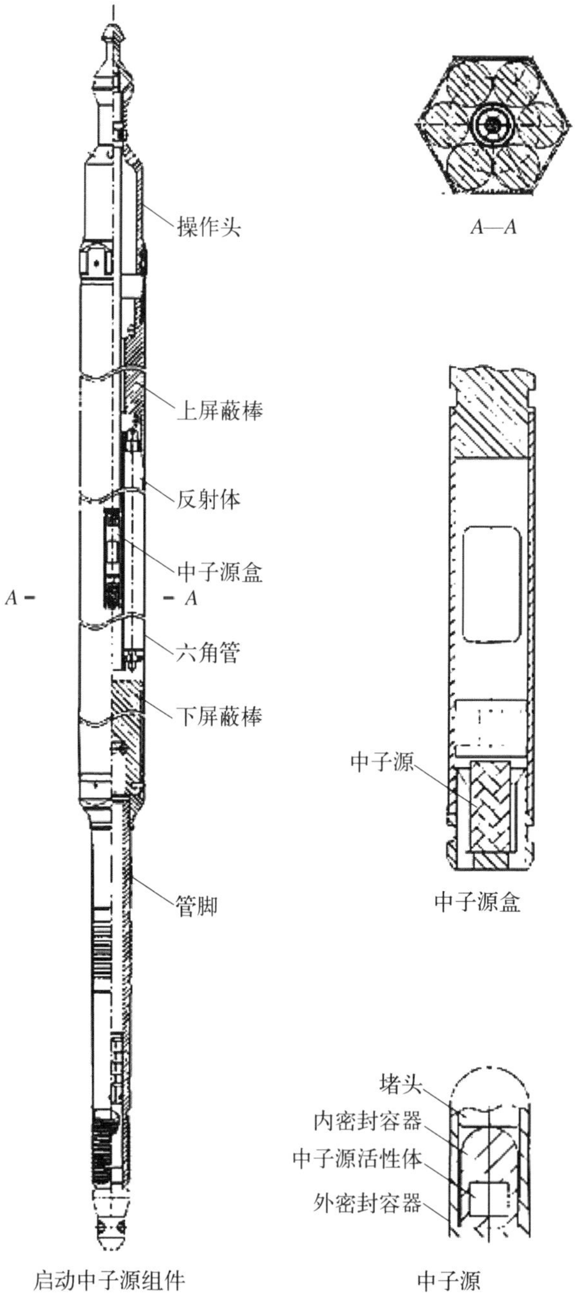

图 3-14　快堆启动中子源组件

应堆起动时中子注量率的变化，从而对反应堆的次临界状态进行监控。

除上述基本功能外，中子源组件的附加功能还包括与堆芯其他各类组件一起组成反应堆堆芯，组件结构应保证热量安全可靠地导出。

3）转换区组件

转换区组件又称为再生区组件，布置在燃料组件（堆芯区）径向周围，它的主要功能是将可转换核素通过俘获那些从堆芯区逸出来的中子有效地转换为易裂变核素，即将可转换核素^{238}U和^{232}Th通过俘获中子转换成易裂变核素^{239}Pu和^{233}U。经过后处理，提取^{239}Pu或^{233}U，制成燃料元件，重返堆内使用。此外，转换区组件也为转换区外围的部件起到一定的屏蔽作用。

典型的钠冷快堆转换区组件的外形与燃料组件十分相似，它们的外形都是正六角形套管，组件和燃料棒的长度基本相等。在转换区内也要发生裂变，释放裂变气体，所以棒内也有裂变气体储存腔，不过气腔体积很小而已。

这两种组件最显著的差异是燃料不同，转换区组件中的转换材料为纯增殖材料，一般^{235}U的含量低于0.7wt%，而燃料组件的燃料是易裂变材料和增殖材料的混合物。由于转换区的转换材料中易裂变原子密度极小，中子注量率又较低，所以转换区燃料的体积发热率比燃料区低得多。因此转换区的燃料棒比活性区燃料棒大得多。一般转换区的燃料棒的直径为活性区燃料棒的两倍，这样每个转换区组件内的棒数要少得多，由于转换区燃料棒粗，相应燃料体积会增加，加工费则降低。

不过应该指出，转换区组件随着运行易裂变原子不断增加，发热率会不断增加。设计中在全寿期应该保证线功率密度不能大于活性区燃料棒的线功率密度，这是热工设计专业需要特殊考虑的要素。

由于转换区组件的燃料直径较大，所以转换区燃料棒的刚度比堆芯区燃料棒大得多。对于那些紧靠活性区边缘上的转换区组件或者在非均匀设计堆芯内的转换区组件，一个组件内可能出现明显的功率梯度。组件内的高温度梯度和大的刚度结构的综合效应可能导致两个燃料棒之间产生较大机械相互作用力。这种情况下，转换区内的燃料棒与外套管的相互作用的应力问题有可能会大于燃料组件的应力问题。

位于非均匀设计的堆芯内的转换区组件与典型的径向转换区组件不同，它存在很大的功率梯度和温度梯度，在正常运行工况下必然会有较大的功率和温度变化，因此瞬态条件下，包壳损伤对堆芯内的转换区燃料棒的寿命限制可能比长期稳态工况下带来的限制更重要。

4）不锈钢反射层组件

在钠冷快堆系统中，一般径向反射层组件布置在堆芯燃料组件或径向转换区组件外围。这种组件有三种主要功能：一是将逸出堆芯或径向转换区的中子反射回堆芯或转换区，以提高中子利用率和增殖比；二是使钠池壳的设备和部件对γ射线和中子起到一定的屏蔽作用，减缓中子和γ射线的辐照；三是传递转换区组件与堆芯约束系统和屏蔽组件之间的载荷。

径向反射层组件在堆内占有一个相当于燃料组件的位置，它们的外形与燃料组件十分相似，一般由一束不锈钢棒装入一根外套管内组成。由于不锈钢在堆内辐照中产生γ热，决定了不锈钢棒直径的大小，其限制条件是不锈钢棒中心温度不得超过它的熔化温度（约为 1 400 ℃）。不锈钢反射层组件的寿命随所处的位置不同而不同，它受到快中子辐照后会产生辐照空洞肿胀，所以当肿胀达到规定值时，需将组件卸料换成新的不锈钢反射层组件。

5）碳化硼屏蔽组件

碳化硼屏蔽组件在快堆中用于降低围筒内构件的辐照损伤水平和保证堆内储存井中的乏燃料组件的中子屏蔽。它在堆内占有一个与燃料组件相当的栅格，其外形与燃料组件十分相似。在快堆中屏蔽材料一般选用 B_4C 芯块。出于经济上的原因，B_4C 中的硼一般为天然硼，B_4C 材料一般装在不锈钢管内构成较粗的吸收体棒，现设计的吸收体棒通常采用通气结构。吸收体棒按正三角形排列成棒束装入六角形外套管，即构成屏蔽层组件。碳化硼屏蔽组件的吸收体棒的辐照性能与控制棒组件吸收体棒十分类似。

参考文献

[1] 谢光善，张汝娴. 快中子堆燃料元件[M]. 北京：化学工业出版社，2007.

[2] 唐纳德·奥兰德. 核反应堆燃料元件基本问题[M]. 李恒德，译. 北京：原子能出版社，1983.

[3] 苏著亭，叶长源，阎凤文，等. 钠冷快增殖堆[M]. 北京：原子能出版社，1991.

第 4 章 液态金属冷却剂

核反应堆的冷却剂是指用来冷却核反应堆堆芯，并将堆芯因发生核裂变所释放的热量带出核反应堆的工作介质，也称为载热剂。在核反应堆中，除了由核燃料的核裂变产生热量以外，其他部件（如堆内的各种不锈钢部件材料）也因吸收 γ 射线和慢化中子而发热，所以相关组件和堆内构件以及反射层、屏蔽层等也需要冷却。但堆内约 90%的发热来自燃料组件，所以冷却的重点是燃料元件棒。另外，冷却剂还有一个重要的功能就是在事故工况下能够迅速带走燃料的剩余反应热和衰变热，以避免堆芯熔毁。

冷却剂应具有良好的传热性和流动性；具有高沸点、低熔点、泵送功率低，对热和辐射具有良好的稳定性；不易腐蚀结构材料和燃料元件包壳材料，具有良好的相容性；感生放射性低，中子俘获截面小。常用的冷却剂有气体和液体两类，气体冷却剂有二氧化碳和氦气；液体冷却剂有轻水、重水和液态金属，具有热导率高、蒸气压低的特点。

4.1 概述

快中子反应堆常用液态金属做冷却剂。可用作反应堆冷却剂的液态金属包括钠、钠钾合金、铅、铅铋合金、锂、铅锂合金以及汞（水银）等。在快堆系统中，作为热传导介质的液态金属需要满足以下备选准则[1]。

（1）中子性能。在快堆中，为满足燃料增殖、燃料转换以及长寿命次锕系元素的嬗变要求，必须获得快中子能谱。因此对于冷却剂的选择应满足如下条件：① 小的快中子俘获截面；② 高的散射截面，以减小堆芯中子泄漏率；③ 小的单次碰撞能量损失，以减小对快中子的软化（或称慢化）作用；④ 较高的沸点，以减少冷却剂空泡效应的影响。

(2) 材料相容性。作为冷却剂,液态金属需要与反应堆部件直接接触,同时也有可能与二回路冷却剂相接触,因此冷却剂应满足下列条件: ① 与结构材料具有良好的相容性。冷却剂对材料的腐蚀很小,对材料的力学性能影响很小,以保证反应堆部件及设备在设计寿期内保持其结构完整性。② 液态金属稳定性要高,如与二回路冷却剂或空气的化学反应有限,形成的反应产物很少等。

(3) 热工水力性能需满足以下条件: ① 用于液态金属循环的唧送功率小;② 较高的导热系数,以减小换热器尺寸。

(4) 安全性应满足化学和放射性危险可控,安全设施和系统简单可靠。

(5) 具有良好的经济性。

表 4-1 列出了不同冷却剂的热物理性能。基于以上因素以及表中数据,可知液态金属非常适合用于快堆系统的冷却剂材料。

表 4-1 反应堆冷却剂的基本性能

冷却剂	相对分子质量	相对慢化能量	中子吸收截面(1 MeV)/mb	中子散射截面/b	熔点/℃	沸点/℃	化学活性(与水和空气)
Pb	207	1	6.001	6.4	327	1 740	不反应
LBE	Pb: 207 Bi: 209	0.82	1.492	6.9	125	1 670	不反应
Na	23	1.80	0.230	3.2	98	883	剧烈反应
H_2O	18	421	0.105 6	3.5	0	100	不反应
D_2O	20	49	0.000 211 5	2.6	0	100	不反应
He	4	0.27	0.007 953	3.7	—	−269	不反应

世界上第一个液态金属冷却快堆 EBR-Ⅰ最早曾使用汞作为冷却剂,后来采用钠钾合金,其后液态钠成为快中子反应堆的主流冷却剂。到目前为止,钠冷快堆是第四代堆型里面发展最为成熟的。液态钠具有导热性能好、比热容大、黏度小、唧送功率小、载热效率高等优点,但钠性质活泼,用钠做冷却剂要注意蒸汽发生器传热管泄漏而引起的钠水反应以及钠泄漏引起的钠火问题。另外,钠钾合金还可用作空间堆的冷却剂材料,它在常温下为液

态，其缺点与钠一样，其较大的化学活性对保存和安全运行提出了较高的要求。

铅和铅铋合金是第四代堆型铅基快堆(LFR)的冷却剂材料，铅和铅铋合金冷却剂的热工水力特性是高沸点和化学惰性。铅铋合金的熔点为125 ℃，沸点为1 670 ℃，铅的熔点和沸点分别为327 ℃和1 740 ℃(与钠相比较，钠的熔点为98 ℃，沸点为883 ℃)。铅和铅铋合金的沸点远高于燃料包壳的失效温度。铅和铅铋合金的单位体积比热容与钠的相似，导电率很好，大约是钠的4倍。但铅和铅铋合金的缺点也很明显：质量大导致泵的唧送功率高，与结构材料的相容性极差，再就是放射性核素^{210}Po的生成可能造成反应堆在运行和维护过程中对人员的伤害。

锂和铅锂合金主要用于聚变堆的冷却剂和氚增殖材料，另外锂也可用于空间快堆(锂冷快堆)的冷却剂材料。它们的优点就是其中的^{6}Li能与中子反应转换成氚，为聚变装置提供氚源。在碱金属里，锂的化学活性是最低的，经过锂铅合金化后其化学反应性比纯金属大为降低。因此，合金与水、水蒸气或空气接触的反应性也大大降低。

汞是早期应用的快堆冷却剂材料。其优点如下：① 在常温下为液态；② 沸点高(与水相比)；③ 导热性好；④ 对快中子的慢化率较低。另外，汞也是一种液态“重金属”，它在高能质子的作用下会释放出能量很高的快中子，所以可以做散裂中子源装置的靶材。它的缺点是易挥发，且对人体的毒性较大，所以基本不用作反应堆的冷却剂。

总之，到目前为止，在反应堆上用得最广泛的液态金属冷却剂主要就是钠、钠钾合金(仅用于空间快堆)、铅和铅铋合金以及聚变反应堆的铅锂合金。

4.2　液态金属的物理和化学特性

本节将着重介绍液态金属的物理特性，以及钠、钠钾、铅和铅铋合金的化学性质。

4.2.1　物理特性

根据目前液态金属冷却快堆发展的两大方向，即钠冷快堆和铅冷快堆，下面分别介绍其冷却剂的物理特点和性能。

1）钠、钾及钠钾合金

固体钠呈银白色，质软，有延性。工业级标准钠的纯度为99.5%，主要杂质为钙和钾。用蒸馏法可得到纯度为99.995%的钠。钠的密度比水稍微低一些，遇水会发生剧烈反应。钠的熔点为98 ℃，熔化后也呈银色金属光泽，黏度较小，为水在20 ℃时黏度的70%。钠熔化后体积会膨胀，常压下其体积增加份额为2.7%。钠的标准沸点为883 ℃，可以看出从熔点98 ℃到沸点883 ℃有较大的温度区间，所以钠的可用温度范围很大，加上它的导热性良好，使之成为优异的热传输流体介质，非常适合作为反应堆的冷却剂材料。钠在高温下会蒸发，形成的钠蒸气层在较厚时呈蓝色，随着温度升高，颜色会变成黄色[2]。

钾与钠的性能非常接近，固态钾也呈银白色，质软，有较好的延性，但延性比钠稍差。室温下钾的密度仅为水密度的86%，钾与水的反应，其激烈程度比钠水反应更强。钾的熔点为63 ℃，沸点为756 ℃。钾的导热性远不如钠，仅为钠的一半。

在快堆发展初期，采用的冷却剂就是钠钾合金。空间快堆也可用钠钾合金作为冷却剂材料。通常使用的是钠钾共晶合金（合金在共晶点的熔点最低），简称为钠钾合金，记作NaK－78，意思是质量分数为78%的钾与22%的钠混合，形成共晶合金，合金的熔点从钠的98 ℃、钾的63 ℃下降到－12 ℃。所以，钠钾合金在常温下是液态，这是钠钾合金作为冷却剂的独特之处，这点与液态金属汞很像（汞的熔点为－38.83 ℃）。钠钾合金的导热性比单质钠和单质钾都要低，室温下NaK－78合金的密度为0.87 g/cm^3。

作为快堆冷却剂而言，钠钾合金已基本被钠取代。因为钠的性能更优越，尤其是在热导率、热容量、化学活性以及价格方面。但是，在钠冷快堆的冷阱中，目前仍然采用钠钾合金作为冷却剂。

有关钠钾合金的密度，Ewing将自己的数据与其他研究者的数据总结后得到图4－1[3]。从图中可查不同配比混合的钠钾合金在不同温度下的密度。

在1个大气压下，固态钠全部熔化为液体时，其体积增加约2.71%，钾熔化时其体积变化量在＋2.41%～＋2.81%范围内，NaK－78合金熔化时体积变化量为＋2.5%。

我们将钠、钾及钠钾合金的主要物理性质和参数进行了归纳，如表4－2所示。

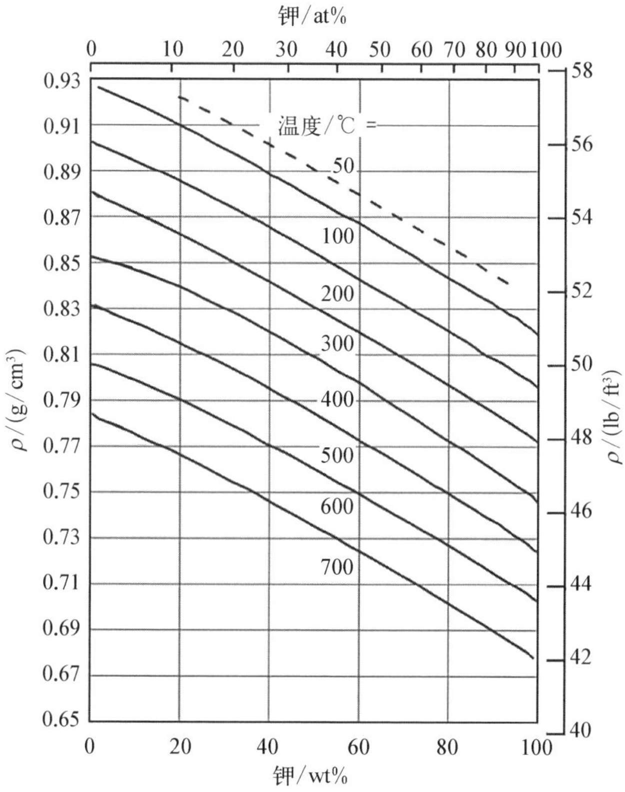

图 4-1　不同温度下不同配比的钠钾合金的密度[3]

注：1 lb=453.59 g；1 ft=30.48 cm。

表 4-2　钠、钾及钠钾合金的物理性质

物　理　性　质	钠	钾	钠钾合金
熔点/℃	98	63	−12
密度 ρ/(g/cm^3)	0.96(25 ℃) 0.92(200 ℃)	0.84(25 ℃) 0.79(200 ℃)	0.87(25 ℃) 0.85(200 ℃)
比热容 C_p/[cal/(g·℃)](t=200 ℃)	0.32	0.19	0.22
热导率 K_{th}/[W/(cm·℃)](t=200 ℃)	0.82	0.477	0.247
电阻率 ρ_e/($\mu\Omega$·cm^2/cm)(t=200 ℃)	13.5	20.6	45.1

(续表)

物 理 性 质	钠	钾	钠钾合金
表面张力 γ/(dyn①/cm)(t=200 ℃)	186.7	102.9	103.4
400 ℃时动力黏度 η/cP②	0.28	0.22	0.24
400 ℃时蒸气压/atm	3×10^{-4}	0.006	0.004

① dyn(达因),1 dyn=1×10^{-5} N;② cP(厘泊),1 mP=1 mPa·s。

2) 铅、铋及铅铋合金

铅是最软的重金属,延性较好,易与其他金属形成合金。铅的密度为11.68 g/cm^3,熔点为327.4 ℃。铅最大的特点就是它能吸收高能射线,如X射线和γ射线等,所以在核放射领域常用铅做屏蔽材料。

工业用铅的纯度为93%~99%。铅中的基本杂质包括铜(1%~5%)、锑、砷、锡(0.5%~3%)、铋(0.05%~0.4%)、铝和金。铅的最高纯度为99.992%。

铋为灰白色的脆性金属,密度为9.8 g/cm^3,熔点为271 ℃。铋在凝固时体积增大,膨胀率为3.3%。铋是逆磁性最强的金属,在磁场作用下电阻率增大而热导率降低。除汞外,铋是热导率最低的金属。

铋的热中子吸收截面很小并且熔点低、沸点高,可用作核反应堆的传热介质。

铅铋合金是由铅和铋按一定质量比混合形成的合金,一般采用的是铅铋共晶合金(也称液态铅铋合金,LBE),此时合金中含铅44.5wt%,含铋55.5wt%。LBE的熔点由铅的327 ℃、铋的271 ℃降低到了125 ℃。由于固态铅熔化时体积增大约3.81%,而固态铋熔化时体积收缩约3.87%,所以在常压下固态LBE熔化时体积变化很小,几乎可以忽略。

铅、铋和铅铋合金的物理性质和参数归纳如表4-3所示。

表4-3 铅、铋及铅铋合金的物理性质[4]

物 理 性 质	铅	铋	铅铋合金
熔点/℃	327	271	125
熔化潜热/(kJ/kg)	23.8	52.6	38.6

（续表）

物 理 性 质	铅	铋	铅铋合金
沸点/℃	1 740	1 533	1 670
沸腾潜热/(kJ/kg)	858.2	857	854
饱和蒸气压/Pa	2.9×10^{-5}	4.4×10^{-5}	3.1×10^{-5}
密度 ρ/(kg/m^3)	11 680	9 800	9 590
比热容 C_p/[J/(kg·K)]	138.6	146.7	143.9
热导率 K_{th}/[W/(m·K)]	16.6	13.3	13
电阻率 ρ_e/Ω·m	9.9×10^{-7}	1.3×10^{-6}	1.2×10^{-6}
表面张力 γ/(N/m)	0.44	0.37	0.48
400 ℃时动力黏度 η/Pa·s	0.002	0.001	0.001

3）锂及铅锂合金

锂是一种银白色的金属元素，与钠、钾同族，质软，是密度最小的金属，密度仅为 0.534 g/cm^3。锂的熔点为 180.54 ℃，沸点为 1 342 ℃，硬度为 0.6。金属锂可溶于液氨。与钠、钾和钠钾合金不同，锂在室温下与水反应比较慢，但是易与氮气结合，生成黑色的一氮化三锂晶体。锂的弱酸盐都难溶于水。在碱金属氯化物中，只有氯化锂易溶于有机溶剂。锂的挥发性盐的火焰呈深红色，可用此来鉴定锂。

铅锂共晶合金(Pb－17Li)主要用作聚变堆的热载体和氚增殖材料。

锂和铅锂合金的物理性质和参数归纳如表 4－4 所示。

表 4－4　锂及铅锂合金的物理性质

物 理 性 质	锂	铅锂合金
熔点/℃	181	234
密度 ρ/(g/cm^3)	0.514	9.59
比热容 C_p/[J/(kg·K)]	4 394	190

(续表)

物理性质	锂	铅锂合金
热导率 K_{th}[W/(m·K)]	42	12
电阻率 ρ_e/(nΩ·m²/m)	254	12
表面张力 γ/(N/m)	0.33	0.46
400 ℃时动力黏度 η/mPa·s	0.4	0.15

4) 其他液态金属

除了上述的钠、钠钾合金、铅、铅铋合金以及锂和锂合金外，汞早期曾经用于核反应堆的冷却剂材料。另外，在散裂中子源装置中，汞也被用作散裂靶材料和冷却剂材料。

汞作为反应堆冷却剂的优点除了它在常温下为液态、沸点高(相对水)，有较好的导热性外，它对快中子的慢化率极低，因此适合作为高功率密度的快堆的冷却剂材料。但是由于汞易挥发，且有较大的毒性，这也限制了它在反应堆中的广泛应用。

4.2.2 化学性质

本节将介绍锂、钠、钾碱金属，铅铋及铅铋合金以及汞这些液态金属的化学性质，包括它们与金属和非金属之间的化学反应。

4.2.2.1 锂、钠、钾等碱金属的化学性质

锂、钠、钾、铷、铯、钫均处于元素周期表第 IA 族，统称为碱金属。它们都是低密度的活泼金属，化学特征相似。这些金属与其他元素反应通常形成较为稳定的化合物。碱金属的强化学活性是由于其价电子壳层仅有一个电子，原子很容易失去价电子而形成稳定的阳离子。随着原子序数的递增，电子壳层数增加，对来自核电荷的屏蔽增大，重碱金属元素的价电子的结合更为松散，因此碱金属元素的化学活性增大[5]。在五个常见的碱金属中，锂的化学活性最小，铯的化学活性最大，而锂和钠之间化学活性的差别最大。可以说，锂是化学活性最稳定的碱金属。

1) 与氧的反应

在室温下，锂不与干燥的氧反应。但在潮湿的环境下会发生氧化反应，生

成 Li_2O。钠与氧反应生成 Na_2O、Na_2O_2 和 NaO_2。当钠温稍高时，在空气中燃烧产生 Na_2O 和 Na_2O_2 气溶胶。

在熔融的钠中，只有氧化钠是稳定的，过氧化钠的分解过程如下：

$$Na_2O_2 + 2Na \rightarrow 2Na_2O \tag{4-1}$$

钾与干燥的氧气反应缓慢，在大气中会很快氧化生成一氧化物 K_2O、过氧化物 K_2O_2 和 KO_2，KO_2 易发生爆炸。铷和铯则能在氧气中燃烧。钠钾合金在干燥的空气中不会燃烧，但会迅速氧化，若在潮湿环境下则会燃烧。

由于碱金属与氧有较大的亲和力，所以工业上常用碱金属来还原金属氧化物从而制备各种金属。比如，人们利用钠还原氧化铬和氧化锰以生产金属铬和锰。

2）与水的反应

所有碱金属都会与水反应。锂在室温下与水仅发生缓慢反应。随着原子序数的增加，碱金属与水反应的激烈程度逐渐增加，钠与水会发生剧烈的化学反应，反应过程中产生的氢气会与空气中的氧反应而引起爆炸。钠甚至与冰也会发生反应。反应按钾、铷、铯顺序依次加剧。钠钾合金遇水的反应十分强烈，引起爆炸的危险性更严重。

在空气中，当钠与水相互作用时，会发生下列反应：

$$Na + H_2O \rightarrow NaOH + \frac{1}{2}H_2 \quad (\Delta H = -147\ kJ/mol) \tag{4-2}$$

$$Na + NaOH \rightarrow Na_2O + \frac{1}{2}H_2 \quad (\Delta H = -6.65\ kJ/mol) \tag{4-3}$$

$$H_2 + \frac{1}{2}O_2 \rightarrow H_2O \quad (\Delta H = -285.9\ kJ/mol) \tag{4-4}$$

在钠冷快堆中，蒸汽发生器换热管壁破损时，水会进入钠中，钠与水反应会生成 Na_2O、NaOH、NaH 和 H_2。为此，可通过监测钠和覆盖气体中氢的浓度发现蒸汽发生器内是否发生泄漏事故。

3）与氢的反应

液态碱金属与氢反应会生成 MH 型氢化物。反应程度与温度有关，在较低温度下，在液态金属表面形成的氢化物薄膜会阻止进一步的反应；高温时，反应迅速进行。钠在 473 K 时开始与氢发生明显反应，在 573～673 K 时，钠与氢气化合生成氢化钠，在 698 K 时，氢化钠完全分解。

4）与氮的反应

除锂以外，碱金属一般不与氮反应。氮容易与锂反应，在锂的熔点（181 ℃）以上很快会生成 Li_3N，因此不能用氮气作为液态锂的覆盖气体。液态锂系统一般采用氩气或氦气作为气体覆盖系统。

5）与卤素的反应

碱金属与卤素会发生剧烈反应，反应程度随原子序数的增加而增加。锂易于与卤素反应，并放出光亮；钠在氟中会燃烧。较重的碱金属，铷、铯和所有的卤素反应剧烈，甚至导致燃烧和爆炸。

由于碱金属与卤素的亲和力强，所以它们也会与卤素化合物发生反应。碱金属与大多数无机金属卤化物反应，从而把它们还原成金属。比如在工业上制造钛和锆的金属单质就是利用钠的还原反应来实现的。

6）与碳的反应

在室温或较低温度下，锂、钠、钾等碱金属不与碳反应。但在高温下，锂和钠能与碳反应并生成乙炔化物（M_2C_2）（M 代表锂或钠等金属）。较重的碱金属（如铷和铯等）虽然没有发现它们会形成碳化物，但是，碳能溶解于重碱金属。

所有碱金属均会与二氧化碳发生反应。钠与二氧化碳反应生产碳酸钠和一氧化碳，在 673 K 以上生成碳酸钠和碳。液态钠与固态二氧化碳（俗称干冰）接触时会发生爆炸，因此不能用二氧化碳来灭钠火。这也是为什么涉钠场所应备有专用的灭钠火消防器材，而不能直接使用通常的泡沫灭火器的原因。

锂仅在高温下与二氧化碳发生反应。钾与二氧化碳反应与钠相似，一般生成碳酸钾和氧化钾（K_2O）。原子序数高的碱金属，如铷和铯，它们与二氧化碳的反应更快。

钾、铷、铯容易与石墨形成层状化合物，碱金属原子松散地结合在平行的碳原子基平面之间。钠和锂仅在氢氧化物或氧化物等杂质存在的情况下才会形成层状的石墨化合物。

7）与氨的反应

氨与碱金属反应生成氨化物（MNH_2）。锂和钠与氨的反应缓慢，随着原子序数增加，钾和铯的反应速度逐渐加快。在低温下，钠溶解在液氨中会形成其特有的深蓝色。当有金属催化剂存在时，该溶液分解成氨基钠（$NaNH_2$）。

在高温下氨气和液态钠反应生成 $NaNH_2$。钠、氨和碳反应生成氰化钠。

4.2.2.2　铅、铋及铅铋合金的化学性质

铅和铋在元素周期表里紧紧相邻，它们的化学性质非常接近。以铅为例，在干燥的空气中，固体铅几乎不会氧化；而在潮湿的空气中，它被氧化物薄膜覆盖。随着时间的延长，该氧化物薄膜会转变为碱性碳酸盐 $3PbCO_3 \cdot Pb(OH)$。熔融铅在空气中氧化后，首先转化为 Pb_2O，然后再转化为 PbO 氧化物。在 450 ℃下，后者转化为 Pb_2O_3，然后在 450～470 ℃下转化为 Pb_3O_4。但是由于这些氧化物不稳定，所有这些成分都会分解成 PbO 和 O_2。所以最终在熔融铅表面是 PbO 漂浮物。

铅与水相互作用生成氢氧化物 $Pb(OH)_2$。在硬水中，由于固态铅表面被一层膜覆盖，可防止可溶性含铅化合物溶解于水中，从而避免水被污染。当铅置于蒸馏水中，可导致铅污染。

铅、铋与氧和水的化学反应式及其熵和焓值列于表 4-5。为了与金属钠相比较，钠与氧、水的反应式也列于表中。从表 4-5 中可以看出，钠的活性远远大于铅和铋。

表 4-5　铅、铋、钠与氧气、水的化学反应[6]

元　素	与氧的反应	ΔH_{298}	ΔF_{298}
		kcal/(g·atm)O	
Bi	$\frac{2}{3}Bi+\frac{1}{2}O_2=\frac{1}{3}Bi_2O_3$	−46.0	−39.5
Pb	$Pb+\frac{1}{2}O_2=PbO$（红色）	−52.4	−45.25
Na	$2Na+\frac{1}{2}O_2=Na_2O$	−99.4	−90.0
元　素	与水的反应	ΔH_{298}	ΔF_{298}
		kcal/(g·atm)O	
Na	$Na+H_2O=NaOH+\frac{1}{2}H_2$	−43.9	−43.5

铅不溶于稀硫酸，也不溶于稀盐酸，但溶于硝酸。铅在碱性介质中能溶解，但溶解度低，同时铅也不与氮、碳相互作用。铅对氯的耐受性超过铝、铜和

铁,最高可达 300 ℃,因为氯化铅具有保护性。铅与大多数电正性金属(锂、钠、镁、钙、钡、锆、铪等)的相互作用导致金属间化合物的形成。

铅铋合金与纯铅的化学性质接近,在大气中比较稳定,也不会与水发生激烈的反应。铅铋合金的热力学参数也与纯铅、纯铋相近。

铅、铋和铅铋合金会腐蚀很多金属,原因就是这些金属在铅和铅铋合金中有一定的溶解度。氧、碳和氮等非金属元素在铅和铅铋合金中的溶解度不仅会影响结构材料在铅铋中的耐腐蚀性能,也会影响铅和铅铋合金作为冷却剂时的质量控制水平(如铅铋合金中的氧含量控制)。

4.2.2.3 汞的化学性质

汞在空气中比较稳定,但易蒸发,汞蒸气有剧毒。汞溶于硝酸和热浓硫酸,但与稀硫酸、盐酸、碱都不发生作用,这点与其他液态重金属如铅、铋很像。汞也能溶解许多金属,因此对金属材料具有一定的腐蚀性。汞具有强烈的亲硫性和亲铜性,即在常态下,很容易与硫和铜的单质化合并生成稳定的化合物,因此在实验室通常会用硫单质(如硫黄)去处理撒漏的水银。

我们前面提到,汞可作为散裂中子源的散裂靶材料,也曾经用作快堆的冷却剂材料。但由于其易蒸发,且毒性较大,目前几乎不再用作反应堆的冷却剂。因此,有关汞的性能后面将不再赘述。

4.3 液态金属制备

本节将详细介绍钠、铅、锂等液态金属及其合金的制备和生产工艺。

4.3.1 钠、钾及其合金制备

钠的生产和制备在很多专著中已经有较为详细的介绍[7-9],本节仅对其原理及制备工艺做简单介绍。

目前金属钠的生产主要有两条工艺路线,一种称为 Caster 法(即氢氧化钠熔融电解法),该法产量较小,仅在一些金属钠需求量较小的国家采用。另一种方法称为 Downs 法(即氯化钠熔融电解法),该法是现在商业生产金属钠的主要方法。

Downs 法以氯化钠作为电解质,按下式进行熔融电解:

$$2NaCl \rightarrow 2Na + Cl_2 \tag{4-5}$$

其生产流程原理如图 4-2 所示。原料氯化钠经气流干燥除水后，在电解槽里进行电解，电解前在槽里面加入氯化钙和氯化钡，实际上是三元盐混合物(即 $NaCl+CaCl_2+BaCl_2$)。电解后获得粗钠，再经过精制去除杂质后获得的就是工业级纯度的金属钠。根据其中钙、氯杂质含量分为优级品、一级品和二级品。工业钠产品质量指标如表 4-6 所示。

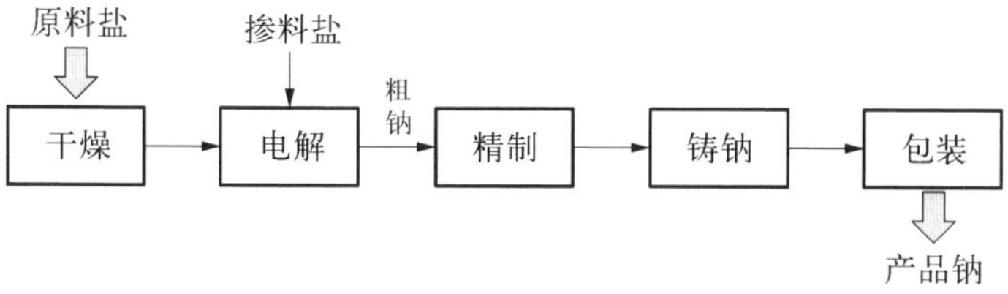

图 4-2　金属钠的工业生产流程示意图(Downs 法制备)

表 4-6　工业钠产品质量标准[10]

指　　标	优 级 品	一 级 品	二 级 品
外观	银白色	银白色	白色
总碱度(以钠计)/%	≥99.95	≥99.92	≥95
钙含量/%	≤0.04	≤0.08	—
氯含量/%	≤0.005	—	—

由表 4-6 可见，工业钠中仍含有约 0.04%的钙，在反应堆运行过程中，钠中的钙属于有害杂质，因为钙可能与氧结合生成氧化钙，氧化钙可能沉积在燃料元件包壳表面或者中间热交换器的表面，形成类似“水垢”的难溶物，影响传热性能。所以，用于反应堆的核级钠必须将钙的含量降到最低。

上述工业钠在 300～400 ℃时，再向里面加入氧化钠、过氧化钠或氢氧化钠，这些氧化物将使钙完全氧化形成氧化钙，氧化钙由于在熔融金属里的溶解度低而析出，经过这一处理后，钠中钙杂质可降低至≤10 μg/g。这样的钠称为核级钠。

钾的生产主要有电解法和热还原法，但工业规模的生产还是采用热还原法。热还原法又分为钠还原法和 CaC_2 还原法。这里我们主要介绍钠还原法。

钠还原法又称为美国 MSA 工艺，其原理为如下反应式：

$$KCl + Na \rightarrow K + NaCl \tag{4-6}$$

钠钾合金的制备就可以采用上述方法。由于钠钾合金常温下是液态，并且活性很大，基本没有市售的钠钾合金。钠钾合金的配制一般在实验室进行。在用量不大的情况下，可根据钠钾共晶合金中钠钾的比例(Na∶K＝22∶78)称取定量固体钠和钾，在石蜡油保护下先将钠熔化，再加入固体钾，在 200 ℃保持 12 h，让钠、钾充分融合形成共晶合金，也可在惰性气体覆盖下定量地将钠与钾配制成钠钾合金。

4.3.2 铅、铋及其合金制备

铅、铋的制备与铁的制备很相近，都是利用含铅或铋的矿石经过冶炼、提取生产的。

自然界中最主要的铅矿是硫化铅矿，其次是氧化铅矿。铅的制备方法包括如下几种：① 将方铅矿中的硫化铅转变为硫酸铅，两者进一步反应得金属铅。② 将硫化铅熔烧成氧化铅，然后与焦炭、石灰石放在鼓风炉中冶炼，可生产金属铅。③ 精炼方法，包括(a) 火法精炼，先将粗铅熔融，加入硫、氢氧化钠、氯化钠、硝酸钠等，使杂质成炉渣分离制备纯铅；(b) 电解精炼，用粗铅做阳极，纯铅做阴极，可制备纯铅。商品级(即 C1 级)铅的纯度为 99.985%。主要杂质有铋、银、铜、锆、砷、锡、锑和铁。

铋在自然界中以游离金属和矿物的形式存在。铋的冶炼分粗炼和精炼两个步骤。① 粗炼采用混合熔炼法：以硫化铋精矿、氧化铋和铋的混合矿、氧化铋渣以及氯氧化铋等作为炼铋原料，配入适量的铁屑、纯碱、萤石粉、煤粉等，在反应炉中进行混合熔炼，得到粗铋，再送去精炼；② 精炼采用火法精炼：通过氧化除砷、锑、碲，加锌除银，氯化除铅、锌以及高温除氯四个步骤，可获得纯度为 99.99%以上的金属铋[11]。

虽然我国的铋资源较为丰富，但从世界范围来看，铋矿储量很低。因此铋的价格昂贵，资源有限。若作为反应堆冷却剂，仅能供有限数量的反应堆使用。

铅铋合金由 44.5wt%Pb+55.5wt%Bi 混合形成共晶合金。实验室的少量制备可通过将纯度较高的铅和铋按一定的配比熔化混合制得铅铋共晶合金。市售的铅铋合金采用真空冶炼法，将铅和铋熔铸成铅铋合金铸锭。在熔铸过程中需要将金属杂质和非金属氧化物、氮化物、碳化物等非金属杂质控制到极低的水平。目前还没有铅铋合金的核级标准。但是不同的商用铅或铅铋合金已经可以达到核设施的纯度要求，其纯度可达 99.98%。表 4-7 所示为中国铝业郑州研究院生产的高纯铅铋合金中的杂质含量；表 4-8 所示为瑞士产高纯铅铋合金中的杂质含量，该合金是 MEGAPIE 项目中用的铅铋合金。从这两个表的对比可以看出，国产铅铋合金的纯度远远高于国外的同类产品，其纯度高达 99.992%。

表 4-7　国产高纯铅铋合金杂质含量[12]

元　素	Ag	Al	As	Au	Cr	Cu	Cd	Fe	Hg
含量/(μg/g)	3	5	6	2	<1	3	2	4	3
元　素	Ga	Na	Ni	Sb	Sn	Ti	Zn	杂质总含量	
含量/(μg/g)	3	5	3	2	2	<1	3	<80	

表 4-8　瑞士 Impag AG 生产的高纯铅铋合金杂质含量

元　素	含量/(μg/g)	元　素	含量/(μg/g)
Ag	25.6	Fe	1.4
Cd	2.2	In	14.4
Cr	0.19	Ni	2
Cu	26.5	Sn	5.9

4.3.3　锂和铅锂合金制备

金属锂的工业化生产采用熔盐电解法，电解质由氯化锂和氯化钾混合形成低共融体（加入氯化钾是为了降低氯化锂的熔点）。氯化锂的含量为 55%，氯化钾的含量为 45%。其生产原理见如下反应式。

锂电解槽：　　　阴极　$Li^{-} + e^{-} \rightarrow Li_{(固)}$　　(4-7)

$$\text{阳极}\quad Cl^{-} \rightarrow \frac{1}{2}Cl_{2(气)} + e^{-} \tag{4-8}$$

$$\text{总反应}\quad Li^{+} + C^{-} \rightarrow \frac{1}{2}Cl_{2(\text{气})} + Li_{(\text{固})} \tag{4-9}$$

Pb-17Li 共晶合金的应用并不广泛，主要用于聚变堆内作为氚增殖材料和冷却剂材料，可以分为实验室制备和小型化工业制备。制备技术的关键是满足其合金特性、化学性质要求以及得到尽可能无污染的最终产品。

铅锂合金的实验室生产一般采用高纯度的锂和铅原材料，比如纯度为 99.94%的锂和 99.999%的铅。合成熔化需要在惰性气氛中进行，建议采用氩气保护气，其氧气和水蒸气分压要求小于 1×10^{-6} bar。采用低合金钢作为坩埚，首先将铅加热至 350 ℃熔化，去除漂浮在熔融液上的氧化层。在惰性气体手套箱内，将锂切成小块并称重，一边搅拌一边将锂块放入铅熔液中。充分搅拌对于避免 Li_7Pb_2 的局部富集是非常必要的，因为这种金属间化合物很难溶解于合金熔融体内[13]。

在大规模生产铅锂合金的过程中，则可先在铅块上钻孔，然后定量插入少量的锂，以实现铅中锂的均匀分布。然后，将石墨制成的密闭真空坩埚加热到 725 ℃以上，同时不断地搅动熔融液体或使其处于较好的流动状态，以避免高熔点 Li_7Pb_2 相局部富集。

4.4 液态金属冷却剂工艺技术

液态金属冷却剂工艺指的是确保设施在额定条件和可能的异常条件下运行的各种方法和手段。涉及冷却剂工艺技术的主要内容包括制定液态金属冷却剂质量标准，液态金属回路中杂质种类、来源及积累率分析，结构材料的腐蚀与质量迁移分析，液态金属冷却剂中杂质含量控制方法和技术，反应堆或回路设施运行过程中冷却剂的质量控制这几个方面。

目前快中子反应堆主要采用钠及钠钾合金、铅和铅铋合金作为冷却剂，其他液态金属，如锂和锂合金以及汞等为非主流冷却剂材料，因此本节将讨论钠和钠钾合金冷却剂、铅和铅铋合金冷却剂工艺的技术问题，其他液态金属不再赘述。

4.4.1 钠及钠钾合金技术

钠和钠钾合金的各项性能极为接近，因此本节主要以钠为例，介绍钠及钠钾合金技术，只在钠和钠钾合金具有明显不同的地方才另行说明。

4.4.1.1　钠及钠钾合金中的杂质

钠和钠钾合金中的杂质主要分为金属杂质和非金属杂质，它们包括来自结构材料腐蚀所产生的腐蚀产物成分、钠或钠钾合金自身携带的杂质、覆盖气体氩气系统的杂质等。

表 4－9 以中国实验快堆（CEFR）为例，给出了我国钠冷快堆所使用的液态钠杂质标准[8]。

表 4－9　中国实验快堆液态金属钠的杂质标准

杂质名称	工业钠/(μg/g)	入堆钠/(μg/g)	一回路钠/(μg/g)	二回路钠/(μg/g)
O	—	30	10	10
C	40～100	30	20	30
N	—	10	10	10
Cl	30	30	30	30
Ca	300～500	10	10	10
K	≤1 000	200	200	1 000
Fe	—	10	10	10
H	—	—	0.5	0.5
总碱度/%	99.5	99.8	99.8	99.8

在正常运行条件下，钠中非放射性杂质主要是碳、氢、氧和氮以及腐蚀产物，放射性杂质主要有活化腐蚀产物和燃料裂变产物，如 ^{54}Mn、^{137}Cs、^{131}I、^{60}Co、^{182}Ta、^{95}Zr、^{3}H、^{90}Sr 等。氢来源于蒸汽发生器水侧，另外覆盖气体氩气中也含有少量的氢；氚主要来源于反应堆堆芯；氧来源于系统渗漏以及覆盖气体中含有的少量氧；碳和氮来自覆盖气体的杂质、系统渗漏、钠中杂质等。另外，钠泵漏油也会将碳引入钠系统；腐蚀产物则来自冷却剂对结构材料产生的腐蚀。

那么为什么要控制钠和钠钾合金中这些杂质的含量呢？主要原因在于杂质的存在会产生下述重要影响：快堆主要结构材料为奥氏体不锈钢，钠中碳的存在会造成结构材料出现渗碳和脱碳现象，从而影响材料的力学性能。钠中氧含量的增加会生成氧化物，加剧对奥氏体不锈钢的腐蚀速率，同时也会使蒸汽发生器材料耐热钢变脆。钠水反应释放氢，氢与钠反应生成氢化物，氢会造成结构材料的氢脆。随着温度的降低，氢化物和氧化物在钠中的溶解度减少，所以在钠系统的冷端会析出较多的氢化物和氧化物，从而引起流道阻塞，尤其是在蒸汽发生器发生水的内泄漏时，阻塞现象更明显。钙是钠中特别重要的一种杂质，它来源于钠电解过程本身，即使钠中含有微量的钙或钡(如数个 ppm① 的钙和钡)，它们也会形成沉淀物附着在金属表面，从而影响燃料组件和热交换器的传热性能；氮将由气体覆盖系统迁移到金属表面，引起结构材料表面的氮化，以至发生氮脆。为此，掌握杂质在钠中的溶解度知识，对于钠的净化、钠中杂质的测量和金属材料在钠中的腐蚀具有重要的意义。

4.4.1.2 钠及钠钾合金的净化

不管是非放射性环境还是核环境，钠或钠钾合金中如果存在过多的杂质都会对热传输系统(包括一、二回路)的性能和可靠性造成伤害。因此必须对钠和钠钾合金中的杂质加以控制，即净化处理。

一般来说，净化可分为三类情况：第一类是入堆前对工业级钠/钠钾合金的提纯，也就是说按照入堆钠/钠钾合金的杂质指标要求对工业级钠/钠钾合金进行净化，然后才可以充入反应堆等装置的热传输系统。第二类是维持动态系统中钠/钠钾合金的纯度要求，即必须对钠/钠钾合金进行持续在线净化，通常采取设计冷阱旁路的方式以实现对钠/钠钾合金的在线净化。第三类是当实验室需要少量高纯钠或钠钾合金时，采取特殊技术使钠和钠钾合金达到所要求的纯度，一般可采用真空蒸馏法。

钠和钠钾合金的净化工艺包括氧化结渣、过滤、冷捕集和热捕集等主要工艺流程。

1) 氧化结渣

氧化物结渣技术是基于如钙等金属氧化物的稳定性高于钠或钠钾合金的氧化物，因此通过可控量的氧化反应生成金属氧化物结渣沉淀后，再将其过滤去除。采用该法可将钙、钡、镁、锂以及一些过渡金属从钠中除掉。在实际净化过程中，可往钠反应罐中加入适量的氧化钠，将钠温保持在 350 ℃静置数天使其充分反应，然后将过滤后的钠放入钠储罐内。经过氧化结渣处理后，钠中钙含量可降至 10 μg/g。

① ppm 常用来表达浓度，表示百万分之一。

2）过滤

过滤可以用来除去不可溶性杂质和沉淀杂质。我们知道金属钠的化学性质非常活泼，即使用惰性气体覆盖，也不能完全阻止空气中的氧、水、二氧化碳和氮等与钠的反应。如果在高温下，钠还会与油反应生成单质碳、碳化物、硫化物和氢化物等。这些杂质在低温下大多以固体形式存在，因此可以采用过滤法加以去除。

3）冷捕集

冷捕集也称为冷阱捕集法，通常也简称为冷阱，是主要用于诸如钠回路这样的动态系统中的一种在线净化方法。当然在核级钠的制备过程中，也可以采用一次缓慢通过冷阱的方法去除钠中的杂质。冷捕集的工作原理是利用钠中大部分杂质的溶解度随着液态钠温度的降低呈指数规律下降，当液态钠流经填充金属丝网的冷区时，钠中杂质便在丝网上形成沉淀析出，从而使钠得到净化。冷捕集是一种非常有效的净化技术，它可将钠中氧含量降至 1 μg/g 的水平。

冷阱分为两种类型：即扩散型冷阱和强制循环型冷阱。净化效率与具体的冷阱设计有关。氧的净化效率一般为 0.2～0.5，氢的净化效率为 0.4～0.8。由于在冷阱工作温度下，氢在钠中的溶解度极低，另外强制型循环冷阱还具有非常有利于氢化物沉积的动力学特性，所以冷阱的净化效率较高。冷阱也可除碳，其效率取决于弥散碳粒子的大小。

4）热捕集

热捕集法又称为热阱法，目的是进一步去除钠中氧和碳，其原理是如氧、氢、碳、氮这类非金属杂质在高温下会与和它们有较高化学亲和力的金属（如锆、钛、铀或低碳不锈钢等金属吸气剂）发生反应，生成在热力学上更稳定的固体化合物以使钠得到净化。因为这些反应是在较高的温度下进行的，所以称为热捕集，简称热阱。

热阱除氧时采用的吸气剂主要为锆和铀。典型的热阱是让钠流经一个用锆（如锆屑、锆带或海绵锆）填充的容器，容器的温度保持在 600～650 ℃。锆可将氧从氧化钠中夺取，生成具有黏附性的 ZrO_2。

热阱除碳时可采用含钼的材料作为吸气剂，常用铬-钼钢或低碳不锈钢作为吸气剂，含钼钢的除碳能力比锆、铬等金属强得多。经过热阱净化后，钠中碳含量可降至 2 μg/g。

5）真空蒸馏

真空蒸馏法用于制取实验室级别的少量高纯钠，其原理是利用在高温真空环境下钠的蒸发和冷凝，使钠和钠中的杂质分离。利用该净化方法，不仅可以使钠与高沸点的金属杂质，如钡、锶、钛、锆、铁、铝、硅、镍等分离，而且可以分离钠与低沸点的金属杂质，如钾、铷、铯等。同时，此法对分离钠中的氧化物、元素碳、含碳化合物等非金属杂质也非常有效。

在具体的钠或钠钾合金净化中选用哪种净化方法取决于需要净化的介质、介质中杂质的性质和含量以及所要求的纯度。对于钠的净化，普遍采用的方法是过滤+冷捕集。如果钠中钙含量偏高，可用氧化结渣处理作为第一步净化工序。为了达到非常高的纯度，特别是除氧，可利用热捕集。对于除碳，蒸馏法最佳。

4.4.1.3 钠及钠钾合金杂质分析

钠中杂质的存在，除了影响反应堆冷却剂系统的热传输性能外，也会加剧对部件和结构材料的腐蚀，造成材料力学性能降级而无法满足反应堆安全运行的要求。因此，对于液态钠中的杂质，除了在生产保存过程中要满足核级钠对其杂质含量的限值要求外，也必须对其在运行和使用过程中的杂质含量进行分析和监控，以保证满足反应堆运行对钠品质的要求。

液相杂质检测分析系统是液态金属冷却快堆所特有的。这个系统允许在对液态钠没有沾污的条件下取样，以便对杂质进行化学或放射化学分析。周期取样在理论上可以用于长时间检测溶解杂质的行为以及估计冷却剂的活化状况。

钠中杂质分析分为取样、样品处理和分析三个步骤。

1）取样

由于钠的活泼性，取样方法的好坏对杂质分析会造成直接影响，它是杂质分析的重要组成部分，一个完整的杂质分析方法必须包括以下的取样细节。

钠分析取样的原则是避免沾污、防止偏析、安全可靠，使样品具有代表性。为了达到取样有效，取样应在惰性气体保护下，取熔化的、不断流动或搅拌下的钠样品[8]。

钠取样方法大致可分为四类：① 真空吸入法；② 吊桶法；③ 溢流法；④ 旁路取样法等。反应堆冷却剂系统的钠取样方法用得较多的是吊桶法、溢流法和旁路取样法。对于氧、碳、氢、氮等非金属微量杂质的分析，由于易受空气或取样器器壁吸气的影响，一般采用旁路取样。对于金属杂质的取样，多采用溢流法，同时注意选择合适的取样器皿。

对于反应堆一回路钠样品的取样，由于钠样品已经在堆内活化，带有强的放射性，因此除了使用一回路钠取样系统等专用设施外，应将钠样品在取样容器内放置 10～15 d。然后，将转移容器提升到手套箱中，进而转移到运输容器中。

2）样品处理

为了避免沾污，所取的钠样应该在充有高纯惰性气体的循环手套箱内进行称重、转移、切割和分取。样品分取完成后，应根据不同杂质分析需求，将样品制成可供化学分析的溶液。

3）样品分析

根据杂质在钠中不同的存在方式，可采用不同的方法制取分析试样，最后采取合适的分析方法和仪器，对钠中杂质进行化学分析。该液相杂质检测分析方法同样适用于钠钾合金。

4.4.1.4　钠及钠钾合金杂质的在线监测

除了定期取样，对钠中杂质进行离线分析外，在反应堆运行过程中还需要对冷却剂中的几个重要杂质进行在线监测，以保证反应堆安全稳定运行。如冷却剂中的 O_2、H_2 和碳的监测，保护气体中的非金属杂质含量（如 H_2O、CH_4 和 N_2），以及一回路中的 ^{90}Sr、^{131}I、^{137}Cs、^{54}Mn、^{58}Co 和 ^{60}Co 等放射性杂质的监测。

1）氧的监测

采用电化学钠氧计测量钠中的氧活度。钠氧计的探头采用陶瓷电解质，由氧化钇和氧化钍烧结而成；参比电极位于管内，通常使用的有两类，一类是金属/金属氧化物电极（如 In/In_2O_3），另一类是空气-铂。当探头插入高温钠中就构成了原电池。由原电池产生的电动势 EMF 与所测量的钠的温度和钠中的氧浓度有关：$EMF=E(T,O_2)$，钠氧计的原理如图 4-3 所示。

钠氧计灵敏度高，其测量精度可达 1 μg/g，因此，它不仅可以用于钠回路装置中氧浓度的监测，也可以配合氢计用于蒸汽发生器的小泄漏探测。

2）氢的监测

为了保证蒸汽发生器的安全运行，避免出现三回路的水与二回路的钠发生钠水反应，必须对钠中的氢含量进行监测。采用氢计可在线测量钠和覆盖气体中的氢浓度。氢计分为扩散型氢计和电化学氢计，目前应用最广的是扩散型氢计。

图 4-4 为典型的扩散型氢计结构示意图。探头采用镍膜。氢计的原理是利用金属膜对氢的渗透性，结合不同的二次设备（质谱仪、离子泵等）进行氢的测量。工作时，主回路的钠被电磁泵驱动送入氢计探头处，氢气通过镍膜渗

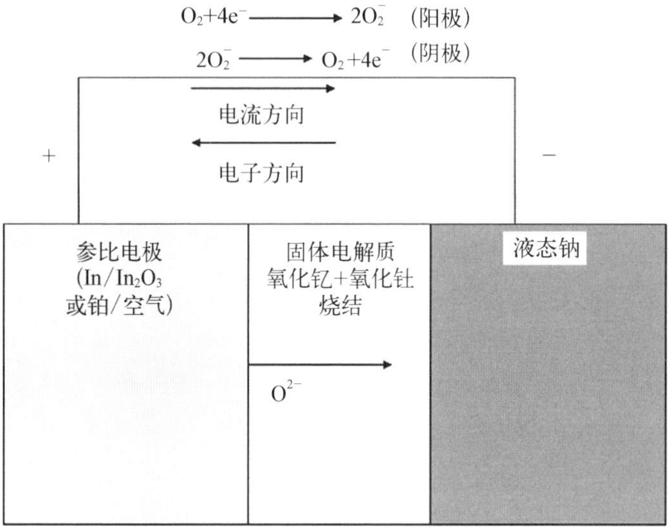

图 4-3　电化学钠氧计原理示意图

透进入真空腔，并在真空腔里发生气体电离，质谱仪可检测氢浓度。氢气在真空腔的流动依靠离子泵的驱动。氢计的测量范围一般为 0.02～5 μg/g，它可检测到 10～30 g 水泄漏到 100 t 钠时所产生的氢气量。

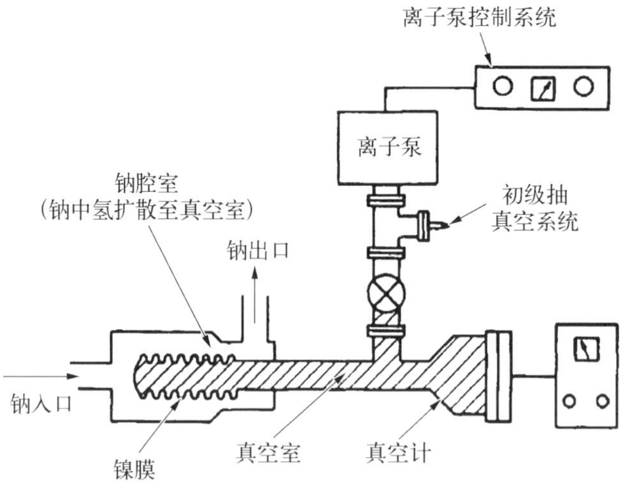

图 4-4　扩散型氢计结构示意图

3）碳的监测

钠中碳的存在会使设备材料发生渗碳现象，从而使材料的力学性能恶化，因此在反应堆运行过程中有必要对钠中碳含量进行监测。碳计就是用于测定钠中碳活度的在线测量仪表。与氧计和氢计相同，碳计也分为扩散型碳计和电化学碳计。扩散型碳计的探头一般采用铁膜或镍膜，电化学碳计的电解质一般采用 $Na_2CO_3-Li_2CO_3$ 共晶体，也可采用 $LiCl-CaCl_2-CaC_2$ 或者 $LiCl-CaCl_2$。

在中国实验快堆中，为了保证蒸汽发生器的安全运行，避免出现钠和水的反应，在两条二回路上的蒸发器出口各设置一台国产的扩散型氢计和一台钠中电化学氢计；同时，两条二回路上过热器和蒸发器到缓冲罐的测量管路上都各设有一台钠中电化学氢计和一台水泄漏入钠中的脉冲-噪声探测器；在每条二回路缓冲罐和一级事故排放罐上设有惰性气体中电化学氢计。这样，在中国实验快堆上共有 6 台钠中电化学氢计、4 台惰性气体中电化学氢计、2 台扩散型氢计和 2 台水泄漏入钠中的脉冲-噪声探测器[9]。

4）阻塞计

阻塞计是钠回路和反应堆上测量钠中氧、氢杂质的重要而实用的在线监测仪表。如图 4－5 所示，阻塞计的原理是利用对钠中杂质结晶初始温度的控制来实现钠中杂质的测量，具体说就是利用钠流在流经阻塞孔时，随着温度的降低，杂质在冷却液中逐渐达到饱和，当温度低于饱和溶解度温度时，杂质开始析出，当杂质积累到临界值时，流经阻塞孔的流量开始降低。倘若我们停止冷却并加热，钠流量将升高，我们把流量开始下降或开始升高时阻塞孔处的温度定义为阻塞温度。实际测量过程中，一般将流量下降时对应的阻塞孔的温度确定为阻塞温度。

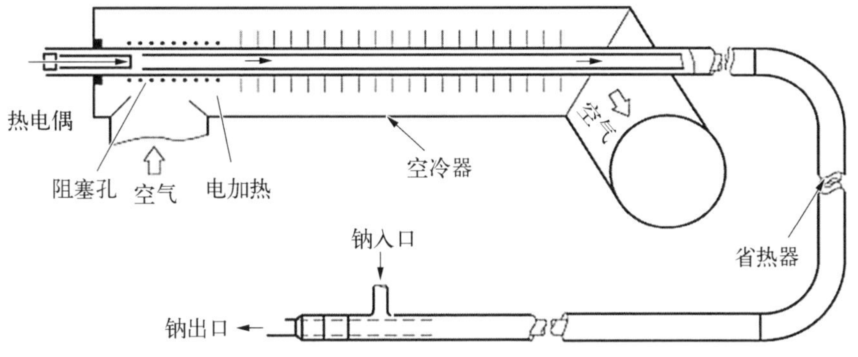

图 4－5　阻塞计结构示意图

4.4.1.5　设备表面黏附钠的清洗

由于钠的化学活泼性，遇水会发生激烈反应并可能导致爆炸；在空气中会迅速氧化潮解并生成碱性的氢氧化钠从而对设备部件和材料造成强烈的碱腐蚀，因此，凡是从钠系统中拿出来的设施和样品都需要及时进行清洗以去除黏附在表面的残余钠。针对不同的对象和目的，可采用不同的清洗方法。在沾钠设备的清洗中必须注意清洗过程的安全性、有效性和经济性。

常用的除钠清洗介质有乙醇、矿物油(如石蜡油)、以长链乙醇类为主的混合物(丁基乙二醇乙醚＋矿物油)、水蒸气、水蒸气＋氮气混合气、雾化水和液态铅等。

在清洗方法的选择上，可适当组合上述介质进行清洗。表 4 - 10 归纳了几种主要的钠清洗工艺及所适用的对象[8]。

表 4 - 10　沾钠设施的钠清洗工艺

介质和清洗工艺	清洗对象	工艺的优点	工艺的缺点
乙醇	样品、仪表、传感器、管道、阀门、小室、罐等沾污程度不大的小型部件	无腐蚀作用，过程有很好的调节能力	具有火险性，在擦拭和清洗过程中可能导致乙醇的自燃
矿物油	表面黏附钠较多的小型部件或样品	无腐蚀，比较安全	油沾污，需增加去油步骤
以丁基乙二醇乙醚为主(丁基乙二醇乙醚＋矿物油)的混合物	机械强度差的部件组成的复杂且价高重复使用的设备，传感器、薄膜、波纹管、蒸发器、冷阱等	无腐蚀作用，保留清洗工况	工艺过程复杂，废物需再生回收
水蒸气	设备零部件(目测检查清洗过程)、短的管道和小型钠阀	简单、高效、经济	易产生爆炸，使该法使用受到限制，不推荐使用
水蒸气＋气体(氮气)	装置、回路、排放罐、熔钠罐、膨胀罐、管道、省热器、蒸汽发生器、泵、阀门以及被钠沾污的其他部件	高效、经济、通用性	可能有腐蚀损伤，在检修和退役前由于对狭缝和螺纹没有充分清洗，有必要对设备解体和预清洗
雾化水	装置、回路、排放罐、熔钠罐、膨胀罐、管道、省热器、蒸汽发生器、泵、阀门以及被钠沾污的其他部件	对结构材料无腐蚀作用	工艺流程复杂，在检修和退役前由于对狭缝和螺纹没有充分清洗，有必要对设备解体和预清洗

(续表)

介质和清洗工艺	清洗对象	工艺的优点	工艺的缺点
水蒸气+雾化水+冷凝水	泵、阀门、钠蒸气阱等	无腐蚀作用、少量废物	工艺流程复杂，当系统出现泄漏事故时安全难以保证
液态铅	样品、发生破损的燃料组件	无腐蚀；除了可去除表面钠外，还可作为破损元件棒的破口密封介质	成本较高，而且高温下增加铅的挥发，从而对环境造成污染
真空蒸馏	密封设备和回路的内表面	防爆性；可除去间隙和螺纹中的碱金属	耗电量大，不能将设备中的氧化物除去，无法检测是否清除完全

在表 4-10 中，采用乙醇擦拭清洗，在实际使用过程中往往会造成乙醇的自燃而引发事故，在实践中曾出现过多次。因此，在国际原子能机构正在组织编写的钠手册中，建议谨慎使用该方法。

4.4.2　铅及铅铋合金技术

与钠工艺技术相比，液态铅铋工艺技术尚处于初步阶段。到目前为止，除了俄罗斯具有铅和铅铋冷却快堆的设计、建造和运行经验外，国际上还没有其他国家真正建成铅或铅铋冷却快堆。针对铅和铅铋冷却剂技术，需要投入更多的研究，以支撑铅和铅铋冷快堆的设计和运行。

铅和铅铋工艺技术的关键是保证液态金属冷却剂的质量，也就是说一方面要保障结构材料具有足够的耐腐蚀能力，另一方面要使冷却剂保持良好的流体力学性能和传热性能。

4.4.2.1　铅及铅铋合金中的杂质

铅和铅铋合金冷却剂中如果存在过多的杂质，会对以铅铋合金为散裂靶和冷却剂的 ADS 系统或反应堆造成不良影响。由于杂质会部分或全部堵塞热传输流道，从而影响热传导；或者是在传热系统的设施和管道表面形成沉积物，尤其在反应堆堆芯的燃料元件上形成氧化沉积物，从而导致包壳温度上升。

因此，需要对铅和铅铋合金系统在运行过程中可能产生的杂质进行分析。铅和铅铋合金中的杂质主要分为金属杂质和非金属杂质。其中最主要的杂质是氧。除了氧以外，其他的主要杂质来源如下：① 系统抽真空后残余的氧气和水蒸气；② 系统设备和管道内表面吸附的气体；③ 铅或铅铋合金对设备材料腐蚀而形成的腐蚀产物（镍、铬、铁等）；④ 在 ADS 的散裂靶中，由于散裂反应产生的活化产物和裂变产物（包括钋、汞、铊、铯、锰以及氢、氚等）；⑤ 反应堆中产生的活化腐蚀产物等。

在正常运行工况下，对于 ADS 系统（包括散裂靶和次临界铅铋快堆），氢（包括氚）是主要杂质之一。除了裂变反应和散裂反应会产生氢，质子束本身就是一个内在的氢源，因为并非所有注入液态靶的质子都会参与散裂反应。未反应的质子会溶解进入液态金属中成为氢离子。

为此，掌握杂质在铅和铅铋合金中的溶解度大小，对于铅合金的净化、铅合金中杂质的测量和控制以及研究金属材料在铅合金中的腐蚀具有重要的意义。

氧作为杂质元素，在铅和铅铋系统里扮演着极为重要的角色。一方面，氧杂质含量如果偏高，除了生成氧化物腐蚀产物外，还与铅、铅铋合金中的铅生成氧化铅沉淀，随着氧化铅不溶物的增多，可能阻塞热传输系统的流道，从而影响热传导，严重时会导致堆芯熔毁；但是氧的存在又有其有利的一方面，即氧的存在可在结构材料表面生成一层氧化膜，如果氧化膜致密，则可以阻止金属材料基体在铅铋合金中的进一步溶解。所以，在铅和铅铋合金系统中，对于氧的处理不是单向的，需要将氧含量控制在一个范围之内，而不是单纯的净化。

4.4.2.2 铅和铅铋合金杂质的分析

与钠冷快堆相同，对于铅及铅铋冷快堆，在其运行期间需要定期取样以便对液态铅或铅铋合金中的杂质进行化学分析，确定杂质含量以及评估冷却剂的活化状态。另外，对于首次充入系统后的铅铋合金冷却剂的品质，也需要取样进行化学分析。

到目前为止，与钠分析技术相比较，铅铋合金中的杂质分析技术还有许多有待研究和完善的地方。好在针对钠分析开发的各种方法，可以作为铅铋合金中杂质分析的借鉴方法，而且由于铅铋合金的化学活性远远低于钠，所以在取样方法的设计难度上要比钠的取样容易得多。比如在钠分析取样上曾采用的“吊桶取样法”，就可以很方便地应用在铅铋合金的取样上。

铅和铅铋合金中杂质分析分为取样和样品分析两个步骤。

1）取样

类似于钠取样方法，铅和铅铋合金的取样方法主要有两种：吊桶法和旁路取样法。因为旁路取样法在取样时容易被腐蚀产物沾污，所以很少采用这个方法。故吊桶法是铅和铅铋合金分析取样的主要方法。

考虑到不锈钢在铅铋中易腐蚀，为避免对分析结果的干扰，建议取样桶的材料采用石墨或 SiC 材质。

2）样品分析

由于铅和铅铋合金的化学稳定性，取样后的样品可直接分析，而不用像金属钠那样，需要先将金属钠样品进行真空蒸馏或溶解或燃烧后制成溶液再进行分析。铅和铅铋合金样品的分析主要包括成分分析、金属杂质分析以及杂质氧的测量。

铅铋合金中金属杂质的分析可通过溶解法先将其溶解，然后再分析其杂质含量。现在采用得比较多的是电感耦合等离子体-质谱法（即 ICP－MS）或者 AAS 法。ICP－MS 法可以用于许多金属杂质的分析和测量，如铁、镍、铬、银、镉、铜、锡和锑等。ICP－MS 法的优点是灵敏度高，用该法测量铅铋合金中的金属杂质含量，其最低检测限可达 5 μg/g。

铅铋中杂质氧的测量有两种方法，一种是化学分析法，另一种是在线电化学传感器测量。化学分析法是首先在石墨坩埚里将铅或铅铋合金样品还原熔化，然后利用红外光谱法测量产生的二氧化碳量。这种方法测得的是铅铋合金中氧的总量，即溶解氧和氧化物所含氧的总量。该法需要注意的是：① 样品制备过程中应减少任何的表面氧化；② 测量方法必须标定。

4.4.2.3　铅和铅铋合金中杂质的净化

前面讨论了铅和铅铋合金中可能存在的各种杂质。由于在非等温系统中存在质量迁移效应，系统长期运行会导致腐蚀产物的累积。许多铅或铅铋回路均出现过由于腐蚀产物的沉积而导致的管道堵塞。通常铅铋回路设备发生堵塞后，沉积物为不锈钢材料基体中的镍元素。这是因为材料中的镍在铅铋合金中具有高的溶解度，镍溶解进入铅铋合金流体后，在温度较低的部位析出沉积，从而引起了热传输系统的阻塞。几乎所有铅铋合金的回路和设施都发生过这种现象。

为保证铅铋回路装置和在役期内反应堆冷却剂有稳定的流体动力学和传热特性，避免因冷区堵塞引起的事故，必须设置铅铋净化系统，以捕获不断产生的氧化物、腐蚀产物、裂变产物等杂质。

铅铋净化系统具有去除铅铋合金冷却剂中的可溶性杂质，去除铅铋合金冷却剂中的腐蚀产物（包括放射性腐蚀产物），去除冷却剂系统上方漂浮的固体杂质，去除液态铅铋合金和覆盖气体中的^{210}Po杂质以及在出现意外污染（如丧失覆盖气体密封、水或者油等进入冷却剂）时进行净化等功能。

需要说明的是，由于^{210}Po具有放射性和毒性，在铅铋堆的设计中，也有独立单元予以实现^{210}Po的净化和清除功能。

4.4.2.4 铅及铅铋合金中的氧含量监测和控制

在铅铋冷却剂系统中，为了减轻冷却剂对结构材料的腐蚀，需要将铅铋合金中溶解氧的含量维持在一定的浓度范围，铅铋合金能够钝化结构材料表面，达到防止进一步腐蚀的作用；但是同时氧浓度又不能太高，氧浓度过高会引起铅铋氧化物的生成，这些氧化物的产生，一方面会影响系统传热，另一方面会导致流道阻塞以致引起堆芯熔毁。

因此，这也对铅铋合金冷却剂氧含量控制提出了要求：一是为避免冷却剂氧化物的生成而设置氧含量的上限值，系统氧含量不能超过该限值；二是为促进结构材料表面形成“自愈”性保护氧化膜以达到结构材料防腐的目的而设置氧含量下限值。

4.4.2.5 设备表面黏附铅和铅铋的清洗

铅或铅铋合金虽然不像金属钠的化学活性那么大，但是由于液态金属的固有特性，当设备和部件（比如燃料组件）从液态铅和铅铋中取出时，表面总难免会黏附凝固的金属残留物，而这些黏附的铅或铅铋需要专用的清洗技术进行去除。通过铅和铅铋合金的清洗，可去除附着在设备、管道、燃料组件和实验样品上的铅铋，从而降低设备维修期间对工作人员的辐射，减少更换部件带来的放射性污染。

铅和铅铋合金的清洗机理主要分为物理熔融机制和化学反应溶解机制。所谓物理熔融就是在一定的环境下将样品或设备的温度升高到其熔点以上，使表面黏附的固体物熔融而从设备和材料表面去除，比如在硅油或甘油中加热使样品或设备表面的温度在铅铋合金的熔点（124.5 ℃）以上。另外，也可将设备材料浸没在液态汞（水银）中，由于汞与铅铋会形成低熔点合金（主要是与铅发生合金化反应，生成铅汞齐），可在室温下将材料表面的铅铋去除。而化学反应溶解，就是利用铅和铅铋合金会与酸发生化学反应，从而将其从设备材料表面溶解掉。我们知道，铅和铅合金一般不溶于盐酸和硫酸，但溶于硝酸，另外它也可溶于被称为 magic solution 的一种混合酸，即醋酸＋过氧化氢水＋乙醇混合液。综上所述，常用的清洗方式主要有三种：硅油清洗法、混合酸清洗法、硝酸清洗法。

目前,有关铅铋设施的清洗工艺技术的研究尚不深入,针对铅铋快堆的运行维护保养,以及退役所需要的清洗工艺确定,还需要更多的研究和设计验证试验。

4.5　液态金属冷却剂的辐照性能

为了液态金属冷却快堆的安全运行以及后处理过程中正确操作液态金属冷却剂,我们需要了解液态金属在辐照过程中发生的反应及产生的新核素。这些新生成的核素可能是强挥发性的,也可能是有毒的,甚至有些核素具有很长的半衰期。这些核素的性能和行为强烈地受其周围环境条件的影响,比如液态金属中的氧含量和温度。如果产生的是挥发性的核素,则必须对其在特定条件下的释放速率进行评估。阻止这些挥发性核素释放到大气中的一个比较有效的手段是采用适当的吸收体材料吸附这些核素。

4.5.1　冷却剂钠的放射性

快堆的冷却剂液态金属钠在反应堆运行过程中会带有放射性,本节将介绍冷却剂中的放射性核素、杂质净化和监测等内容。

4.5.1.1　反应堆运行过程中的放射性

钠的天然同位素为^{23}Na(丰度为 100%)。冷却剂钠通过反应堆堆芯,钠与中子的(n,γ)反应会生成^{24}Na,同时产生 1.4 MeV 的 γ 射线,^{24}Na 的半衰期为 15 h。此外,^{23}Na 还通过(n,2n)反应生成^{22}Na,同时释放 1.3 MeV 的 γ 射线,其半衰期为 2.6 a。

快堆中的放射性核素基本上都在一回路,除了燃料发生裂变反应时释放出来的氚(^{3}H)。氚透过燃料元件包壳进入一回路钠中,其中 90%可以被一回路的冷阱吸收,其余 10%进入二回路钠中,进入二回路钠的氚基本上被二回路冷阱吸附。

根据 BN－350 反应堆的运行经验,一回路的钠活度主要取决于^{24}Na 的活度,约为每千克钠 10 Ci,反应堆停堆退役后,一回路的活性主要由^{22}Na 决定,一次钠剩余活度约为每千克钠 1×10^{-4} Ci。

因此,在维修或保养期间,如果需要将一回路中的任何部件从反应堆中移除,则必须先将黏附在部件或设备表面上的残余钠清除干净(即进行部件除钠清洗),目的是避免钠与空气中的氧和水分发生化学反应,减少或去除钠的放射性。表 4－11 总结了快堆放射性核素的来源。

表 4-11　快堆中放射性核素的来源

放射性核素	核反应	半衰期/d	γ射线能量/MeV	备注
^{54}Mn	$^{54}Fe(n,p)^{55}Mn$ $^{55}Mn(n,2n)^{54}Mn$	313	0.84	最丰富的腐蚀产物
^{60}Co	$^{59}Co(n,\gamma)^{60}Ni$ $^{60}Ni(n,p)^{60}Co$	1 913	1.17,1.33	来源于镍中钴杂质及钴基合金
^{58}Co	$^{58}Ni(n,p)^{59}Co$ $^{59}Co\ (n,2n)^{58}Co$	71	0.81	来源于镍中钴杂质及钴基合金
^{59}Fe	$^{58}Fe(n,\gamma)^{59}Co$ $^{59}Co(n,p)^{59}Fe$	45	1.10,1.29	来源于镍中钴杂质及钴基合金
^{182}Ta	$^{181}Ta(n,\gamma)^{182}Ta$	—	—	有形成的可能,但很少发现
^{137}Cs	裂变产物	1.1×10^{5}	0.66	主要裂变产物
$^{140}Ba/La$	裂变产物	12.8/1.6	0.57	如果长时间运行而元件破损便能发现
$^{95}Nb/Zr$	裂变产物	35/65	0.76	如果长时间运行而元件破损便能发现
^{131}I	裂变产物	8	0.36	如果长时间运行而元件破损便能发现
^{129}Sb	裂变产物	996	0.43	如果长时间运行而元件破损便能发现
^{239}Pu	燃料	8.9×10^{6}	5.1(α)	燃料与钠发生反应而释放
^{65}Zn	$^{64}Zn(n,\gamma)^{65}Zn$	274	1.1,0.51	由钠和结构材料中引入

4.5.1.2　钠冷快堆停堆后的残余放射性

中子与钠反应产生的长寿命核素,其放射性量基本可以忽略。冷却剂钠在运行10 a后，其中子活化水平会达到平衡状态，并且永远不会超过这个水平。在反应堆退役过程中，冷却剂钠中放射性主要来自放射裂变产物(如^{137}Cs)、钠中放射性杂质和腐蚀活化产物的贡献。

退役后放射性一回路钠的处置方法主要有如下2种：① 将放射性杂质从钠中分离出来，净化后的钠可进行二次利用，同时将浓缩的废物惰性化处理后永久性储存；② 将放射性钠留存在原厂址待用。

一般认为，退役钠放射性主要来自^{22}Na(半衰期为2.6 a)、^{60}Co(半衰期为5.3 a)和^{137}Cs(半衰期为30 a)。表4-12给出了俄罗斯的BN-350退役时一回路钠中放射性杂质水平。

表4-12　一回路钠中的放射性核素及其放射性水平(以BN-350为例)

核素	^{22}Na	^{137}Cs	^{134}Cs	^{54}Mn	^{65}Zn	^{60}Co	^{239}Pu	^{3}H
活度/(Bq/kg)	3×10^{7}	2.5×10^{8}	3×10^{7}	3×10^{5}	2×10^{5}	1×10^{5}	3×10^{3}	1×10^{7}

4.5.1.3　放射性杂质的净化和监测

快中子反应堆运行时，液态金属冷却剂在工艺系统中会产生放射性杂质，对材料和系统设备产生影响，为此有必要对产生的杂质进行监测和净化。

1) 放射性杂质的净化

如前所述，一回路钠系统设有去除钠中杂质的冷阱。冷阱除了去除钠中非放射性杂质外，也能吸附放射性杂质，以达到去除放射性杂质的功能。但是，钠中的有些放射性杂质可溶解于钠，并且其溶解度随温度的变化不大，对于这样的核素，普通的冷阱就难以起到净化去除的作用了。

第一个核素阱是由美国Richland公司研制的。在该类型阱中采用镍派尔环做填料，以去除钠中的^{54}Mn和^{65}Zn。镍对这两种元素的吸附量随温度升高而指数上升，因此具有良好的吸附去除效果。

对于燃料裂变产物^{137}Cs，可在回路里专设吸附铯阱。一般采用玻璃体无定形碳(reticulated vitreous carbon，RVC)做填料。该吸附剂与钠中铯形成层间化合物。铯阱的有效工作温度约为250 ℃。这类型铯阱的工作温度越高，吸附容量越低，但吸附速度越快。

对于保护气体氩气系统，需要对氩气进行净化以消除^{133}Xe、^{135}Xe以及^{85}Kr、^{87}Kr和^{88}Kr,以减少它们向环境的释放。BN-600反应堆氩气系统的放射性活度限值是6.7×10^{9} Bq/L。另外,^{137}Cs也会由液态钠向覆盖氩气系统挥发和迁移。对于氩气中的这些放射性杂质可采用装有活性炭吸收剂的特殊过滤器予以净化。

2）放射性杂质的监测

一次钠中放射性杂质的快速监测主要有三种方法：① 反应堆停堆10～12 d后测量管道的γ辐射;② 在专用旁路段与一回路断开10 d后,测量裂变产物和腐蚀产物的活性;③ 测量含碳化合物中铯、碘的浓度。

在钠冷快堆的一回路系统设有γ光谱测量旁路和铯测量旁路。在γ光谱测量旁路系统中钠泵将一回路钠送入钠旁路,在运行10～15 min后,关闭该旁路进出口钠阀,在放置10 d后对钠中^{22}Na、^{137}Cs、^{134}Cs、^{95}Zr、^{140}La、^{54}Mn以及^{60}Co等放射性杂质进行测量。铯测量旁路则可直接对钠中的^{137}Cs和^{134}Cs等杂质进行放射性测量,在铯测量管内充填的是用以吸收钠中放射性铯的含碳材料。

4.5.2 铅及铅铋合金的放射性

当采用铅或铅铋合金做冷却剂时,其重要的长寿命放射性核素主要是^{205}Pb、^{208}Bi和^{210}Bi。另外^{210}Po虽然寿命较短(半衰期为138 d),但由于毒性极强,是铅和铅铋快堆或铅铋核装置中需要重点考虑的问题。

铅铋合金除了是铅基快堆的冷却剂材料外,它还是ADS系统的散裂靶的材料。因此在ADS系统中还需要考虑高能质子以及散裂中子与铅铋合金发生反应后生成的各种放射性核素。

用能量为600 MeV的质子去轰击重金属材料铅和铅铋合金,铅和铅铋合金会在质子的作用下发生散裂反应,并释放出包括相对原子质量接近于靶材料的新核素等散裂产物。在高能质子作用下,质子、靶原子以及新产生的原子会继续发生多级的非弹性碰撞,从而产生出大量的同位素产物。比如,质子轰击铅后会产生具有放射性的汞同位素。

当用高能质子轰击铋时,会生成钋的同位素^{210}Po,其过程是^{209}Bi俘获一个中子生成^{210}Bi,^{210}Bi再经过一次β衰变生成^{210}Po。散裂反应的其他产物还包括一些轻粒子,比如^{4}He、^{1}H以及^{3}H等。在高能质子轰击重靶的过程中,伴随着散裂反应,高能质子、热中子和快中子同样会引发裂变反应。裂变反应产生的裂变产物主要是一些轻元素,比如碘、氩、氪和氙等。

在产生的核素中，钋和汞毒性极大，是辐射防护必须考虑的核素。钋因为释放 α 射线而具有很高的放射性毒性，而汞则因其产生的数量很大而引起重视。另外，汞的挥发性远高于其他放射性核素。

4.5.2.1　铅/铅铋反应堆运行过程中的放射性

铋的天然同位素为 ^{209}Bi（丰度为 100%）。它俘获中子后生成 ^{210}Po：

$$^{209}Bi(n,\gamma)^{210}Bi \xrightarrow[5\ d]{\beta^-} {}^{210}Po \xrightarrow[138\ d]{\alpha} {}^{206}Pb \tag{4-10}$$

式中，少量的 ^{209}Po 由 ^{210}Po 经（n，2n）反应生成。

^{210}Po 会发生 α 衰变，其半衰期为 138 d。^{209}Po 以类似的方式衰变，半衰期为 120 d。在铅铋合金冷却剂运行温度下钋易挥发，并向覆盖气体迁移，在那里形成气溶胶。覆盖气体系统或冷却剂系统的泄漏都可能导致 ^{210}Po 的污染，因此需采取必要措施来保护运维人员。

即使采用纯铅做冷却剂的情况下，也存在钋污染问题，因为在 ^{208}Pb 俘获中子后会形成 ^{209}Bi（丰度为 52.3%）：

$$^{208}Pb(n,\gamma)^{209}Pb \xrightarrow[0.14\ d]{\beta^-} {}^{209}Bi(n,\gamma)^{210}Bi \xrightarrow[5.0\ d]{\beta^-} {}^{210}Po \xrightarrow[138.3\ d]{\alpha} {}^{206}Pb \tag{4-11}$$

尽管由 ^{208}Pb 产生的 ^{210}Po 的产额要比铅铋合金低很多（前者为后者的 $\frac{1}{1\,000}$），但由于纯铅冷却剂运行温度较高，所以从冷却剂中挥发出来钋的比例可能就比较高（约 100 倍）。

根据相关研究者的报道，在铅铋冷快堆中，钋的活度主要由 ^{209}Bi 与中子的反应性确定，其平衡活度大约为 10 Ci/kg。对于铅冷快堆（铅中铋作为杂质的含量约为 5×10^{-4} wt%），钋的活度取决于 ^{209}Bi 和 ^{208}Pb 与中子的反应，在反应堆退役时，^{210}Po 的总活度约可达 5×10^{-4} Ci/kg。即使在正常运行条件下，铅铋合金的活性也应引起足够重视。研究者认为，覆盖气体泄漏率按其体积的 0.01%/d（即 0.01 vol%[①]LBE/d）计算，在没有设置 ^{210}Po 气体过滤系统的情况下，核岛厂房释放出 ^{210}Po 的量可能超过其最大允许浓度（mpc）的 200 倍。因此，为了确保核岛厂房的 ^{210}Po 量不超标，必须加强反应堆覆盖气体系统气密封要求。

---

① 本书采用符号 vol%表示体积百分比。

4.5.2.2 铅/铅铋停堆后的残余放射性

除了考虑反应堆运行过程中的放射性屏蔽和管理，针对冷却剂本身的活化问题也应引起足够重视，冷却剂应纳入未来电站退役的放射性废物管理和处置计划管理之中。所以在冷却剂选择时，必须考虑乏冷却剂废料（借用乏燃料的概念）的处置问题。

冷却剂材料中产生的放射性废物可能是退役放射性废物的主要潜在来源之一。典型铅铋冷却剂的α-比活度主要取决于^{210m}Bi的量（^{210m}Bi的半衰期长达3.6×10^{6} a）。而^{210m}Bi是由^{209}Bi(n,γ)^{210m}Bi反应生成的。^{208}Bi在衰变过程中主要放出β射线，其半衰期也达3.65×10^{5} a，所以铅铋冷却剂的长寿命β比活度取决于^{208}Bi，而^{208}Bi则由^{209}Bi(n,2n)^{208}Bi反应生成。

当采用铅做冷却剂时，由于^{205}Pb经γ衰变的半衰期特别长（半衰期为1.51×10^{7} a），所以它是铅冷却剂长寿命剩余放射性的最重要的贡献者。^{205}Pb通过^{204}Pb(n,γ)^{205}Pb反应生成。由于纯铅冷却剂中铋含量很低，所以它的β比活性明显低于铅铋冷却剂。原则上，铅或铅铋合金冷却剂在反应堆退役后是可以回收的，但必须知道铅铋和铅的放射性活度将在每次回收利用后逐渐增加。

根据分析，铅铋合金和铅剩余活性预计将长达数百万年。通过将这些长寿命放射性核素从铋和铅中分离出来（如果可能的话）从而达到纯化铅铋和铅冷却剂的目的，其成本会很高。从这个角度说，在钠、铅、铅铋合金这三种冷却剂材料中，液态钠冷却剂似乎是最适合实现无废物目标的冷却剂。

同样地，在退役过程中，铅和铅铋合金中的^{210}Po的过滤和净化也是需要关注的重要问题之一。

4.5.2.3 放射性杂质（^{210}Po）的净化

铅和铅铋合金系统的放射性主要来自两个方面：一是在ADS系统中，铅铋合金作为散裂靶材料，在高能质子的轰击下，发生散裂反应释放高能散裂中子的同时会产生许多放射性核素；二是在铅或铅铋合金快堆（包括ADS的次临界反应堆）中，铋和铅受中子辐照，也会产生诸如^{210}Po、^{208}Bi、^{210m}Bi和^{205}Pb等放射性同位素。另外，反应堆结构材料活化后的腐蚀产物以及覆盖气体活化产物（如^{37}Ar、^{39}Ar和^{40}Ar等）也是放射性来源。如果燃料元件发生破损，燃料裂变产物如铯、碘、氙、氪等也会释放到液态金属冷却剂以及覆盖气体系统中。

根据分析，对于散裂靶而言（ADS系统），主要的放射性核素是钋、汞、铊、铜、铯和碘等；主容器或一回路（对反应堆或 ADS 次临界堆）的放射性核素主要是钋以及少量的铊、汞、铜。

由于散裂靶的寿命较短，也不需维护，因此主要考虑反应堆冷却剂的放射性控制和净化。对于上述提及的反应堆内产生的放射性核素，除了在设计上加强生物屏蔽，也需要考虑放射性核素的去除和净化，尤其是冷却剂自身的活化会给反应堆部件的维护和检修操作带来影响。

除了^{210}Po外，一般放射性同位素的净化方式可参照钠冷快堆的杂质净化工艺。同样地，前述用于铅和铅铋合金杂质净化的各种净化阱也可用于捕集放射性核素。这些放射性同位素的净化机理和基本方法是相同的，但是针对铅和铅铋合金冷却剂的特点以及铅铋快堆实际的运行条件，开发出适用于铅铋合金冷却剂的净化工艺还需要开展更深入、细致的研究工作。

在铅和铅铋冷快堆中，影响其放射性安全最主要的因素是^{210}Po的毒性，因此，^{210}Po的净化是铅冷快堆运行和安全必须考虑的问题。^{210}Po的净化策略分为气相净化和液相净化。

1）^{210}Po的气相过滤净化

根据俄罗斯学者 Orlov 对铅铋快堆运行中^{210}Po的产率分析，^{210}Po通过覆盖气体向外界的泄漏将会超过最大允许浓度的 200 倍。中国科学院相关团队对正在设计建造中的 CiADS 系统的^{210}Po的产率进行了评估，其结论是 ADS 系统运行 1 000 d 后，反应堆中生成^{210}Po的累积总量约为 2.1 g（0.01 mol），其中大量的钋以 PbPo 的形式存在于铅铋合金冷却剂中，不会轻易扩散。如果我们先不考虑铅铋合金中^{210}Po的净化，在没有新的^{210}Po产生的情况下，它会逐渐衰变（其半衰期为 138 d）。但是，如果假定其中 0.1% 的^{210}Po通过挥发扩散进入覆盖气体系统，假定覆盖气空间总容积为 10 m^3，最终可得覆盖气中^{210}Po的放射性活度约为 2.5×10^7 Bq/L，这远远高出安全限值（1.1×10^{-2} Bq/L）的规定。根据反应堆运行经验，在运行期间，反应堆主容器的覆盖气会不断泄漏，因此对于主容器覆盖氩气进行净化是十分必要的。

气相过滤法也称为烘焙法，具体是在反应堆的主容器或一回路设置钋过滤器，高温下（或者运行温度下）铅或铅铋合金中钋蒸发后通过捕集阱将其捕集去除。捕集阱设有冷却系统，阱内设有过滤器，过滤器由石英玻璃或不锈钢丝网构成。^{210}Po蒸气在此沉积，以将进入覆盖气体氙气中的^{210}Po去除。

2) ^{210}Po 的液相净化

液相净化主要采用碱萃取净化，也叫碱性精炼法。其原理是将铅铋合金中产生的钋及铅的稳定化合物 PbPo 与熔融的 NaOH 接触反应将^{210}Po 置换出来，再通过萃取将其从液态铅铋合金中去除。PbPo 与熔融 NaOH 的反应式如下：

$$PbPo + 4NaOH \leftrightarrow Na_2Po + Na_2PbO_2 + 2H_2O \quad (4-12)$$

可以采用混合碱(NaOH+KOH)在 180～350 ℃范围内有效地去除^{210}Po。实验发现，^{210}Po 去除率与保护气体的氧化还原性强烈相关。采用氢气可以促进钋的去除，采用氧气不利于钋的去除。

液相净化方法的缺点是受污染溶液的量大。而环保部门对放射性污染溶液的监管极其严格，因此需要对碱液进行较长时间的衰变才可以向环境释放。就钠冷快堆的冷却剂钠的净化工艺技术而言，钠净化技术已经非常成熟，并在反应堆上应用多年。铅和铅铋合金净化技术需要开展更多的工艺研发和实验验证，尤其是^{210}Po 净化去除技术尚处于初步阶段。

4.5.3 铅锂合金的放射性

在铅锂系统中，^{210}Po 的产生也是一个值得关注的问题。在该系统中，^{210}Po 源于中子与 Pb-17Li 合金的反应：

$$^{208}Pb(n,\gamma) \rightarrow {}^{209}Pb \xrightarrow[3\ h]{} {}^{209}Bi \quad (4-13)$$

$$^{209}Bi(n,\gamma) \rightarrow {}^{210}Bi \xrightarrow[5\ d]{} {}^{210}Po \quad (4-14)$$

^{208}Pb 通过(n，γ)反应生成^{209}Bi，^{209}Bi 再转化成^{210}Po。铋的来源，一方面来自铅与中子的反应，另一方面来自铅中的杂质铋。一般来说，工业标准的纯铅中至少含有 20 ppm 的铋。由中子反应所生成^{209}Bi 的量，可根据反应堆的中子通量密度计算得到，计算依据是 1 MW/(m^2·a)中子注量率产生的^{209}Bi 的量为 10 ppm。

根据计算，Pb-17Li 聚变装置停止运行 10 a 后，^{210}Po 的浓度值降低了约 4 个数量级。^{210}Po 浓度的降低依赖于^{210}Po 的 138 d 半衰期。然而，^{210}Pb 在衰变过程中，也会释放出^{210}Po。这个由于^{210}Pb 衰变产生的^{210}Po 虽然对运行过程中产生的^{210}Po 总产量影响不大，但是，^{210}Pb 的衰变将决定停堆 10 a 后^{210}Po 的浓度。

$$^{210}Pb \xrightarrow[22.3\ a]{} {}^{210}Bi \xrightarrow[5\ d]{} {}^{210}Po \qquad (4-15)$$

由于^{210}Po有比较高的蒸气压力，因此它在反应堆内的分布不均匀。在氚的收集器和真空系统中，^{210}Po所占的比例较大。由于氚和钋的不同反应性，可通过适当地捕集达到分离钋的目的。另一种更理想的方法是设计这样一个系统，在^{209}Bi形成^{210}Po之前，便将^{210}Bi过滤去除。

4.6　液态金属对反应堆结构材料的腐蚀

在液态金属快堆中，诸如燃料组件、堆内构件、中间热交换器、回路管道以及蒸汽发生器等关键部件材料均浸没在液态金属中，或者与液态金属长期接触，这些结构材料与液态金属的相容性将直接关系着这些部件的服役性能，也影响着反应堆的安全和寿命。

反应堆结构材料的选择除了考虑其力学性能、辐照性能外，最重要的就是考察它在冷却剂介质环境下的抗腐蚀性能。相较于压水堆，一般来说，液态金属冷却快堆的系统温度比较高（比如钠冷快堆系统最高钠温可达 560 ℃），流速也很高。在这样的环境下，液态金属对燃料元件包壳的腐蚀相对会比较高。由于受液态金属腐蚀，燃料元件的寿命有限，最多两年。在液态铅或铅铋合金中，结构材料的腐蚀会更剧烈。另外，在反应堆冷却剂系统中，由于液态金属的流动，会在高温部件和低温部件之间产生质量迁移效应，从而导致结构材料组分元素的溶解和沉积，其中对材料力学性能影响较大的是碳迁移效应，其结果就是脱碳（脱碳导致材料的强度下降）和渗碳（渗碳使材料变脆）。所以，为了保障反应堆的安全运行，必须考验结构材料与高温液态金属的相容性能。

4.6.1　腐蚀机理

液态金属对固体金属材料的腐蚀作用可能是由于金属或非金属化合物（如金属和氧生成的氧化物）在熔融液态金属中的可溶性造成的。元素的溶解是液态金属对金属结构材料产生腐蚀的基本机理之一。同时，由于液态金属冷却剂中或多或少含有一定量的氧，因而在高温下固体金属会在液态金属环境中发生氧化，氧化本身也是一种腐蚀。同时，如果该氧化层较稳定，它在一定程度上又可以阻止金属元素往液态金属中的进一步溶解。

所以，液态金属对结构材料的腐蚀主要取决于材料组分元素在液态金属中的溶解速率、饱和溶解度以及氧化物的稳定性。由于影响上述参数的因素较多,所以腐蚀问题也较为复杂。

在液态金属与结构材料之间,主要的腐蚀侵蚀形式包括物理溶解、与杂质间的化学反应、质量迁移等。

1) 物理溶解(也称为简单溶解)

物理溶解是液态合金腐蚀机理之一(见图 4-6)。这种腐蚀分两步进行:首先是固体金属溶解入液态金属的壁面液膜;然后溶质通过液体从固体材料表面向外扩散。影响简单溶解的主要因素如下:① 流速,流速变化影响溶剂层厚度,从而影响溶解速率和沉积速率;② 温度,温度能改变溶解速率和扩散速率;③ 金属本身的性质,活性大的金属(或材料中的组分元素)易溶解,活性小的金属易沉积。

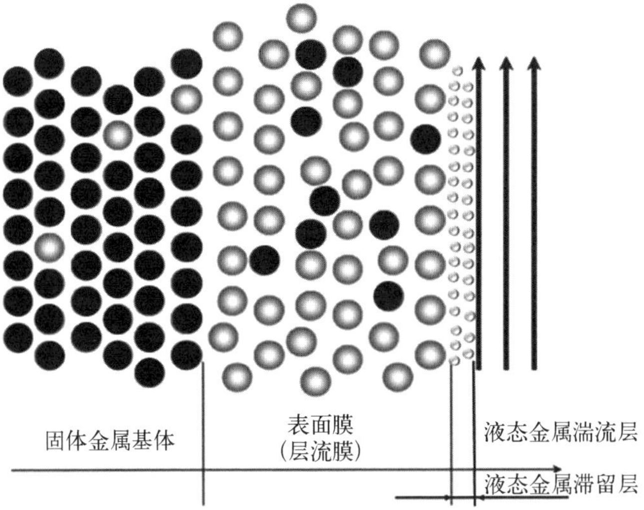

图 4-6　固体金属向液体金属的溶解

(黑色圆圈代表固体金属原子,灰色圆圈代表液态金属原子)

2) 化学腐蚀

化学腐蚀发生在固体金属组分与液态金属中的杂质(主要是非金属杂质)之间。液态金属中的氧、碳、氢及氮等可能与结构材料和元件包壳材料发生反应,形成新的化合物相,从而导致结构材料微观组织变化,进而影响材料的性能、服役寿命和可靠性。其中最关键的是液态金属中的氧含量。

结构材料与液态金属之间的相容性问题涉及许多影响因素,任何新材料从研发到应用必须经过材料与高温金属的相容性试验研究。

3) 质量迁移

在液态金属系统中,质量迁移现象是腐蚀的一个组成部分。一般说来,质量迁移是一个或几个组分在相内或相间移动。质量迁移主要包括温度梯度和浓度梯度两种类型。温度梯度质量迁移的驱动力是由被溶解元素在系统的高温区和低温区的溶解度差别而引起的;浓度梯度质量迁移是非同种金属质量迁移,其驱动力是由两种金属产生合金作用使自由能降低而产生的。

结构材料与液态金属之间的相容性问题涉及许多影响因素,任何新材料从研发到应用必然会开展材料与高温金属的相容性试验研究。

4.6.2　钠与结构材料的相容性

本节主要介绍钠与结构材料之间的关系和影响,以及快堆结构材料的选型考虑。

4.6.2.1　参数的影响

在液态金属钠中,结构材料的腐蚀速率取决于许多因素,比如时间、温度的高低、冷却剂的流速、冷却剂中杂质含量、温度差等。

1) 时间的影响

奥氏体不锈钢在钠中的腐蚀行为可分为初始腐蚀和稳态腐蚀两个阶段。初始阶段的腐蚀主要表现为材料表面的镍、铬和锰等元素选择性地溶解到钠中的行为,腐蚀速率与浸泡时间呈抛物线关系。随着时间的增加,在 2 000～3 000 h 以后腐蚀进入线性稳态腐蚀阶段,此时,腐蚀速率趋于恒定的常数如图 4 - 7 所示。

2) 温度的影响

影响金属材料在钠中腐蚀速率的诸因素中,温度的影响最显著,因为它决定了在液态钠中,金属或非金属元素的溶解速率,以及金属或非金属元素的扩散速率。

部件温度对扩散速率、溶解速率和化学反应速率的影响较大,上述速率会随着温度的升高而显著增大。如果其他条件固定,腐蚀速率(或质量迁移速率)与温度的关系非常密切。一般认为,在氧含量为 10～20 ppm 钠系统中,当温度低于 520 ℃时,奥氏体不锈钢质量迁移不大;当温度在 520 ℃以上时,温度每增加 50 ℃,腐蚀速率会增加 3 倍。从图 4 - 8 也可看出温度对奥氏体不锈钢材料腐蚀速率的影响,图中标注的 Weeks、Bagnall、Thorley、Menken、Zebroski、Kloster 以及 JAEA 代表不同的实验数据来源。

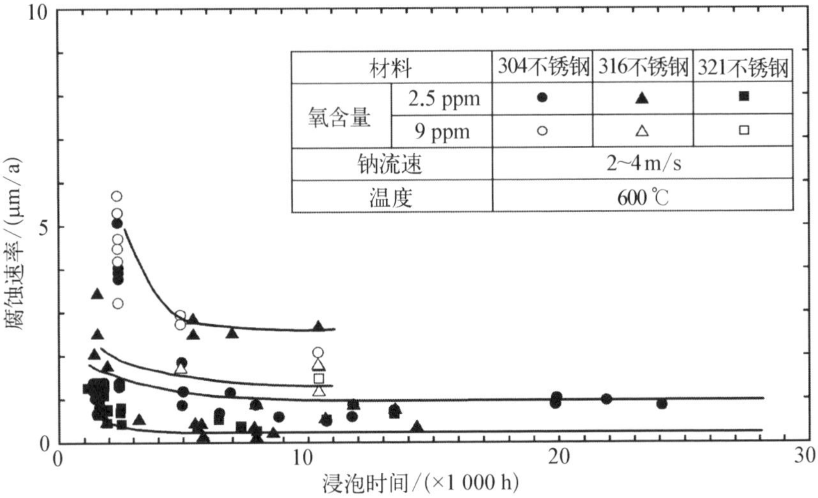

图 4-7　腐蚀速率与浸泡时间的关系曲线

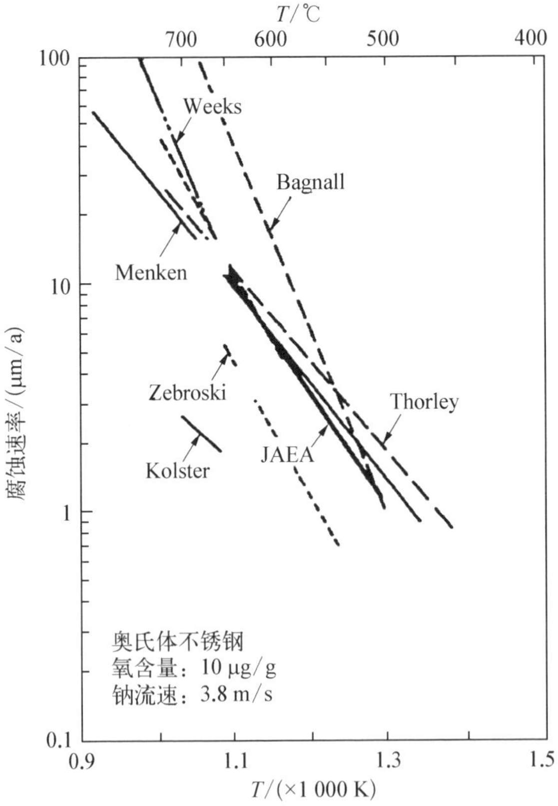

图 4-8　温度对不锈钢在高温钠中腐蚀速率的影响

温度对腐蚀速率的影响可以从液态金属腐蚀机理的两个方面理解：一是溶解腐蚀。温度越高，结构材料基体元素（如铁、铬、镍等）在液态钠中的溶解度就越大，因此结构材料的溶解腐蚀速率越大。二是氧化腐蚀。温度越高，结构材料越易被钠中氧所氧化，因此氧化腐蚀速率也越大。

3）流速的影响

流速是影响腐蚀速率的另一个重要因素，大量研究表明，在流动钠中，腐蚀速率与流速呈线性增长规律（流速 $v \leqslant 3$ m/s），在较高的流速下（$v > 3$ m/s），不锈钢的腐蚀速率达到一个平稳的坪值。

有学者提出，流速对腐蚀速率的影响可能是由层流界面层的厚度受钠流速的影响造成的。流速越高（相当于流体的雷诺数越大），层流界面层的厚度就越薄，基体组分元素越容易通过该层扩散至钠流侧，同时钠流中的氧等杂质也越容易穿过该层并使基体氧化，所以无论是奥氏体不锈钢还是铁素体钢，其腐蚀速率在某一极限的雷诺数之前才能与钠流速成线性关系。这种线性关系直到该层流界面层的厚度只剩下不再受流动液体影响的极薄层为止。

4）下游效应的影响

除了钠流速以外，液态金属流经管道（或试验段）的位置也是影响腐蚀速率的一个参数。换句话说，材料在液态金属中的腐蚀速率（或称质量迁移速率）还取决于沿钠流动方向等温段的位置。这个效应称为下游效应。下游效应可用 L/D 表示，其中，L 是从等温管道入口算起的距离，D 是管道的水力直径。具体表现为在给定的试验条件下，第一个试验样品总是表现出最大的腐蚀量，在同一温度下，处于下游的样品的腐蚀速率逐渐减少，如图 4-9 所示。正是因为下游效应，我们在比较不同回路中所做的腐蚀试验结果时，必须考虑样品的位置

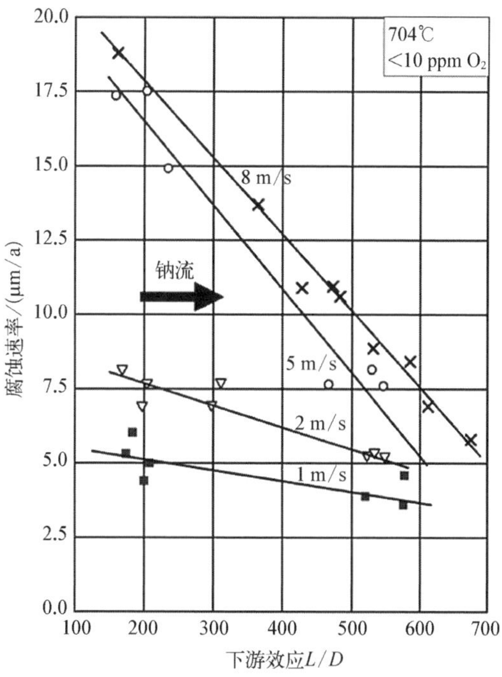

图 4-9　下游效应对腐蚀速率的影响

对腐蚀速率的影响。

下游效应的机理至今尚未研究透彻。一般认为,腐蚀速率随 L/D 增大而减小可能是特定金属材料组分元素在钠中浓度变化造成的。

5) 氧含量的影响

钠中氧含量是影响材料在钠中腐蚀速率的重要因素。腐蚀速率与钠中溶解氧的关系为

$$CR \propto C_o^{\,n} \tag{4-16}$$

式中,CR 为腐蚀速率,C_o 为钠中氧含量,n 为常数项,假设 n 取 0.8,可得出腐蚀速率与钠中氧含量的关系曲线(见图 4-10)。

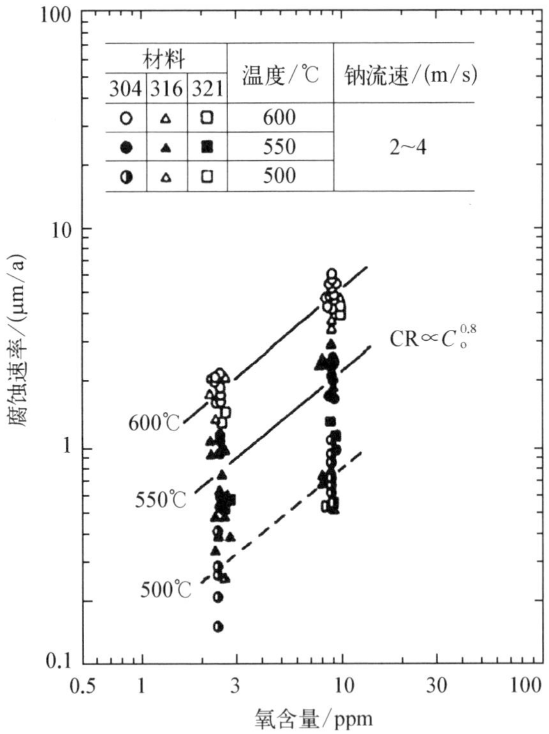

图 4-10 钠中氧含量与结构材料的腐蚀速率关系曲线

注:图中 304、316 与 321 分别表示 304 不锈钢、316 不锈钢与 321 不锈钢。

4.6.2.2 摩擦磨损和自焊

钠冷快堆的燃料元件构成六角形的格栅。由于装入外套管的元件必须是

可拆的，因此，即使它们长期处在高温钠中，它们接触面间的摩擦力也应该是小的，以便用限定的力就能把元件棒拔出。为此，人们针对结构材料在液态金属中的摩擦磨损行为特征进行了广泛研究，包括碱金属纯度、材料成分和物理性质，以及滑动系统中各种物理条件如表面力、相对运动的速度以及原始表面粗糙度等。

快中子堆中通常采用奥氏体不锈钢作为燃料元件包壳材料和其他的结构材料。而奥氏体不锈钢是容易变形的，因而在足够高的温度、压力及钠纯度条件下它们具有自焊的倾向。

所谓自焊，指的是由于钠的化学活性，它会溶解金属表面的氧化物，使金属表面成为纯净的金属表面；当这些纯净的金属表面相接触时，就会发生组分元素的相互扩散，在接触层中形成固溶体、金属间化合物及各种复杂相组织的自焊层。这些零件做相互运动时，将产生严重黏着磨损。这种现象称为自焊。

美国的 EBR－Ⅱ实验快堆曾发生燃料组件和支撑板孔之间因自焊而严重咬伤；快中子高通量试验装置（FFTF）也曾发生燃料元件的绕丝和包壳自焊，导致包壳破损；另外在法国、俄罗斯的钠冷快堆中也曾出现阀门密封面由于自焊，开关阀门产生黏着磨损，划伤密封面而导致钠泄漏的事故。

4.6.2.3　钠冷快堆结构材料的选材

到目前为止，根据已公开发表的数据来看，如果高温钠中的氧含量控制得足够低的话，无论是奥氏体不锈钢（如 304 不锈钢、316 不锈钢等），还是低合金钢（如 2.25Cr1Mo、9Cr1Mo 等）都可以在 550 ℃的流动钠或钠钾合金系统中长期使用。综合腐蚀性能和高温强度，在钠冷快堆中，奥氏体不锈钢具有较佳的服役性能。

钠中的氧和碳对奥氏体不锈钢的影响显著。高氧含量将使材料在钠中的腐蚀速率大大增加。而碳的迁移则会使材料的力学性能恶化，从而影响材料的使用性能。因此，钠冷快堆在运行过程中对氧和碳的监测和净化提出了较为严格的要求。

4.6.3　铅和铅铋合金与结构材料的相容性

铅及铅铋快堆具有发电、增殖或嬗变的多用途功能，是第四代先进核能系统重点发展的堆型之一。

铅铋冷快堆虽然有许多优点，也得到了各国的广泛重视，但是反应堆结构材料与液态铅或铅铋冷却剂的相容性问题是制约其发展的主要技术瓶颈之一,也是未来铅及铅铋冷快堆发展必须面对的挑战。铅和铅铋合金对金属材料具有较强的腐蚀特性,结构材料长期服役在液态铅或铅铋环境中,其微观结构、化学成分及机械性能会发生显著的变化或退化,进而威胁反应堆的安全运行。在通常情况下,液态铅或铅铋合金与结构材料作用主要表现为液态金属在铅铋中的溶解和氧化,液态金属对材料的腐蚀效应与腐蚀介质的温度、溶解氧浓度、流速以及对材料的浸润程度等有关。

4.6.3.1 腐蚀现象

铅铋合金对材料的腐蚀与其他液态金属(比如钠和钠钾合金)一样是个复杂的综合过程,但铅铋合金腐蚀又有它自己的特点。归纳起来主要表现在以下几个方面:① 材料组分元素在铅铋合金中的溶解和质量迁移;② 材料组分元素与铅铋合金中杂质氧的化学反应;③ 铅铋合金沿材料晶界渗透导致的材料晶界脆化;④ 铅铋合金导致的液态金属脆化效应[13]。

1)溶解和质量迁移

材料组分元素在铅铋合金中的溶解是液态金属腐蚀的基本形式。它包含两个阶段:首先是溶解阶段,当材料表面被液态铅铋合金浸润时,逸出材料表面的金属原子进入与其相邻的液态铅铋合金流体中;接着是迁移阶段,溶解的金属原子通过铅铋合金层流界面层扩散到铅铋合金流体中,并在温差的驱动下由高温区向低温区迁移。元素的迁移反过来又促进了溶解过程,如此往复,使材料表面均匀地遭受破坏。

以奥氏体不锈钢为例,不锈钢的组成元素铁、铬、镍、钴、钛等在铅铋合金中有不同的溶解度,其中以镍的溶解度为最大。因此,镍优先溶解,或称选择性溶解。镍、钴是奥氏体形成元素,铁、铬是铁素体形成元素,因此,镍的大量溶解将使与 Pb-Bi 接触的奥氏体不锈钢表面铁、铬相对含量上升而转变为铁素体,使奥氏体不锈钢部分发生相变。铁、铬、镍诸元素的不断溶解还将导致不锈钢变薄。

2)材料的氧化

铅铋合金中的杂质氧与结构材料的组分元素起化学反应,使组分元素以氧化物形式附着于金属材料表面或进入铅铋合金中,即发生氧化腐蚀。

氧化腐蚀过程比较复杂,通常与系统的温度、液态铅铋合金中的氧含量或气相中的氧分压、结构材料的组分、反应产物种类及其生成自由能等有关。当铅铋合金中氧含量和温度均较高时,相应较高的氧分压使氧除在材料表面与某些组分元素发生化学反应外，还扩散到表层下与另一些组分元素形成复合氧化物，使材料受到严重氧化腐蚀。

3）晶间腐蚀诱发的材料脆化效应

液态铅铋合金对材料腐蚀的另一种类型是铅铋合金中的铅或铋（尤其是铋）沿材料晶界扩散渗透并与组分元素形成金属间化合物，这种破坏晶界并使材料晶界变脆的晶间腐蚀现象称为液态金属诱发的材料脆化效应（见图 4 - 11）。

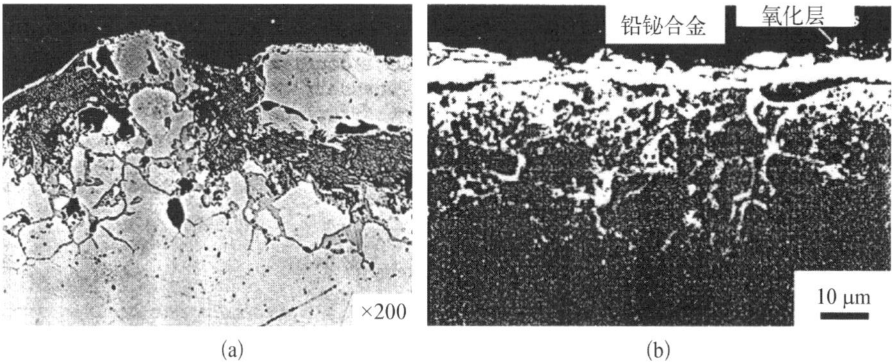

图 4 - 11　镍和含镍低合金钢 AISI S - 5 在铅铋合金中的晶间腐蚀形貌

（a）镍在铅铋合金中的腐蚀；（b）AISI S - 5 在 550 ℃铅铋合金中经 4 500 h 腐蚀

镍基合金、不锈钢及其他含镍的铬钢最易发生由铅铋合金诱发的晶间脆化效应，其原因是镍铋金属间化合物的生成自由能较低。电子探针的微区分析显示，经铅铋合金腐蚀后的材料晶界往往富镍和富铋。

系统温度越高或材料中的镍含量越大，则铅铋合金诱发的材料晶间脆化效应越严重。

4）液态金属脆化效应

液态金属脆化效应（LME）是指在液态金属服役环境下，金属材料会失去其应有的塑性而变脆。原则上说，所有金属材料在液态金属环境下（包括液态钠、铅以及铅铋合金等）都有脆化的可能性。脆化效应是否发生，一方面与液态金属原子和固体金属原子之间的相互作用有关，另一方面也与固体金属材料的韧塑性本征结构相关。一般来说，强度越大、塑性越小的材料，其 LME 敏感性越高。铁素体/马氏体钢由于塑性不如奥氏体不锈钢，对 LME 会更加敏感，尤其是经过辐照后的结构材料，由于其辐照损伤导致的脆化会加剧其对 LME 的敏感性。

4.6.3.2 参数的影响

与其他液态金属一样，铅铋合金对结构材料腐蚀的影响因素也较多，主要包括系统的温度和温差、铅铋合金中的氧含量或气相中的氧分压、结构材料的化学成分、铅铋合金的流速等方面。

1）温度和温差

系统的温度和温差对材料组分元素的溶解度、铅铋合金在材料中的渗透扩散速度、材料组分元素在铅铋合金中的迁移、氧化物及金属间化合物的形成均具有显著的影响。

2）铅铋合金中的氧含量

铅铋合金中的氧含量或氧分压对材料受到铅铋合金腐蚀起着至关重要的作用，从钢组分元素及铅铋合金的氧化物生成自由能可清楚看出氧在铅铋合金腐蚀中的作用，如图 4-12 所示。

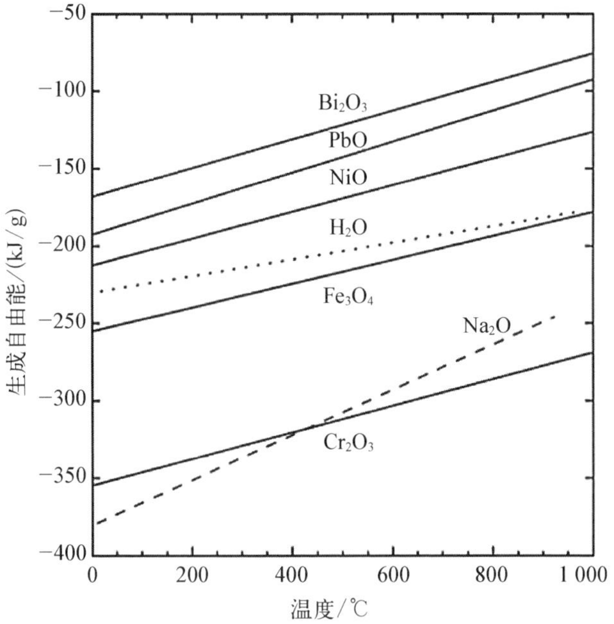

图 4-12 不锈钢主要组分元素以及铅铋氧化物生成自由能

当铅铋合金中的氧含量大于 1×10^{-6} wt%时，氧将扩散到钢的表层下与铁形成 Fe_3O_4。铁是不锈钢的基本组分，它对不锈钢腐蚀有着决定性意义。随着氧由表及里扩散，表层下的铁被氧化为易剥落的 Fe_3O_4，这种氧化为内氧化。综上所述，Fe_3O_4 被 Pb-Bi 还原，生成铁和 PbO 而进入铅铋合金中，它使不锈钢遭受严重的氧化腐蚀。

3) 结构材料的成分

结构材料的成分是影响铅铋合金腐蚀的另一重要因素，特别是以溶解为基本机理的液态金属腐蚀，材料成分的影响更为显著。例如，低合金钢在铅铋合金中的腐蚀随着钢中铬含量的增大而加重，不含铬的碳钢最抗腐蚀，铬含量小于 1.25％的次之，铬含量大于 1.25％时受到的腐蚀最严重，这说明低合金钢在铅铋合金中的腐蚀以组分元素溶解腐蚀为主。而奥氏体不锈钢和铁素体/马氏体钢的腐蚀则较为复杂。当温度及氧含量在一定范围内时，由于奥氏体不锈钢含铬和镍量高，比铁素体/马氏体钢更抗氧化，更易形成保护性氧化膜，该膜可对组分元素的溶解和铅铋合金对材料的渗透起阻挡作用。另外，奥氏体不锈钢含钛，可减小晶粒长大和晶界贫铬引起的晶间腐蚀倾向，因此在相同条件下，奥氏体不锈钢(如 1.4970 钢)的抗铅铋合金腐蚀能力优于铁素体/马氏体钢(见图 4－13)。马氏体钢在 Pb－Bi 中的腐蚀与奥氏体不锈钢的机理大致相同，由图 4－13 可见，含铬和镍量高的 EP823 比其他两种铁素体/马氏体钢具有更好的抗氧化腐蚀能力，而不含镍的 Optifer 钢抗氧化腐蚀能力最差。在相同条件下，三种铁素体/马氏体钢的抗铅铋氧化腐蚀能力为 EP823＞T91＞Optifer 钢。

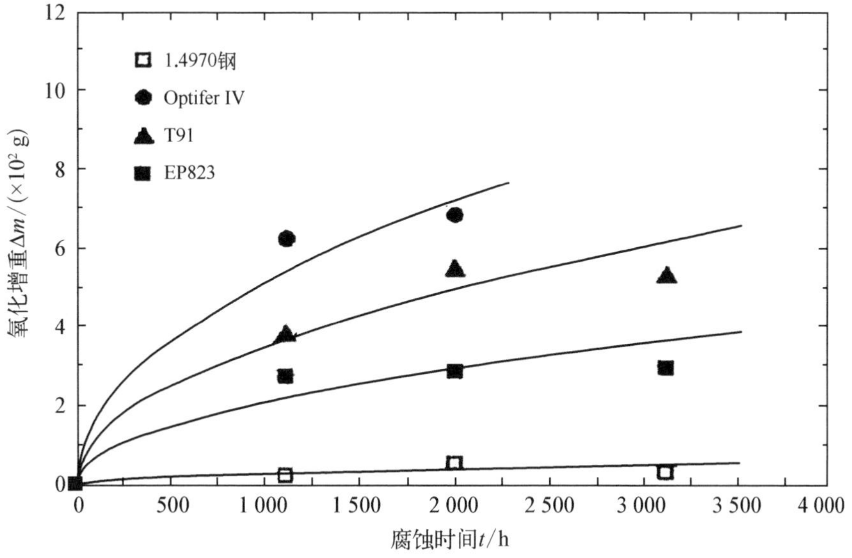

图 4－13 不同钢种在铅铋合金中的氧化腐蚀行为

4）流速

与高温钠腐蚀中流速的影响相比，有关铅铋流速对材料腐蚀影响的研究不多。从腐蚀机理来看，铅铋合金流速对腐蚀的影响应该与钠流速影响的作用相似，但考虑到铅铋合金冷却剂本身的质量很大（是钠的 10 倍），因此其磨蚀和冲刷效应要严重很多。该问题存在两种不同的观点：一种观点认为，铅铋合金流速对结构材料没有明显的影响，只在当铅铋合金流动方向发生突然改变处因冲刷腐蚀而使材料腐蚀加重；另一种观点是铅铋合金腐蚀与流速有关，腐蚀速率的控制因素是溶解的铁和铬通过钢表面的液体界面层的迁移速率，而迁移速率与铅铋合金流速直接相关。另外，铅铋合金对材料的冲刷磨蚀与其流速有关，这是重金属系统特有的腐蚀类型。有关铅铋合金流速对结构材料腐蚀的影响尚待深入研究。

4.6.3.3　腐蚀抑制方法

为解决结构材料在液态铅和铅铋合金中较为严重的腐蚀问题，通常通过适当的冷却剂氧控制技术使材料表面钝化；在部件材料表面预制氧化层以阻挡铅或铅铋合金对结构材料基体的腐蚀；或者采用添加硅或铝以提高合金材料的耐铅铋腐蚀性能的手段来抑制腐蚀。

1）氧控制技术防腐

在铅和铅铋合金系统中，液态金属中氧含量的控制是技术难点之一。为确保冷却剂不被污染，同时保证在较高运行温度下不腐蚀结构材料，需要对氧含量进行较为精准的控制，即将氧含量控制在适当的水平（既不低也不高）：一方面保证冷却剂中的氧能使结构材料表面发生钝化从而保护设备材料；另一方面又要防止系统中氧含量过高，生成 PbO 沉积物从而阻塞流道而影响传热。

氧控工艺主要有两条技术路线：一条是通过控制铅铋合金上方气体覆盖系统的氧含量来达到对铅铋合金中氧含量的控制（即气态氧控）；另一条技术路线是采用固相氧控，即在流道上设置含氧化铅颗粒的装置，在一定的条件下该装置既可以吸收系统中多余的氧，也可释放一定量氧到系统中从而达到控氧的目的。

2）表面涂层技术防腐

结构材料的防腐措施除了控制铅铋合金中的氧含量外，另一个途径就是在材料表面预先制备防腐涂层。防腐涂层的制备方法又分为两个方向：一是通过表面合金化技术在材料表面生成稳定的氧化层，二是通过不同涂层工艺在材料表面涂覆耐铅铋腐蚀层。具体包括以下几种：

（1）铝的表面合金化，从而在结构材料表面形成薄而稳定的氧化物层；

(2) 结构材料表面 FeCrAlY 涂层；

(3) 结构材料表面高熔点低溶解度耐蚀金属涂层(如钨、钼和铌等)；

(4) 结构材料表面氧化物、氮化物和碳化物涂层。

3) 含硅或铝耐铅铋腐蚀新型结构材料

氧控技术尚未完全成熟,尤其是大型核装置级别的氧控技术仍需更多的研发投入。涂层技术虽然能暂时解决结构材料在铅铋合金中的腐蚀问题,但涂层的稳定性、耐磨性、附着性以及均匀性都是在实际使用中的具体问题。另外涂层技术的实施还受制于部件的形状和处理温度的影响。为了从根本上解决结构材料在铅铋中的腐蚀问题,俄罗斯学者最早提出了在不锈钢基体中加硅,美国和欧洲的学者提出了加铝的新型耐铅铋腐蚀结构材料研发的思路。

由于 Al_2O_3、SiO_2 氧化物的热稳定性高于 Cr_2O_3,因此可通过在钢中添加适量的铝或硅元素,如俄罗斯的 EP823(含 2wt%Si)、美国新型高铝奥氏体不锈钢(铝含量为 2.5wt%),使其在基体材料表面形成一层致密、稳定的氧化膜 SiO_2 或 Al_2O_3,从而显著提高材料的抗腐蚀能力。

总之,上面所述的结构材料在铅铋合金中的氧控技术、涂层工艺技术以及含硅或含铝新型结构材料的研发到目前为止尚未完全成熟,也没有实际的工业应用经验。因此仍需要大量的数据支持,并开展以工程应用为目的的更加深入细致的研究工作,为铅铋快堆的设计和建造提供可靠的依据。

4.7　液态金属冷却剂的安全

液态碱金属由于其化学活性大,普遍具有在大气中易燃烧、遇水会发生爆炸等影响安全的特性。液态重金属虽然化学活性不大,但一般都具有较大的毒性,尤其是一些易挥发的重金属(如汞),其化学毒性是不可忽视的安全问题。

本节仅针对钠冷快堆和铅铋冷快堆中所涉及的钠冷却剂和铅铋冷却剂的安全问题展开讨论。

4.7.1　钠安全

本节将从钠火特性、泄漏探测,以及钠水反应的应对策略方面阐述钠安全相关的内容。

4.7.1.1　钠火的特性

纯金属钠在自然界中是不存在的,原因就是它的化学活性很高,特别是当钠在空气中以及与水直接接触时。钠与水的相互作用非常激烈,而与空气的反应是较为缓慢的。钠在常温下是固态的，其表面覆盖着氧化物。钠的着火温度取决于钠中杂质含量、空气湿度以及钠-空气界面条件，因此无法确定钠着火温度的准确值。根据研究结果，一般认为钠的着火温度值在 120～320 ℃范围内。

钠火燃烧强度由两种机制决定。一是空气中的氧向钠火燃烧反应区的扩散，二是钠蒸气由钠表面向燃烧反应区的扩散。在 650 ℃以下，前一种机制占主导作用。随着温度的升高，后一种机制变得越来越重要。钠的温度越高，产生蒸气的速度就越快。燃烧反应区从钠表面向外延伸，导致钠的传热降低。传热的降低反过来又降低了钠的蒸发速率。研究表明，在 720～745 ℃的钠池温度下，钠的燃烧可以达到稳定状态。在燃烧过程中，15％～25％的燃烧产物以烟的形式离开反应区。但此时钠的质量几乎保持不变，这是因为钠的氧化会导致质量的增加。

钠滴燃烧速率要高于池式钠火。然而，喷射液钠需要一定的条件，而在实践中很少能满足这些条件。当有障碍物（如房间的地板或墙壁）引起喷流时，应考虑钠滴燃烧效应。与任何火灾一样，烟雾是钠燃烧过程中最危险的因素之一。钠烟由燃烧产物组成，这些燃烧产物变成了气溶胶。这些气溶胶的成分是钠的氧化物（Na_2O 和 Na_2O_2），它们立即与大气、蒸汽和二氧化碳相互作用，进一步转化成氢氧化钠（NaOH）和碳酸钠（Na_2CO_3）。

氧化物转变为氢氧化物的过程是需要时间的，一般在氧化物颗粒形成后几秒钟才得以进行。碳酸钠形成就更慢些。整个转化过程的速率取决于大气湿度，一般需要几分钟的时间。烟雾的传播伴随着燃烧颗粒的化学和物理转变，以及燃烧过程中氧化物燃烧颗粒的聚集。当空气相对湿度超过 35％时，干颗粒将转化为液滴，其密度和尺寸分布方式都会发生变化。钠粒子的半径在几十微米到几百微米的很宽范围内变化。在气溶胶传播过程中，它们沉积在房间的地板、天花板和墙壁上，以及设备和通风管道的表面。这种颗粒沉积的动力主要来自重力作用，因此多达 80％的颗粒沉积在地板上。气溶胶颗粒会导致设备损坏，尤其是电气设备和仪表。当然这些气溶胶微粒对人体尤其是呼吸系统也有伤害。

4.7.1.2　钠泄漏探测

在钠冷快堆中，当部件或管道上存在缺陷或有小裂缝时，液态钠可能沿着管道壁渗出落下或流出，与大气中的氧气和水分相互作用而产生气溶胶。

钠泄漏探测的方法主要分为两种。一种方法是探测在某一个位置上积聚的最小钠泄漏量。另一种为气体取样法，它基于对连续抽气的气体中气溶胶的探测来判断钠是否泄漏。

具体的钠泄漏探测仪器有很多种，比如钠离子探测器(SID)、压差检测器(DPD)、烟雾探测器(SD)、氢探测器(HD)、颗粒物表面电离监测仪(SIMP)、辐射探测器(ID)、电缆探测器、接触式探测器等。

4.7.1.3 钠水反应

在钠冷快堆中，为了避免一回路放射性钠与蒸汽发生器的水发生钠水反应而引发放射性泄漏的可能性，中间专设了一个非放射性钠回路(即二回路钠)。对于二回路钠与三回路的水和水蒸气系统，蒸汽发生器的水侧处于高压，所以仍存在水和水蒸气通过因应力腐蚀产生的管壁裂缝进入低压侧钠管道的危险。

针对钠水反应的危害性，一方面，从二回路和蒸汽发生器的设计和选材上尽量避免和减弱钠水反应，即使发生了小量的反应，通过钠和(或)气体段中的特殊爆破片的破裂释放系统压力，并将氢氧化钠、氧化钠和氢气喷射到特殊的收集容器中。在泄漏严重的情况下实现钠水两侧各自的分离排放，避免钠水的直接接触。另一方面，深入开展钠水和水蒸气反应方面的研究，掌握其反应规律，为反应堆设计和安全运行提供参数和数据支撑。

钠水反应是一个复杂的多阶段过程，它包括与氢氧化钠的连续反应以及随后与钠相互作用产生氢。总的反应产物为 NaOH、NaH、Na_2O 和氢气等，反应产物的最终浓度由反应过程中的热力学平衡条件和达到平衡状态的时间所决定。这些反应产物里，NaOH 和 Na_2O 具有腐蚀性，氢气使蒸汽发生器钠侧压力升高，释放的热量则使蒸汽发生器传热管温度升高。

4.7.2 铅及铅铋合金的安全

铅和铅铋合金由于其化学惰性，不存在像金属钠操作过程中容易发生的燃烧、爆炸等剧烈反应而引发的安全问题。但是，铅的操作仍有其本身固有的不安全因素。

铅是一种剧毒物质，它被人体吸收后，会对人体的神经系统、骨髓、血液和血管等造成危害，也会干扰蛋白合成和细胞的遗传结构。其危害性早已引起人们的关注。多年来，为了减少铅危害，人们制定和总结了一系列的规章制度和安全操作规范，对防控铅的污染起到了积极的作用。

在铅和铅铋合金冷却剂技术领域，也存在着铋的危害。铋属于微毒物，它只在几种特殊的情况下才会对人体造成较为严重的损害，比如当铋的粉尘或粉末浓度很高时，如果被直接加热或者遇到明火时，就可能燃烧甚至可能爆炸。通常情况下，铋可能使眼睛感到轻度不适，使皮肤和肠胃发炎。由于它的危险性很低，当与铅一起使用时，可以认为其危害已经处于可控范围内。

需要指出的是，在质子和中子辐射下，铅和铅铋合金会表现出不同程度的辐射危害。这些危害以及导致这些危害存在的条件是复杂的，它常常是由于系统或者特定合金元素的存在引起的。比如^{210}Po就是铋的中子活化产物。因此，铅及铅铋合金的辐射危害是其作为核反应堆冷却剂应用时一个非常重要的问题，有关其辐射危害的问题，我们已在前述章节做过专门讨论，因此本节仅介绍其工业性危害及防护安全措施。

4.7.2.1 铅对人体的影响

铅在空气和水中的最大允许浓度分别为3×10^{-5} mg/L和0.03～0.1 mg/L。在正常铅和铅铋合金实验台架或反应堆运行中，虽然铅被保持在气密环境下，但是由于事故或系统的泄漏，工作间内的铅浓度可能会增加。

一般来说，铅被人体摄入主要有呼吸吸入、饮食摄取以及皮肤接触吸收这三种方式。

在工作场所吸入空气中的铅是最常见的铅进入人体的途径。当铅以尘埃、烟气或薄雾状态存在时，可能被人体吸入。吸入的铅微粒进入肺，进而进入血液。

摄食(吞咽)也是常见的铅进入人体的途径。在工作场所摄食铅几乎都是由于缺乏良好的卫生习惯导致的。当手被铅沾污后，仍直接用手拿取食物、吸烟或用受污染的手进行化妆时，铅都可能被人体摄取。

皮肤对铅几乎不吸收，但当皮肤暴露在某些有机物形式的铅或某些能够通过皮肤输送重金属铅的化学物质(如二甲基亚砜)中时，可能导致重金属通过皮肤被人体吸收。

几乎所有吸入的铅均沉积在肺里，摄食的铅中有10%～15%可能进入血液。对于怀孕的妇女，摄食铅进入血液的量可能增加到50%。一旦进入血液，铅就会遍布全身，并以稳定的速度排出。如果持续暴露在铅中，当吸收量超过排出量时，人体内的铅就会增加。骨骼和牙齿中的铅约占人体中总铅量的90%。如果没有发生更大量的吸收，数月内，积累的铅会缓慢地从血和软组织中释放，但沉积在骨骼和牙齿中的铅的释放则需要数十年的时间。如果吸收持续，积累的铅达到中毒水平时，就会发生铅中毒。在症状出现前，铅就已对人体造成了不可挽回的伤害。

4.7.2.2　铅对环境的影响

铅在使用和处理过程中都可能进入环境。铅会储存在土壤中约 2～5 cm 的表层位置，特别是有机物含量大于 5%，或 pH 值高于 5 的土壤中。然后，缓慢转化生成不溶性的硫酸盐、硫化物、氧化物和磷酸盐。

铅通过大气沉降、地表径流或污水进入水体。在氧存在的条件下，金属铅会被纯水侵蚀，但如果水中含有碳酸盐或硅酸盐，在金属铅表面就会形成保护膜，从而阻止对铅的进一步侵蚀。溶解进入水中的那部分铅则会与水形成配位体化合物。水中的铅可以通过被有机物或黏土矿物吸附，并与氢氧化铁和氧化锰反应生成沉淀物和不溶性盐的方法加以去除。多数情况下，仍以吸附作用为主。

湖泊沉积的微生物能直接与某些无机铅化物发生甲基化反应。当条件合适时，通过厌氧菌的活动，它们可以被分解而大量进入地下环境。通过活性污泥菌处理后，铅的平均迁移百分比约为 82%，甚至接近全部，这可以大幅降低吸附在淤泥中的不溶性和沉淀类的铅。水中铅含量的升高可能损害一些水生物的再生，并可能导致鱼以及生活在那里的其他动物的血液和神经系统发生病变。

参考文献

[1]　龙斌，黄晨，阮玉珍. 快中子反应堆材料[R]. 北京：中国原子能科学研究院，2019.

[2]　Miaakli W. Natrium in der Kerntechnik[J]. Metall，1959(13)：174 - 178.

[3]　Ewing C T. Quarterly progress report No. 7 on the measurements of the physical and chemical properties of the sodium-potassium alloy[R]. USA：USAEC file No. NP - 340，1948.

[4]　戎利建，张玉妥，陆善平，等. 铅与铅铋共晶合金手册：性能、材料相容性、热工水力学和技术[M]. 北京：科学出版社，2014.

[5]　Borgstedt H U，Mathews C K. Applied chemistry of the alkali metals[M]. New York：Springer，1987.

[6]　Weeks J R. Lead，bismuth，tin and their alloys as nuclear coolants[J]. Nuclear Engineering and Design，1971，15：363 - 372.

[7]　陈宗璋，洪顺章，文希孟，等. 金属钠[M]. 长沙：湖南大学出版社，1990.

[8]　洪顺章. 钠工艺基础[M]. 北京：中国原子能出版传媒有限公司，2011.

[9]　Jackson C B. Liquid metals handbook：sodium (NaK) supplement[M]. USA：Atomic Energy Commission and the Bureau of Ships，1955.

[10]　栾培玉，成汉真. 金属钠的生产简介[J]. 宁夏化工，1992(8)：26 - 28.

[11] 张华锋.铋的生产及市场分析[J].云南冶金,1996,25(3):55-58.
[12] 肖阳.高纯铅铋合金的性能分析[C].合肥:第十四届全国核物理大会暨第九届会员代表大会,2010.
[13] 陈鹤鸣,马春来,白新德.核反应堆材料腐蚀及其防护[M].北京:原子能出版社,1984:278-308.

第 5 章
热工流体力学

反应堆热工流体力学是研究反应堆及其回路系统中冷却剂的流动特性和热量传输特性以及燃料元件传热特性的一门学科。通过对额定功率下反应堆稳定运行的分析,可以在初步设计阶段对各种方案进行比较,确定反应堆的结构参数和运行参数。

热工流体力学设计的目的是确定堆芯,一、二、三回路的热工参数(温度、压力、流量等),包括堆芯热工流体力学设计和热传输系统的热工流体力学设计。

根据确定的堆芯组件结构尺寸和主要的热工参数,进行堆芯和各系统的稳态热工水力分析。通过反应堆稳态热工水力学分析了解冷却剂的流动和传热特性,确定堆芯流量分配,获得燃料元件和各子通道内的温度分布规律以及堆芯和各系统部件的压降等。

5.1 堆芯热工流体力学设计

堆芯热量来自裂变过程中释放的能量,不同的核素每次裂变释放的能量并不完全一样。快堆堆芯装载裂变材料多,富集度高,为使单位裂变材料产生的功率尽可能大,要求平均功率密度大(平均功率密度是反应堆总功率与堆芯体积的比值),采用传热性能好的液态金属作为冷却剂。常用的冷却剂有钠、铅和铅铋合金等,因为其熔点较高且液态金属沸点较高,不容易出现冷却剂沸腾的现象。例如:1 个标准大气压下钠的沸点约为 880 ℃,铅铋合金的沸点更高,可以达 1 270 ℃,而传统压水堆中使用高压水作为冷却剂,其沸点较低,冷却剂在堆芯内存在由液相到气相的转变,因此压水反应堆堆内必须重点考虑两相传热的情况,而快堆在正常工况下除了蒸汽发生器水侧会存在两相流动传热之外,堆内其余位置液态金属主要以单相流动传热为主。

在反应堆堆芯中,处于不同径向位置的燃料组件的中子通量是不一样的,堆芯活性区中间核燃料组件的中子通量高,外侧的低,因此燃料组件的功率也相应有差别。由于液态金属传热性能好,燃料棒的功率不像压水堆那样受其表面热流密度的限制,而是受燃料中心温度和包壳表面温度的限制,即受燃料棒的线功率限制,钠冷快堆的最大线功率在 45～50 kW/m 的范围内。快堆燃料组件内的燃料棒通常按照三角形栅格的形式排列,燃料棒之间用金属绕丝或者定位格架定位。燃料棒传热性能与燃料棒直径、绕丝直径、螺距以及入口流速等参数有关;而对于格架定位的燃料棒,燃料棒传热性能与间距、格架和结构等有关。

液态金属相对于其他流体来说,其传热性能极强。液态金属钠的热导率极高,可达到 70 W/(m·℃),而以水为工质的冷却剂流体,其热导率要低很多。反应堆采用液态金属作为冷却剂时,由于液态金属极强的传热能力,能满足紧凑布置的燃料棒的冷却需求,也不用担心冷却剂对燃料棒冷却不足导致包壳失效。这是快堆能够采用更加紧凑的堆芯布置的原因之一。

5.2 堆芯稳态热工流体力学设计

堆芯稳态热工流体水力学设计分析是针对额定功率下的反应堆堆芯进行合理设计及计算分析,获得处于额定功率下的反应堆的热工水力参数,保证在正常运行工况下堆芯热量能够有效导出,使燃料不熔化,燃料棒不烧毁;瞬态热工水力设计分析则针对各类瞬态工况下的反应堆堆芯进行计算分析,获得各类瞬态工况下的反应堆的热工水力参数,保证在预计运行事件、设计基准事故工况及严重事故工况下能为堆芯提供足够的冷却,保证反应堆放射性物质的释放量被限制在允许的范围内,不影响公众的安全[1-2]。

反应堆中最核心的部件是堆芯,堆芯的安全是至关重要的。为了保证堆芯安全,需要为堆芯提供足够的冷却剂流量,这就需要对反应堆堆芯进行合理的热工水力设计与分析,确保整个堆芯内每盒组件、每根燃料棒均能得到有效冷却。在给定功率下,堆芯体积取决于热工流体力学、中子学设计给出的功率相对分布,因此最终堆芯体积和结构要在中子学和热工流体力学之间迭代决定。

在开展快堆堆芯稳态热工水力设计及分析时,为提高堆芯出口冷却剂的温度，增大热效率。快堆的堆芯冷却采取“小流量、大温差”的方案，一般进出口温差为 170 K 左右，而压水堆采取的是“大流量、小温差”的方案。堆芯热工设计及分析不仅要遵循温度限值，还要遵循堆芯压紧系数和冷却剂流速等限制，如果冷却剂流量过大，必然会造成堆芯压紧系数和冷却剂流速超限，因此堆芯稳态热工水力设计分析需要在保证堆芯各处温度不超设计限值的前提下尽量减少堆芯流量、提高堆芯出口温度，以期获得最高的热效率；最后，整个反应堆有一个参数匹配的过程，在进行整个反应堆设计时，需要进行一系列的堆芯、一回路、二回路以及三回路之间热工的参数匹配，通过参数匹配寻找到最优解，使整个反应堆在热工方面有着较高的经济技术指标，因此堆芯稳态热工设计及分析也需要遵循反应堆的整体指标要求。总之，快堆堆芯热工水力设计及分析需要考虑诸多因素的影响。

5.2.1　堆芯热工水力设计的范围和任务

对于钠冷快堆而言，堆芯热工水力设计及分析的范围包括栅板联箱，以及堆芯燃料组件、转换区组件、控制棒组件和外围屏蔽组件（包括钢屏蔽组件和碳化硼屏蔽组件）。

快堆堆芯热工水力设计及分析的任务是给出堆芯总流量及堆芯各类燃料组件和非燃料组件的各流量区冷却剂的流量分配，计算每个流量区最热组件的冷却剂、包壳和芯块最高温度，计算堆芯内冷却剂流速与堆芯总压降，保证堆芯内各处的温度和冷却剂流速均不超过相应的设计限值，从而保证堆芯能够稳定、安全地运行。快堆堆芯热工水力设计及分析的具体任务如下：

(1) 给出堆芯额定功率和额定流量时的堆芯压降和冷却剂流量，为一回路主循环泵扬程和流量选择提供依据；

(2) 为堆芯各类组件设置合理的流量区，并为每个流量区分配合适的流量；

(3) 给出各燃料组件和转换区组件钠的出口温度；

(4) 给出各流量区最热燃料组件和转换区组件最热子通道钠的出口温度，燃料棒包壳中壁热点温度和最高燃料温度，为安全评价提供依据；

(5) 给出堆芯各类组件节流装置的形式和尺寸，以保证它们得到合适的流量；

(6) 给出堆芯各类组件的压紧力和冷却剂推力，并给出各类组件的压紧安全系数；

(7) 给出各主要流道冷却剂流速。

反应堆堆芯热工设计需要与物理、结构和燃料元件专业进行协调，确定堆芯结构、燃料元件尺寸和栅格布置等参数。在结构确定之后，物理和热工水力专业针对确定的结构进行计算分析，如果达不到设计指标则需要对结构进行调整。若材料和工艺上的问题难以解决，还需要调整设计指标或者研发新材料，保证得到一个比较现实可行的方案。

5.2.2 堆芯流量分配

快堆堆芯流量分配的目的是在尽可能提高反应堆经济性的条件下，使堆芯每一盒组件均能被有效冷却而保证堆芯的安全，以及保证各组件的出口温度相近。快堆堆芯包含了强迫循环冷却组件及自然对流冷却组件，由于只能对强迫循环冷却组件进行流量的精确分配，因此流量分配设计针对的是强迫循环冷却组件。

与压水堆不同，快堆堆芯组件类型众多，由于各类组件功能、材料、内部结构等的不同，以及在堆芯所处的位置不同，其发热率差别很大。为了保证各类组件的温度不超过允许的设计值，同时为了得到较高的堆芯冷却剂出口平均温度而获得高热效率，必须对堆芯各类组件的冷却剂流量进行合理分配。各类组件冷却所需的冷却剂流量根据每盒组件功率的不同进行分配。如果组件流量偏大，则相邻组件冷却剂出口温度偏差大；如果流量偏小，则可能导致组件过热。因此，对每盒组件分配合适的冷却剂流量需综合考虑安全与经济要求。

快堆堆芯的流量分配目标不是使所有组件流量分配尽可能均匀（区别于压水堆），而是使各个组件实际分配的流量与其发热功率相匹配。快堆一般采用闭式通道（即有组件盒壁），以保证冷却剂高精度流量分配的实施。

5.2.3 堆芯热工分析方法

为计算组件内的温度分布，一般可以采用单通道分析模型、子通道分析模型和三维 CFD 的方法。

单通道分析模型是把所要计算的通道看作是孤立、封闭的，在整个堆芯高度上与其他通道之间没有质量、动量和能量交换，这种分析模型最适合分析闭式通道的情况。单通道模型引入了交混焓升工程热通道因子来考虑相邻通道冷却剂间的相互交混对热通道焓场的影响，但该因子的确定常带有不必要的保守性，且只用一个交混热通道因子并不能反映堆芯内真实的热工流体过程。

子通道分析模型是针对单通道分析模型而言的。为了符合堆芯内实际的流动过程和提高堆芯热工水力计算的准确性，从 20 世纪 60 年代初期，开始发展了更接近实际情况的子通道分析模型。在组件内，棒与棒之间，棒与组件盒壁之间的空间称为子通道。子通道方法认为，在同一个轴向位置上，同一个子通道内的冷却剂温度、流速和压力都是相同的。

对于快堆组件，一般有三种类型的子通道，即内子通道、边子通道和角子通道（也称为第一、二、三类子通道），如图 5－1 所示。图 5－1 是快堆组件子通道常用的划分方式，在实际应用过程中，设计人员也可以根据实际需要自行划分子通道。同时，为了便于在计算机中进行数值分析，子通道方法需要沿高度方向将整个通道分为若干轴向节点。

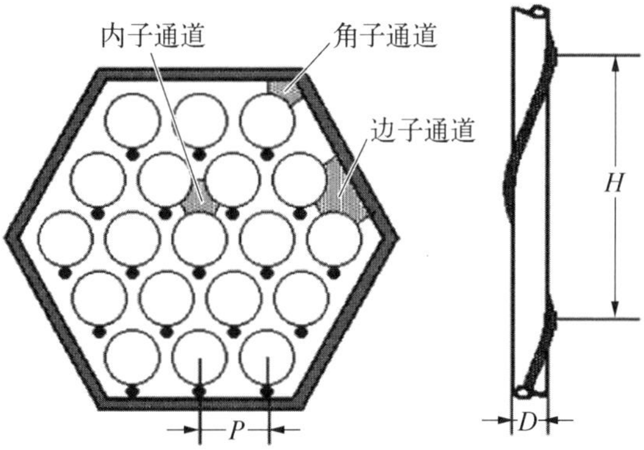

图 5－1　各类子通道和定位绕丝螺距的定义[3]

在子通道分析模型中，相邻子通道间可以发生横向的质量、能量和动量的交换，还能发生湍流交混。横向的质量交换是由相邻子通道间压力梯度所引起的，横向的质量交换引起了横向的能量和动量的交换。湍流交混可以分为自然湍流交混和强迫湍流交混：自然湍流交混是由相邻子通道间的自然涡流扩散造成的；强迫湍流交混是由定位绕丝或者格架等机械装置所引起的。湍流交混作用使子通道间的流体产生相互质量交换，一般无净的横向质量迁移，但有质量和热量的交换。对于子通道方法而言，子通道间的湍流交混系数是一个重要的输入参数，直接影响着组件内部的温度分布。湍流交混系数一般要通过试验获得。

最后一种计算组件内的温度分布的方法是三维 CFD 的方法，但该方法建模工作量大且计算耗时长，一般不用于热工设计中。综合以上三种方法的特点，子通道分析模型能够在兼顾计算效率的前提下得到较高的计算精度，因此进行组件内温度计算，采用子通道分析模型是最理想的选择。

5.2.4 不确定性分析

由于在快堆中各参数不存在相关性，所以可以用混合法综合得到热管(热点)因子。然后按下式得到包壳最高温度：

$$T^{\max} = T^{\mathrm{nom}} + 3\sigma_{Tc} \tag{5-1}$$

式中，$T^{\max}$ 为考虑了参数不确定性后的热棒包壳中壁或芯块最高温度(K)，T^{nom} 为按名义参数值求得的燃料棒包壳中壁或芯块最高名义温度(K)，σ_{Tc} 为由于参数不确定性引起的燃料棒包壳温度相对名义值的均方根偏差(K)。

对于不同的反应堆，各种参数不确定性引起的相关温差极限相对偏差是不相同的。在设计过程中，需要结合反应堆的实际设计情况来确定各个参数的极限相对偏差，为统计法计算温度不确定性提供准确输入，保证热工设计的正确性。

5.3 一回路稳态热工水力设计

一回路系统的上游为堆芯，下游为二回路系统，基本功能为冷却堆芯，即将堆芯产生的热量传递到中间热交换器二次侧。一回路系统主要关键设备包括反应堆容器及其构件、一次循环泵、中间热交换器等。

一回路系统是一个复杂的系统，其布置方式一般有两种类型：池式布置和回路式布置，或称为一体化布置和管式布置。在池式布置中，整个一次系统，即堆芯、一次循环泵和中间热交换器等都放置在反应堆钠池内。堆芯及一回路系统相关设备共同组成反应堆本体。图 5-2、图 5-3 给出了一般池式快堆一回路系统流程图以及堆本体纵剖面图。

本节将以池式钠冷快堆为研究对象，对其一回路系统的热工水力设计进行介绍。

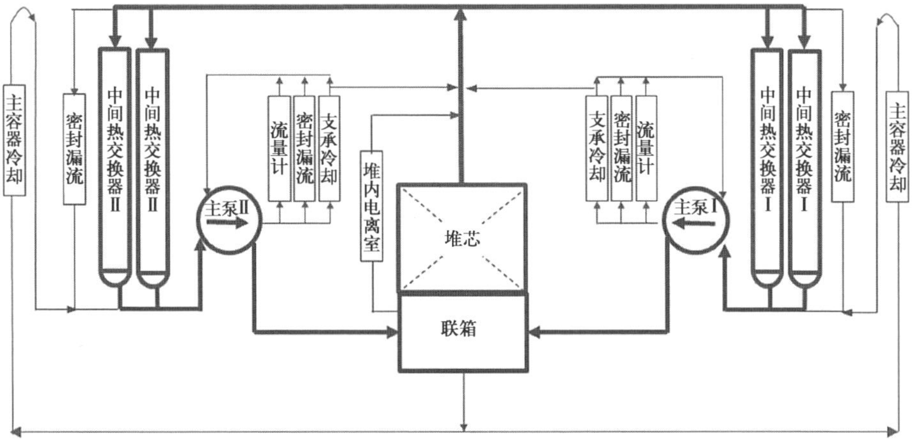

图 5－2　一回路系统流程图

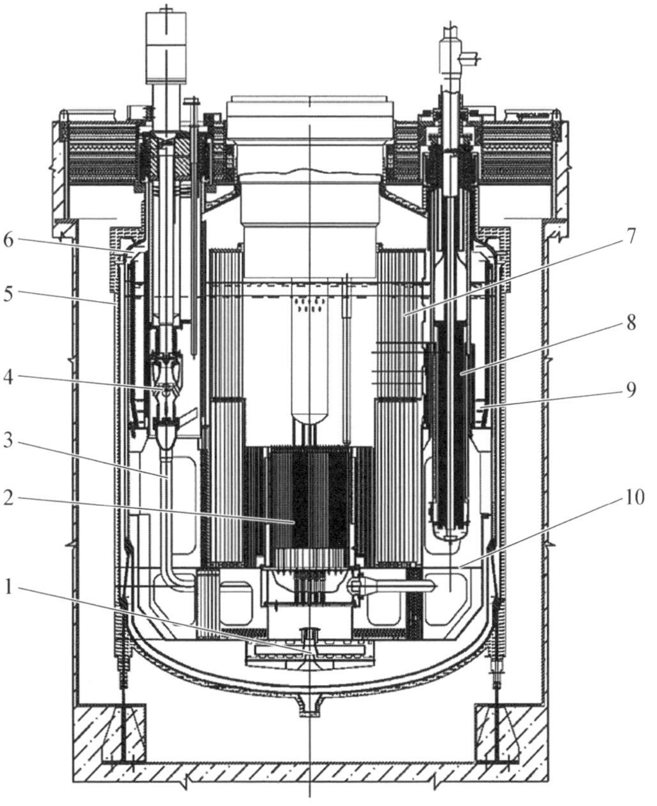

1—堆芯熔化收集器；2—堆芯；3—主管道；4—一回路循环泵；5—保护容器；6—主容器；7—生物屏蔽；8—中间热交换器；9—水平热屏蔽；10—堆内支承。

图 5－3　一般池式快堆堆本体纵剖面图

5.3.1 一回路流道简介

一体化布置的池式钠冷快堆的冷却剂为液态金属钠,主要设备和构件都安装在钠池内。堆本体中的主要设备和构件包括堆芯及各类组件、堆容器、堆内构件、一回路主循环泵、中间热交换器等。

一回路系统的流道除执行冷却功能的主冷却流道和辅助冷却流道外,还有部分与冷却流道相关的辅助系统或流道,如主泵旁路流量计、泵密封漏流等流道。

一般一回路主冷却系统由两条或三条并联的环路组成,每条环路包含一台一回路钠泵、两台中间热交换器以及相应的压力管道,它们连同栅板联箱、堆芯、热钠池、生物屏蔽柱和一回路泵吸入腔室形成一回路主流道。在主流道中,栅板联箱、堆芯和热钠池为两条环路的公共段,其余为各自独立的流道。

在一回路辅助系统中,与泵相关的三个系统或流道,即泵支承冷却系统、主泵旁路流量计、泵密封漏流中的钠不经过压力管,在流经泵出口后就进入各支路流道;而主容器冷却系统和电离室冷却系统中的钠来自栅板联箱,这些钠从泵出口流出后流经压力管进入栅板联箱,然后从栅板联箱分流进入相关支路流道。

通常一回路系统的流程图参见图 5-2。下面分别对各冷却流道情况进行介绍。

1）一回路主冷却流道

一回路主冷却流道是一回路系统内流量占比最大的一部分,承担着冷却堆芯的主要功能。一回路主冷却流道的流程为一回路钠循环泵从冷钠池吸钠,经一回路压力管道将冷钠送入栅板联箱,冷却燃料组件后流出堆芯进入热钠池。这是一回路主冷却流道的第一部分流道,依靠一回路主循环泵提供压头驱动。第二部分为热钠从中间热交换器上方进口经换热管的间隙向下流动,从下部出口流回冷钠池,然后再由一回路钠循环泵吸入。这条路径上的流动依靠热钠池液位和冷钠池液位之差产生的驱动力来驱动。

2）主容器冷却流道

反应堆主容器是一回路主冷却系统的重要边界,它包容着一回路主冷却系统的热钠池和冷钠池,是高温、密封、承压、承重的薄壁容器。为了保证反应堆主容器在其运行寿期内的可靠性,主容器设计准则规定了运行时最高壁温不能超过材料蠕变温度。

主容器冷却的通道是从栅板联箱经节流装置引出流动钠，利用主容器内、外热屏蔽结构建立主容器钠循环的上升通道和下降通道，最后返回主容器冷钠池。保证主容器冷却系统钠流量的关键部件是栅板联箱上的节流装置。

因下降通道是由主容器内屏蔽筒与热钠池隔开的，为保证内屏蔽筒在主钠池液位的波动下的温度梯度在允许范围内，在反应堆额定运行工况时冷却系统下降通道的钠液位高于热钠池液位一定距离。

主容器冷却下降通道出口处的钠压力必须保持与主回路系统在该处的钠压力的平衡。此两项压差应由下降通道节流孔来保证。

3）一回路泵支承冷却流道

一回路钠泵支承套筒是位于热钠池中的承重结构，为了限制套筒和套筒内部冷钠腔室的钠温度，给钠泵建立适当的边界温度，设置钠泵支承冷却通道。

该冷却通道从一回路钠循环泵止回阀前方的节流装置引出流动钠，利用泵支承筒外面的两层热屏蔽构成泵支承冷却通道的上升段和下降段，冷却泵支承后返回主容器冷钠池。

4）堆内电离室冷却流道

堆内电离室位于主容器热钠池，为保证堆内电离室能正常测量中子通量，也需对设备进行冷却。

该冷却通道从栅板联箱经节流装置取流动钠，经一根管道引向电离室通道，先自下向上流动，在一定标高处反向流动，经外屏与电离室通道形成的冷却通道下流到开孔处进入主容器热钠池。

5.3.2 一回路热工流体设计目标及内容

一回路系统热工流体设计的总目标是获得一套匹配的系统参数，该参数可提供与堆芯产生热量能力相匹配的传热能力，为二回路系统提供合理的一回路系统压力、温度等热工参数；同时获得堆容器及堆内构件的温度场、温度梯度场等参数，用于给结构完整性分析提供输入、支持安全分析及全厂运行工况分析等。

基于上述总体目标，并与一回路基本的系统功能相对应，其稳态热工流体的具体设计目标及内容如下：一是为堆芯提供合适的冷却流量，既满足燃料组件等温度限值以保障堆芯安全，又获得足够高的堆芯出口冷却剂温度，以获得更高的反应堆热效率；二是为部分关键设备或部件提供必要的冷却，以满足其正常工作的环境温度要求。

具体来讲，一回路热工水力设计是指对额定功率下的一回路系统热工水力参数进行分析，获得既能实现系统功能又能相互匹配的一套参数，可以保证一回路主冷却系统的冷却剂能将反应堆堆芯核裂变产生的热量带出，并通过中间热交换器将热量传输给二回路主冷却系统；保证主容器、堆内电离室、泵支承等堆内设备的环境温度在设计温度限值之下。

一般来说，一回路热工水力设计包括典型位置参数的热工流体初步匹配、各辅助冷却系统或相关设备的热工流体计算、堆本体热屏蔽设计计算和热平衡计算等内容。最终获得包括主、辅系统内流量匹配参数；回路内各处温度、流场、压降分布；回路阻力特性；一回路散热；关键部件中平面位置标高；关键部件或位置的温度、温度梯度分布等额定功率运行下的整套参数。

5.3.3 一回路流体力学计算的方法

在一回路系统中主辅冷却系统获得匹配的流量和温度后，对一回路系统进行流体力学计算。

一回路流体力学计算对象为一回路主冷却系统流道及辅助冷却系统流道。其具体计算过程大致可归纳为以下四个步骤。

(1) 将系统流道分解为易于采用公式计算的 n 段：A_1、A_2…… A_n 段。

(2) 对每一段分别进行压降计算，计算流程如图 5-4 所示。

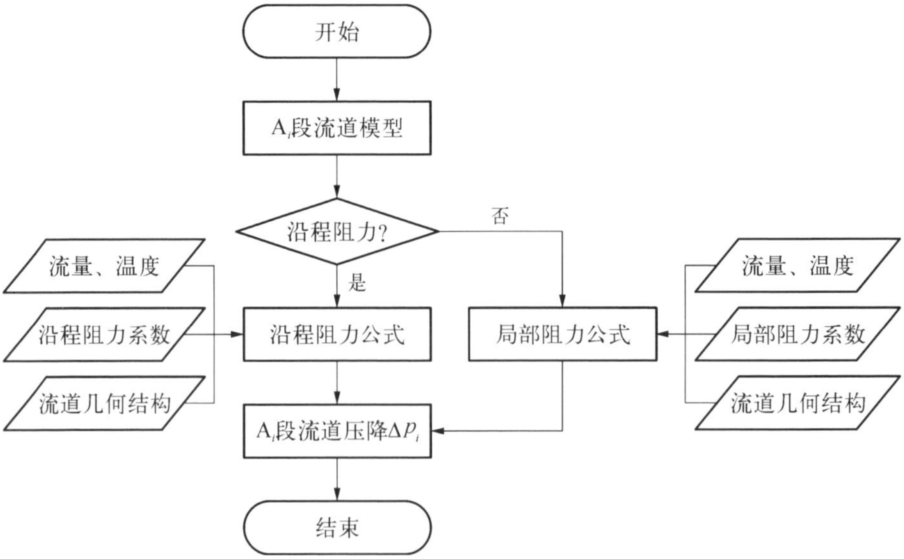

图 5-4 分段压降计算流程图

(3) 计算系统总压降：$\Delta p=\Delta p_1+\Delta p_2+\cdots+\Delta p_n$。

(4) 以覆盖气体压力为边界，获得典型位置处的压力：p_1、p_2…… p_n。

下面将分别对计算流程进行简要说明。

1) 一回路主冷却流道流体力学计算

一回路主冷却系统流道包括中间热交换器(IHX)、主泵、压力管、堆芯、生物屏蔽柱等设备及构件，可将其分为生物屏蔽、生物屏蔽支承筒、IHX支承筒、IHX(整体提供)、泵吸入腔、泵、高压管、大栅板联箱等几段，然后针对各段流道的具体结构和钠液温度，查找流体阻力手册，计算得到各段压降，各段压降之和就是一回路总压降。

2) 辅助冷却系统流体力学计算

根据各辅助冷却流道的流量和具体结构计算各辅助冷却流道的压降，一回路总压降与辅助冷却流道压降之差即为辅助冷却流道节流件的设计压降。

(1) 主容器冷却流道：主容器冷却流道总压降主要由压力管压降、堆内支承开孔压降、上升通道压降、下降通道压降、隔板上部开孔压降、进口节流件及出口节流件压降构成。其中压力管压降、堆内支承开孔压降、上升通道压降、下降通道压降、隔板上部开孔压降包括沿程阻力及局部阻力，各段的沿程阻力系数和局部阻力系数通过查找流体阻力手册获得，根据 $\Delta p=\dfrac{1}{2}\rho\xi v^2$ 公式计算各段压降。出口节流件压降为下降通道液柱压力与出口节流件处的冷池液柱压力之差，进口节流件压降为一回路总压降与上述压降之差。

(2) 一回路泵支承冷却流道：一回路泵支承冷却流道总压降主要由上升通道压降、下降通道压降、隔板上部开孔压降、节流件压降、一回路泵压降构成。其中上升通道压降、下降通道压降、隔板上部开孔压降、一回路泵压降包括沿程阻力及局部阻力，各段的沿程阻力系数和局部阻力系数通过查找流体阻力手册获得，根据 $\Delta p=\dfrac{1}{2}\rho\xi v^2$ 公式计算各段压降。节流件压降为一回路总压降与上述压降之差。

(3) 电离室冷却流道：电离室冷却流道总压降主要由压力管压降、堆内支承开孔压降、上升通道压降、下降通道压降、隔板上部开孔压降、入口节流件压降、一回路泵压降及中间热交换器压降构成。其中压力管压降、堆内支承开孔压降、上升通道压降、下降通道压降、隔板上部开孔压降、一回路泵压降及中间热交换器压降包括沿程阻力及局部阻力，各段的沿程阻力系数和局部阻力系数通过查找流体阻力手册获得，根据 $\Delta p = \frac{1}{2}\rho\xi v^2$ 公式计算各段压降。入口节流件压降为一回路总压降与上述压降之差。

5.4 一回路自然循环分析

反应堆安全最主要的目标是建立并维持一套有效的防御措施，确保人员、社会及环境所受放射性等危害风险极小。保证反应堆安全的方法主要分两种，一种是在总体设计上，使反应堆具备固有安全性，即面对一系列可能发生的事故，该设计可使反应堆仍能安全地运转；另一种是加入保护系统，即专门为阻止事故损伤事态发展而设计的设施，可以是能动的，如自动停堆系统，也可以是非能动的，如安全壳屏障、自然循环的余热导出系统等。

5.4.1 自然循环的基本概念

自然循环是指在闭合回路内仅仅依靠冷热流体间的流体密度差所产生的浮升力驱动压头来驱动流体循环运动的一种传输方式，是一种非能动的方式。

自然循环由上升段、下降段、热源和冷源组成。上升段中为高温流体，下降段为低温流体，由于密度差不同，流体会在此密度差所形成的循环压头的驱动下流动。上升段的热流体在回路的上部受到冷却后，温度降低，密度增大，随后下降进入下降段；下降段中冷流体在回路的下部受到加热后，温度升高，密度减小，随后上升进入上升段，完成自然循环。

自然循环的流动是由重力作用下的热驱动引起的，由热源、冷源维持。循环流量主要由回路中的冷热端的温差、自然循环有效高度差、回路中的阻力所决定。用公式可表示为

$$gH(\rho_c - \rho_h) = R\frac{W^2}{2\bar{\rho}} \tag{5-2}$$

式中，g 为重力加速度，H 为自然循环高度，ρ_c 为冷流体密度，ρ_h 为热流体密度，R 为回路中的水力学阻力系数，W 为质量流量，$\bar{\rho}$ 为冷热流体的平均密度。

质量流量可以表示为

$$W = \left[\frac{2\rho A^2(\rho_c - \rho_h)H}{R}\right]^{\frac{1}{2}} \tag{5-3}$$

式中，A 为截面积。

综上所述，在一个闭合回路中，自然循环流动建立的条件有三个。① 密度差：冷源和热源之间存在较大的密度差；② 高位差：热源中心位置低于冷源中心位置；③ 压头差：要驱动流动，自然循环驱动压头需大于回路阻力压头。

相对应地，要增强自然循环能力的基本途径有三个。① 尽量加大上升段和下降段之间流体的密度差；② 尽量加大冷热源高位差；③ 尽量减小回路摩擦压降和局部压降。

对于钠冷快堆一回路冷却剂系统而言，事故发生后可依靠堆芯与中间热交换器或专门设置的独立热交换器之间的高位差产生自然循环流道，带出堆芯热量。

此时的核心问题是能否建立具有足够流量的、稳定的自然循环，带出足够的堆芯热量，避免其过热。首先，从布置上，需要热交换器的中心位置高于堆芯的中心位置。其次，要具备足够的能力，则要求具有足够大的位差以及足够小的流道阻力系数，以保证足够的自然循环流量。

5.4.2　自然循环设计

快堆采用的反应堆热移除手段通常有利用反应堆固有安全特性、一回路和二回路主循环泵惰转时长的相互配合，以及利用事故余热排出系统等。对于热池放置则有独立热交换器，由盒内和盒间流共同作用带出池式快堆堆芯余热。为此，紧急停堆后堆芯出口峰值温度的大小与其息息相关；而事故余热排出系统的作用则是用于堆内长期余热排出。

以池式快堆为例，其自然循环设计主要包括以下几方面内容：① 反应堆固有安全性设计，此处主要指堆芯与换热器的高度差等形成的堆本身自然循环特性设计。② 对一、二回路泵惰转时长提出要求，帮助一回路建立自然循环。③ 长期稳定的自然循环建立及余热排出设计。

反应堆的余热排出相关设计应基于反应堆强迫循环而进行设计，尽量做到不对强迫循环产生影响。例如，有为自然循环而专门设计的换热器、流道等，除自然循环本身排出余热设计外，还需对其进行强迫循环的影响评估。

下面介绍自然循环设计的主要内容。

1) 堆本身自然循环特性设计

如果利用中间热交换器排出堆芯余热，在堆芯布置高度不变的前提下，不同的中间热交换器布置高度具有不同的冷源中心高度，堆本身的自然循环驱动力也会不同[4]。显而易见，堆芯、换热器高位差越大，自然循环驱动力就越大，越有利于自然循环的建立和维持，一些水力试验也证明了该现象。因此在设计时，在综合条件允许的情况下，要尽量提高中间热交换器的布置高度。

2）主泵惰转时间设计

一、二回路主泵的惰转时长对于事故早期的堆芯峰值温度有重要影响，同时也是有较大裕度可供设计者用来调节的参数。因此，设计者需要充分利用该参数降低事故早期的堆芯峰值温度。

因在停堆开始阶段，过大的流量功率比会造成反应堆较大的冷冲击，同时因自然循环压头降低，不利于自然循环流动的建立，因此一回路泵的惰转时长不宜设计得太长，也不宜设计得太短，否则不利于堆内自然循环的建立。一般池式快堆的一回路主泵惰转时长为几十秒。

二回路泵的惰转时长应比一回路泵的惰转时长更长一些，以便于停堆早期帮助一回路建立自然循环。停堆早期，在利用中间热交换器二次侧强迫循环冷流提供的冷源帮助下，增加一回路自然循环压头，以尽快建立一回路自然循环。同时，二回路泵惰转时长也不宜设置得太长，以避免在蒸汽发生器二次侧丧失冷却的情况下，将二回路热段热钠送入中间热交换器二次侧。一般池式快堆的二回路主泵惰转时长为百秒左右。

3）长期自然循环排出余热设计

快堆长期余热的排出一般通过专门设置的事故余热排出系统进行。不同的事故余热排出系统，其堆内热工水力状况会有所不同。现基于事故余热排出系统的不同技术方案，对堆内热工水力状况进行特点分析、设计说明。

目前，快堆事故余热排出系统的技术方案大致归结为直接反应堆辅助冷却、中间回路辅助冷却和堆容器辅助冷却三种方式，具体内容在 7.6.1.2 节将详细介绍。

国际上早期建造的快堆，其紧急停堆后产生的余热大多采用泵和风机等能动设备排出堆外。20 世纪 90 年代后期设计的快堆大都开始采用依靠自然循环排出衰变热的方式，把余热排出系统从二回路移到了一回路主容器内，如 EFR、BN－600、PFBR 等；而近年来开始设计的快堆则考虑了冷却的时效性，即将独立热交换器的冷流直接带到堆芯组件内，如 BN－1200、ASTRID 等，这也是未来发展的方向。

4）自然循环实验

池式钠冷快堆的堆本体结构复杂、部件繁多、尺寸跨度大，同时从紧急停堆到长期余热排出过程中，物理现象非常复杂。这种现象很难从理论上去精确、全面地模拟（一般系统程序均采取对关键参数做保守处理的方法），因此人们对真实反应堆自然循环的模拟是慎之又慎。但出于对池式快堆自然循环能力这一重要安全特性的研究及验证需求，以及对相关计算程序的验证，人们又希望有机会对实堆自然循环热工水力状态有直观的、定量的认识，最终提升研究者们对快堆自然循环现象的认识，并提高快堆设计能力。因此，少数国家在某些反应堆寿期末开展了自然循环试验，如法国的 Phénix 反应堆、美国的 EBR－Ⅱ 反应堆；极少数经验非常丰富的国家，主要是俄罗斯，在新建堆如 BN－600、BN－800 反应堆上，开展了自然循环的试验。

目前世界范围内已开展的池式钠冷快堆的实堆自然循环试验，除证明了这些堆本身具有足够的自然循环能力可以保证反应堆安全外，还证实了池式钠冷快堆的自然循环能力，也说明了在合理设计的前提下，池式钠冷快堆紧急停堆后依靠自然循环足以带出堆芯余热，以保证反应堆内各处温度不超过设计限值。这些也在 Phénix、BN－600 反应堆的自然循环试验中得到了证实，即使在紧急停堆并且没有有效热阱的情况下，仅靠钠池的热惰性以及热损失，反应堆通过自然循环也能够有效地得到冷却。

5.5　钠冷快堆相关的热工水力分析及试验

通常在工程设计之初为验证其可行性，会采用软件对热工水力现象进行数值模拟及软件分析，以进行初步评估。

快堆热工水力分析主要是以反应堆流体为研究对象，对其流动、传热等特性进行分析，确定反应堆的设计参数，并对各类事件、事故的物理现象进行研究，确定相应的预防措施。反应堆流体的流动与传热过程受到最基本的三大物理规律的支配，即质量守恒、动量守恒和能量守恒。由于数学上的困难，对于结构、物理现象极其复杂的核反应堆显然是无法获得其解析解的。因此，采用数值计算，同时辅以必要的试验研究，是解决快堆领域热工水力问题的最通常的也是最重要的方法。

数值计算方法的核心是基于解析法的总体思路，采用各种数值微分方法，高效地求解描述热工水力现象的连续性方程、能量守恒方程、动量守恒方程等物理方程组。为了高效获得精确的热工水力方程组的结果，数值计算一般必须编制成计算机代码，以软件的形式进行计算求解。

目前，快堆热工水力求解一般采用针对快堆特定问题专门开发的软件，即各类快堆热工水力分析软件，这些也是快堆核电厂设计、安全分析、日常安全运行必备的重要工具，在核电厂所有计算分析软件中占有重要地位。

随着计算机软硬件技术的高速发展，尤其是21世纪以来超级计算机、高速数据传输技术以及大数据存储技术的快速发展，给快堆热工水力数值分析技术带来了重大的发展机遇。整体反应堆行业面临数字化转型，数字热工水力技术成为研发热点。这些发展趋势呈现以下方面的特点。

1）采用更多的三维分析

快堆热工水力数值分析除采用上述各类针对性的热工水力专业分析软件外，随着计算机技术及数值计算的快速发展，人们也在逐步探索采用三维CFD软件来解决部分快堆的热工水力问题，以期获得更精细、更直观的计算结果，用于指导快堆热工设计及安全评价。这些三维软件大部分采用商用CFD软件，如FLUENT、STAR-CCM+等，也有少部分是针对性的自主开发，如法国的TRIO-U、俄罗斯的GRIF等。

三维CFD计算软件主要用在如下几个方面：局部现象的机理性研究、系统软件无法解决的同时对关键参数有较大影响的局部三维效应的计算分析、设备或结构的热工性能评估等。如对堆芯出口区域的热脉动现象的研究，对热池搅混或热分层现象的研究，对主容器、堆顶固定屏蔽等设备的热工性能评价等。

为增强商用CFD软件在快堆热工领域计算的可靠性，少数国家开始开展专门针对性的钠台架试验去验证和修正商用CFD软件中的部分模型。如俄罗斯专门建立了钠台架，用于研究并开发了适用于钠冷快堆的LMS湍流模型，并将其用在了商用CFD软件FLOWVISION中。因此，该软件对钠冷快堆计算精度较高，其温度计算误差在自由和强迫对流模式下为2%，瞬态模式下为6%。随后，在采用BN-600反应堆数据验证后，该软件可用于BN-1200的设计与安全评价中。

2）采用更多的耦合分析

计算能力的强大使得设计人员逐步倾向于采取各种耦合计算，以避免或者减少物理或几何边界条件带来的误差。这些耦合计算存在于多个方面和分析要素，主要的耦合趋势包括如下四种。

（1）专业之间耦合：专业之间的耦合计算是反应堆相关专业一直以来追求的目标，数字化技术的发展使得专家们离这个目标越来越近了。

① 热工水力专业和反应堆物理专业之间的耦合。随着反应堆物理数值计算软件的三维化和精细化，未来完全有可能在快堆堆芯中同一空间坐标、同一物理时间上求解中子输运方程和热工水力方程等。目前已经有很多在该领域的探索和成果。

② 热工水力专业和结构力学专业的耦合。热工水力专业的分析结果——温度场、压力场等变量是结构和设备应力分析的基础。随着数字化技术的发展，采用耦合后的软件直接求解热工流体问题后，将结果自动加载到应力分析模型中即可完成结构完整性分析。热工水力和结构力学专业的耦合技术已经十分成熟，目前商业软件 ANSYS 就是通过这两个专业软件的耦合赢得了更多的市场份额。

③ 热工水力专业和电磁专业的耦合。电磁效应往往伴随着热量的释放和温度的变化，例如磁热效应是指绝热过程中铁磁体或顺磁体的温度随磁场强度的改变而变化的现象；在磁场作用下磁性材料所发生的温度变化即磁性材料磁化强度的变化所伴随的温度变化。通常在绝热条件下，磁化会导致温度上升，而去磁则使温度下降。铁磁和顺磁材料的磁热效应特别大。

未来随着工程技术的发展，会有越来越多的专业与热工水力专业直接进行耦合的数值分析。

(2) 热工水力与事故分析的耦合：事故分析本身就与热工水力是密切耦合的。热工水力学是事故分析的科学技术基础，是用确定论的语言和科学原理描述事故发生过程并揭示事故运行序列的方法学。而事故分析一般是指基于特殊原则和约束条件下的热工水力分析计算，是一种基于“事故导向”的分析逻辑体系。

(3) 不同分析维度之间的耦合：为追求对变化剧烈的局部热工水力现象进行更加详细描述的效果，热工水力分析科学家们根据各自计算条件，逐步采取了同一个问题用不同维度进行耦合分析的方法。例如，对于池式钠冷快堆的堆本体，首先宏观地用“零维”方法建立一个系统化全面模型，进行总体热传输原理性分析计算，然后对堆芯、钠池等重要区域独立建立二维或者三维模型进行分析。将这些详细的二维或三维模型直接耦合到程序的计算流程中，即可实现在各个时间步长上的强耦合计算，做到既分析全局，又可详细研究局部的效果。

在系统软件与三维 CFD 软件的耦合计算中，一般三维效应较强的冷、热钠池采用三维模型，而换热器、堆芯一般采用一维模型(如 TRIO - U)或者多孔介质模型(如 GRIF)；堆外回路，包括主热传输系统和余热排出系统的二、三回路,因为回路结构、现象较为单一,则全部采用一维模型。

当然,随着计算能力的大幅度提升和计算资源的丰富,后续直接建立全三维模型进行分析的可能性很大。

(4) 采用与试验相结合的分析:相较于实体试验的投资大、部分参数变更困难、实施周期长的弊端,数值计算由于其较低的成本、参数调整的灵活性、可同时进行多组计算以节约时间等优点,正在越来越多地用来替代部分实体试验。研究者们需要先建立一套适用的、可靠的数值计算方法,才能保证之后所做计算的结果数据是可用的,一般采用与所研究的关键物理现象一致或接近的实体试验结果对数值计算方法进行验证或修正。验证或修正的范围包括所采用网格的形式及密度分布、边界层的处理、湍流模型及其部分系数的选取、算法的选择、边界条件的处理方法等。

例如,对钠冷快堆主容器冷却系统强迫循环工况的模拟,数值计算方法可以采用日本实施的主容器冷却系统钠台架试验数据进行验证;对于堆内紧急停堆后余热排出期间的热工水力特性模拟计算,如 CEFR 设计采用的是 RUBIN、GRIF 软件进行模拟计算,BN - 1200 采用的是 BURAN、GRIF、FLOWVISION 软件进行模拟计算。而采用这些软件得出最终结论时,这些软件均已经经过针对性的自然循环台架试验数据的验证。

然而,由于理论计算会存在一定偏差,为确保钠冷快堆热工水力设计的准确性从而确保其安全,需要进行钠冷快堆热工水力试验,通过试验验证并固化反应堆热工水力设计。

钠冷快堆热工水力试验主要分为两大类:单体试验和整体试验。其中单体试验包括组件单体水力特性试验、传热特性试验、一回路节流件水力特性试验和堆芯出口区域热工水力特性试验等;整体试验包括全堆芯流量分配试验、一回路水力特性验证试验、一回路自然循环能力验证试验和中间热交换器气体夹带验证试验等。

对于钠冷快堆,需要通过组件和一回路节流件单体水力特性试验来确定组件节流装置和一回路节流件的最终结构,因此这两类单体试验是必不可少的。组件棒束区水力特性试验和传热特性试验是为了确定棒束区摩擦阻力系数和对流换热系数,从而支撑堆芯热工水力设计。

参考文献

[1] 苏著亭,叶长源,阎凤文,等. 钠冷快增殖堆[M]. 北京:原子能出版社,1991.

[2] 俞冀阳，贾宝山. 反应堆热工水力学[M]. 北京：清华大学出版社，2003.
[3] Stewart C W，Wheeler C L. Cobra-Ⅳ the model and the method[R]. Washington：Pacific Northwest Laboratories，1977.
[4] Han J W，Eoh J H，Kim S O. Comparison of various design parameters' effects on the early-stage cooling performance in a sodium-cooled fast reactor[J]. Annals of Nuclear Energy，2012 (40)：65－71.

第6章

屏蔽与辐射防护

快堆具有进行核燃料的增殖、嬗变长寿命的次锕系元素这两大重要使命。因此快堆的主要设计理念就是使堆芯的中子保持尽可能高的能量，来获得更多的剩余中子数进行增殖反应，同时利用快中子裂变将堆芯的次锕系元素(MA)进行焚烧。

在反应堆中发生链式裂变生产的中子几乎全部为快中子，且平均能量在2 MeV以上。在这种能量下对应的裂变核素的截面非常小，并且随着中子能量在慢化作用下的降低，裂变截面将显著增加。因此基于上述原理，作为热中子反应堆的代表——压水堆得到了广泛的应用。

然而，在快堆中为了获得较高的裂变中子产额而尽量避免裂变中子慢化，因此核燃料的裂变截面远小于热堆中的裂变截面，为了实现可持续的链式裂变反应，保持堆芯的临界状态，唯一的手段是提高燃料的富集度，但对于燃料的总效果是宏观裂变截面仍大幅度小于热中子反应堆，并且由于快堆保持其高的堆芯功率密度，使得快堆的中子通量是一般压水堆电站的20倍左右，这一特点使得屏蔽的难度大幅度增加。

6.1 概述

快堆的屏蔽和辐射防护与压水堆存在较大差异，因为快堆的中子通量很高。本章将针对快堆屏蔽的特点和辐射防护的要求介绍相关设计方案。

6.1.1 快堆屏蔽的特点

我国快堆采用的技术路线是池式结构，采用三个回路的设计方案，其中一回路、二回路和蒸汽动力转换回路构成整个主热传输系统。在大型池式快堆结构设计中，堆本体主要由堆芯、堆内屏蔽、堆顶固定防护平台、一回路主泵、中间热交换器、独立热交换器、主容器等主要设备构成，堆内构件组成众多且结构复杂，如图 6-1 所示。因此，池式结构快堆屏蔽所考虑的技术问题与典型压水堆相比存在明显不同，主要有以下两个方面。

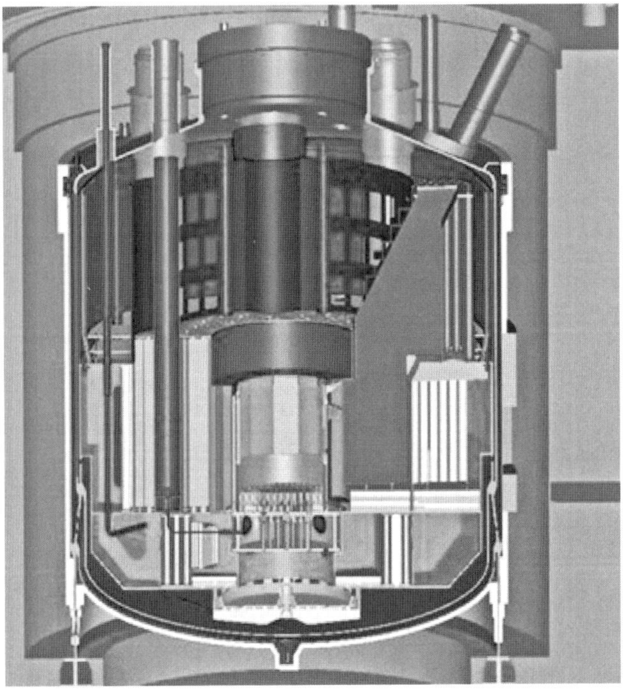

图 6-1 典型池式快堆堆本体结构

其一，大型池式快堆的屏蔽设计是一个典型的结构复杂、尺寸大、穿透深的模型。其中快堆中子通量高、中子能谱较硬的特点，使得靠近堆芯的部件更容易受到辐射损伤，堆芯区域的辐照损伤已经超出了目前的不锈钢所能耐受的最大允许剂量，因此只能采用更换的方式保持靠近堆芯区域的结构材料的完整性，而堆芯外围的堆芯支承物等不可更换构件所能承受的辐照损伤仍然是反应堆寿命的关键因素之一，因此防止结构材料受到过度的辐射损伤、保护堆容器、保护堆芯支撑结构是快堆屏蔽需要重点解决的问题之一。

其二，液态金属冷却剂的放射性很高，半衰期较长，因此需要将这些放射性限制在一回路范围内。并且池式快堆的二回路需要流经堆本体内的中间热交换器，减小中间热交换器中的二次冷却剂活化，确保反应堆在运行过程中除了堆本体外其他系统的可接近性是快堆屏蔽设计的另一个关键问题。

除上述两个快堆屏蔽的核心问题外，其他系统的屏蔽工作（特别是生物屏蔽部分）与常规反应堆的辐射防护基本是一致的，仅辐射防护的对象有所差异。

6.1.2　辐射防护的目标与要求

快堆的安全目标遵照我国的核安全法规 HAF102《核动力厂设计安全规定》的要求，最终的安全目标是建立并保持对辐射危害的有效防御，保护厂区人员、公众和环境。

1）工作人员受照的基本限值

工作人员受照的基本限值为 GB 18871—2002 规定的全身均匀照射每年为 0.02 Sv：① 连续 5 a 以上年平均有效剂量为 20 mSv；② 任何单一年份内有效剂量为 50 mSv；③ 一年中眼晶体所受的当量剂量为 150 mSv；④ 一年中四肢（手和脚）或皮肤所受的当量剂量为 500 mSv。

然而，实际上工作人员所受照射远低于此限值。根据调查，近十几年各国核电厂工作人员的平均年剂量当量为 4.1 mSv。我国规定在正常运行条件下，核电厂全体辐射工作人员每年人均有效剂量当量控制在 5 mSv 以下。

2）居民受照的基本限值

关于广大居民受照的基本限值，GB 18871—2002 规定为 1 mSv，只为天然辐射的二分之一。不过各国环保部门提出的管理限值和核工业管理部门提出的设计目标值比这一数值还要严格。在特殊情况下，在单一年份内最大有限剂量为 0.25 mSv，其前提是在 5 个连续年中以上的平均剂量不超过 0.05 mSv：① 一年中眼晶体所受的当量剂量为 15 mSv；② 一年中四肢（手和脚）或皮肤所受的当量剂量为 50 mSv。

6.2　反应堆的辐射源

反应堆运行时堆芯核燃料裂变将产生很强的中子及 γ 射线辐射，并且生成许多放射性同位素，它们又成为新的辐射源。这种辐射及新生成的辐射源是反应堆屏蔽设计的依据，也是造成各种材料活化的主要原因。因此在中子和 γ 射线注量率计算及屏蔽设计中主要考虑以下辐射源：

（1）额定功率运行下，堆芯释放的裂变中子；

(2) 额定功率运行下,堆芯释放的裂变 γ 射线,其中包括裂变产物衰变的缓发 γ 射线;

(3) 中子输运过程中的非弹性散射及被俘获产生的二次 γ 射线;

(4) 中子被俘获后产生的活化产物的衰变 γ 射线。

其中第(1)(2)项由功率水平及分布决定,裂变 γ 射线的辐射强度按平衡情况考虑(不考虑裂变产物的泄漏)。

第(3)项取决于中子输运过程中的空间能量分布及屏蔽体材料的特性。

第(4)项在堆芯中央相对于前三项是不重要的,此部分可以忽略,但是冷却剂钠的活化产物(主要是^{24}Na)将随着钠的流动被带到堆芯区以外的地方而成为堆本体外围区域 γ 射线辐射的主要源项。

6.2.1 一回路中的辐射源

一回路放射性的主要来源有钠及其中杂质的活化、进入冷却剂的锕系核素及裂变产物、结构材料的腐蚀产物和强渗透力的氚进入钠中这几种情况[1]。

此外一回路的辐射源还应包括新元件处表面所污染微量燃料形成的裂变产物,然而这部分源项远小于由燃料破损进入一回路的源项,因此可以忽略。由于以上这些放射性来源将导致整个一次系统全部具有放射性。因此其中工程上最关注的是以下几个问题:① 一次钠中的放射性比活度;② 一回路设备内表面上放射性沉积的比活度;③ 冷阱可能积累的放射性活度。

1) 钠及其中杂质的活化

钠在中子照射下能产生具有强 γ 辐射的活化产物,因此冷却剂钠有很强的放射性。

造成钠活化的有以下两个核反应:

(1) 第一个反应为

$$^{23}Na + n \longrightarrow {}^{24*}Na + \gamma \longrightarrow {}^{24}Mg + \beta^- + 2\gamma$$

^{24}Na 每次衰变放出的两个 γ 射线能量分别为 1.38 MeV 和 2.76 MeV。

(2) 第二个反应为

$$^{23}Na + n \longrightarrow {}^{22*}Na + 2n \longrightarrow {}^{22}Ne + \beta^+ + \gamma$$

第二个反应的阈能为 11.7 MeV,反应截面特别小,对裂变谱平均的活化截面约为 6 μb。因此快堆中的^{22}Na活度是很低的，只有反应堆停堆一个星期以后，^{24}Na的放射性衰变到较低水平的情况下，^{22}Na的放射性影响才显现出来。^{22}Na衰变放出的 γ 射线的能量为 1.27 MeV，还释放 0.51 MeV 的低能 γ 射线。

钠的活化速率可借助中子输运程序进行计算，对整个堆本体范围内(n,2n)及(n,γ)反应率进行积分就是全堆的总产生率。由于^{24}Na的半衰期只有 15.1 h，因此反应堆一旦提升到额定功率运行几天后，^{24}Na的活度就达到饱和，^{24}Na的总活度就是它的产生率。^{22}Na的半衰期长达 2.6 a，反应堆只有在额定功率下运行 15 a 以上才接近饱和值，屏蔽中出于保守考虑，采用饱和比活度作为设计的依据。对于大型快堆，一次钠中^{24}Na饱和比活度约为 5×10^{11} Bq/L，^{22}Na的饱和比活度约为 6×10^{7} Bq/L。

2) 进入冷却剂的锕系核素及裂变产物

裂变气体从破损燃料元件泄漏出来，先进入一次钠，然后再进入堆内气腔。对它们的迁移机理做如下假设：

裂变气态产物在燃料母体中积累→进入燃料母体的开口孔→通过燃料包壳的裂缝漏入一次钠中→进入反应堆堆内气腔。各迁移过程的进展都具有一定的迁移速率。

在源项计算时假设元件破损率取 0.1%，破损可能使得裂变产物进入一次钠中。一回路裂变产物源项的设计值按照 0.1%破损率计算，预期值按照 0.2‰破损率计算。

燃料元件破损时裂变产物会向一次钠中泄漏。裂变产物计算采用如下假设：

(1) 燃料元件破损率为 0.1%。

(2) 假定破损率对应于一年内元件破损量集中在一个换料批次上，而且还假定破损都发生在燃耗末期。

(3) 按俄罗斯快堆 BOR-60 及 BN-600 的运行经验，选取各核素从破损元件中进入一回路钠中的份额。此处不包含气态裂变产物从破损元件中的释放数据，也不包含氚的产生及迁移。

当燃料元件棒包壳破损时会有少量燃料进入一回路冷却剂。对于 UO_2 燃料的堆芯，一回路冷却剂中因元件破损进入的锕系核素的 α 放射性可只考虑^{238}Pu的影响。按俄罗斯几个钠冷快堆的运行经验，具有不同破损程度的燃料棒的钚(或^{238}Pu)平均泄漏份额为 1×10^{-5}。

如果泄漏到钠中的钚不大于它在钠中的溶解度时，假定漏出的钚量 50% 溶解在钠中，另 50%均匀地沉积在一回路的内表面上。如果漏出的钚在钠中的量超过了它在钠中的溶解度，则认为再泄漏的部分全部均匀地沉积在一回路的内表面上。进入一回路冷却剂中的锕系核素 ^{238}Pu 的比活度是 21.6 Bq/L。

3）结构材料的腐蚀产物

结构材料的腐蚀产物及一回路设备内表面上放射性沉积问题如下：

一回路冷却剂中的腐蚀产物放射性主要来自堆芯区域的不锈钢材料腐蚀，其过程一是堆中元件包壳、组件套管、不锈钢结构材料等的中子活化；二是不锈钢在钠中的腐蚀速率；三是在其他区域或冷阱的沉积。

其中冷却剂温度、冷却剂中杂质氧的含量和钠流速等对不锈钢材料在钠中的腐蚀速率有很大影响，通常各个国家有自己的经验公式。然而腐蚀产物对一回路运行几乎没有影响，主要关注的是一次设备表面沉积的放射性在设备维修中的影响。对于一回路大型设备，根据国际运行经验，从一回路中取出的设备其表面剂量率为 10～100 mSv/h 的水平，可通过去污手段将表面剂量率降低到可维修水平。

4）强渗透力的氚进入钠中

氚的渗透是指氚的产生及其在各系统的迁移，是一个特殊而复杂的问题。由于 ^{3}H 原子小，扩散能力强，不管燃料元件破损与否它都能渗透出来，还能扩散穿透压力容器的不锈钢壁。又由于它是半衰期为 12.4 a 的 β 辐射体，对人体健康有一定危害，因此受到重视。

氚的迁移受到蒸汽发生器等三回路材料水腐蚀产生的氢原子反向扩散到二回路的影响，也受到堆芯裂变及(n，p)反应产生的质子的影响。典型商用池式快堆电站中氚的分布情况如图 6－2 所示。

其中反应堆中氚产生的主要原因是燃料的三分裂、含硼控制棒及屏蔽体产氚和冷却剂、燃料及结构材料中的锂、硼等杂质产氚。

在一个百万千瓦的快堆中，一年从堆芯进入一回路的氚约为 20 000 Ci，进入一次钠中的氚大部分以 NaT 形式被一回路冷阱移去，剩余部分基本通过中间热交换器管壁的渗透进入二回路。还有少部分被衰变掉，也有少量泄漏，例如覆盖气体的正常泄漏或有计划的一次氩气吹扫与置换。进入二次钠中的氚同样也是大部分被二回路冷阱移去，其余部分通过蒸汽发生器进入水回路，或被衰变掉，或泄漏掉。渗透到水回路的氚原子与水中的氢发生置换反应生成 HTO，随着水回路蒸汽和水的泄漏最终都将释放到环境中。资料显示释放到

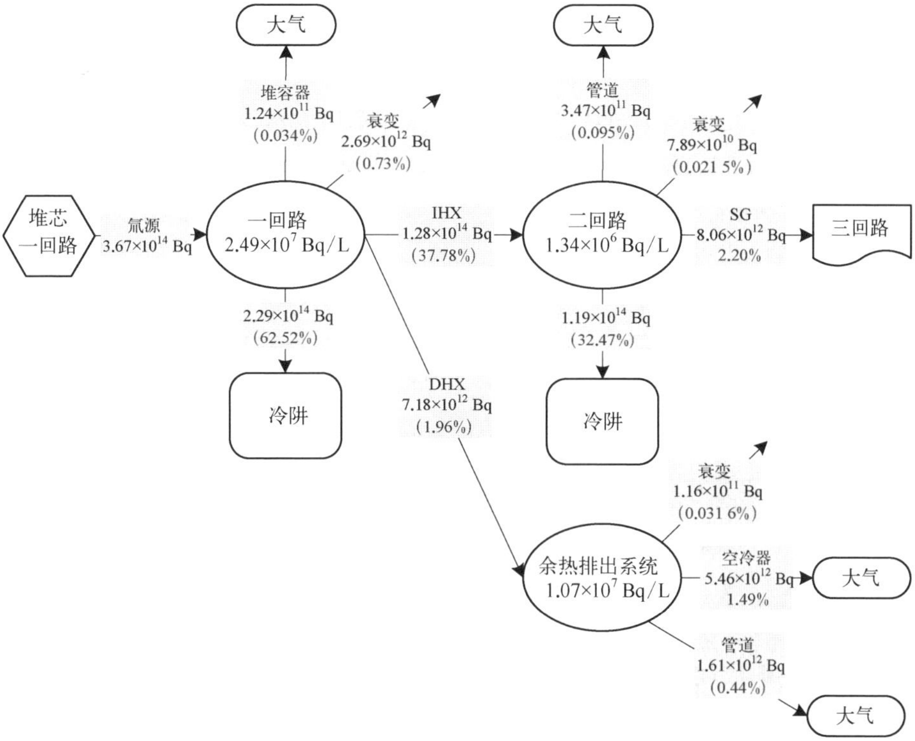

图 6-2　典型商用池式快堆电站中氚分布情况

环境中氚量的 82%是从蒸汽发生器以 HTO 形式释放的。因此相对于其他堆型而言，钠冷快堆向环境释放的氚量相对较少。

6.2.2　一次氩气系统的放射性活度

一回路气体系统的工作介质是氩气，最主要的容积是反应堆气腔。其他如补偿容器、转运室、转运桶等容积中气体的放射性源项主要是与反应堆气腔的气体交换产生的。

因此进行覆盖气体中放射性源项计算时考虑了以下几个因素和过程：一是氩气活化；二是冷却剂钠及其中杂质的活化，并且其气态活化产物将从冷却剂迁移到覆盖气体中去；三是冷却剂钠以钠蒸气、气溶胶的形式进入覆盖气体；四是燃料裂变产生的气态或挥发性裂变产物也将从破损的燃料元件进入冷却剂，而后又从冷却剂进入覆盖气体；最后是放射性衰变等因素的影响。

由于堆顶屏蔽的影响，堆内气腔的平均中子注量率小于 $1.0\times10^4\ cm^{-2}\cdot s^{-1}$，因此气腔中的氩自身活化可忽略。

^{41}Ar 在一回路钠中的主要来源分为以下两部分：

(1) 溶解于钠中的 $^{41}K(n,p)^{41}Ar$ 反应及随后进入堆顶气腔的 ^{41}Ar；

(2) 溶解于钠中的 $^{40}Ar(n,\gamma)^{41}Ar$ 反应及随后进入堆顶气腔的 ^{41}Ar。

在冷却剂中形成的气态放射性核素 ^{41}Ar 进入覆盖气体前要经历成泡、长到临界尺寸、向上迁移等过程。因在屏蔽设计时需考虑长期带破损运行的工况，其中燃料裂变产生的气态或挥发性裂变产物是最主要的一项。裂变气体从破损燃料元件泄漏出来并进入堆内气腔，其迁移过程如下：裂变气态产物在燃料母体中积累→进入燃料母体的开口孔→通过燃料包壳的裂缝漏入一次钠中→进入反应堆堆内气腔。

一般情况下由于该项因素造成的快堆堆顶气腔中 ^{41}Ar 的比活度水平约为 1×10^{6} Bq/L。并且由于一次钠在反应堆运行中的流动，气腔中的钠远高于其报告蒸气压所对应的钠蒸气，根据俄罗斯经验数据，一回路气腔中的钠及钠的气溶胶含量约为 0.02 g/L；钠中的 ^{24}Na 及 ^{22}Na 也随着进入气腔，还有挥发性核素碘和铯也挥发出来，连同气态裂变产物的衰变子体(仍然是不稳定的)在覆盖氩气中形成放射性的气溶胶。典型快堆带破损运行后堆内覆盖氩气中主要放射性核素比活度如表 6-1 所示。

表 6-1　典型快堆带破损运行后堆内覆盖氩气中主要放射性核素比活度[1]

核　　素	比活度/(Bq/L)
^{41}Ar	9.74×10^{5}
^{83m}Kr	2.38×10^{5}
^{85}Kr	3.28×10^{5}
^{85m}Kr	3.44×10^{6}
^{87}Kr	9.77×10^{5}
^{88}Kr	5.07×10^{6}
^{131m}Xe	6.06×10^{6}
^{133}Xe	6.12×10^{8}
^{133m}Xe	6.31×10^{6}

（续表）

核　　素	比活度/(Bq/L)
^{135}Xe	4.71×10^7
^{131}I	3.10×10
^{133}I	5.97×10
^{135}I	5.52×10
^{134}Cs	4.92×10^3
^{137}Cs	5.09×10^4
^{24}Na	6.80×10^6
^{22}Na	1.40×10^3

6.2.3　二次钠和三回路的放射性

由于池式钠冷快堆对中间热交换器做了充分的屏蔽，以保证二次钠的活化保持在较低的水平。但由于提升机斜通道的影响，堆芯中子会通过该通道增加向中间热交换器的泄漏量，使活化水平有所提高。通常情况下为了保证二回路在正常运行情况下的可接近性，二次钠中^{24}Na饱和比活度均小于1×10^5 Bq/L。

另外，事故余热排出系统与二回路的类似，但其独立热交换器距离堆芯更远，其放射性相比二回路更小。

三回路的水或蒸汽中只有氚(β辐射体)，它是从蒸汽发生器的传热管壁渗透过来的。

6.3　屏蔽设计

本节将从屏蔽的设计角度阐述相关工艺系统的屏蔽要求和措施，并充分列举了国际上各国快堆屏蔽设计的方案和思考。

6.3.1　屏蔽设计要求

屏蔽设计的基本目的是通过设置各种形状和材料组成的屏蔽结构来减少

工作人员和周围居民受到的辐射危害。并且所设置的屏蔽应确保工作人员在遵循了专门的管理和控制措施后在各辐射区内受到的辐照低于EJ/T 20104—2016《钠冷快中子增殖堆设计准则屏蔽设计》规定的剂量限值。

为了确保核辐射安全，所设置的屏蔽体应保证反应堆各部件(包括屏蔽体本身)在使用寿期内所受的辐照损伤低于规定限值，并且由于核释热引起的各种热效应低于相应的限值。

对于衰变热引起的热效应部分，主要考虑堆芯乏燃料储存阱中的乏燃料组件以及各种堆内构件。

堆内乏燃料储存阱由于碳化硼屏蔽组件的屏蔽作用，大大降低了其发热，满足堆芯冷却剂分流对其冷却，并使乏燃料卸出时的衰变热低于在换料工况下通过气体自然对流冷却的燃料安全限值要求，该数值与具体的换料系统设计相关，例如对于CEFR这样的实验堆小组件，300 W衰变热即可满足长期空气悬停下的组件安全。

堆内构件因为堆芯中子引起材料活化，活化材料产生衰变热，但由于池式钠冷快堆中堆内构件都泡在钠池里，其热量由冷却剂钠带走，因此设备本身不会因为衰变热产生不良效应。

为了使屏蔽能满足反应堆的各种工况和各类设计基准事故，所采用的辐射源应该是保守的，需要考虑反应堆长期运行的放射性累计效应，燃料元件的长期带破损运行等，对于^{137}Cs等长寿命核素还要考虑反应堆寿期内的累计效应，以及考虑在反应堆退役前的最大放射性。

反应堆厂房各场所的剂量当量率水平应按如下目标值区分设计。

1) 常规工作区

对于工作人员必须去操作的场所和通道，其剂量当量率水平应设计为常规工作区或更低的剂量率水平。这些场所主要包括各种设备操作间、中央大厅、各种通道和走廊。

2) 间断工作区

对于工作人员很少需要临时进入的场所，应设计成间断工作区以下的剂量率水平。这些场所主要包括堆顶防护罩内、二回路的大容器、大设备间和事故余热排出系统大设备间。

3) 限定工作区

开堆时应禁止进入，停堆后应采取必要的防护措施并获许可批准后方可进入，为防止辐射影响其他场所，将这些房间设计为限定工作区，主要包括二回路储钠罐间、蒸汽发生器工艺间。

4）高辐射区

一般将极少需要人员进入的需要布置屏蔽设备和设施的非操作区域设计为高辐射区，且应防止散射影响其他场所，其主要包括氩气衰变罐间、大中型细长形设备清洗间。

5）特高辐射区

有强辐射源而禁止进入的区域应设计为特高辐射区，如一回路钠罐间。

6）超高辐射区

有强辐射源（剂量当量率高于100 mSv/h）而禁止进入的区域应设计为超高辐射区，例如一回路钠净化系统工艺间、乏组件转换桶工艺间。

为了完成上述目标，屏蔽设计中的某些重要项目和控制工作区内最主要房间剂量当量率的设计目标值如下：

(1) 对于靠近堆芯的结构部件，围桶、围板、栅板联箱在40 a寿期内的快中子（$E>0.1$ MeV）注量不超过5.7×10^{22} cm^{-2}；

(2) 主容器在寿期内的快中子注量不超过1×10^{18} cm^{-2}；

(3) 二次钠被活化的比活度不大于1.0×10^{5} Bq/L；

(4) 混凝土生物屏蔽内表面上的能通量限制在4×10^{10} MeV/$cm^{2}\cdot s$以下。

另外，对于一回路设备，为了限制活化产物的辐射影响，对于停堆后人员可能进入的部位，运行工况下其等效热中子（能量为0.025 3 eV）注量率应小于1×10^{5} $cm^{-2}\cdot s^{-1}$。组件及放射性物质转运容器的屏蔽设计目标值为GB 11806所规定的容器表面剂量率，最大处小于2 mSv/h，距离表面2 m处时小于0.1 mSv/h。装卸、操作的屏蔽设计目标值根据装卸、操作工艺流程设计，目前暂定目标值为小于0.5 mSv/h。在役检查和维修的屏蔽设计目标值不超过2 mSv/h。

6.3.2 一次屏蔽设计

一次屏蔽主要是指堆本体的屏蔽设计，是钠冷快堆设计的核心，其主要作用是确保堆本体内材料设备的辐照安全，同时保证二次载热剂保持低的活化水平。

快堆发展早期，大部分堆的结构都采用回路式，后来发展的商用快堆基本上采用的都是池式，只有日本考虑到抗震的问题仍旧采用回路式。对于池式堆的屏蔽设计，中间热交换器区域的屏蔽是非常重要的，因为在中间热交换器区域，中子可使二次钠活化。表 6－2 所示为国内外快堆的二回路钠比活度值。

表 6－2　国内外快堆的二回路钠比活度值

电站名称	国　家	堆用途	二回路钠的比活度/(Bq/L)
BN－600	俄罗斯	示范堆	1.7×10^3
BN－1600	俄罗斯	商用堆	1.4×10^4
SPX	法国	商用堆	2.0×10^4
CEFR	中国	实验堆	2.2×10^4
EFR	法、德、英等国	商用堆	3.0×10^4
BN－350	哈萨克斯坦	示范堆	3.7×10^4
BOR－60	俄罗斯	实验堆	3.7×10^4
BN－800	俄罗斯	商用堆	4.4×10^4
PFBR	印度	示范堆	6.2×10^4
DFBR	日本	商用堆	7.4×10^4
JSFR－1500	日本	商用堆	7.4×10^4
Phénix	法国	示范堆	1×10^5

对于回路式的屏蔽设计，其他的一些关键的区域包括反应堆容器支撑区域和一次热传输系统的各条管线附近的区域。

快堆的堆内屏蔽材料大部分采用不锈钢、B_4C、石墨、含硼石墨，堆外屏蔽主要采用混凝土、重混凝土、钢。

6.3.3　快堆堆本体的屏蔽设计

本节将全面阐述国际上各国快堆在堆本体屏蔽设计中采用的方法和具体思路，供大家参考。

1）美国快堆

美国是世界上快堆技术领先的国家之一，1944 年著名科学家费米就提出利用快中子堆增殖钚的想法，首次通过工程证明快中子实验增殖能力的是 EBR－Ⅰ。

EBR－Ⅰ在 1947 年开始实施，1951 年达到临界。在 1952 年首次证明了其增殖能力，通过放射性化学分析的方法在其增殖层中增殖的钚－239 达到了堆芯中消耗铀－235 的(1.00±0.04)倍。但作为首个验证增殖的实验堆，其设计中的屏蔽还不能与现在的快堆电站相提并论。

真正开始快堆发电的是费米堆，其后美国又发展了使用金属燃料的 EBR－Ⅱ和 MOX 燃料的 FFTF 两座试验快堆，获得了大量的燃料材料辐照数据和快堆运行经验。之后克林齐河快堆电站的设计工作也完成了，但并未实施工程化，快堆工程暂停；而美国提出了先进液态金属反应堆的想法。

费米堆的堆芯并未设置专门的屏蔽组件，而是通过燃料组件的上下转换区和径向转换组件实现对活性区的屏蔽，在一些国家中这些增殖组件(贫铀)有时也成为屏蔽组件，起到了增殖与屏蔽的双重作用。中子屏蔽计算分析显示，这些贫铀组件的中子屏蔽能力要好于不锈钢组件的，因此无论是出于增殖的目的，还是出于屏蔽的考虑，这些贫铀组件都是最好的选择之一。

EBR－Ⅱ为池式设计，分别有堆芯中子屏蔽、防爆屏蔽、生物屏蔽(混凝土屏蔽)，该堆的设计已经具有现代快堆电站设计的雏形，通过屏蔽体的布置，保证了其二次钠和重要设备的活化程度可接受。

FFTF 为回路式设计，一次钠和二次钠进行热交换的中间热交换器布置在堆本体外，不存在二次载热剂的活化问题，因此堆本体屏蔽的主要目的是确保堆容器和堆内构件的辐照损伤安排和低的活化水平(停堆后的可维修性)，主要采用的是堆芯径向不锈钢组件形成的屏蔽层。

ALMR 采用池式设计，中间热交换器和主泵布置在堆容器内部，堆本体屏蔽通过不锈钢组件和堆内构件形成的径向屏蔽层，保证设备和二次钠的较低的活化水平。

2) 俄罗斯快堆

俄罗斯是世界上建成快堆最多的国家，也是快堆运行最好的国家，其快堆技术世界领先。1959 年作为欧洲的第一座快堆 BR－5 在苏联的奥布宁斯克的物理动力研究院(IPPE)投入运行，1971—1973 年进行了改造，成为 BR－10，目前已退役。

1968 年 12 月，在位于苏联季米特洛夫格勒市的反应堆研究院(RIAR)，BOR－60 首次实现临界，目前一直在运行，是当前世界上开展快中子辐照试验的最有力的平台之一，美国、日本、中国和欧盟等国家的快堆材料均不同程度上在苏联 BOR－60 上开展辐照试验。原计划 BOR－60 在 2020 年退役，由新的多功能试验快堆 MBIR 代替，但 MBIR 仍在建造中，预计在 2027 年建成，因此 BOR－60 将一直延寿到 MBIR 建成。

为了开展快堆电站研究，俄罗斯先后建成了回路式的 BN－350（现在位于哈萨克斯坦境内），以及位于叶卡捷琳堡附近别洛雅尔斯克核电站的 BN－600 和 BN－800 电站。其新的商用堆 BN－1200 已经完成设计工作，具备了开工条件，但因造价问题暂未开工。

BR－5/10 为回路式设计，其屏蔽布置如图 6－3 所示，分别采用不锈钢、水、铸铁、混凝土为径向屏蔽，同时实现了一次屏蔽和生物屏蔽的作用，其堆芯屏蔽还采用了部分镍反射层。

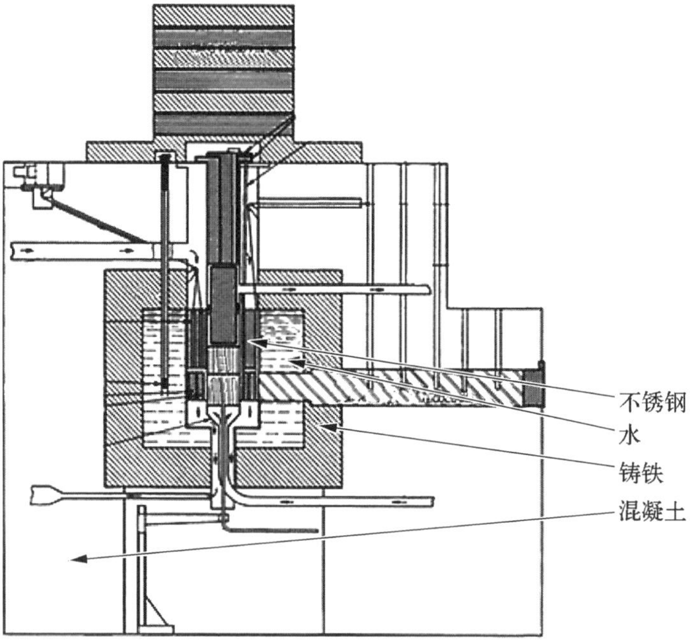

图 6－3　BR－5/10 堆本体和屏蔽结构[2]

BOR－60 反应堆采用回路式结构，堆本体屏蔽主要是径向布置的不锈钢屏蔽层，外围是混凝土生物屏蔽，如图 6－4 所示。

BN－350 反应堆采用回路式设计，由堆芯径向屏蔽组件构成了堆本体屏蔽，外围的混凝土屏蔽起了生物屏蔽的作用。

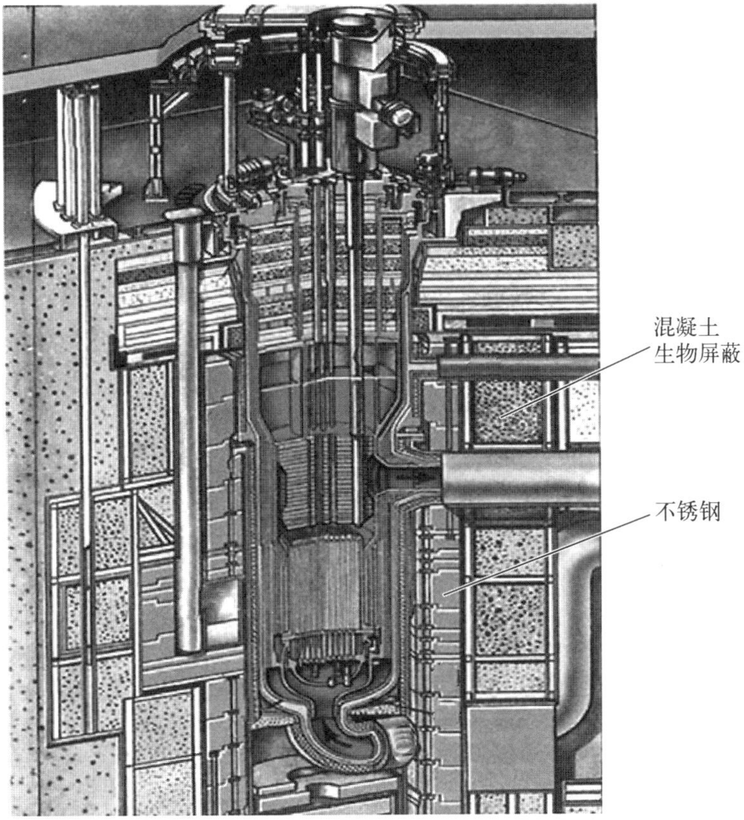

图 6-4　BOR-60 堆本体和屏蔽结构[3]

BN-600 是世界上池式钠冷快堆屏蔽最有特点的一个，CEFR 就沿用了 BN-600 的屏蔽理念，其核心是通过专用的堆内屏蔽体保证二次钠和中间热交换器、主泵等设备的低活化水平（见图 6-5）。它的堆内径向屏蔽包括可更换的径向碳化硼屏蔽组件和不锈钢屏蔽组件、不锈钢的堆芯围板/围桶、多排由不锈钢包裹的含硼石墨屏蔽柱。堆外生物屏蔽采用的是混凝土，堆内轴向屏蔽采用的是钢屏蔽结构，堆顶屏蔽采用的是不锈钢、混凝土和石墨。

俄罗斯的 BN-800 和 BN-600 具有技术上的传承性，BN-800 是基于 BN-600 设计的，在技术上做了一定程度的改进。BN-800 也采用池式结构，它的堆内径向屏蔽包括更换的径向碳化硼屏蔽组件和不锈钢屏蔽组件、不锈钢的堆芯围板/围桶、多排由不锈钢包裹的含硼石墨屏蔽柱，堆芯中的燃料增殖层和堆芯组件中的气腔等结构也可以提供一定的屏蔽作用，堆外生物屏蔽采用混凝土；堆内轴向屏蔽采用钢屏蔽结构，堆顶屏蔽采用不锈钢、混凝土和

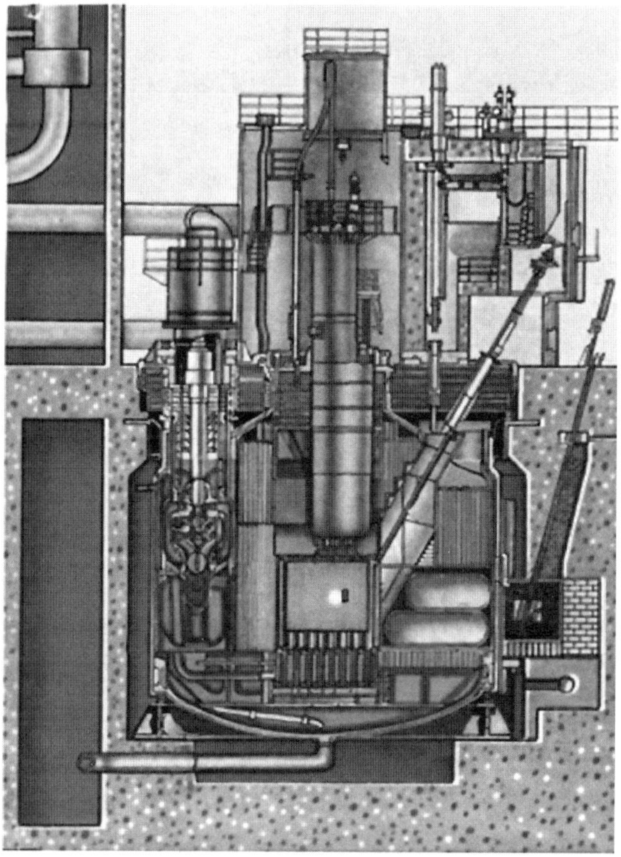

图 6-5　BN-600 堆本体和屏蔽结构[3]

石墨,屏蔽组件的热量是通过流经其周围的冷却剂钠带出的。BN-800 的堆外电离室和堆芯处于同一高度,这样为了保证电离室探测中子的准确性,不可避免地增加了堆内的径向屏蔽在堆提升换料结构处的开口大小,提高了中间热交换器处的中子通量密度,但这样设计的好处是使得堆外电离室的检修相对于 SPX 的堆外电离室更为简单。

BN-1200 是俄罗斯最新的大型钠冷快堆设计,对堆本体的结构进行了大幅度的优化,其中一回路设计中使用了新方案,主要改进如下:

(1) 在 RPV 和管道中使用新型结构材料,并开展了对堆容器内不可更换部件辐照影响的防护优化,使主要设备的工作寿命延长到 60 a;

(2) 优化了一回路泵流道,强化了汽蚀阻力,可更换设备的寿命约延长了 3 倍(更换次数从 10 次降低到 3 次);

(3) 堆内使用硼屏蔽组件，使堆容器内屏蔽设备大幅减少；

(4) 主容器内增加乏燃料储存位置，取消了乏燃料桶及其支撑；

(5) 增加燃料棒径，使体积功率密度从 450 MW/m^3 降低到 230 MW/m^3，循环长度延长 2～2.5 倍(氮化物铀钚燃料从 465 d 到 920 d，MOX 燃料从 465 d 到 1 320 d)；

(6) 事故余热排除系统(EHRS)的换热器直接布置在反应堆容器内，而 BN-800 布置在二回路。

3) 法国快堆

法国也是世界上积极发展快堆且技术领先的国家之一，先后建成了狂想曲、凤凰队、超凤凰三座快堆。狂想曲是一座回路式试验堆，1967 年建成，1983 年退役。Rapsodie 径向堆本体屏蔽主要是由径向中子屏蔽，含硼混凝土、混凝土组成了生物屏蔽。

凤凰堆(Phénix)采用池式设计，堆芯径向屏蔽采用的是可更换的不锈钢或碳化硼屏蔽组件，轴向采用的是不锈钢和 B_4C 作为屏蔽材料，设置在各类组件的内部，因此凤凰堆的组件明显比俄罗斯式的组件在长度上长了很多。堆顶屏蔽材料采用了通用的混凝土和不锈钢结构。

超凤凰堆(Super-Phénix)是世界上第一座大型商用快堆，1986 年 1 月 14 日并网发电，它是通过 Phénix 发展起来的，采用池式结构，一回路主冷却系统放置在包含堆芯的不锈钢主容器内。在主容器内安装了 4 个一回路主泵和 8 个中间热交换器。它的堆芯是由 364 个燃料组件组成的，每个燃料组件由 271 根用不锈钢包裹的 MOX 燃料元件组成，每个燃料棒的上部和下部是贫铀增殖层。堆芯有三层用与堆芯燃料组件结构类似的由不锈钢包裹的贫铀径向增殖层，这些增殖层共有 234 个贫铀组件。增殖层外是由几排不锈钢组件组成的径向反射层，径向增殖层外的反射层组件、屏蔽组件和堆内储存阱共有 1 288 个。堆芯外径向屏蔽是侧向中子屏蔽层，采用的材料是不锈钢。轴向屏蔽材料采用的是不锈钢和碳化硼(B_4C)，堆顶屏蔽材料采用的是混凝土和不锈钢。SPX 的堆外电离室置于堆芯下部的堆坑中，由于堆下部必须存在冷却剂的流道，这样在堆芯下部的屏蔽必须存在缺口，使得在堆坑中的中子通量非常大，这样就可以满足对中子的测量要求，而且这样就能尽量保证其屏蔽层的完整性。

Phénix 和 Super-Phénix 屏蔽设计特点如下：

(1) 堆芯径向屏蔽由与燃料组件结构类似的不锈钢组件形成。

(2) 燃料组件设有轴向屏蔽段，材料采用的是不锈钢和 B_4C。

(3) SPX 的堆外电离室置于堆芯下部的堆坑中，满足对中子的测量要求，保证屏蔽层的完整性。

4) 印度快堆

印度是一个钍资源丰富，但铀资源相对缺乏的国家，从国家政策方面坚定地发展快堆。印度实验快堆采用回路式设计，1985 年建成，开展了大量的燃料和材料的考验工作。其中间热交换器和主泵等关键设备均布置在堆本体外，因此主要依靠不锈钢来降低快中子注量，保证堆容器和堆内构件在寿期内的辐射损伤安全。整个堆本体布置在含硼混凝土的生物屏蔽内部，确保人员的辐射安全。

印度原型快堆于 2014 年实现临界，但却一直没有正式发电运行。该反应堆采用了典型的法国池式钠冷快堆设计，堆本体屏蔽设计结构与超凤凰堆的类似，其屏蔽全部由堆芯组件承担，燃料外置了大量的不锈钢和碳化硼组件，组件的轴向屏蔽采用不锈钢和碳化硼作为屏蔽材料，其堆芯组件总数超过了 2 000 组，且直径非常大。

5) 日本快堆

日本快堆从提高抗震能力方面考虑，无论常阳还是文殊堆全部采用较小堆本体尺度的回路式设计，首先由堆芯屏蔽组件形成了径向屏蔽，确保主容器寿期内的辐照损伤安全。整个堆本体布置在含有石墨、不锈钢和混凝土屏蔽的堆坑内，起到生物屏蔽的作用。

日本的商用快堆(DFBR)是基于其原型快堆(MONJU)的经验设计的，它采用的是回路式结构，中间热交换器和一回路主泵都在主容器外，所以不存在中间热交换器处的二回路钠被中子活化的问题。它的堆芯分成两个含燃料浓度不同的均匀区域以展平堆芯功率，堆芯燃料组件共有 295 个，燃料区被 138 个转换区组件包围，转换区外是 78 个屏蔽组件。它的堆内结构是由堆容器、堆顶板、两个堆顶旋塞、堆内上部结构、堆容器热屏、堆支撑结构和保护容器组成的。堆顶板采用的是加强的板状机构，堆顶板厚 6.2 m，堆顶板上部是屏蔽用的混凝土，可冷却到 60 ℃，以确保控制棒驱动结构的控制系统部件工作正常。堆顶板结构是堆容器、旋塞、堆内上部结构、换料系统、热传输系统的机构支撑。堆芯采用的是横向支撑结构。它的堆内径向屏蔽结构材料采用的是不锈钢和 B_4C，堆内轴向屏蔽材料采用的是 B_4C，容器外生物屏蔽材料采用的是混凝土和钢，轴向堆顶屏蔽材料采用的是重混凝土和钢。

钠冷快堆通过几十年的发展，其技术相对来说是比较成熟的。早期的钠冷快堆以回路式居多，后期发展的钠冷快堆除日本以外基本都采用了池式快堆的技术路线。而池式快堆所涉及的屏蔽问题和要求主要是防止结构材料受到过度的辐射损伤、保护堆容器、保护堆芯支撑结构和减小中间热交换器中的二回路钠活化的程度等，为此各国在解决屏蔽的方案上大致相同。径向转换区在堆芯和径向组件之间起了第一道屏蔽作用，在堆内采用一些可以更换的径向反射层和径向屏蔽组件，某些受到高中子注量的固定屏蔽结构设计成非支撑载荷部件，将石墨装入一些径向屏蔽结构中，以便慢化中子从而增大中子的吸收，还可以将含硼石墨或 B_4C 装入屏蔽结构中以增加中子的吸收，为了保护堆芯支撑结构和下部的堆内部件，在下转换区下方也可以设置轴向屏蔽结构。例如日本的商用快堆由于堆芯支撑结构采用的是横向支撑结构，使堆芯底部的屏蔽问题减少很多，而对于上部轴向屏蔽，由于钠池也可以起到屏蔽作用，屏蔽问题也可以减少。

对于堆屏蔽设计而言，屏蔽材料的选择必须通过实验的验证。屏蔽材料通过在快堆发展中多年的运用，堆内屏蔽材料基本上也采用不锈钢、含硼石墨、硼或者 B_4C，堆外的生物屏蔽材料基本上采用的是混凝土和钢。各国快堆径向、轴向屏蔽材料如表 6-3、表 6-4 所示。

表 6-3 各国快堆径向屏蔽材料统计

电厂	屏蔽材料	
	主容器内径向屏蔽	主容器外径向屏蔽
Rapsodie(法国)	不锈钢	混凝土
FBTR(印度)	不锈钢	混凝土
JOYO(日本)	不锈钢	石墨、混凝土
BOR-60(俄罗斯)	不锈钢	铸铁、重混凝土
EBR-Ⅱ(美国)	石墨和含硼石墨	含硼石墨、钢筋混凝土
Fermi(美国)	不锈钢	钢筋混凝土
FFTF(美国)	不锈钢	重混凝土和碳化硼
BR-10(俄罗斯)	—	铸铁、混凝土
Phénix(法国)	不锈钢、石墨	混凝土

(续表)

电　厂	屏蔽材料	
	主容器内径向屏蔽	主容器外径向屏蔽
PFBR(印度)	不锈钢或者碳化硼	混凝土
MONJU(日本)	不锈钢	混凝土、钢
BN-350(哈萨克斯坦)	不锈钢	混凝土、钢
BN-600(俄罗斯)	石墨、不锈钢	混凝土
ALMR(美国)	304 钢+碳化硼	混凝土
Super-Phénix Ⅰ(法国)	不锈钢	混凝土
DFBR(日本)	不锈钢+硼	混凝土和不锈钢
BN-1600(俄罗斯)	不锈钢	混凝土
BN-800(俄罗斯)	不锈钢+石墨和含硼石墨	混凝土
ALMR(美国)	不锈钢+不锈钢包裹的碳化硼	混凝土

表 6-4　各国快堆轴向屏蔽材料统计

电　厂	屏蔽材料	
	主容器内轴向屏蔽	反应堆主容器上部屏蔽
Rapsodie(法国)	不锈钢	混凝土
FBTR(印度)	不锈钢	混凝土
JOYO(日本)	不锈钢	混凝土+石墨
BOR-60(俄罗斯)	不锈钢	不锈钢、混凝土和不锈钢、石墨
EBR-Ⅱ(美国)	石墨+含硼石墨	含硼石墨+重混凝土
Fermi(美国)	不锈钢	重混凝土
FFTF(美国)	不锈钢	重混凝土+碳化硼

（续表）

电　厂	屏蔽材料	
	主容器内轴向屏蔽	反应堆主容器上部屏蔽
BR-10(俄罗斯)	不锈钢、碳化硼	碳化硼、不锈钢
PFBR(印度)	碳化硼、不锈钢、石墨	重混凝土
MONJU(日本)	不锈钢	不锈钢和混凝土
CRBRP(美国)	SA-316	混凝土
BN-350(哈萨克斯坦)	不锈钢	不锈钢、石墨、混凝土
BN-600(俄罗斯)	不锈钢	不锈钢、石墨、混凝土
ALMR(美国)	不锈钢	混凝土
Super-Phénix Ⅰ(法国)	不锈钢	混凝土
DFBR(日本)	不锈钢和碳化硼	不锈钢和混凝土
BN-1600(俄罗斯)	不锈钢	混凝土
BN-800(俄罗斯)	不锈钢+石墨+含硼石墨	混凝土
ALMR(美国)	304 钢+碳化硼	混凝土
BN-1800(俄罗斯)	不锈钢+石墨+含硼石墨	混凝土

6）池式钠冷快堆屏蔽方案的选择

目前可供选择的有两种常用屏蔽方式：一种是超凤凰形式。屏蔽层紧靠活性区分布，在燃料组件顶部放置屏蔽层。此方案增加了燃料组件长度同时也增加了控制部件长度、换料机高度和堆建筑物高度。然而细而长的燃料元件换料时的可靠性低。据初步估算，此方案的屏蔽结构质量较小。另一种是 BN-600 的形式。燃料组件顶部设有专设屏蔽段，堆芯顶部的屏蔽层利用载热剂实现。并且堆芯周围屏蔽使用的是不可更换的不锈钢或充填碳化硼的组件。此方案燃料元件的高度、控制棒操作机构、换料通道及其他设备高度最小，但屏蔽材料的质量较大。

综上所述，该方案的内部屏蔽结构是最可接受的。为保证中子衰减效果，屏蔽结构材料选用碳化硼和不锈钢。

然而,池式快堆屏蔽设计主要分为以超凤凰为代表的一体化屏蔽设计(Super-Phénix、BN-1200、BN-1600、BN-1800、英国CDFR、德国SNR-2),其特点为主容器采用吊式,堆芯屏蔽采用一体式屏蔽;或以BN-600、BN-800为代表的专设屏蔽设计,主容器采用座式,具有独立的堆顶盖、专用轴向和径向的不锈钢和石墨屏蔽组件这两种形式。表6-5、表6-6对两种屏蔽设计的具体参数进行了比较。

表6-5　两种屏蔽设计形式的参数对比

参　数	专设屏蔽设计		燃料组件一体化屏蔽设计			
	BN-600(俄罗斯)	BN-800(俄罗斯)	Super-Phénix Ⅰ(法国)	Super-Phénix Ⅱ(法国)	BN-1600(俄罗斯)	BN-1800(俄罗斯)
热功率/MW	1 470	2 100	2 990	3 600	4 200	4 000
燃料组件高度/mm	3 500	3 500	5 400	4 850	4 500	4 500
主容器内径/mm	12 860	12 900	21 000	20 000	17 000	17 000
主容器高度/mm	12 600	12 900	17 300	16 200	14 000	19 950
主容器支承结构	座式	座式	吊式	吊式	吊式	吊式

表6-6　不同堆型的平衡态堆芯组件数目　(单位:根)

堆　型	参　数			
	内　区	外　区	径向转换区	反射层或屏蔽区
BN-600(俄罗斯)	136/94	139	362	190
BN-800(俄罗斯)	211/156	198	90	546
Super-Phénix Ⅰ(法国)	193	171	234	1 288

（续表）

堆　　型	参　数			
	内　区	外　区	径向转换区	反射层或屏蔽区
BN－1600(俄罗斯)	258	216	84	1 087
BN－1800(俄罗斯)	642	—	—	1 001

从各国家大型商用池式快堆发展趋势来看，屏蔽设计均采用一体化屏蔽设计，主容器则采用吊式结构。回路式反应堆、小型快堆由于堆芯较为紧凑，采用以屏蔽组件和专设屏蔽结构组合的形式。

6.3.4　池式钠冷快堆的屏蔽设计

我国快堆起步主要借鉴了俄罗斯的 BN 型快堆设计经验，至少从国际现有的 60 万～80 万千瓦功率区间的池式钠冷快堆来看，俄罗斯是非常成功的。为此，BN－600 也是世界上唯一保持良好运行记录的快堆。

典型池式快堆堆本体屏蔽设计如图 6－6 所示。

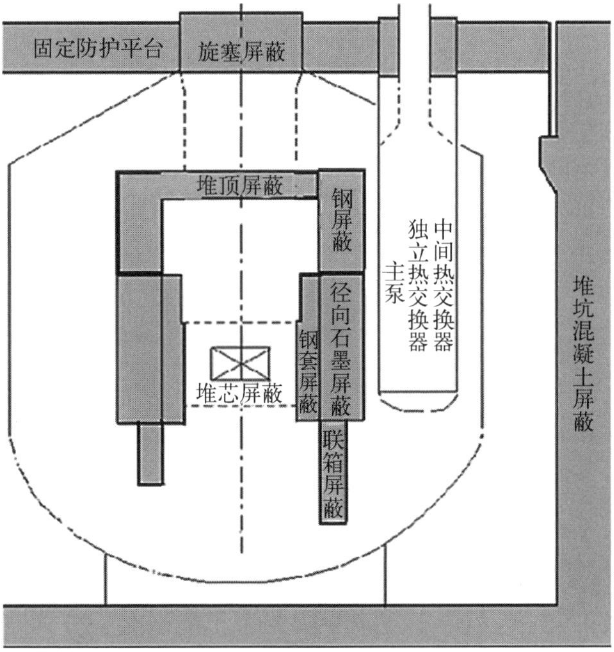

图 6－6　池式快堆堆本体屏蔽设计

堆本体屏蔽设计主要包括堆芯屏蔽、钢套屏蔽、径向石墨屏蔽、钢屏蔽、联箱屏蔽、堆顶屏蔽、旋塞屏蔽、固定防护平台屏蔽和堆坑混凝土屏蔽设计，其中每个部分的屏蔽都承担着不同的功能。

1）堆芯屏蔽

堆芯屏蔽都布置在主容器内，它包括堆芯的各种组件及围桶外的专设屏蔽层，组成了堆芯屏蔽体系，类似压水堆的一次屏蔽，其主要功能是通过优化组件布置及不同类型组件轴向分区来保护不可更换的结构材料和设备（栅板联箱、围板、围桶等）以及包壳的辐照损伤或者快中子注量不超过允许范围。并且堆芯中每种组件及组件中的每个区域都有其特有的屏蔽功能，每种组件的屏蔽功能各不相同。

（1）燃料组件：在燃料组件区域，燃料裂变时或裂变后的裂变产物虽然有强烈的中子和 γ 射线辐射，但同时也有很强的自吸收能力，特别是其中的铀钚重元素，还有包壳等结构材料，都对 γ 射线有很好的减弱和吸收性能。此外，即使是燃料组件，它的燃料区外两端的附加段，如转换区、气腔、上部过渡头、下部过渡头及抓头段都承担着特有的屏蔽功能。燃料组件的下转换区、下部气腔段、下过渡段能保护不可更换的栅板联箱不被过度辐照，上转换区段和上过渡段保护测量柱的底板和控制棒抓手不被过度辐照。

（2）径向转换区组件：径向转换区组件的主要目的是实现核燃料的增殖，同时也起到了很好的屏蔽堆芯中子和 γ 射线的作用。

（3）径向不锈钢组件：径向不锈钢组件的目的是阻挡中子沿径向泄漏，同时也起到径向屏蔽功能。如果没有径向不锈钢反射层，外围组件将直接与碳化硼屏蔽组件相邻，碳化硼的强吸收作用将降低相邻区域的中子注量率，从而降低中子的利用率，因而它起了隔离和缓冲的作用。同时其成分主要是不锈钢，对 γ 射线的屏蔽能力也很好。

（4）碳化硼屏蔽组件：碳化硼屏蔽组件的主要功能是防止堆芯泄漏中子引起它后面乏燃料组件裂变功率的上升，这两圈碳化硼屏蔽组件必须把储存井中的乏燃料组件释热率屏蔽到尽量低的水平。

（5）堆内乏燃料储存井：堆芯内布置足够的储存井是必要的，堆芯成批卸出的乏燃料都必须在储存井内衰变后才允许出堆，否则它太多的剩余发热可能引起组件过热，但由于它本身吸收中子会引起裂变而有能谱更硬的裂变中子和裂变 γ 辐射，因此总的屏蔽减弱效果不显著，或反而略显放大效应。

以上堆芯组件或这些组件两端的辅助部分构成了堆芯屏蔽体系，该屏蔽体系不但要保证储存井中的乏燃料组件功率低于允许值，同时还要保证围绕堆芯的围板、围桶、下栅格板及顶上的测量柱底板等不可更换部件在设计寿期内的辐照损伤不超过材料的允许值。

2）钢套屏屏蔽

堆芯围桶外径向的第一道屏蔽就是钢套屏，它是径向屏蔽的一部分，由不锈钢板制作成同心套筒状围绕在围桶外面，由多层不锈钢板沿径向布置，每层钢板之间都有一定的间隙作为钠冷却剂流道，刚从堆芯泄漏出的中子能谱相对比较硬，中子和 γ 射线的能通量都较高，而铁具有大的高能中子非弹性散射截面的特点，机械和热工特性都比较好，将钢套屏作为径向屏蔽的前沿，通过非弹性散射首先将其中的高能中子慢化到 1 MeV 以下的低能中子，然后再由随后的含硼石墨屏蔽继续阻挡，这样充分发挥了钢套屏的特性，优化了屏蔽布置。

3）径向石墨屏蔽

钢套屏外布置径向石墨屏蔽，钢套屏对高能中子虽然有很好的屏蔽性能，但是在非弹性散射阈能以下，对中子的屏蔽能力就有所减弱，特别是铁在 26 keV 和 0.2 MeV 附近有特别低的共振截面“铁窗”。中子能在钠铁组合屏蔽中穿透很远的距离。要想有效地屏蔽快中子，径向增设含硼石墨屏蔽是较好的选择。它耐高温，有较好的中子慢化能力。硼有很高的中子吸收截面，因此石墨中含硼是必要的。但是这种材料要用不锈钢严实地密封起来，以防碳元素进入一次钠而影响钠的品质，因此把它做成含硼石墨棒密封在不锈钢管中构成含硼石墨柱，然后按三角形栅格摆放组成径向石墨屏蔽体。径向石墨屏蔽和钢套屏连同堆芯组件一起组成阻挡全堆最强辐射的径向屏蔽，承担着保证中间热交换器内的最大中子注量率低于活化水平要求的作用，保证二回路在运行中的可接近性。石墨屏蔽柱采用不锈钢管、中心填充的含硼石墨棒的结构。

4）钢屏蔽

上部钢屏蔽位于钢套屏的正顶上，它是由钢柱按上部石墨屏蔽的栅格延伸排列出来的，其作为屏蔽作用外，还是一次钠进入中间热交换器的通道，其结构首先要满足一回路工艺参数的要求后再确定屏蔽结构要求，上部钢屏蔽与堆顶屏蔽之间保持较小的间隙，以满足中子和 γ 辐射尽量减少向堆顶气腔泄漏的可能，从而保护中间热交换器和堆顶防护平台。

5）联箱屏蔽

石墨屏蔽柱对从堆芯直接泄漏的中子起到了很好的屏蔽作用，由于堆芯中子辐射通过堆底的联箱横向绕道中间热交换器成为影响二次钠的关键因素，此时需要根据二次钠的具体活化程度决定是否增加联箱屏蔽。该屏蔽是石墨屏蔽柱向下的延伸。

6）堆顶屏蔽

堆顶屏蔽是旋塞的前沿屏蔽，堆顶屏蔽的主要功能是降低堆顶气腔区域和固定防护平台下环行走廊上部空间的中子和 γ 射线的通量密度。如果这区段的中子和 γ 射线通量密度太高，第一会过度活化这区段中间热交换器内的二次钠及堆顶气腔内的覆盖氩气，还造成环行走廊上部空气的活化；第二是中子和 γ 射线可能沿着屏蔽薄弱环节多次散射而输运到其他地方，例如中子和 γ 射线可能沿着中间热交换器的二次钠进出口管泄漏到堆顶固定防护平台的上方，也可能通过旋塞与固定防护平台的各种缝隙泄漏，这样就增加了旋塞和固定防护平台屏蔽设计的难度。堆顶屏蔽由多层钢板构成，各钢板之间留有间隙作为氩气冷却剂通道。

7）旋塞屏蔽和固定防护平台

旋塞屏蔽和固定防护平台是反应堆顶的最外层生物屏蔽，也是反应堆顶上的承重平台和人员操作平台，因此一般要求该平台顶上属于可维护区域，辐射分区为常规工作区。

旋塞屏蔽由多层石墨、保温棉、钢板组成，厚度约为 2 m，固定防护平台基本是由厚钢板、混凝土、保温层分层构成的多层复合屏蔽。

因旋塞屏蔽、泵盖及防护平台之间存在一定的装配间隙，射线存在一定的缝隙泄漏，因此在直穿射线的防护中应充分考虑设计裕度，同时尽可能采用迷宫间隙配合。

8）堆坑混凝土屏蔽

堆坑混凝土建筑是一个环行桶状建筑，内部空间称为堆坑，堆坑的上部开口由旋塞屏蔽和固定防护平台盖着，因此它们连同底部的反应堆承重底板构成整个严密的生物屏蔽体，堆坑混凝土屏蔽外表面的当量剂量率原则上在满功率运行时设计成常规工作区或更低的水平，人员可正常靠近。

6.3.5 其他屏蔽设计

除考虑堆本体屏蔽设计外，还应对一次工艺系统、燃料运输系统，以及一次设备转运和维修的屏蔽问题进行设计。

1）一次工艺系统的屏蔽设计

一次工艺系统包括了与一次钠有关的各种回路、辅助系统，包括一次氩气系统和破损监测系统的各种管线、容器和设备。

一回路辅助系统，包括一回路冷阱、一回路钠充排系统，辐射源主要为冷却剂钠中被活化的^{22}Na 和^{24}Na，其中^{22}Na 的比活度为 1×10^{7} Bq/L 水平，^{24}Na 的比活度为 1×10^{11} Bq/L 水平；而一次氩气系统的辐射源主要为堆顶气腔中的包括^{40}Ar 的活化产物^{41}Ar，以及一次钠中杂质被活化而产生的放射性核素^{39}Ar、^{41}Ar，及由于燃料包壳破损而从燃料中泄漏到一回路的裂变气体^{85}Kr、^{133}Xe、^{135}Xe 等。

在反应堆正常运行时，一回路钠中主要放射性核素为^{24}Na，其辐射水平取决于^{24}Na，但^{24}Na 的半衰期很短，在停堆 2 星期后已衰变至 1×10^{4} Bq/L 量级。

一回路净化系统包括一回路冷阱及相关的钠管道。对于一回路冷阱，正常运行时源项主要考虑^{24}Na 的放射性，屏蔽计算按照冷阱实际尺寸充满放射性钠作为源项，并计算经屏蔽墙后对其他工艺间的影响；停堆后由于^{24}Na 衰变得较快，主要源项则考虑一回路钠中腐蚀产物、裂变产物，且计算按照长期运行情况考虑。

因此，对于一回路工艺系统的屏蔽主要考虑对一回路钠的屏蔽，利用较厚的混凝土墙（如一回路冷阱房间的混凝土墙厚要求为 1 850 cm）或重混凝土墙降低对其他工艺间或走廊的影响，同时这些工艺间的辐射分区均属于超高辐射区，正常运行情况下禁止人员入内。

一次氩气系统包括新鲜氩气补给系统、超压保护系统、吹扫与衰变系统、一次氩气分配系统等若干个子系统，该系统的主要放射性源项有^{85}Kr、^{133}Xe 和^{137}Cs。

一回路氩气系统屏蔽设计的屏蔽计算模型和处理方法与一回路钠净化系统及其辅助系统、一回路钠充排系统和燃料破损监测系统屏蔽设计的处理类似。正常情况下，一回路系统和一次氩气系统工艺间之外的走廊是满足工作人员安全要求的，即有足够的屏蔽使走廊为常规工作区；而事故情况下则要求人员远离该区域。

2）燃料运输系统的屏蔽设计

由于快堆是用钚作为燃料，工业钚的放射性比铀燃料要强得多，对于使用工业钚制备的MOX燃料，其表面剂量率在1～5 mSv/h水平，其中中子与γ射线剂量率都很大，因此新燃料的转运和运输是通过专用的屏蔽运输容器实现的。

对于乏燃料组件，MOX燃料和铀燃料几乎没有区别，乏燃料组件表面的剂量当量率约为8×10^6 mSv/h水平，并且各个工艺转运系统的房间通常设置1 m以上的重混凝土屏蔽。

3）一次设备转运和维修的屏蔽设计

一次设备主要指与一回路钠接触的设备，如中间热交换器、一回路主泵、独立热交换器。这些设备在正常运行时其材料受到堆芯中子辐照而活化，另外溶解在一回路钠中的部分腐蚀产物和裂变产物会沉积于设备表面，形成污渍，这两部分原因构成一回路设备的放射源。因此，这些设备在出现故障需要进入维修厂房进行维修之前需经过尽量长的冷却衰变时间，降低放射性核素的活度。

在维修之前需对设备进行表面清洗，洗掉部分沉积在表面的放射性物质，以降低其表面污渍的放射性核素活度。需要注意的是，从主容器中提出堆容器及转运过程中，外面需设置专用屏蔽钢筒，不仅屏蔽γ射线，更起到气体密封的作用。维修时操作人员可能需近距离接触设备，因此对设备无法进行有效屏蔽，应尽量减少人员操作时间。

6.4　职业人员辐射防护

本节主要从降低人员辐射的防护措施和剂量估算方面来介绍从业人员的辐射防护问题及思考。

6.4.1　降低工作人员的辐射

降低工作人员的辐射水平是人员辐射防护的主要目标。由于维修人员所受年照射剂量较大，所以对其操作要采取某些措施，使其受到的照射保持在可合理达到的尽量低的水平。具体措施如下：

(1) 使用特定的工艺对待维修的设备进行去污；

(2) 在现场外对维修人员进行培训和模拟操作训练；

(3) 限制在现场的工作时间；

(4) 维修场所适当通风;

(5) 使用合适的个人防护设备;

(6) 增加临时屏蔽体;

(7) 使用长柄工具或专用工具;

(8) 拟定详细的操作步骤,并根据既得的经验不断修改完善。

为确保放射性工作人员在常规工作区、间断工作区和限定工作区从事工作时不会受到超过剂量限值的辐射,在确定工作人员在该区域内的允许工作时间时要考虑区域内可能的空气污染水平和表面污染水平、区域内辐射剂量率水平、采用防护措施和进入区域人员所经历的辐照历史等因素。

6.4.2　放射性工作人员受到的剂量估计

为了估计放射性工作人员受到的照射剂量,一个重要方法是对放射性场所进行辐射监测。辐射监测包括工作场所的γ剂量、中子剂量、空气中放射性核素及其浓度、表面污染和个人剂量监测。

因此,有人活动的场所都必须进行剂量监测。对经常有人进行操作、维修等活动,但剂量率变化大,可能超过管理限值的场所,需设置固定式监测仪表,对虽定期有人活动,但辐射防护人员使用可携式仪表不便接近测量的场所,也可使用固定式监测仪表。其他场所采用可携式监测仪表。监测的内容包括γ剂量率、中子剂量当量率、空气中放射性气体和气溶胶的浓度和表面污染。

对可能受到γ射线、中子照射的工作人员提供相应的个人剂量计。在有可能摄入放射性空气和气溶胶的场所而又没有固定空气取样点时,使用可携式空气取样器分析放射性气体浓度和放射性气溶胶浓度。

通过监测获得放射性场所辐射水平的资料,为放射性工作人员在该场所进行工作提供指导;通过个人剂量监测建立放射性工作人员个人剂量档案,掌握累积剂量情况,为放射性工作人员以后从事放射性工作提供决策依据。

确定放射性工作人员可能受到辐射剂量的另一个方法是计算放射性场所的剂量水平。根据工艺间内设备的布置、设备包容的介质的放射性核素及其浓度、屏蔽层厚度,计算工艺间内和屏蔽层外特定空间点的剂量率。

对于快堆电站,职业人员受到的职业照射主要来自巡检和设备维修。池式钠冷快堆的一回路放射性极强,运行和停堆工况人员不允许靠近,巡检和维修主要针对二回路。以中国实验快堆为例,每年二回路设备巡检和维修接受的总剂量约为 1.29 mSv。

6.5 环境源项及公众影响

对于核电厂来说,影响公众的主要因素是气载放射性的环境排放影响以及液态流出物影响。钠冷快堆的气载源项主要包括堆顶气体泄漏、一次氩气排放、堆坑通风、氚的泄漏、钠火通风等。一次侧钠被包容在主容器和保护容器内,二次侧钠回路采用了双层管设计,以避免钠泄漏。典型的二次侧钠火属于工业钠火,其放射性水平较低,可忽略。

1) 堆顶气体泄漏

在堆顶设备中,其中有部分是机械密封,存在正常的泄漏率。这些设备有控制棒驱动机构、热电转换元件、换料机、控制棒上导管提升机构、一次钠循环泵、中间热交换器、事故余热排出独立热交换器等。反应堆气腔还与换料的转运室及转换桶连通,并且气体系统的其他管道、容器等地方同样可能出现一次氩气的泄漏。国际上钠冷快堆的一次氩气的泄漏率通常在 300 L/d 水平,这些泄漏主要发生在堆顶密封罩内和中央大厅,还发生在漏向其他有一次氩气系统的房间。

在停堆换料及一次设备更换期间,其放射性释放量不会超过反应堆运行期间正常泄漏引起的放射性释放量。

2) 一次氩气排气

一次氩气直接向环境排放是钠冷快堆放射性气体排放的重要源项部分。堆内气腔的覆盖氩气在放射性太高或化学品质出现问题时,或是某种操作需要“吹扫”时,可以把覆盖氩气抽到一次氩气吹扫与衰变系统中的衰变罐中保存,待中、短半衰期的放射性核素衰变到足够低时再向环境排放或重复利用。

覆盖氩气经长期衰变后,其中的放射性仅有^{85}Kr 有实际危险。如果衰变后的氩气再被回收利用,^{85}Kr 的放射性在一次氩气中也只是简单的积累,但无论是排放还是回堆后由于泄漏进入环境,其最终流向仍是环境。因此长寿命的^{85}Kr 向环境的排放量即为由于燃料破损的释放量。

而针对正常有计划的排放,除^{3}H 以外的其他放射性核素都是被衰变到可以忽略不计时才进行。但是覆盖气体中^{3}H 的含量比^{85}Kr 低 3 个数量级以上,因此相对而言也不重要。经衰变后其中的放射性只来自长寿命的^{85}Kr 和^{137}Cs

等。氩气的排放经专用通风系统进入烟囱，虽经过滤器等，但是^{85}Kr无法清除而直接进入环境，因此需经过过滤后排放（^{137}Cs被过滤），排放主要成分为^{85}Kr。

3）堆坑通风

钠冷快堆的堆坑通风采用专用通风系统，当反应堆运行时堆坑中空气被活化，空气将通过烟囱排入大气。但由于池式钠冷快堆的一次屏蔽作用，堆坑中的中子通量水平很低，空气的活化作用可忽略。由于核测系统的需要，堆本体设置了专门的中子引出通道，在堆外电离室区域产生相对较强的空气活化问题。

空气活化主要是空气中^{40}Ar和^{14}N的活化，^{40}Ar活化产生^{41}Ar，^{14}N活化产生^{14}C。堆坑中正对堆外电离室区域的中子注量率约为1.0×10^{9} $cm^{-2}\cdot s^{-1}$，空气中^{40}Ar的核密度为2.5×10^{-7}（每立方厘米有1×10^{24}个原子），活化截面小于6.3×10^{-2} b，^{14}N的核密度为4.26×10^{-5}（每立方厘米有1×10^{24}个原子），它的(n,p)反应截面约为1.8×10^{-1} b。根据具体的电离室房间体积可以计算出空气的活化量。

总体来说，堆坑通风部分的源项不是钠冷快堆的主要环境源项，其产生量甚至低于探测仪表的探测限。此外可能还会有少量^{3}H通过主容器壁渗透进入堆坑。

气载放射性排放都是以通风形式由烟窗排向环境。对长半衰期核素来说，堆顶一次氩气泄漏与一次氩气系统的有计划排气的排放总和不变，泄漏的部分增多后，有计划放气的排放量就会减少。但是对短半衰期的放射性核素来说，泄漏对环境是有危害的。而经衰变后的有计划排气可将短半衰期的放射性核素衰变掉，不会对环境产生危害。此外，氚的释放大部分是以HTO的形式从蒸汽发生器房间或三回路的其他地方释放的。表6-7给出典型快堆电站的气载放射性排放数值。

表6-7 典型快堆主要气载放射性排放汇总 单位：Bq/a

核 素	一次氩气放气	一回路泄漏	堆坑通风	钠火灾烟雾	总排放量
^{41}Ar	—	1.42×10^{11}	1.18×10^{11}	—	2.60×10^{11}
^{133}Xe	—	8.93×10^{13}	—	—	8.93×10^{13}

（续表）

核　素	一次氩气放气	一回路泄漏	堆坑通风	钠火灾烟雾	总排放量
^{135}Xe	—	6.88×10^{12}	—	—	6.88×10^{12}
^{83m}Kr	—	3.47×10^{10}	—	—	3.47×10^{10}
^{85}Kr	1.04×10^{13}	—	—	—	1.04×10^{13}
^{85m}Kr	—	5.02×10^{11}	—	—	5.02×10^{11}
^{87}Kr	—	1.43×10^{11}	—	—	1.43×10^{11}
^{88}Kr	—	7.40×10^{11}	—	—	7.40×10^{11}
^{131}I	—	4.52×10^{6}	—	7.36×10^{6}	1.19×10^{7}
^{133}I	—	8.71×10^{6}	—	1.42×10^{7}	2.29×10^{7}
^{135}I	—	8.06×10^{6}	—	1.31×10^{7}	2.12×10^{7}
^{134}Cs	—	7.18×10^{8}	—	9.82×10^{7}	8.16×10^{8}
^{137}Cs	—	7.44×10^{9}	—	1.02×10^{9}	8.46×10^{9}
^{3}H	—	—	1.49×10^{11}	2.77×10^{8}	1.49×10^{11}
^{14}C	—	—	2.10×10^{6}		2.10×10^{6}
^{22}Na	—	2.04×10^{8}	—	1.40×10^{8}	3.44×10^{8}
^{24}Na	—	9.93×10^{11}	—	6.79×10^{11}	1.67×10^{12}

6.6 环境剂量评估

目前国内有关核电站环境影响的规定标准为《核动力厂环境辐射防护规定》(GB 6249—2011)，但该标准主要针对陆上固定式热中子反应堆，部分规定并不适合快堆，但是目前国内唯一的参考标准。

本标准规定了陆上固定式核动力厂厂址选择、设计、建造、运行、退役、扩建和修改等的环境辐射防护要求。

本标准适用于采用轻水堆或重水堆发电的陆上固定式核设施，其他堆型的核动力厂可参照执行。核动力厂必须按每堆实施放射性流出物年排放总量的控制，对于 3 000 MW 热功率的反应堆，其控制值如表 6－8 和表 6－9 所示。

表 6－8　气载放射性流出物控制值　　单位：Bq/a

放射性物质	剂　量	
	轻 水 堆	重 水 堆
惰性气体	6.00×10^{14}	
碘	2.00×10^{10}	
粒子(半衰期≥8 d)	5.00×10^{10}	
^{14}C	7.00×10^{11}	1.60×10^{12}
氚	1.50×10^{13}	4.50×10^{14}

表 6－9　液态放射性流出物控制值　　单位：Bq/a

放射性物质	剂　量	
	轻 水 堆	重 水 堆
氚	7.50×10^{13}	3.50×10^{14}
^{14}C	1.50×10^{11}	2.00×10^{11}(除氚外)
其余核素	5.00×10^{10}	

对于热功率大于或小于 3 000 MW 的反应堆，应根据其功率按照相关规定适当调整。

对于不同堆型的多堆厂址，所有机组的年总排放量控制值则由审管部门批准。关于俄罗斯《核电站设计和运行卫生规定(СПАС－03)》对进入大气的放射性气体和气溶胶允许量所做出的规定如表 6－10 所示。

相关允许值是基于关键人群辐照剂量不超过 10 μSv 确立的。

在正常运行工况下，对允许值贡献因素比较大(超过 98%)的核素包括惰性气体(Ar、Kr 和 Xe)、^{131}I、^{60}Co、^{134}Cs、^{137}Cs(对于 BN－600 而言，还有^{24}Na)。不建议对表中未列出的核电厂流出物核素进行控制，因为它们对辐射剂量的贡献很小。特别指出的是，^{24}Na 的日均控制值为 1.5×10^{10} Bq/d。

表 6-10 进入大气中放射性气体和气溶胶的允许值　　单位：Bq/a

放射性核素	剂　量		
	石墨慢化沸水反应堆- PБMK	VVER 和 BN 系列	EGP-6 反应堆
惰性气体	3.70×10^{15}	6.90×10^{14}	2.00×10^{15}
^{131}I(气+气溶胶)	9.30×10^{10}	1.80×10^{10}	1.80×10^{10}
^{60}Co	2.50×10^{9}	7.40×10^{9}	7.40×10^{9}
^{134}Cs	1.40×10^{9}	9.00×10^{8}	9.00×10^{8}
^{137}Cs	4.00×10^{9}	2.00×10^{9}	2.00×10^{9}

钠冷快堆环境排放的核素种类与压水堆有较大的差别，主要表现在碘的排放很少，其主要原因是一次钠对碘起到了很好的包容作用，但是惰性气体排放偏大。综合来看，由于钠冷快堆的安全性等特点，正常运行工况下的环境影响远小于法规要求。

例如中国实验快堆满功率正常运行期间，其常规气载放射性流出物释放所致公众辐射剂量结果如表 6-11 所示。

表 6-11 关键居民组个人年有效剂量　　单位：Sv/a

核　素	剂　量						
	空气浸没	地面照射	吸　入	农产品食入	食入动物产品	途径合计	贡献/%
^{41}Ar	2.32×10^{-9}	0.00	0.00	0.00	0.00	2.32×10^{-9}	2.20
^{14}C	7.48×10^{-20}	1.73×10^{-14}	2.42×10^{-13}	3.30×10^{-12}	0.00	3.56×10^{-12}	0.00
^{58}Co	7.64×10^{-14}	9.87×10^{-11}	9.32×10^{-13}	7.53×10^{-12}	2.03×10^{-12}	1.09×10^{-10}	0.10
^{60}Co	2.36×10^{-13}	6.35×10^{-9}	6.81×10^{-12}	9.96×10^{-11}	4.30×10^{-11}	6.50×10^{-9}	6.18

（续表）

核　素	剂　量						
	空气浸没	地面照射	吸　入	农产品食入	食入动物产品	途径合计	贡献/%
^{134}Cs	4.01×10^{-13}	5.36×10^{-9}	1.75×10^{-11}	2.04×10^{-9}	3.57×10^{-10}	7.78×10^{-9}	7.39
^{137}Cs	1.58×10^{-15}	1.59×10^{-10}	7.16×10^{-10}	7.04×10^{-8}	1.34×10^{-8}	8.47×10^{-8}	80.41
^{55}Fe	0.00	0.00	4.65×10^{-13}	8.31×10^{-12}	3.22×10^{-12}	1.20×10^{-11}	0.01
^{3}H	1.32×10^{-14}	0.00	6.52×10^{-10}	8.80×10^{-11}	0.00	7.40×10^{-10}	0.70
^{131}I	2—27$\times10^{-15}$	6.37×10^{-13}	1.04×10^{-13}	9.29×10^{-12}	2.38×10^{-15}	1.00×10^{-11}	0.01
^{83m}Kr	9.05×10^{-16}	0.00	0.00	0.00	0.00	9.05×10^{-16}	0.00
^{85}Kr	1.18×10^{-11}	0.00	0.00	0.00	0.00	1.18×10^{-11}	0.01
^{85m}Kr	2.05×10^{-11}	0.00	0.00	0.00	0.00	2.05×10^{-11}	0.02
^{87}Kr	3.09×10^{-11}	0.00	0.00	0.00	0.00	3.09×10^{-11}	0.03
^{88}Kr	4.29×10^{-10}	0.00	0.00	0.00	0.00	4.29×10^{-10}	0.41
^{54}Mn	2.46×10^{-13}	1.38×10^{-9}	3.27×10^{-12}	5.53×10^{-11}	2.83×10^{-13}	1.44×10^{-9}	1.37
^{131m}Xe	2.67×10^{-12}	0.00	0.00	0.00	0.00	2.67×10^{-12}	0.00
^{133}Xe	8.11×10^{-10}	0.00	0.00	0.00	0.00	8.11×10^{-10}	0.77
^{133m}Xe	9.82×10^{-12}	0.00	0.00	0.00	0.00	9.82×10^{-12}	0.01

（续表）

核　素	剂　量						
	空气浸没	地面照射	吸　入	农产品食入	食入动物产品	途径合计	贡献/%
^{135}Xe	3.96×10^{-10}	0.00	0.00	0.00	0.00	3.96×10^{-10}	0.38
合计	4.03×10^{-9}	1.34×10^{-8}	1.40×10^{-9}	7.27×10^{-8}	1.38×10^{-8}	1.05×10^{-7}	
份额/%	3.82	12.68	1.33	69.02	13.15	100.00	

三个年龄组的最大个人年有效剂量分别为 3.43×10^{-5} mSv/a(幼儿)、4.42×10^{-5} mSv/a(儿童)和 1.05×10^{-4} mSv/a(成人)。关键照射途径是食入农产品对成人的年有效剂量贡献最大，占 69.02%。关键核素是 ^{137}Cs，对关键居民组的年有效剂量贡献为 80.41%，其次分别是 ^{134}Cs（7.39%）、^{60}Co（6.18%）。

对于事故发生下的环境影响，由于钠冷快堆的安全特性，通过进一步技术改进，相比传统的第三代核电更容易做到实际消除大规模放射性释放，从技术上取消厂外应急。

参考文献

[1] 徐銤，赵郁森. 快堆辐射防护[M]. 北京：中国原子能出版社传媒有限公司，2011.

[2] International Atomic Energy Agency. Status of fast reactor research and technology development，IAEA - TECDOC - 1691[R]. IAEA：Vienna，2012.

[3] International Atomic Energy Agency. Fast reactor database(2006 Update)，IAEA - TECDOC - 1531[R]. IAEA：Vienna，2006.

第 7 章
系统与设备

在核反应堆中，通常将一些相互联系、相互制约和相互依赖的若干组成部分结合而成的具有特定功能的一个有机整体称为“系统”。而系统这个有机整体又有可能从属于更大的系统。另外，在系统中，部分要素组成的有机整体在空间结构上联系极为紧密，执行功能较为单一时，亦可以称为“设备”。“系统”与“设备”的划分界限并不十分清晰，通常设备是系统的组成部分之一，系统包含的部件更多，执行功能也更为多样化。系统与设备共同组成完整的核反应堆装置，完成能量转化的最终目标。

目前，大部分核反应堆装置能量转化按照核能—热能—电能的路径进行，在堆芯将核裂变能转化为热能，再由热传输系统将堆芯热能传递出堆芯，以蒸汽推动汽轮机等热电转换方式，将热能转化为电能。本章将对核能转化为电能的过程中涉及的主工艺系统、设备以及维持和保护主工艺系统正常运行的重要辅助工艺系统进行介绍。

7.1 反应堆主要结构

本节主要以典型池式钠冷快堆为例，介绍快堆堆本体的主要结构以及组成部件，并说明其功能和原理。

7.1.1 反应堆堆芯

液态金属快堆堆芯的功能是产生受控自持链式核裂变反应，并移出堆内发热提供热能用于发电，保证中子物理和热工流体力学参数满足设计要求，并有足够的安全裕度；提供足够的反应性控制能力，保证反应堆的正常运行，并在预计运行事件和事故工况时快速停闭反应堆；提供合理的冷却剂流道，保证运行状态和事故状态下堆内组件的冷却;提供堆内屏蔽,保证各种不可更换构件在整个寿期内所受的辐照损伤低于规定限值,保证需要维修维护设备的活化水平足够低;部分快堆还要求堆芯提供乏燃料堆内储存位置,并保证其冷却条件。

堆芯是整个反应堆的核心部件,也是快堆一回路系统的重要组成部分,一回路冷却剂经一回路流道流入堆芯后进入堆芯各组件内部对发热组件进行冷却,带走核裂变产生的热量,加热之后的热态冷却剂流入一回路换热设备并将热量传递给二回路系统,换热之后的冷态冷却剂回到冷池继续参与一回路循环。

7.1.1.1　堆芯能量转换原理

为保证堆芯安全稳定地产热并持续将热量导出堆芯,快堆堆芯能量转换的基本原理是燃料中重原子核发生核裂变反应产生裂变能,裂变能在堆芯燃料、结构材料等部位沉积并转变成为热能,冷却剂流过堆芯燃料元件、屏蔽组件元件及其他部件以进行冷却,并将热量导出堆芯用于发电。

为此,快堆堆芯的功能可分为核产热、热量导出和堆内屏蔽三部分。

1) 核产热

快堆核电厂用于发电的能量来源于堆芯燃料中重元素的核裂变反应,因此堆芯首要的功能是能够安全稳定地产生核裂变能。

快堆堆芯需要进行堆芯功率分布的展平,以提高冷却剂的经济性。堆芯功率分布展平主要使用燃料按照富集度不同进行分区来实现。燃料按富集度分区是核电厂堆芯设计中常规的展平功率方法。通过设计不同富集度的燃料,并按照中子场的特征布置在堆芯不同的位置,能够有效地展平堆芯功率分布。通过对燃料富集度的选择和不同富集度组件的布置进行优化,可降低堆芯组件功率分布的不均匀性。

控制棒主要用于堆芯剩余反应性的控制、启停堆和功率调节以及在需要时执行紧急停闭反应堆的功能。由于控制棒是中子强吸收体,控制棒的插入会改变堆芯中子场的分布,通过优化调整控制棒的布置位置,也可以起到一定的展平功率分布的作用。

反应性控制是实现堆芯操控和保证堆芯安全的重要功能。堆芯反应性控制的主要任务如下:确定堆芯剩余反应性的控制方式,以满足反应堆在换料周期内正常运行的需要;当反应堆出现偏离正常运行的事件时能够停闭反应堆,使反应堆保持停堆状态,并保有一定停堆深度;提出反应性控制系统设计的安全需求，保证停堆的可靠性。

2）热量导出

为了保证堆芯产生的核热量安全有效地导出，需要进行相应的堆芯热工流体力学设计。快堆一般采用液态金属（液态钠、铅或铅铋等）作为冷却剂。

堆芯包含多种类型的组件，由于构成这些组件的材料不同，结构也不一样，另外它们在堆芯所处的位置不同，所以它们的发热率差别很大。为了保证各类组件的温度不超过允许的设计值，并使得堆芯出口温度尽量分布均匀，同时也为了得到较高的堆芯冷却剂的出口温度，从而获得较大的热效率，就必须对堆芯各类组件进行合理的冷却剂流量分配。流量分配的原则是根据组件盒功率大小来分配，这样既能保证各组件之间冷却剂出口温度相近，又可以保证组件经受相近似的工作条件。

快堆堆芯冷却剂流速不能过高，一方面是因为有证据说明钢包壳的侵蚀在高速下较为严重；另一方面因为燃料元件和结构部件的振动在高速下不好控制，因此需要分析研究堆内构件的流致振动情况。根据相关热工设计经验，堆芯压降不能过高，否则产生的空泡和噪声可能十分严重。同时在进行堆芯流道设计时需要考虑流致振动和压降的影响。

3）堆内屏蔽

快堆堆芯中伴随着核裂变反应，会产生大量的中子，α、β、γ 等粒子，并伴随强烈的放射性辐射。为保证堆内构件和相关设备的辐射安全，确保其设计功能，需设置堆内屏蔽。

屏蔽体选材应满足如下要求：在高温钠环境中能保持稳定，且不影响冷却剂的品质；在运行寿期内，应始终满足设计要求；所选材料应稳定、无毒、无特殊气味、容易获得、运输方便且价格低廉；应尽量避免或减少可能产生长寿命活化产物的材料杂质成分，其布置应遵循既能起到很好的屏蔽作用，又能提高堆芯中子利用价值的原则。

7.1.1.2 堆芯组成

快堆堆芯由各类组件与堆芯支承结构组成：① 堆芯各类组件，包括燃料组件、控制棒组件、径向转换区组件、钢反射层组件和碳化硼屏蔽组件等；② 堆芯支承结构，包括小栅板联箱（一般用于钠冷快堆）和堆芯支撑板（一般用于铅基冷却快堆）等。图 7 - 1 为典型钠冷快堆堆芯组件布置图。

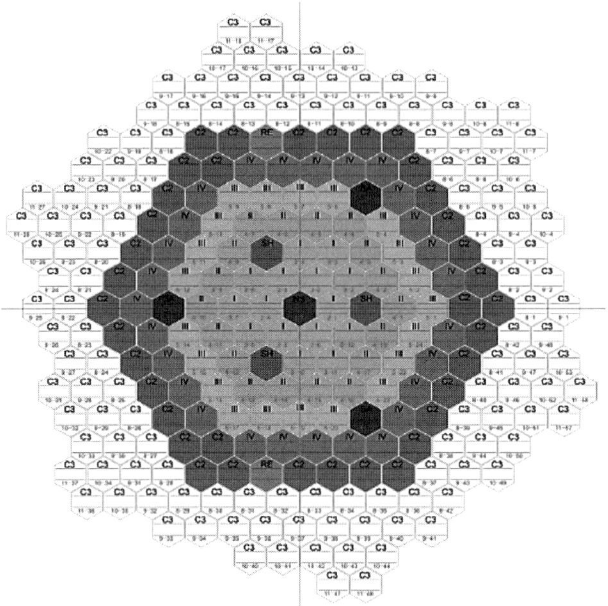

标志	组 件 类 型
Ⅰ	Ⅰ型燃料组件
Ⅱ	Ⅱ型燃料组件
Ⅲ	Ⅲ型燃料组件
Ⅳ	Ⅳ型燃料组件
RE	调节棒组件
SH	补偿棒组件
SA	安全棒组件
NS	中子源组件
C2	Ⅱ型不锈钢组件
C3	Ⅲ型不锈钢组件

图 7-1　典型钠冷快堆堆芯组件布置图

1）燃料组件

燃料组件的主要功能为与堆芯的中子发生裂变反应产生热量，是反应堆热功率的主要来源；另外，燃料段和轴向转换区的可转换核素可以俘获快中子转变为易裂变核素，提高快堆的增殖比。

以钠冷快堆堆芯燃料组件为例，燃料组件由操作头、上过渡接头、外套管、燃料棒束、下过渡接头和管脚组成。冷却剂由管脚的冷却剂入口进入组件，经由燃料棒束，由操作头上的冷却剂出口流出组件。组件结构如图 7-2 所示。

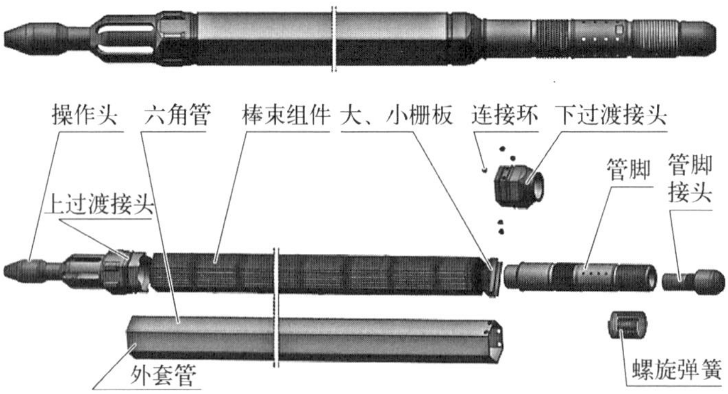

图 7-2　燃料组件结构图

操作头供燃料组件装卸操作，外形与换料机抓手相匹配。上过渡接头用于连接操作头和外套管，上面设置组件间定位用的凸台；外套管为六角形薄壁管，用于给冷却剂提供流道以精确分配组件流量；燃料棒之间的间隙由金属绕丝维持，下过渡接头用于连接外套管和管脚；管脚是燃料组件插入小栅板联箱管座内的部分，上面有冷却剂入口孔。

燃料棒主要由燃料芯块柱、端塞和包壳管组成，由上而下依次为上端塞、包壳管、压紧弹簧、上转换区、活性区、下转换区、气腔和下端塞。包壳管是燃料棒的结构件，保持燃料棒完整性，把燃料与冷却剂隔开，防止燃料和裂变产物进入一回路冷却系统；芯块为环形结构，在燃料芯块柱的上端和下端可以设置转换区芯块柱；气腔的功能是储存裂变气体，降低棒内压力；上、下端塞用以维持燃料棒密封，包壳管与端塞的环焊缝质量是保证密封性的关键；下端塞开槽，可以将燃料棒轴向固定于栅板格架上；压紧弹簧的功能是在运输和装卸操作过程中维持燃料芯块的位置，使其不能上、下移动。

2）控制棒组件

以钠冷快堆为例，液态金属快堆的控制棒组件包括补偿棒组件、调节棒组件、安全棒组件。

补偿棒组件用于补偿反应堆的剩余反应性，补偿运行过程中反应性的变化，还可以补偿由于温度和功率变化引起的反应性变化；

调节棒组件用于调节反应堆运行过程中的功率，使功率保持在规定水平；

安全棒组件用于反应堆停堆，并在正常运行条件遭到破坏时，将反应堆迅速转入次临界状态。

三种控制棒组件结构相似，只是有些设计参数不同，如图 7－3 所示，控制棒组件包括相对独立的两部分，即不移动的控制棒套筒与中心的控制棒移动体。

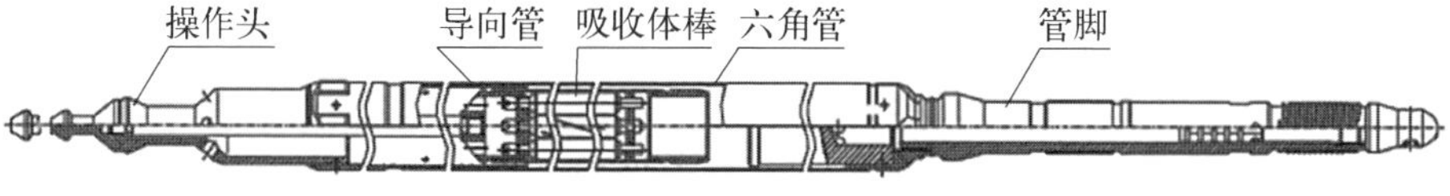

图 7－3　控制棒组件结构图

（1）不移动的控制棒套筒：控制棒套筒由上过渡接头、外套管、下过渡接头、下屏蔽棒、螺旋弹簧、管脚和管脚接头等组成，下端插入栅板联箱，在控制棒组件工作时不会移动。

上过渡接头焊在六角形外套管的上端，在控制棒的运动过程中起到导向作用；上过渡接头上的垫块用于保证与周围组件之间的定位。外套管为组件的主体容器部分，用于给冷却剂提供流道以精确分配组件流量；下过渡接头与外套管采用焊接形式连接，其伸入外套管的部分也能对中心移动体起导向作用。下屏蔽棒与下过渡接头采用螺纹加点焊的形式连接，下屏蔽棒除了用于屏蔽中子，还用于增加套筒的质量，防止其浮起。管脚与下过渡接头采用螺纹加环焊形式连接，管脚是控制棒组件在堆内的定位装置，同时可以调节冷却剂流量，通过锥面密封、松枝状密封和螺旋弹簧密封结构可以控制栅板联箱内的钠上、下漏流量。螺旋弹簧下端焊接在管脚上，与管脚及栅板联箱构成弹簧密封结构；管脚接头与管脚采用断续环焊连接，管脚接头上有节流装置，可以调节组件压降。

(2) 中心的控制棒移动体：控制棒移动体由操作头、上套管、吸收体棒束、中间套管和移动体管脚等组成。操作头、中间套管和移动体管脚组成外壳体，内部为吸收体棒束。

操作头可与换料机抓手或控制棒驱动机构的抓手相匹配，从而保证运行时控制棒移动体在堆内的位置高度以及顺利完成换料操作，其下端与上套管采用环焊连接。上套管下端与吸收体棒束及中间套管采用环焊相连，上套管除了起到屏蔽中子的作用外，还用于调节移动体的质量，防止移动体在与控制棒驱动机构脱离时意外浮起。反应堆剩余反应性控制是依靠吸收体棒中吸收中子的材料(如 B_4C)来实现的，所以吸收体棒是控制棒组件最重要的部件。吸收体棒主要由吸收体芯块(B_4C)、包壳管和上下端塞组成，吸收体棒为通气式结构包壳，与上、下端塞采用环焊连接。吸收体棒束包括多根吸收体棒，一般按正三角形栅格排列，由螺旋形绕丝维持棒间距；吸收体棒两端固定于上、下两块栅板，与上栅板采用螺母加点焊的形式固定，与下栅板采用环焊连接，上栅板与上套管相连。吸收体棒束的外面为中心套管，依靠控制棒驱动机构带动移动体上、下移动。冷却剂钠由管脚上的进钠孔进入组件内部，经下屏蔽棒，通过移动体下端的移动体管脚进入移动体，向上流经吸收体棒束和上套管，最后由操作头上的出钠孔流出组件。

3) 堆芯其他相关组件

以钠冷快堆为例，堆芯其他相关组件包括径向再生区组件、不锈钢反射层组件、碳化硼屏蔽组件。

(1) 径向再生区组件：用于核燃料的增殖，利用堆芯内的高能中子将可转换核素转换为易裂变核素，提高核燃料的利用率。径向再生区组件由操作头、外套管、可转换核素棒束、下屏蔽棒、下过渡接头和管脚组成，棒束之间的间隙由金属绕丝维持。

(2) 不锈钢反射层组件：根据反应堆增殖比和屏蔽的要求，在堆芯最外围布置不锈钢反射层组件，将逸出堆芯的中子反射回堆芯和径向增殖区，提高堆芯的增殖比；对堆容器的部件和设备起屏蔽 γ 射线和中子的作用。不锈钢反射层组件由操作头、外套管、不锈钢棒束、下屏蔽棒、下过渡接头和管脚组成。

(3) 碳化硼屏蔽组件：碳化硼屏蔽组件用于降低围筒内构件的辐射损伤水平和保证堆内储存井中的乏燃料组件的中子屏蔽。碳化硼屏蔽组件主要由操作头、外套管、吸收体棒束、下屏蔽棒、下过渡接头和管脚组成。

7.1.2　反应堆容器及堆内构件

本节将以池式钠冷快堆为例，介绍反应堆容器、堆内构件的组成和作用。

1) 反应堆容器

液态金属反应堆容器功能是包容反应堆堆芯、一回路主冷却系统和一回路冷却剂，钠冷快堆典型结构如图 7 - 4 所示。

钠冷快堆反应堆容器一般由主容器、保护容器及其支承、保温层和主容器热屏蔽等组成，池式布置使设备不需要贯穿堆容器侧壁。主容器一般设计为底部是椭球形封头的直筒形容器(如法国的凤凰堆、超凤凰堆等)，部分容器上部还会设计为锥形(如俄罗斯的 BN - 600、BN - 800 和中国的 CEFR 等)。主容器外是保护容器，主容器和保护容器一般采用下部支承的坐装式结构，堆容器内冷却剂液面以上覆盖着惰性气体——氩气，氩气腔与非能动的堆容器超压保护系统相连，以防止主容器内压力过高，造成堆容器损坏。

2) 堆内构件

池式液态金属堆堆内构件包括堆芯支承结构、堆内屏蔽、堆内支承、主循环泵支承及其补偿器、中间热交换器或蒸汽发生器支承及其补偿器、一回路压力管部件、热屏蔽和堆芯熔化收集器等。

堆芯支承结构由大栅板联箱、小栅板联箱和围桶组成，用于将堆内组件约

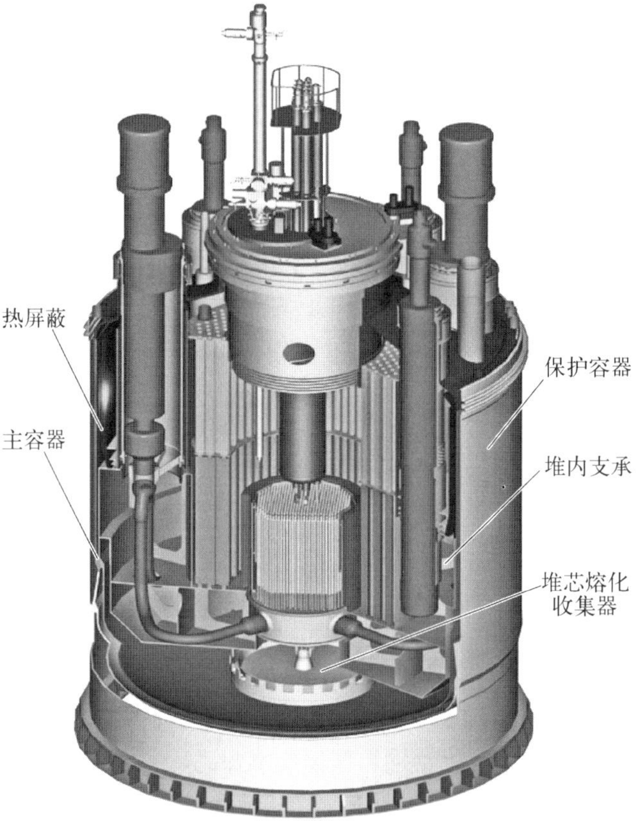

图 7-4　池式钠冷快堆堆容器结构

束于围桶之内,其管脚插坐在小栅板联箱上,堆芯组件依靠自重在轴向定位。小栅板联箱多用于钠冷快堆堆型,在钠冷快堆中,小栅板联箱是堆芯重要的流量分配与支承装置,小栅板联箱尾部插入大栅板联箱套管内,而各类组件插在小栅板联箱上,冷却剂钠自栅板联箱套管侧面开孔进入小栅板流量分配腔室,之后大部分钠通过组件管脚下部开孔流进组件内部,以此完成对堆芯的支撑和各组件的流量分配。图 7-5 为小栅板联箱结构图。

堆芯支撑板多用于铅基快堆堆型。在铅基快堆中堆芯支撑结构设计较为简单,大多采用类似压水堆的设计,以欧洲设计的 ALFRED 铅基快堆为例[1],其堆芯支撑是通过下部支撑板和上部支撑板实现的,上下支撑板为堆芯内的各类组件提供了轴向支撑,如图 7-6 所示。除了给组件提供轴向支撑之外,上下堆芯板还具有为各类组件提供径向定位的功能,上下堆芯板的结构如

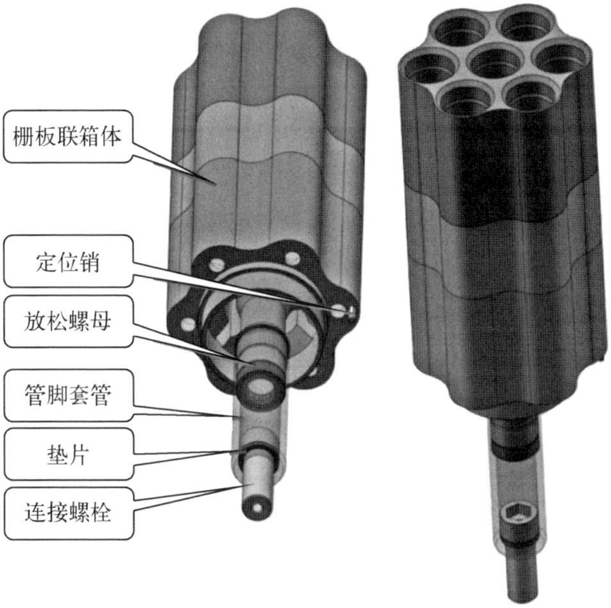

图 7-5　小栅板联箱结构图

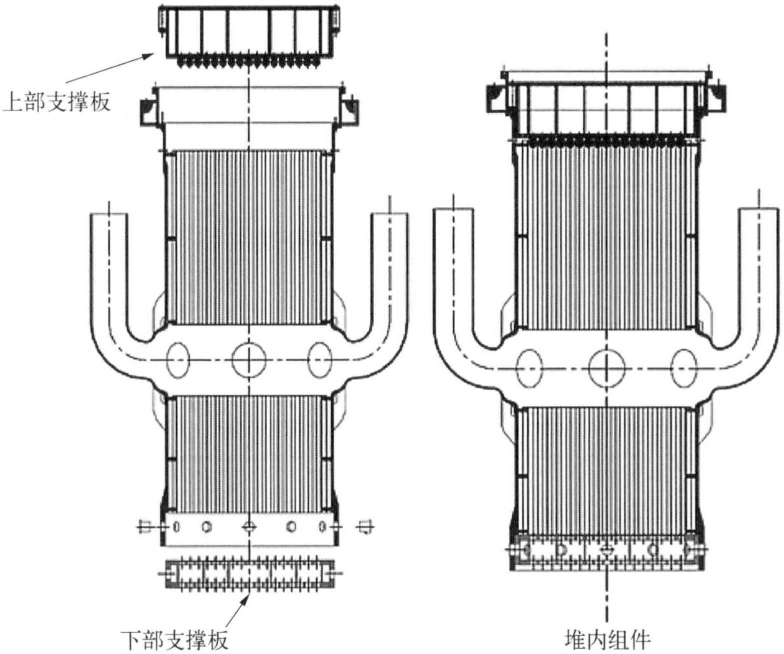

图 7-6　上、下支撑板提供轴向支撑示意图

图 7-7 所示,图中的下支撑板上孔的位置是各组件插入堆芯时组件管脚的定位孔,通过定位孔实现了组件的径向定位,上支撑板相比下支撑板来说结构略复杂,上支撑板底部安装有弹簧,主要是为了压紧各类组件,防止在反应堆运行过程中组件上下移动。

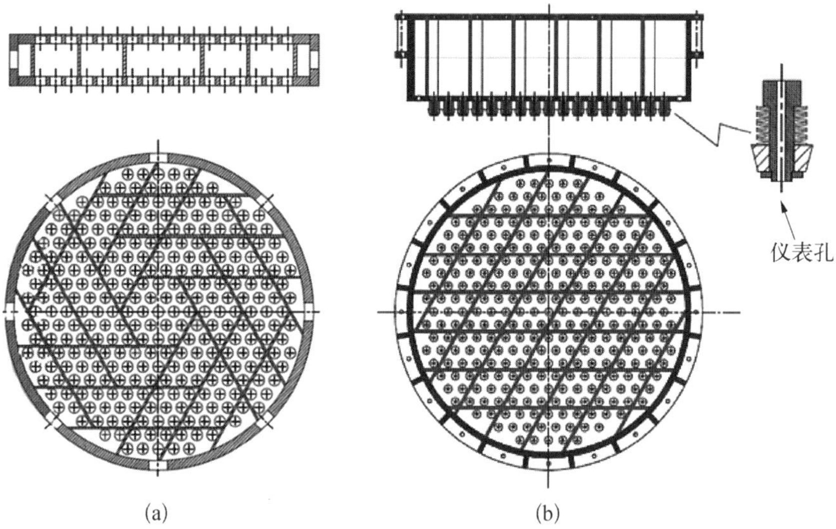

图 7-7　上、下支撑板结构图

(a) 上支撑板;(b) 下支撑板

堆内支承是支承堆芯、一回路设备、堆内屏蔽及其他堆内构件的一个上段为圆柱体下段为圆柱带锥体的焊接箱形结构。

主循环泵支承包括支承筒、泵接头孔座及热屏蔽。支承筒上部装有波纹管补偿器。

中间热交换器或蒸汽发生器支承包括支承筒、密封环、热电偶通道及外围热屏蔽。

一回路压力管部件是连接一回路主循环泵和栅板联箱的输钠通道。

堆内屏蔽包括生物屏蔽和热屏蔽两部分,生物屏蔽有围桶外边的环形屏蔽、热钠池内的柱形屏蔽以及栅板联箱外侧的屏蔽;热屏蔽主要包括堆容器内侧的径向热屏蔽和冷、热池隔板上面的水平热屏蔽两部分,在泵支承外面和中间热交换器支承外面还有局部热屏蔽。

堆芯熔化收集器是圆盘形结构,它安装在栅板联箱下方的堆内支撑底部,防止严重事故工况下熔化的燃料和包壳落入钠池底部而熔穿堆容器,收集器由支承架、托盘和衬面等部件构成。

7.2　一回路系统

本节将分别介绍快堆一回路系统的功能、设计原理和主要设备组成。

7.2.1　主要功能

一回路系统也称为一回路冷却剂系统，它的直接上游为堆芯，直接下游为二回路系统，其基本功能为冷却堆芯，将堆芯产生的热量传递给二回路。不同的快堆堆型其一回路系统的关键设备存在一定差异。例如钠冷快堆主要包括反应堆容器及其构件、一次循环泵、中间热交换器；铅基快堆却往往不使用中间热交换器而直接采用蒸汽发生器，同时，部分铅基快堆堆型如美国设计的 SSTAR 铅基快堆一回路采用自然循环设计，不需要一次循环泵。

液态金属反应堆一回路系统的具体功能如下：

(1) 在正常运行时将堆芯产生的热量带出，通过中间热交换器传给二回路载热剂，保证堆芯冷却。

(2) 为主容器、钠循环泵支承、堆内电离室通道等设备提供所需的冷却条件。

(3) 在预计运行事件和事故工况下，与其他相关系统联合作用，排出堆芯余热。

(4) 一回路冷却剂系统压力边界构成包容放射性物质的一道安全屏障。

(5) 长期停堆期间，维持冷却剂温度在冷停堆状态，防止堆芯温度下降而重返临界；同时防止冷却剂发生凝固或在低温时杂质沉积而堵塞流道。

一回路冷却剂系统主要由能提供上述系统功能的设备组成，典型的池式堆一回路冷却剂系统包括反应堆主容器及其贯穿件密封装置、旋塞及其密封装置；把反应堆热量传送给二回路系统的中间热交换器一回路侧；把反应堆热量传送给事故余热排出系统二回路侧的独立热交换器一回路侧；循环泵及其轴封；为部件提供的支撑和补偿器、热屏蔽和辐射屏蔽；一回路压力管部件；与一回路冷却剂环路相连接并属于该环路的管道、阀门和配件，直到并包括第一个隔离阀；以及为控制运行所需要的检测装置等。

快堆一回路系统的布置方案一般有池式、回路式两种布置类型。本章以池式堆为重点进行介绍，表 7－1 列举了部分钠冷快堆一回路系统的主要参数。

表 7-1 部分钠冷快堆一回路系统的主要参数[2]

参数	堆型					
	BN-350	Phénix	MONJU	PFR	CRBRP	BN-600
额定电功率/MW	350	250	280	250	375	600
热功率/MW	1 000	568	714	600	975	1 470
系统	回路式	池式	回路式	池式	回路式	池式
每个回路 IHX 数目	2	2	1	2	1	2
堆芯出口温度/℃	500	560	529	550	535	550
堆芯入口温度/℃	300	400	397	400	388	377
IHX 二次出口温度/℃	450	527	505	540	502	520

7.2.2 系统设计

一回路系统设计需厘清系统及其流道方面的问题，下面就相关方面进行详细说明。本节内容包括系统流道设计和相关系统。

7.2.2.1 系统流道设计

本节将以池式钠冷快堆为例，进行系统流道设计的说明。

1) 流道分类

图 7-8 所示为一回路系统流程图，典型池式钠冷快堆一回路系统会涉及以下几类流道[3]：

(1) 与第一项系统功能相对应，在正常运行时将堆芯产生的热量带出，通过中间热交换器传给二回路载热剂，保证堆芯冷却的流道，称为一回路主冷却流道，对应系统称为一回路主冷却系统。

(2) 与第二项系统功能相对应，为主容器、钠循环泵支承、堆内电离室通道等设备提供所需的冷却条件的流道，称为一回路辅助冷却流道，对应系统称为一回路辅助冷却系统，如主容器冷却系统、泵支承冷却系统等。

(3) 在事故紧急停堆后，部分反应堆采用自然循环来排出堆芯余热，此时，一回路系统需要与其他相关系统，如事故余热排出系统的堆外回路联合作用，排出堆芯余热。此时，堆内设计有自然循环流道，该流道有可能不同于强迫循环时的流道。

(4) 除冷却外其他用途的一些辅助流道，如为测量通过堆芯或泵的输出流量而设置的旁通流道等。

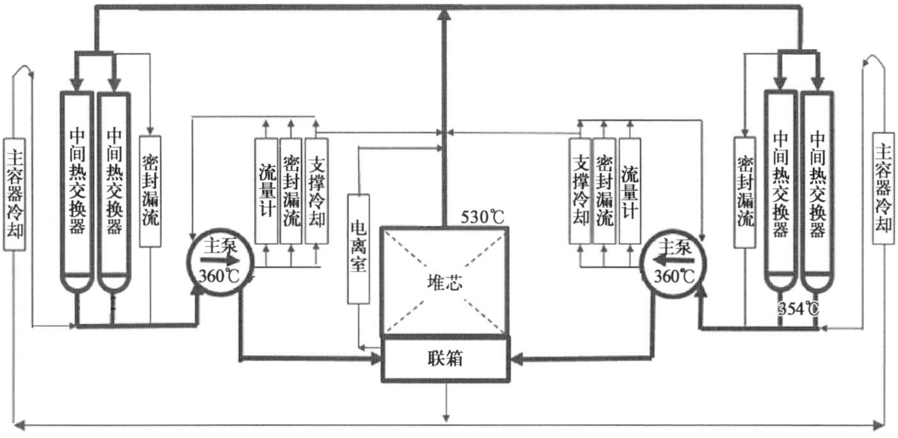

图7-8 典型池式钠冷快堆一回路系统流程图

2) 流道描述

(1) 一回路主冷却系统及其流道：一回路主冷却系统的冷却剂通过堆芯时将燃料内产生的裂变能从堆芯排出，维持堆芯正常工作条件，确保反应堆安全运行。同时把一回路冷却剂获得的热量通过中间热交换器传给二回路主冷却系统的载热剂。

一回路主冷却系统有两个不完全独立的并联环路。这两个环路有它们的公共段，公共段包括栅板联箱、小栅板、堆芯、热钠池。这两个环路还有各自的独立段，它们的独立段各有两台中间热交换器、主循环泵吸入腔、一台主循环泵和两根一回路主管道。

一回路主冷却系统的冷却剂流动路径：主循环泵从泵吸入腔吸钠，经泵加压后从主管道进入栅板联箱，之后大部分钠经过小栅板和堆芯组件管脚进入堆芯后，从堆芯出口进入热钠池，在热钠池穿过生物屏蔽柱间隙及其支承筒上的开孔进入热钠池外区，然后再穿过中间热交换器支承进到中间热交换器，在中间热交换器内自上而下到达出口后，进入主循环泵的吸入腔，这样走完一个完整的循环。

(2) 主循环泵支承冷却系统及其流道：主循环泵支承冷却系统为主循环泵支承结构提供冷却，保证主循环泵的工作条件，同时保持泵箱内的钠温度在限值左右，满足泵吸入钠温度的要求。

主循环泵支承外部设置有与泵支承同心的两层隔热板，形成泵支承冷却系统的上升、下降通道。

泵支承冷却系统具体流道如下：泵出口部分的冷却剂通过节流装置后，沿泵支承外壁向上流动，将泵支承冷却后，折返到下降通道，最后向下进入泵吸入腔。

(3) 主容器冷却系统及其流道：主容器冷却系统为主容器提供冷却，保证主容器温度不超过基体材料允许使用温度，以保持一回路冷却剂包容边界的完整性。

主容器冷却主要是针对高温钠池对应的钠池高度位置的主容器结构进行的，在形式上可以在热池和主容器之间设置专门的隔热板，形成类似于泵支承冷却系统的上升、下降流道。而在不方便引入冷钠流冷却的地方，可以采用其他如布置隔热板等方式的降温措施。

主容器冷却系统起点在栅板联箱底板上的节流装置，其具体流道如下：冷钠经栅板联箱底板上的节流装置后，依次流经冷钠池底部、堆内支承和主容器下部之间的间隙、上升通道、下降通道，最后经节流装置流出进入泵吸入腔。

7.2.2.2　其他相关系统

钠冷快堆与铅基堆的主热传输系统的主要区别在于，钠冷快堆存在中间热传输系统（又称二回路主冷却系统），这里主要介绍钠冷快堆与一回路系统有关的其他系统。主要涉及以下系统。

(1) 二回路主冷却系统：一回路主冷却系统通过中间热交换器与二回路主冷却系统相联系，中间热交换器把一回路主冷却系统携带的热量传给二回路。实际上，二回路主冷却系统是一回路的热阱。

(2) 一回路钠净化系统：该系统对一回路主冷却系统中的钠进行净化，使一次钠的杂质含量不超过规定限值，与一回路钠净化系统相连的还有一回路钠取样系统。

(3) 一次钠接收和充、排钠系统：对一回路主冷却系统初始充钠，以及在一些特殊事故工况时把一回路的钠排放掉。

(4) 一次氩气分配系统：为了给一回路主冷却系统（堆容器）分配氩气，使一次钠覆盖气体的压力维持在规定值。

(5) 一回路超压保护系统：当一回路主冷却系统压力升高到规定值时，依靠一回路超压保护系统中的非能动液封器排放部分保护气体，使系统压力恢复正常。

(6) 一回路过程参数监测系统：对一回路主冷却系统的工艺参数进行测量，同时对一回路的安全保护系统进行控制。

(7) 事故余热排出系统：如中国实验快堆，其事故余热排出系统是独立于主热传输系统的，该系统也是三个回路设置，其中一、二回路装钠，三回路利用空气。该反应堆事故余热排出系统和主热传输系统这两个系统的一回路共用钠池内的钠，因此，它们是密切相关的。

7.2.3　主要设备

快堆一回路系统的关键设备是主循环泵，用来实现一回路主冷却剂钠的循环，同时某些堆在长期停堆期间，需要通过一回路主循环泵运转时轴功率转换的热量将一回路冷却剂温度维持在冷停堆状态，防止堆芯温度继续下降而重返临界状态；同时也防止一次钠发生凝固或在低温时钠中杂质沉积而堵塞流道。

目前的钠冷快堆都使用机械泵，但存在堆容器贯穿孔的密封问题。常用的方法是允许泵轴穿过钠位上的密封壳，同时不断地向密封结构导入干净氩气，以防止钠蒸气或放射性气体外泄。因此，钠泵会有一根很长的轴，轴的低端是浸没在钠中运转的轴承，该轴承通常为用泵出口的钠进行润滑的流体静力学轴承。

一回路钠泵一般由变速电机驱动，还带有一台辅助的或“小”型电机，以便在停堆时维持足够的冷却剂流量而使燃料得到冷却。当电源发生故障时，这些电机用可靠电源，如柴油机供电，以确保应急冷却。

一回路钠泵必须有较大的体积流量和相对较低的压头，例如对于2 500 MW热功率的池式堆，其典型值分别为15 m^3/s和300 kPa左右。为此，一般采用单级式离心泵，设计的主要难点在于如何解决温度的突变问题和防止气蚀问题，在这些方面，回路式和池式的要求是不同的。

冷却剂的温度对气蚀几乎没有影响，因为即使在600 ℃时，饱和压力仅为7 kPa，重要的影响因素是泵入口处的压头，即净正吸入压头。堆容器中钠液位以上的覆盖气体被限制在1～200 kPa范围内，以防止放射性物质和钠蒸气的泄漏。在池式堆中，泵的入口压力等于覆盖气体压力与泵入口以上液压的静压差之和，一般说来，这已足以防止气蚀的发生。

关于泵的定位问题，对于回路式系统，一次泵既可以在热段也可以在冷段（通常认为，若泵置于热端更易于防止气蚀的发生）；而对于池式设计，一次泵总是置于冷钠之中。

7.3 中间热传输系统

中间热传输系统是钠冷快中子增殖反应堆所特有的系统，也是钠冷快中子增殖反应堆主热传输系统的重要组成部分。钠冷快堆采用中间热传输系统是为了防止一回路系统中的放射性钠（主要是半衰期为 15 h 的 ^{24}Na）与蒸汽发生器中的水接触产生钠水反应。本节主要介绍国际上主流钠冷快堆技术路线的中间热传输系统，重点阐述钠冷快中子增殖反应堆中间热传输系统固有的设计特性。中间热传输系统一般由两个完全相同的并联环路组成。每个环路由中间热交换器的管侧、蒸汽发生器、钠缓冲罐、中间热传输系统钠循环泵、钠阀门、管件、管道和检测仪表组成。

7.3.1 系统功能及设计原理

中间热传输系统的主要功能是将一回路主冷却系统中钠的热量传给三回路（水/蒸汽）系统，以提供过热蒸汽推动汽轮机发电；起到隔离带放射性的一回路主冷却系统与三回路（水/蒸汽）系统的作用。

中间热传输系统的压力设计需高于一回路主冷却系统压力，防止中间热交换器换热管破裂时，放射性物质不可控地释放到中间热传输系统。

在反应堆正常停堆和发生事故工况下（主热传输系统保持排热功能），通过中间热传输系统泵的惰转，以其热惰性辅助建立一回路的自然循环，为堆芯提供冷却条件，导出堆内余热，确保反应堆安全。同时，在蒸汽发生器中发生钠水反应事故时，防止反应产物进入一回路主冷却系统中。

中间热传输系统通过中间热交换器与一回路主冷却系统相连，通过中间热交换器把一回路主冷却系统携带的热量传给二回路。中间热传输系统在额定工况运行时，系统中温度为 300 ℃左右的钠由钠循环泵驱动进入中间热交换器的中心下降管，在下浮头中反向后进入中间热交换器的管束区，与一回路的钠进行换热，温度升高至 500 ℃左右后流出中间热交换器。根据不同钠冷快堆中间热传输系统设计特点及其对蒸汽发生器数量的设计要求，由中间热交换器流出的 500 ℃热钠直接进入蒸汽发生器或经钠分配器分成多条支路流入多组蒸汽发生器。热钠在蒸汽发生器中与三回路的水/蒸汽换热后温度重新降为 300 ℃左右，然后冷钠流入钠缓冲罐，再由钠缓冲罐流入钠循环泵，通过钠循环泵将钠再次压入中间热交换器管程，完成一个循环过程，最终实现整个中间热传输系统的物料循环和能量传递[3]。图 7-9 所示为典型的多模块蒸汽发生器钠冷快堆中间热传输系统工艺流程。

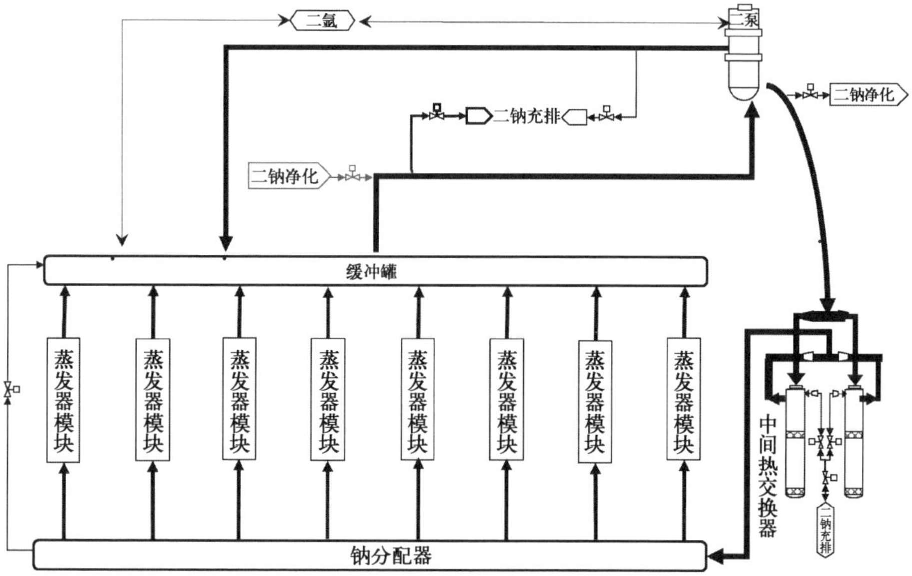

图 7-9　钠冷快堆中间热传输系统工艺流程图

7.3.2　主要设备

中间热传输系统的主要设备包括中间热交换器、钠循环泵、蒸汽发生器、钠分配器、钠缓冲罐和钠阀等，下面逐一进行介绍。

1) 中间热交换器

中间热交换器为立式且圆筒形管壳式的逆流热交换器，结构如图 7-10 所示，其工作原理如下：

从堆芯出来的一回路钠经过中间热交换器支承套筒和入口栅格的孔流入中间热交换器壳程空间，将热量传递给中间热传输系统的钠。然后经过

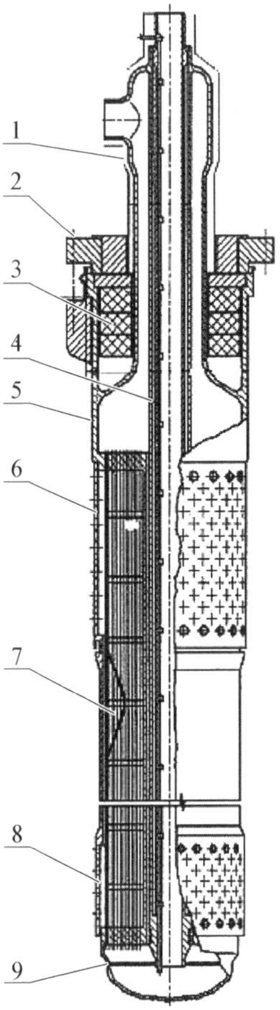

1—保护罩；2—紧固法兰；3—屏蔽部件；4—中心管；5—溢流腔室；6—入口栅格；7—换热管束；8—出口栅格；9—压力腔。

图 7-10 中间热交换器结构图

出口栅格从中间热交换器流出，进入主容器冷却通道，最后进入一回路钠循环泵。

中间热传输系统的钠沿中间热交换器的中心管进入下封头，然后转向流入中间热交换器的换热管束中，沿管程流动吸收一回路钠的热量，流出换热管束后汇集到中间热交换器的溢流腔室，经过中间热交换器的管程出口接管流出中间热交换器，然后沿管道进入蒸汽发生器加热三回路的水。部分中间热传输系统的钠以漏流的形式进入中心管和连接圆筒之间的间隙。

中间热交换器由上管板、下管板、连接圆筒、成形圆筒、管束、压力腔、溢流腔、中心管、屏蔽组件、有定距隔栅的定位杆和保护容器组成，屏蔽部件、上管板和中心管构成了溢流腔，屏蔽块布置在上部压力腔室的外面，用于减弱放射线对工作人员的危害，并作为中间热交换器表面部分的安全罩。安全罩由钢板构成，安装时相对其被保护的表面有间隙，用于在中间热交换器中间热传输系统侧丧失密封情况下防止钠冷却剂流入反应堆厂房，安全罩的下部与屏蔽块相连。

中间热交换器安全罩的外表面有两个穿过屏蔽块和绝热层的泄漏信号探测器的外套管，安装在外套管内的泄漏信号探测器发出钠泄漏的信号。中心管由外圆管和内圆管组成，内圆管用于将中间热传输系统的冷却剂输送到中间热交换器的压力室。外圆筒在下部经过迷宫式密封与内圆筒相连，而其上部则与溢流室相连。内圆筒和外圆筒之间用空气隙隔开。空气作为中间热传输系统“冷”冷却剂和“热”冷却剂之间的隔热层。连接圆筒、管板和中心管之间有间隙，使得中心管可以相对自由地穿过管束空间。中心管内有两个活动支座，活动支座在上部和下部管板附近，用于提高中心管的抗震性。外圆筒、异径管、带盖子的出口连接管构成上部压力腔室，与上管板和中心管的外圆筒刚性连接。

2）钠循环泵

中间热传输系统钠循环泵为立式、单级、单吸且具有自由钠液位的离心泵。中间热传输系统钠循环泵的总体布置方式如下：泵转子的上部支撑采用径向推力轴承，泵转子的下部支撑采用流体静压轴承，自泵出口引出高压钠进入液压静力轴承，这股钠流在泵的钠腔中释放，为平衡缓冲罐和泵腔中的钠液位，在泵腔和钠缓冲罐间需要接入一个溢流管，并同时维持两个设备的氩气压力不变。轴封布置在上部轴承（径向-推力轴承）的下部，检修密封布置在轴封的下部，电机布置在顶端并通过联轴器与泵轴直接连接。

为测量泵中的钠液位，安装有液位计装置。为保证泵的运行，中间热传输系统钠循环泵配有辅助系统：油系统、冷却系统（水和空气）、气体系统（惰性气体）。油系统保证泵电机、上部轴承的润滑及机械密封的油封，并将其热量经冷却器传给水冷系统，泵顶盖以及泵轴的冷却靠空气来实现，在钠液位以上，由惰性气体形成必要的补充压头，以保持泵无气蚀工作。

钠循环泵的结构如图 7－11 所示。钠循环泵的电气传动装置由鼠笼式转子异步电动机和调频式电源组成。电动机安装在机座上，泵轴和电动机轴的连接靠带弹性套筒和 10 个销钉的联轴器来实现。钠经过吸入接管导入叶轮，在进入叶轮前钠流靠收缩道得到稳定，并靠径向导流装置从叶轮导出。中间热传输系统钠循环泵表面布置电加热，保证充钠前和工作时的泵的温度工况。

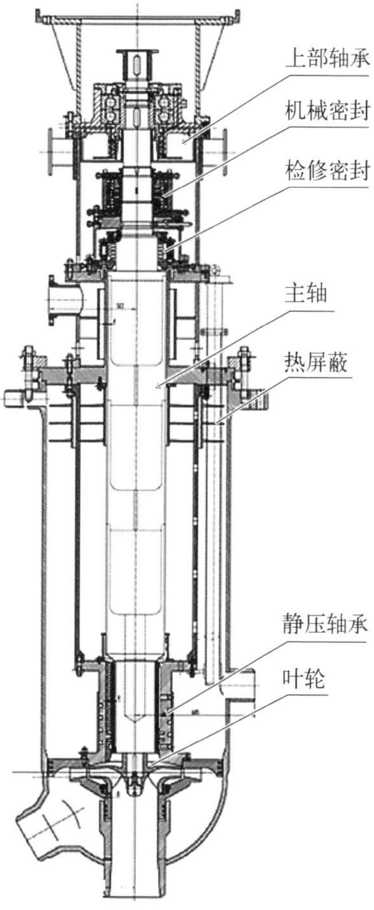

图 7－11　钠循环泵结构图

3）蒸汽发生器

钠冷快堆模块式蒸汽发生器由蒸发器模块和过热器模块两部分组成。水/蒸汽在管程内流动，钠在壳程内流动，逆流传热，均为立式布置。

二回路主冷却系统的钠在壳程流动、水/蒸汽在管程流动，介质流动方向为高温钠从过热器下部进入壳程，从下往上流动，通过过热器上部和蒸发器上部壳程接管进入蒸发器壳程，从上往下流动，在蒸发器下部流出。三回路给水从蒸发器下部进入水腔室后从管程自下往上流动，从蒸发器上部蒸汽腔室流出后进入过热器上部蒸汽腔室，再沿管程自上往下流动，与钠进行逆向换热。

蒸发器与过热器结构形式相同，只是结构尺寸有差别。换热管数量不一样，主要由壳体、换热管束、水腔室、蒸汽腔室、接管、支撑等部件组成，其结构如图 7－12 所示。

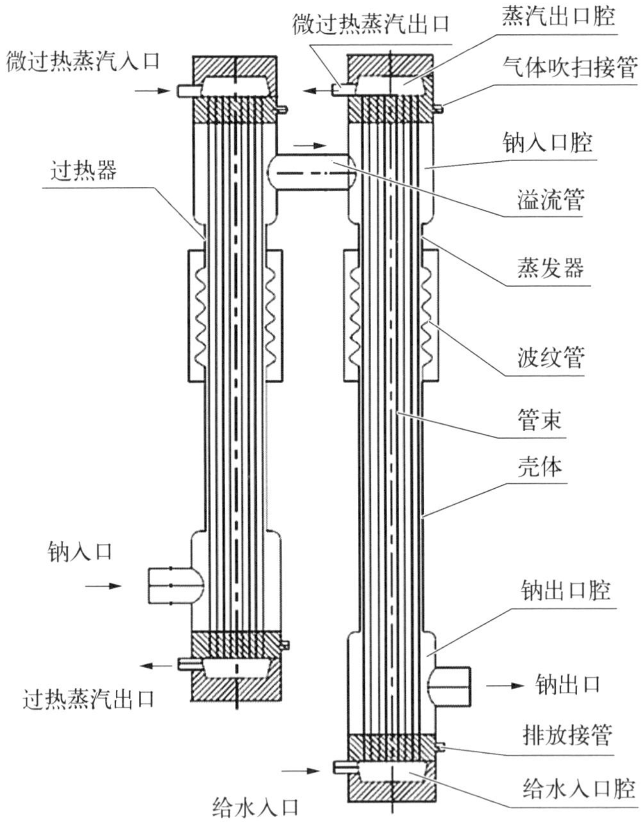

图 7－12　蒸汽发生器结构图[3]

(1) 壳体：蒸发器壳体包括上部壳体、膨胀节、中间壳体和下部壳体部件，其中由于蒸发器采用直管固定管板式结构，为补偿换热管束与壳体之间的热膨胀差设置了膨胀节部件。

(2) 换热管束：蒸发器换热管采用直管形式，单层管，换热管为整根无缝钢管，换热管规格为∅16 mm×2.5 mm，沿管束轴向布置有管束支撑板，用于防止流致振动的发生。换热管束设置了管束包壳，用于减少壳侧流体的旁流，换热管与管板连接接头采用胀焊连接工艺进行连接，在整个管板厚度上进行胀接。

(3) 流量分配装置：由于钠是从设备侧向接管流入和流出，为保证钠进入管束流量分配均匀，减小最大流速以防止造成流致振动超限，在管束包壳上部和下部设置了流量分配装置，以使壳侧流量均匀进入管束换热区。

(4) 水腔室和蒸汽腔室：蒸发器水腔室和蒸汽腔室基本结构相似，只是在水腔室设置了格栅板把进水搅混，在换热管入口设置节流装置防止在低功率工况运行时发生流动不稳定性现象。水腔室介质为过冷水，蒸发器蒸汽腔室的蒸汽为过热度一定的过热蒸汽，以保证进入过热器的蒸汽为过热蒸汽。过热器蒸汽腔室结构与蒸发器蒸汽腔室相同。

(5) 接管：蒸发器设置了钠进出口接管、水/蒸汽进出口接管、排钠排水接管、紧急排钠接管、溢流接管、注氢接管等，上述接管设置除了保证设备传热功能外，还考虑了排气、排液、事故监测和事故处理等功能。

(6) 支撑：蒸发器采用上部耳式支座，下部抱环结构进行设备的垂直和水平支承，过热器上部耳式支座和蒸发器上部支座位于同一高度，除了设备支撑需设置支撑钢梁外，还需设置设备检修钢平台，以满足设备役前、在役检查的要求。

所有模块在钠侧的壳体、接管和管板装设有热屏蔽组件，在壳体外壁布置电加热装置。为实现设备的役前和在役检查，蒸汽发生器还配备螺栓拉伸机、膜片切割机、插件拆卸、换热管堵管等专用工具。

4) 钠分配器

钠分配器的主要功能是将来自中间热传输系统主管道的钠冷却剂平均分配到蒸汽发生器各模块中，使进入各组蒸汽发生器模块的钠流量保持一致。

钠分配器由入口接管、导径管、筒节、封头、出口接管以及必要的支撑结构组成直筒状分配联箱，其结构如图7-13所示。

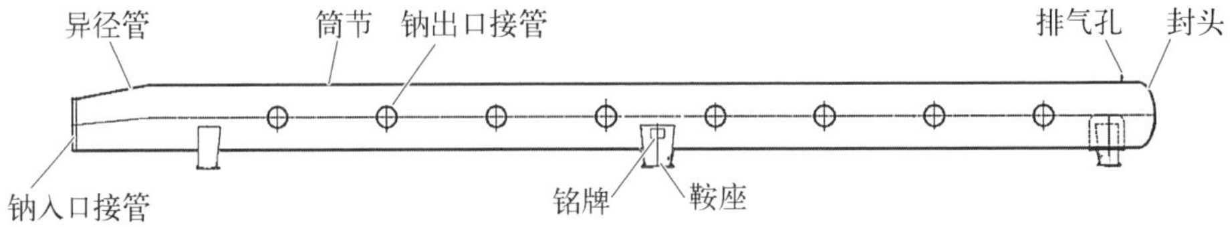

图 7-13　钠分配器结构图

5）钠缓冲罐

为了补偿中间热传输系统钠的热膨胀，在每条环路中设置一个钠缓冲罐，布置在蒸汽发生器和中间热传输系统钠循环泵之间的冷段上。由钠缓冲罐中钠液位和钠循环泵腔中钠液位的变动来补偿钠温度变化引起的压力波动。钠缓冲罐主要包括钠出口接管、入口接管、泵溢流接管以及蒸汽发生器溢流管接管等主要部件，其结构如图 7-14 所示。

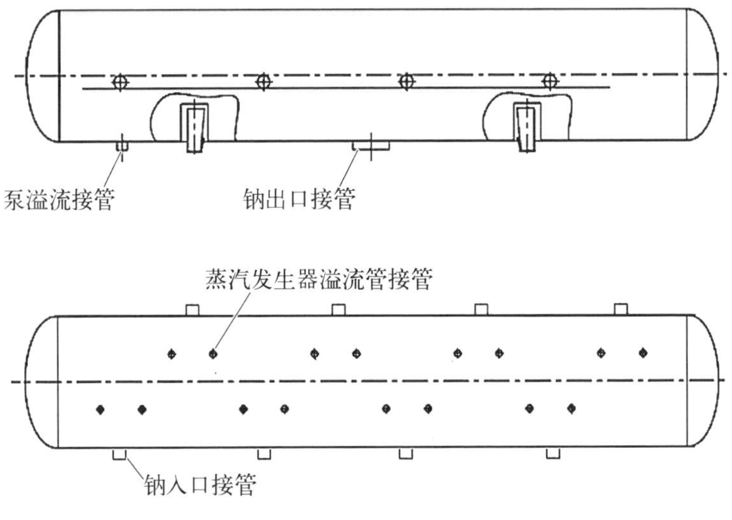

图 7-14　钠分配器结构图

额定工况下，钠缓冲罐与中间热传输系统钠循环泵腔的钠液位有一高度差，它由钠循环泵液压静力轴承的流量来确定，能够使泵中液压静力轴承流量通过溢流管进入钠缓冲罐。

钠缓冲罐的设计应考虑控制钠水反应引起的压力冲击及避免气体夹带现象产生，在钠缓冲罐内应设置钠液位控制系统，保持中间热传输系统钠液位和系统压力的稳定。

6）钠阀

核级冷冻密封钠阀是钠冷快堆中间热传输系统的关键设备，主要功能是对管道中的流体介质钠起到有效的疏通和截断作用，大口径液态金属钠阀作为闭锁机构在钠冷快堆蒸汽发生器单元的入口和出口管道上使用，当蒸汽发生器失去密封而发生钠水事故时，可关闭钠阀以迅速切断二回路中的钠循环，隔离蒸汽发生器，以保证系统的稳定和蒸汽发生器的安全运行。

核级冷冻密封钠阀的主要部件包括阀体、闸板、阀杆、阀盖、支架以及电装，结构如图 7－15 所示。通过螺栓、螺母将阀体与阀盖及支架相连，再通过轴承箱将支架与电装相连，即实现了驱动装置与阀门的连接。

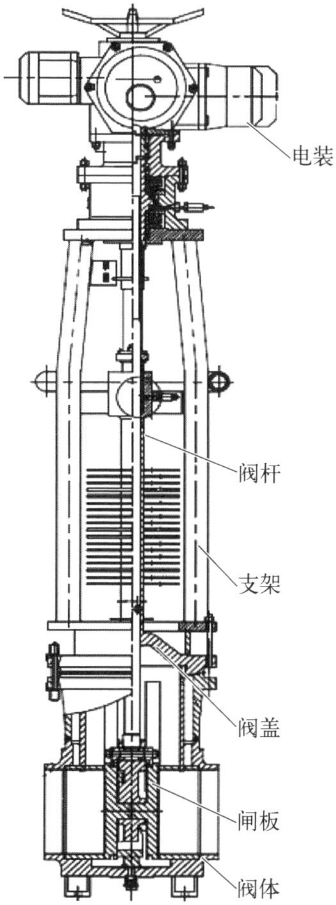

图 7－15　钠阀结构图

7.4　燃料操作系统

本节以典型池式快堆换料系统为例进行阐述，燃料操作系统依据工艺流程分为堆内换料系统和堆外换料系统，堆外换料系统由新组件装载机、转运室转运机、清洗室转运机、转换桶和气闸等设备组成，设备的运行氛围为氩气、氮气和水蒸气；堆内换料系统由旋塞（包括大旋转屏蔽塞和小旋转屏蔽塞）、换料机、装料提升机、卸料提升机等组成，设备的运行氛围为液态金属钠和氩气。换料操作工艺流程如图 7－16 所示，燃料操作系统涉及的设备和流程如图 7－17 所示[4]。

为了保证操作人员的安全防护和沾钠设备的转运安全，换料系统全工艺流程具备“全封闭、非接触、不可视”的换料特性。因此，相较于压水堆和回路式快堆，该反应堆换料系统具有设备复杂、操作困难和异常处理难度大等方面的特点，为此设备可靠性及操作的安全性面临着极大的挑战。

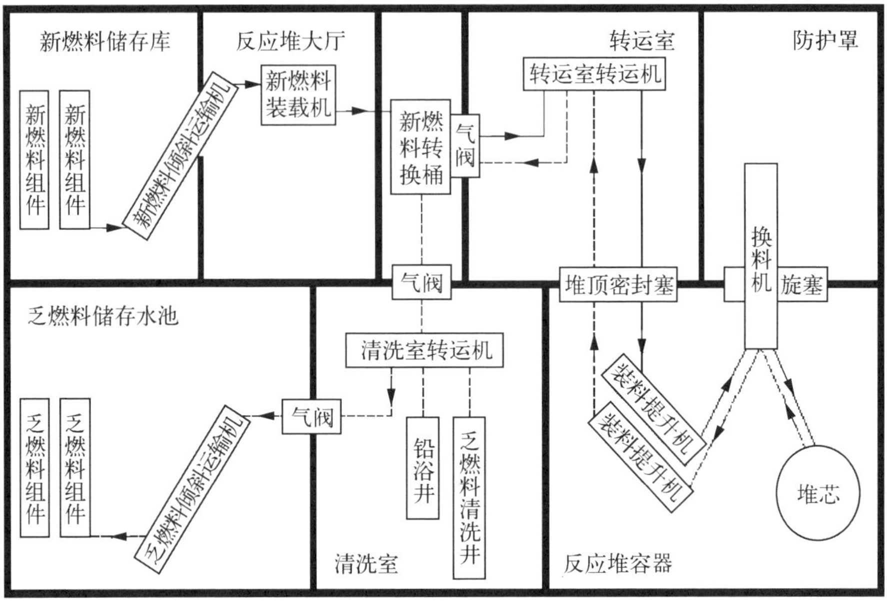

图 7-16 典型池式钠冷快堆燃料操作工艺流程图

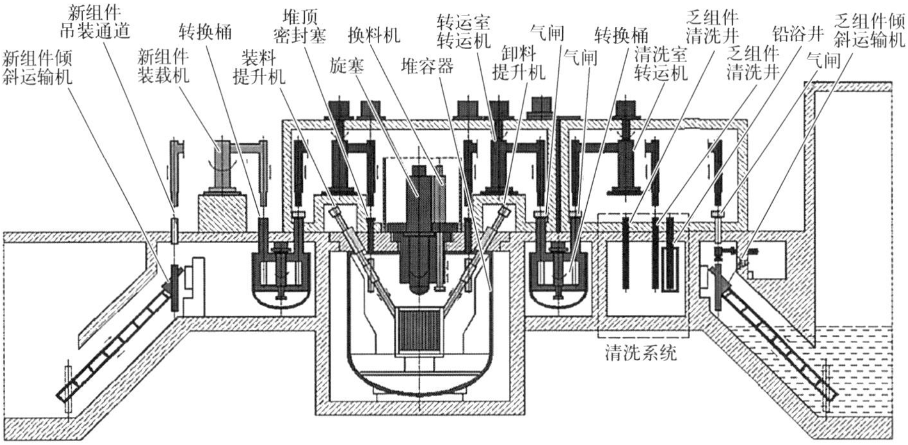

图 7-17 典型池式钠冷快堆燃料操作设备布置图[4]

7.4.1 堆外换料系统

本节以典型池式钠冷快堆为例，介绍快堆堆外换料系统的功能、设计原理和主要设备。

7.4.1.1 系统功能及设计原理

堆外换料系统的主要功能是将合格的新组件由新组件运输倾斜小车运送至转换桶中预热，在转换桶中预热完成的组件通过转运室转运机送入装料提升机吊桶中，将出堆组件从卸料提升机吊桶取出，运送至清洗室，经过清洗、破损检查、铅浴后，送至清洗室组件出口、乏组件倾斜运输机小车中。

除此之外，堆外换料系统还具有安全功能，可以保护现场工作人员免受过量的放射性辐射、防止燃料组件意外出现临界情况，以及实现对堆内及转运-清洗室内放射性气体的包容、密封和屏蔽。

为更清楚地描述堆外换料系统设计的原理，下面分别从该系统的特点和工艺方面进行说明。

1) 系统特点

池式钠冷快堆换料系统在操作运行时具有以下特点：① 乏组件的剂量需要依靠换料系统和设备进行屏蔽；② 乏组件涉钠，系统全流程密封性导致全流程组件操作不可见；③ 机械设备动作行程大且存在多个动机的交互，对设备精度和运动时间均有要求；④ 设备需要保证可靠性较高，以应对后续出现问题时较大的维修难度。

2) 工艺原理

堆外换料系统通过转换桶装置将相互独立的工艺间(转运室和转换桶)相导通，从而实现组件在堆外换料系统中封闭式的转运。

(1) 新组件经过堆外换料系统进入堆内换料系统的流程：新燃料倾斜运输机将新组件从检验室运至反应堆大厅的新组件入口通道下方→使用新组件装载机通过新组件入口通道，从新燃料倾斜运输机插座上抓取新组件，并将其转运至转换桶装料通道处，然后再把新组件插入转换桶转子上的新组件插座中→将装满新组件的转换桶密封，用氩气置换转换桶中的空气后，加热转换桶使其内的新组件温度升至 180～200 ℃→将连接转换桶与转运室组件出入口通道的气闸打开，此时转运室与转换桶连通，通过转换桶转动，将组件从转换桶装料通道方位转至转运室组件出入口通道方位→通过转运室内的转运室转运机，将转换桶内的新组件转运至堆内换料系统的装料提升机内(新料入口)，至此入堆组件完成在堆外换料系统的转运。

(2) 乏组件通过堆外换料系统卸出流程：转运室转运机接收来自堆内换料系统卸料提升机中(乏料出口)的乏组件→转运室转运机将乏组件转运至转换桶中→转换桶转动，使乏组件由转运室组件出入口通道方位转至清洗室组件入口通道方位→将清洗室与转换桶之间气闸打开，利用清洗室转运机将乏组件通过清洗室组件入口通道取出，由清洗室转运机送入清洗室进行清洗。然后，由清洗室转运机再将经过清洗处理的乏组件经清洗室乏组件出口通道，插放到乏燃料倾斜运输机的插座中。至此，乏组件完成在堆外换料系统的转运。

7.4.1.2　主要设备

堆外换料系统由反应堆大厅、转运室和转运室转运机、清洗室和清洗室转运机、转换桶间及转换桶装置、新组件装载机、气闸等若干台设备组成，这些设备共同完成堆外换料系统的操作。表 7－2 列出了堆外换料系统的主要设备。

表 7－2　堆外换料系统主要设备

序　号	设　备　名　称	数量/台
1	新组件装载机	1
2	转运室转运机	1
3	清洗室转运机	1
4	转换桶装置	1
5	堆顶密封塞及其传动装置	2
6	气闸	3
7	换料孔道波纹管补偿器	2
8	挡销装置	1

1）转运室/清洗室转运机(两台)

转运室转运机与清洗室转运机的设备结构和工作原理完全一致，但其工作的要求不同，清洗室转运机有 6 个目标位置(行程更大)，而转运室转运机目标位置有 4 个。因此本节直接介绍转运机的相关内容，不再区分转运室转运机与清洗室转运机。

堆外换料系统设置的两台转运机分别安装在转运室和清洗室，承担新燃料组件的装料(转运室转运机)和乏燃料组件在两室的转运，转运机如图 7－18 所示。

转运机为专用的悬臂旋转式提升机构。它由导向柱、支承柱、齿条、抓手及它们的驱动装置、连接框架、控制系统等部件组成。

2）新燃料组件装载机

新燃料组件装载机是一台专用的悬臂式旋转提升机，用来将新燃料组件从新燃料倾斜运输机插座上取出，并转运到转换桶转子的指定插座上。该装置安装在反应堆大厅内，设备结构如图 7-19 所示。

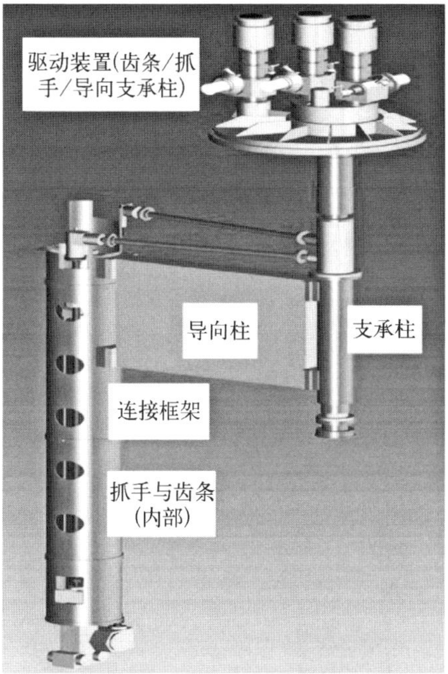

图 7-18　转运机结构图

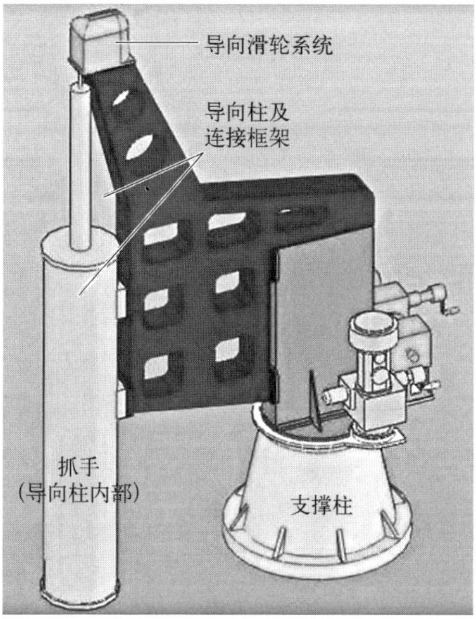

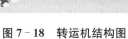

图 7-19　新燃料组件装载机结构图

新燃料组件装载机由旋转支承柱、导向柱、连接框架、导向滑轮系统、驱动机构和电气控制系统等主要部件构成。

3）转换桶

转换桶装置是反应堆堆外换料系统中的关键设备之一，也是快堆换料系统特有的专用设备，如图 7-20 所示。它横跨转运室、清洗室与反应堆大厅，对组件的堆外转运起到了“承上启下”的过渡作用。

4）堆顶密封塞及其传动装置

堆顶密封塞及其传动装置由屏蔽密封塞和传动装置两部分构成，如图 7-21 所示。该系统有两套堆顶密封塞及其传动装置，一套为装料通道密封塞，另一

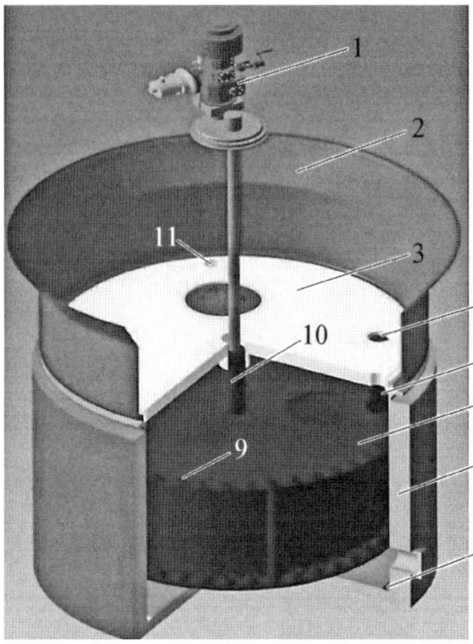

1—驱动机构；2—吊桶；3—桶盖；4—转换桶装料通道；5—组件自定位装置；6—转换桶桶体；7—电加热及保温；8—钠收集装置；9—组件插座；10—转子；11—初始定位器安装孔道。

图 7-20 转换桶结构图

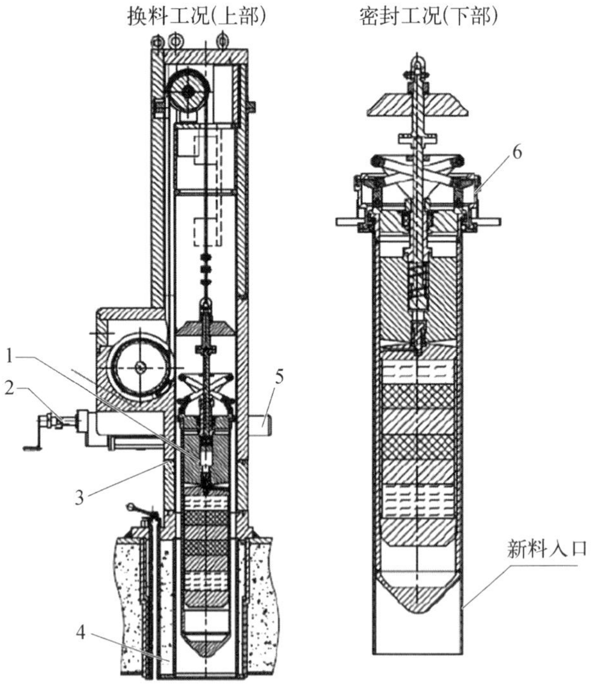

1—密封塞本体；2—手驱动机构；3—屏蔽壳体及卷筒箱；4—屏蔽壳体地底座及挡板；5—电驱动机构；6—密封支架。

图 7-21 堆顶密封塞及传动装置结构图

套为卸料通道密封塞。在反应堆停堆换料时，堆顶密封塞处于打开状态，此时，转运室的气氛与堆内气氛相通；当反应堆运行时，堆顶密封塞将堆顶出入口通道密封。

堆顶密封塞及其传动装置由密封塞、密封塞支架、减速箱、手动装置、卷筒箱、屏蔽壳体及传感器组件等部件组成。

5) 气闸

气闸是快堆堆外换料系统的关键设备之一，其功能是密封通道，防止一次氩气和钠蒸气的外泄。该换料系统共有三套气闸，分别设置在转运室与转换桶组件出入通道之间；转换桶乏组件出口通道与清洗室之间以及清洗室与乏组件接受室倾斜运输通道之间。其主要功能如下。

(1) 密封功能：气闸是专用的气体隔离装置，保证换料操作时转运室和转换桶之间、转换桶与清洗室之间、清洗室与乏组件接收室之间气氛的密封要求。

(2) 开闭功能：在换料期间打开、关闭组件通道。

(3) 屏蔽功能：在阀体内部设置屏蔽材料，屏蔽转运室、清洗室内的辐射。

气闸装置结构如图 7－22 所示，主要由阀体组件、中间传动组件、齿轮箱

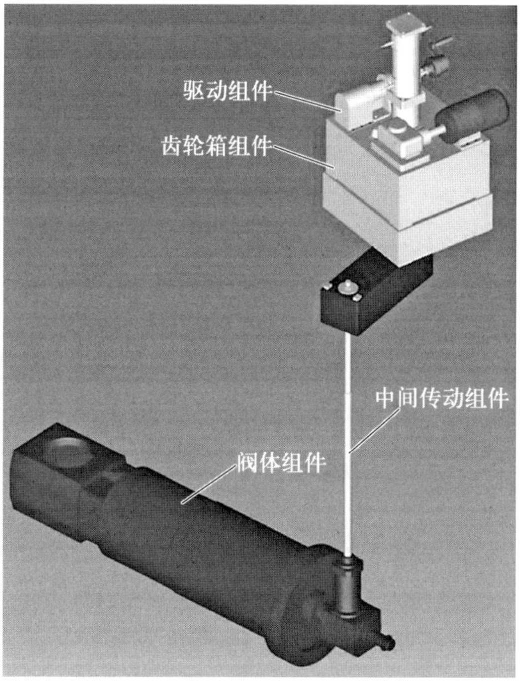

图 7－22　气闸装置结构图

组件以及驱动组件四大部件组成。

6）挡钠装置

该装置由挡钠盘和驱动机构组成。挡钠盘设在转运室堆顶出入口通道上方处。换料时，驱动机构转动挡钠盘把堆顶出入口通道密封面盖住，而挡钠盘上的开孔正好让转运机抓手通过。换料结束时，驱动机构将转动挡钠盘离开堆顶出入口通道停在锚停位置。挡钠盘通过密封贯穿轴与转运室外的驱动机构相连接，装置的驱动采用手动而不用电动。驱动机构还设有“换料状态”和“停车状态”的传感装置，以向换料控制系统传送有关挡钠装置所处位置的信号。同时，挡钠装置与堆顶密封塞及其传动装置、转运室转运机之间设置有联锁，以保证换料设备交叉运转时的安全。

该装置主要用来保护反应堆堆顶出入口通道密封面在换料时不受乏组件的钠的损害而破坏密封塞的密封性能。

7.4.2 堆内换料系统

堆内换料系统是指新燃料组件经反应堆堆顶出入口通道进入装卸料提升机的吊桶内，再通过装卸料提升机、大小旋塞、换料机等设备的运转动作将其插入堆芯指定位置；通过大小旋塞、换料机将乏燃料组件由堆芯位置倒换到堆内储存位置；将需要出堆的乏燃料组件由大小旋塞、换料机和装卸料提升机提升至堆顶出入口通道下方位置。

7.4.2.1 系统功能及设计原理

堆内换料系统的设备与控制系统通过共同连续操作、远距离操作和就地操作来完成装入堆芯新燃料组件和从堆芯卸出乏燃料组件的任务，因此它具备的主要功能是将新燃料组件由反应堆堆顶入口下方的交接位置转运到堆芯指定的栅元位置；在堆芯范围内实现堆芯组件在堆内的倒料；将乏燃料组件由堆芯取出放入堆内储存位置；将冷却过的乏燃料组件由堆内储存位置转运到堆顶出口下方的交接位置；堆芯组件自转指定的角度。

除此之外，该系统作为反应堆一回路覆盖气体承压边界的一部分，实现了对堆内覆盖气体的包容、密封和屏蔽，增加了安全功能。

为更清楚地描述堆内换料系统设计的原理，下面将从系统特点着手，对其工艺原理进行说明。

1）系统特点

池式钠冷快堆堆内换料系统在操作运行时的特点是乏组件的剂量需要依

靠换料系统和设备进行屏蔽；乏组件涉钠，系统全流程密封性导致全流程组件操作不可视；机械设备动作行程大且存在多动机交互，对设备精度和运动时间均有要求；设备需要保证可靠性较高，以应对后续出现问题时较大的维修难度。

2）工艺原理

如图 7－23 所示，在堆内换料系统操作中，一次乏燃料组件先在堆内储存位置做初级储存，约两个运行周期后从堆内储存位置再移到保存水池中。经过堆内冷却两个周期以后的乏燃料组件运出和新燃料组件入堆的堆内转运过程如下：

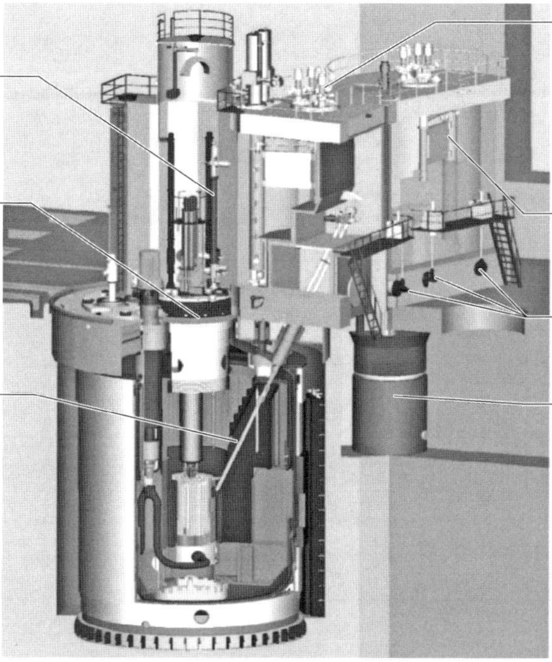

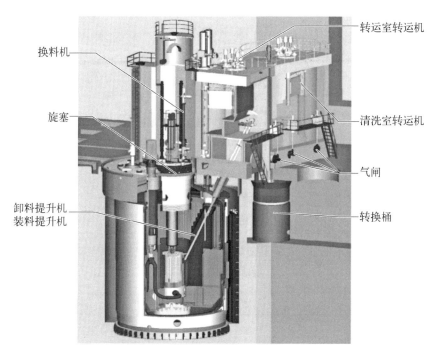

图 7－23　换料系统设备图[4]

首先，转动大小旋塞，使堆内换料机对准堆内指定储存位置上的乏燃料组件，用堆内换料机将堆内储存位置上的乏燃料组件拔出，转动大小旋塞，将乏燃料组件对准位于卸料中间转换位置的卸料提升机吊桶，再装入堆内卸料提升机吊桶的插座中。

其次，在将乏燃料组件装入提升机吊桶插座之前，可通过换料机内的破损组件监测系统提取气体样品，以确定待卸乏燃料组件的气密性情况；提升卸料提升机的吊桶，将乏燃料组件送到反应堆堆顶出口通道的交接位置处。

再次，乏燃料操作进入堆外换料系统流程；利用转运室的转运机将转换桶内新燃料组件取出，并转运到堆顶入口通道下方的交接位置处，然后装入堆内装料提升机的吊桶内。

最后，驱动装料提升机滑架，使提升机的吊桶下放到装料中间转换位置；用堆内换料机将装料提升机吊桶内新燃料组件取出，转动大小旋塞，将新燃料组件对准堆芯指定的空位栅元，再由换料机把组件插入堆芯中，整个堆内换料系统工艺流程完成。

7.4.2.2 主要设备

堆内换料系统由大旋转屏蔽塞、小旋转屏蔽塞、装/卸料提升机和换料机组成，这些设备共同完成堆外换料系统的操作。表 7-3 列出了堆内换料系统的主要设备。

表 7-3 堆内换料系统主要设备

序　号	设备名称	数量/个
1	大旋塞屏蔽塞	1
2	小旋塞屏蔽塞	1
3	装料提升机	1
4	卸料提升机	1
5	换料机	2

1) 装、卸料提升机

装、卸料提升机是倾斜式提升机构，有装料提升机和卸料提升机两种。两者的差别在于带吊桶的滑架相对于导轨的位置不同。提升机上端固定于支撑反应堆容器的提升机支撑管座上，下端固定于支撑堆芯围桶侧面支座孔中。如图 7-24 所示，提升机工作时，带吊桶的滑架沿轨道上、下移动，滑架在上部停车位置时，吊桶的中心线正好与堆顶出入口通道的中心线对准，装料提升机装入新燃料组件，转运机取走卸料提升机吊桶中的乏燃料组件；到下部停车位置时，吊桶中心正好处于堆内中间转换位置，装料提升机吊桶内的新燃料组件由堆内换料机抓取并转运至堆芯预定空栅元位置，而要卸出的乏燃料组件则可由换料机在此中间转换位置插入卸料提升机的吊桶内。

提升机的位置传感器是按双重互相独立、不同作用原理设置的，它们各自向换料控制系统传送有关滑架所在位置的信号、滑架移动过程中的速度转换信号和上、下终端位置自动停车的信号，从而使整个堆内换料系统能安全可靠地运行。

2）换料机

换料机是“直动式”提升机构。该装置安装在小旋塞上，通过大、小旋塞的转动，可使换料机的抓手对准堆内所有堆芯组件的中心坐标位置，以实现堆芯组件的装卸。同时，换料机还可以兼具堆内破损组件定位探测系统取样器的功能，以及具有作为反应堆堆顶设备及压力边界的一部分所具有的生物屏蔽、热屏蔽和密封功能。

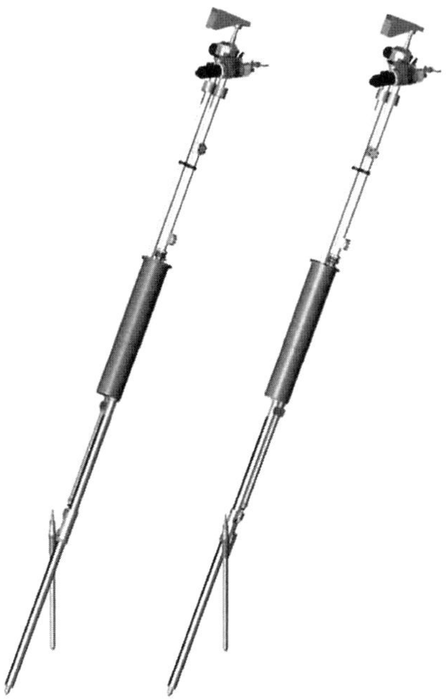

图 7－24　装、卸料提升机设备图

同时，换料机还具有燃料破损后堆内破损燃料探测的定位功能。它作为燃料破损探测的啜吸容器，可实现燃料组件的升温和探测。具体原理与水堆的啜吸破探完全一致，此处不再赘述。

换料机的主要部件包括抓取机构、抓取机构驱动装置和旋转装置、导向压紧管及其驱动装置。换料机的驱动机构均位于小旋塞上，通过法兰与小旋塞密封固定，换料机的执行机构即抓取机构则位于堆内。

换料机的驱动机构均为电驱动，同时还设置有手驱动机构以备在调试、停电事故或电驱动失效时投入使用。为保证换料机在运行过程中不受损坏，驱动机构中均设有两套安全离合器。主安全离合器在驱动力矩超过允许限值时投入动作保护；而另一套为密封式永磁离合器，它作为驱动机构的第二道保护，其保护力矩为主安全离合器保护力矩的 130%。同时，该离合器采用密封式结构，可以有效地防止堆内气体通过驱动机构壳体部件外泄。

3）旋转屏蔽塞

旋转屏蔽塞装置包括堆容器法兰环和一个大旋塞、一个小旋塞以及作为独立设备的一套控制棒导管提升机构。旋塞装在堆容器顶部的支承颈上，旋塞整

图 7-25　旋塞装置结构图

体结构如图 7-25 所示。

4）大旋塞

大旋塞通过大旋塞轴承装在堆容器顶部支承颈上。它是反应堆堆顶生物屏蔽和热屏蔽的一部分。大旋塞轴向分为三段，即大旋塞上段、中段和吊兰，如图 7-26 所示。在偏心距为 450 mm 处，有一个安装小旋塞的贯穿孔，大旋塞在偏心距为 1 080 mm 处，有一个进、出反应堆堆容器内腔的人孔通道。

5）小旋塞

小旋塞是反应堆堆顶生物屏蔽和热屏蔽的一部分，它安装在小旋塞轴承上。小旋塞通过小旋塞轴承装在大旋塞的小旋塞贯穿孔上；小旋塞轴向分为四段，即小旋塞上段、小旋塞本体、小旋塞吊兰和中心柱。

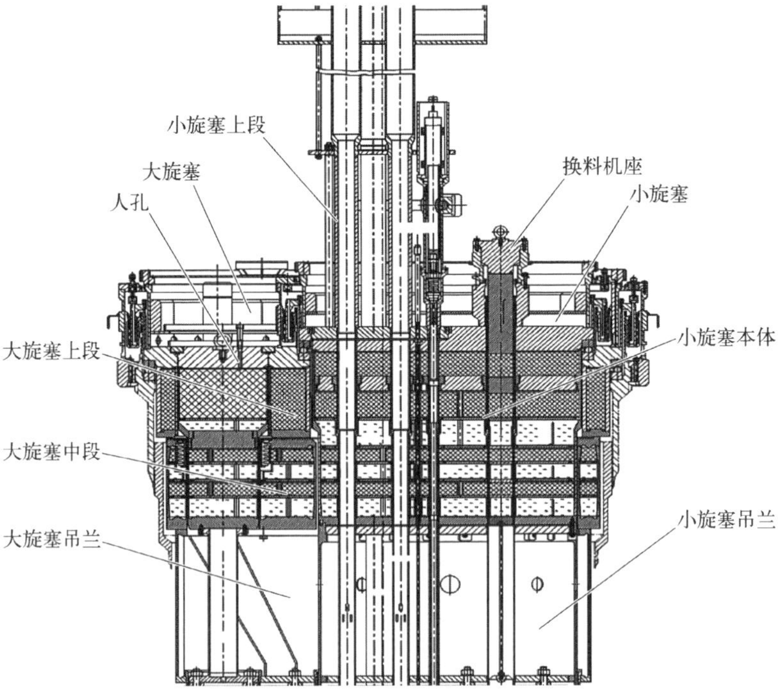

图 7-26　旋塞结构图

7.5　电力/动力转换系统

电力/动力转换系统的功能就是将热能转化成为电能或机械能。动力转换系统一般可以分为两大类：一类是将热能转化成原动机的机械能，再由原动机带动发电机产生电能供用户使用；另一类可以直接将热能转化成电能而不需要使用原动机带动发电机。

本节对适用于液态金属冷却反应堆的不同动力转换系统进行阐述，其中包括水-蒸汽动力转换系统、超临界二氧化碳动力转换系统、斯特林动力转换系统等，同时还将介绍一些直接将热能转化成电能的动力转换系统。

7.5.1　水-蒸汽动力转换系统

工业上最早使用的动力机是用水蒸气做工质的，用高温高压的蒸汽驱动汽轮机转动，再由汽轮机连接其他机械设备实现将热能转化成机械能的过程。在蒸汽动力装置中，水在锅炉或其他加热设备中被加热汽化产生蒸汽，高温高压蒸汽经汽轮机膨胀做功后，进入冷凝器又凝结成水，再返回锅炉或其他加热设备中，而且在汽化和凝结时可维持定温。

由于加热蒸汽的燃烧产物不参与循环，故而蒸汽动力装置可利用多种形式的燃料，如煤、渣油甚至可燃垃圾，本节主要介绍蒸汽动力装置循环的特征。

热力学第二定律指出，在相同温限内，卡诺循环的热效率最高，但是在以水-蒸汽为工质的循环中，卡诺循环具有一定的局限性。因此，以水-蒸汽为工质的动力装置均以朗肯循环为基础。

蒸汽动力装置的基本循环如图 7 - 27 所示，而朗肯循环的工作过程如图 7 - 28($p-V$ 图和 $T-s$ 图)所示。燃料在锅炉中燃烧放出热量，水在锅炉中定压吸热汽化成饱和蒸汽，饱和蒸汽在蒸汽过热器中定压吸热成过热蒸汽，对应过程为 4—1，如图 7 - 28 所示；高温高压的新蒸汽(状态 1)在汽轮机内绝热膨胀做功，其过程为 1—2。从汽轮机排出的做过功的乏汽(状态 2)在冷凝器内等压向冷却水放热，冷凝为饱和水(状态 3)，对应过程 2—3，这是定压过程同时也是定温过程。冷凝器内的压力通常很低，现代蒸汽电厂冷凝器内的压力为 4～5 kPa，对应的饱和温度为 28.95～32.88 ℃，仅稍高于环境温度。对应过程 3—4 为凝结水在给水泵内的绝热压缩过程，压力升高后的未饱和水

(状态 4)再次进入锅炉中完成循环。在利用核能、太阳能等作为热源的蒸汽动力装置循环中,采用蒸汽发生器取代锅炉,蒸汽发生器由经过堆芯的一回路冷却剂提供热量。

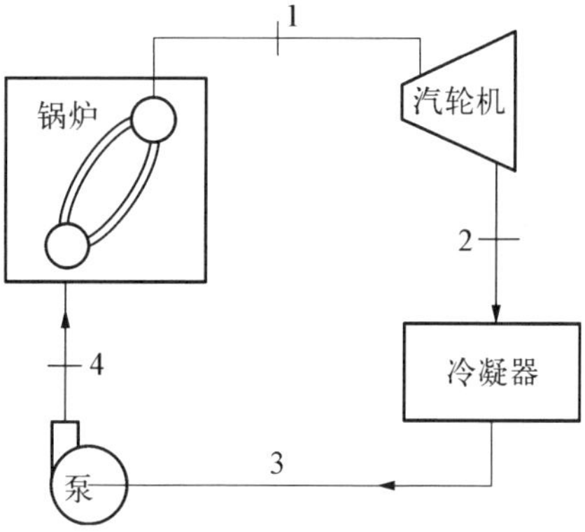

图 7-27　简单蒸汽动力装置流程图

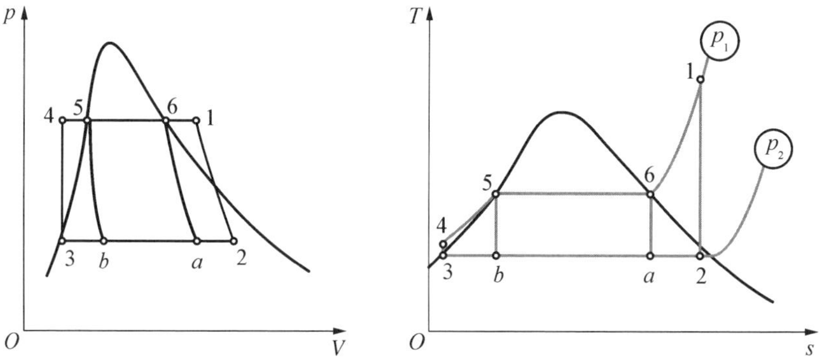

图 7-28　朗肯循环 *p*-*V* 图和 *T*-*s* 图

7.5.1.1　再热循环

在朗肯循环中,若想提高循环热效率就需要提高新蒸汽压力,可是若不相应地提高温度,将引起乏汽干度减小,对动力机械产生不利后果。为此,人们将朗肯循环进行了适当改进,新蒸汽膨胀到某一中间压力后撤出汽轮机,导入锅炉中单独设置的再热器或其他换热设备中,使蒸汽再加热,然后将提高了温度的蒸汽再导入汽轮机继续膨胀做功,这样的循环称为再热循环。其设备和流程如图 7-29 所示,这时再热循环的 $T-s$ 关系如图 7-30 所示。

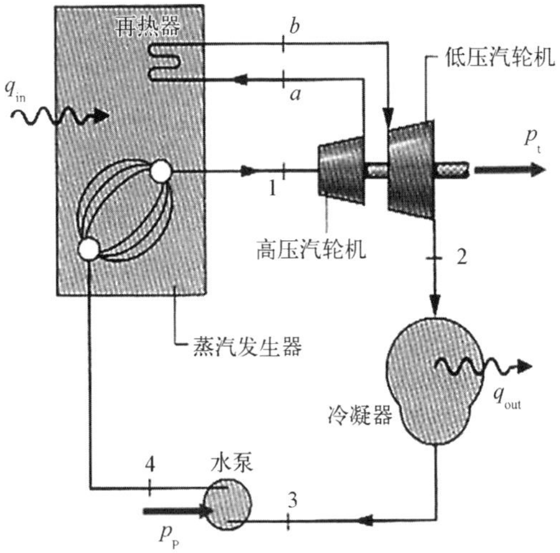

图 7-29　再热循环流程图

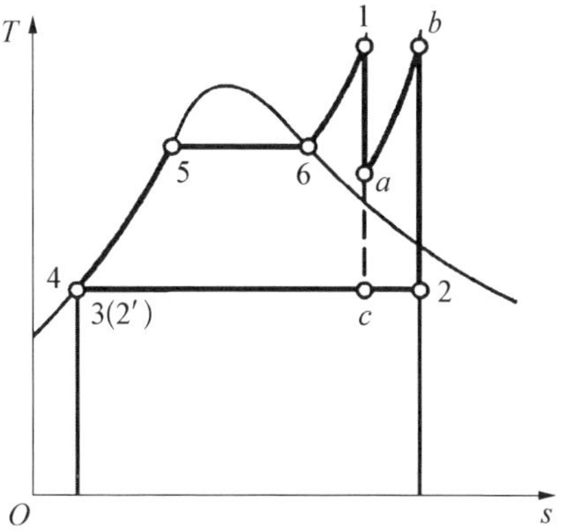

图 7-30　再热循环 T-s 图

从图 7-30 中可以看出，如不进行再热循环，那么蒸汽通过高压汽轮机膨胀到背压时的状态为 c；而再热循环后膨胀到相同背压时的状态点为 2，高度增高，这样可以避免由于提高初压 p_1 而带来的不利影响。此种循环对于太阳能发电、地热能发电、核能发电等利用饱和蒸汽或微过热蒸汽的装置来说具有重要的意义。

基本循环如图 7-30 中的顺序 1—c—3—5—6—1，因再热而附加的部分为 a—b—2—c—a。如果附加部分较基本循环效率高，则能够使循环的总效率提高，反之则降低。可见，如取的中间压力较高，则能使循环效率提高；如中间压力过低，则会使循环效率降低。但中间压力取得高对乏汽干度的改善较少，且如果中间压力过高，则附加部分与基本循环相比所占比例甚小，即使其本身效率高，但对整个循环作用不大。根据已有经验，中间压力在初压 p_1 的 20%～30%范围内对循环效率提高的作用最大。

7.5.1.2　回热循环

朗肯循环热效率不高的主要原因是水的加热及水蒸气的过热过程不是定温的，尤其是经水泵加压后进入锅炉的水是未饱和的，温度较低，传热不可逆损失极大，加热过程的平均温度不高，致使热效率较低。回热循环是利用蒸汽回热对水进行加热，消除朗肯循环中水在较低温度下吸热的不利影响，以提高热效率。

回热就是把本来要放给冷源的热量利用起来加热工质，以减少工质从热源的吸热量。但是在朗肯循环中乏汽温度仅略高于进入锅炉的未饱和水的温度，因此不可能利用乏汽在凝汽器中传给冷却水的那部分热量来加热锅炉给水。目前工程上采用的回热方式是从汽轮机的适当部位抽出尚未完全膨胀的压力、温度相对较高的少量蒸汽，去加热低温凝结水，这部分抽汽并未经过冷凝器，没有向冷源放热，而是加热了凝结水，达到了回热的目的。这种循环称为抽汽回热循环。现代大中型蒸汽动力装置毫无例外均采用回热循环，抽气的级数由 2～3 级到 7～8 级，参数越高、容量越大的机组，回热级数越多。

在回热循环中，因部分水蒸气用于回热，做功减少，而使耗汽率增大；同时还增加了回热器、管道、阀门及水泵等设备，使系统更加复杂。

7.5.2 超临界二氧化碳动力转换系统

超临界二氧化碳动力转换系统采用布雷顿循环作为能量转换系统，其循环过程如下：首先超临界二氧化碳经过压缩机升压，并利用换热器将工质等压加热；然后工质进入涡轮机，推动涡轮做功，涡轮带动电机发电；最后工质进入冷却器，恢复到初始状态，再进入压气机形成闭式循环。整个系统由反应堆、回热器、冷却器、压缩机、涡轮机等部分组成[5]。

为了提高换热效率，通常会采用中间回热的方式，利用涡轮出口工质余温预热压缩机出口的工质。循环还可采用多级压缩中间冷却技术进一步提高效率。

7.5.2.1 超临界二氧化碳布雷顿循环

超临界二氧化碳（S－CO_2）布雷顿循环具有热效率高、系统简化紧凑等优点，是非常有前景的第四代核反应堆能量转换系统。

超临界二氧化碳布雷顿循环的冷却剂运行于超临界压力下，在这种运行状态下，进入压缩机的二氧化碳密度大（约为 600 kg/m^3），且可压缩系数低。因此，超临界二氧化碳布雷顿循环中压缩机功耗低，可有效提高循环效率，达到 45%～50%。

在超临界二氧化碳布雷顿循环回路中，超临界二氧化碳的体积流量低，约为氦气循环的 20%，其循环部件布置更加紧凑，特别是涡轮机械部分。循环回路中的机械设备比较小，其主要设备的启动和机动响应时间大大降低，有利于灵活及时地调整反应堆循环的运行状态。基于上述优点，超临界二氧化碳作为核反应堆的能量转换系统这一概念，既可用于开发不同功率水平的高效率商用反应堆，也可以成为核潜艇、核航母等要求设备体积小、功率变化及时的军用设备的动力推动设备，具有广阔的市场应用前景。

7.5.2.2　系统设计原理

超临界二氧化碳工质用于动力循环一般采用布雷顿热力循环模式。最基本的布雷顿循环为开式布雷顿循环，系统由压缩机、燃气轮机、热源和冷源组成，系统组成、压力比容和温度比熵如图 7-31 所示。新工质经过压缩机绝热压缩，升压后进入燃烧室，在燃烧室内定压加热变为高温气体，然后高温气体进入涡轮机绝热膨胀做功，最后乏气排出，完成开式循环。

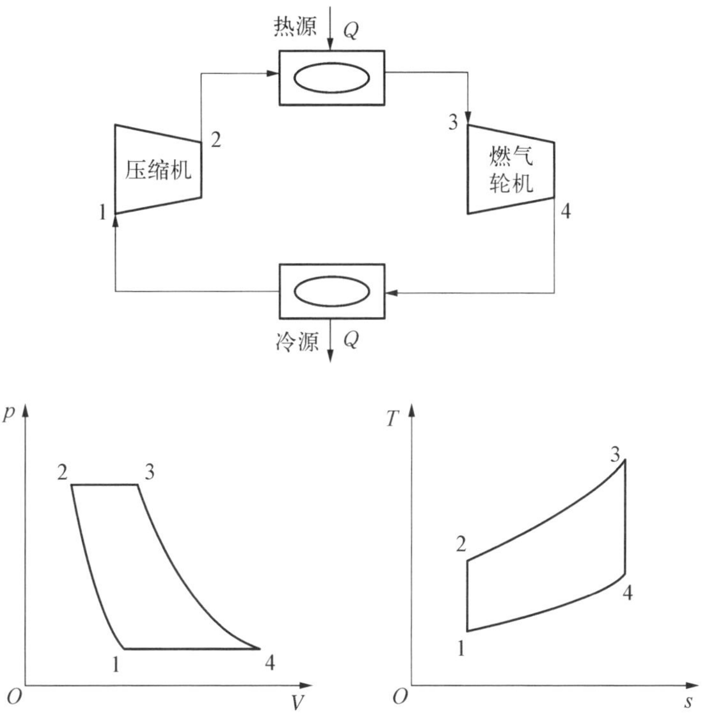

1—2：绝热压缩过程；2—3：定压加热过程；3—4：绝热膨胀过程；4—1：定压放热过程。

图 7-31　开式布雷顿循环

在开式布雷顿循环系统基础上加入冷却器和回热器，并采用反应堆做热源，则构成了闭式 S-CO_2 核动力系统，如图 7-32 所示。

图 7-33(a)和(b)描述了单级回热布雷顿循环系统典型的压力比容图和温度比熵图，低温低压的二氧化碳气体经过压缩机升压，被回热器高温侧二氧化碳预热后进入热源，在热源内等压吸热后进入涡轮机。随后高温高压的二氧化碳在涡轮机内等熵膨胀做功，乏气经回热器低温侧二氧化碳和冷却器低温侧水冷却至初始状态。单级回热系统在换热器部分会存在夹点问题，影响

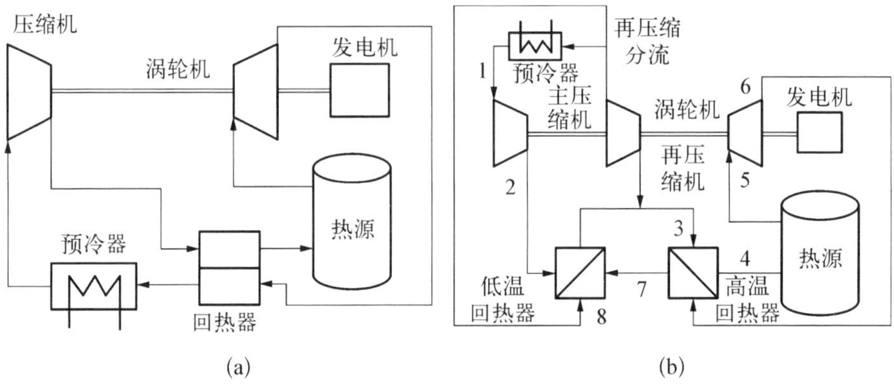

图 7-32　超临界二氧化碳反应堆系统图[5]

(a) 单级回热布雷顿循环;(b) 双级回热布雷顿循环

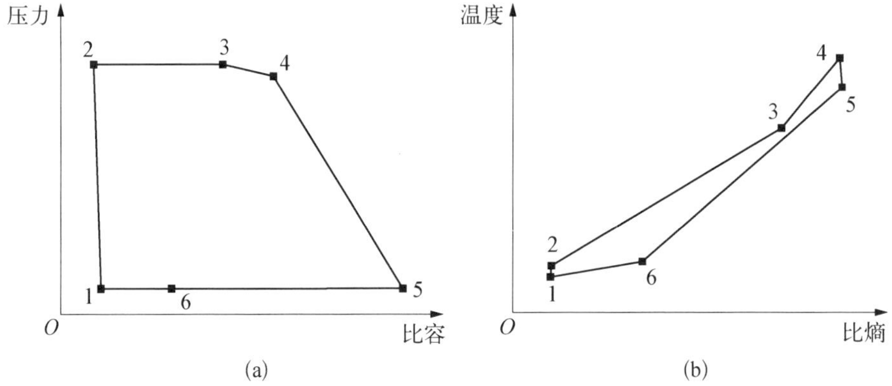

图 7-33　单级回热布雷顿循环的压力比容和温度比熵图

(a) 单级回热压力比容图;(b) 单级回热温度比熵图

循环的换热效率。因此,麻省理工学院多斯特尔博士在此基础上提出了双级回热布雷顿循环,如图 7-32(b)所示。该系统布置在单级回热系统基础上增加了一个回热器和一个压缩机,将流入冷却器的流量进行分流,减小了余热的排出,增加了系统的热效率。

综上所述,单级回热系统布置简单紧凑、体积较小,双级回热系统热效率高,这两种系统是 S-CO_2 核动力最具应用前景的系统设计。

超临界二氧化碳布雷顿循环作为能量转换系统,效率高,结构紧凑,拥有广阔的应用前景。液态金属反应堆具有能量密度大,安全性能好等优势。超临界二氧化碳与液态金属反应堆进行耦合,可以有效提升整个反应堆系统的紧凑程度和循环效率，进一步扩宽液态金属反应堆的应用范围。但是，在高功率超临界二氧化碳汽轮机械设计、紧凑型液态金属-二氧化碳换热器、液态金属与二氧化碳相互作用等研究方向上，仍有待研究并面临挑战。

7.5.3 斯特林转换系统

斯特林发动机是一种外部燃烧闭式循环型热气机，做功工质被封闭在一个闭式循环回路中，依靠活塞的汽缸容积变化来控制工质在回路中的流动方向，工质在低温低压端被活塞压缩，进入加热端由外热源加热后获得较高的温度和压力，进而膨胀做功推动活塞运行。斯特林发动机有一个外部燃烧（发热）装置对回路中的工质进行加热，加热后的工质膨胀做功后不向外界排放，而是进入低温低压段受到压缩，然后进入下一个循环重新得到加热，此种热气机的特点是工质能够循环利用，不与外部发生物质交换。基于这种原理的热气机通常称为斯特林发动机。

7.5.3.1 基本结构形式及原理

在现代斯特林发动机中，原则上只有两种基本结构形式，即配气活塞式斯特林发动机和双活塞式斯特林发动机，如图 7－34 所示，其他形式的斯特林发动机都是从这两种基本结构类型的基础上演变而来的。由于配气活塞式斯特林发动机应用较少，本节主要介绍双活塞式斯特林发动机。

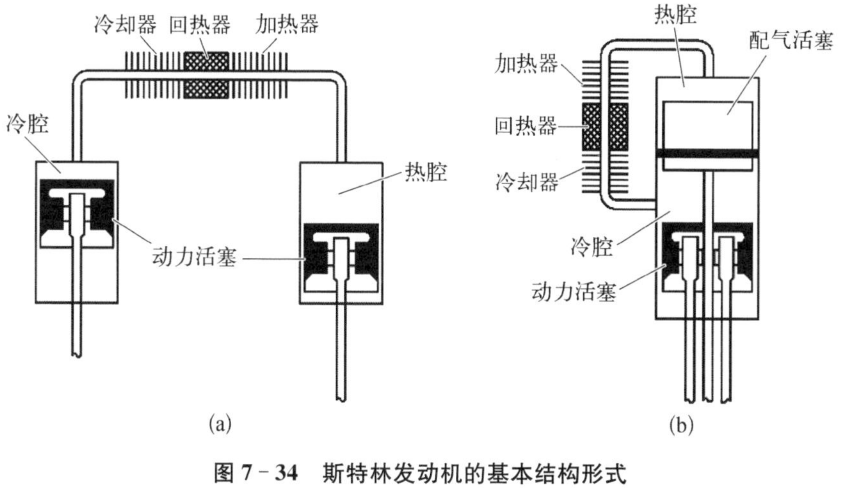

图 7－34 斯特林发动机的基本结构形式

(a) 双活塞式斯特林发动机结构；(b) 配气活塞式斯特林发动机结构

双活塞式斯特林发动机有两个呈 V 形或对置布置的气缸，两个活塞分别置于这两个气缸中。靠近冷却器一侧的气缸与活塞组成冷腔，靠近加热器一侧的气缸与活塞组成热腔。热腔、加热器、回热器、冷却器和冷腔依次串联在一起，组成一个完整的循环回路。热腔和加热器在循环过程中处于高温部分，称为热端；冷腔和冷却器在循环过程中处于低温部分，称为冷端；回热器位于两者之间，一端具有热端温度，另一端具有冷端温度。在循环过程中，工质的压缩过程主要发生在冷腔，因此冷腔有时也叫压缩腔，对应的活塞主要传递压缩功；工质的膨胀过程主要发生在热腔，因此热腔也可以称为膨胀腔，对应的活塞主要传递膨胀功。因为在循环过程中两个活塞都能传递功率，所以此类发动机称为双活塞式斯特林发动机。

7.5.3.2 斯特林机的应用

根据斯特林发动机的工作原理和特点，下面将针对性地介绍两个较有前景的应用领域及其使用优势。

1）水下动力应用

瑞典是第一个研制成功不依赖于空气推进（AIP）系统潜艇的国家，其斯特林发动机 AIP 技术处于世界领先水平。1988 年，瑞典为 HMS Nacken 级潜艇加装了 AIP 系统，并经过大量的试验，取得圆满成功，为后来的 Gotland 级潜艇建造奠定了良好的基础。瑞典的斯特林发动机 AIP 潜艇自列装以来，运行状况良好，安全可靠，引起了各国的高度重视。斯特林发动机通过瑞典 Kockums 公司应用于常规潜艇，是斯特林发动机商品化最成功的典范。

2）空间和航天

1968 年，美国工程师 Peter Glaser 提出空间太阳能发电的概念，空间太阳能发电有两种形式：光伏发电和闭式热机发电。目前，光伏发电虽技术较成熟，但从长远看热机发电效率高、寿命长、轨道能耗小，发射及运行成本低，更适合空间大规模发电。特别是自由活塞式斯特林发动机只有滑动配合，由工质本身作为润滑剂，因而有非常高的机械效率，噪声低，振动小。设计正确的自由活塞式斯特林发动机，只要在冷热端之间建立起足够的温差就能自动启动，这是其他动力装置不可比拟的，由于结构简单，使用可靠，寿命极长，对维修保养的要求也不高，用于无人管理的场所十分理想，显然非常适用于空间站工作。

7.5.3.3 与钠冷快堆的耦合

除了上述的应用范围外，近年来将斯特林发动机与钠冷快堆耦合，建造成独立式电源的研究越来越受到重视。钠冷快堆中一个重要的问题就是钠的化学性质非常活泼,能与水发生剧烈的化学反应,而斯特林发动机的工质一般为氦气等惰性气体,完美解决了钠与水反应的问题。下面简单介绍斯特林发动机耦合钠冷快堆的基本情况,如图 7-35 所示。

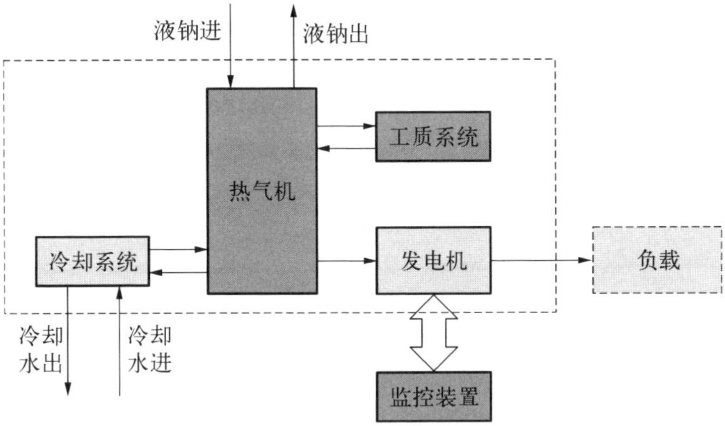

图 7-35 耦合钠冷快堆后的斯特林热电转换系统图

斯特林热电转换系统主要由液钠供热系统、氦气工作循环系统、淡水系统、海水冷却系统、传动系统、辅助系统以及监控系统等组成。液钠供热系统将钠冷快堆二回路主冷却系统的热量通过斯特林机内部加热模块传递给氦气工质,用作斯特林发动机的工作热源,斯特林发动机通过氦气工质循环做功,将热能转换为机械能,再通过输出轴带动发电机产生电能,向用户输送。

斯特林发动机耦合钠冷快堆后,由反应堆加热后的高温钠作为斯特林发动机的热源,省去了普通斯特林发动机的供油、供氧、排气等外燃系统,大大简化了斯特林发动机的结构形式。

因此,斯特林发动机耦合钠冷快堆的关键结构就是将其原有的外燃系统改造成工质与钠进行换热的钠-氦气换热器,如图 7-36 所示为盘管式加热器的结构图。盘管式加热器是通过液钠在盘管内流动,氦气工质往复冲刷盘管吸取液钠热量。该设计形式的优势在于大幅减少了由于焊接导致氦气工质进入二回路的可能,加工相对容易。同时根据不同的换热量需求,盘管结构亦可灵活地改变圈数与层数;缺点是该设计可能导致较高的加热器无益容积,影响整机效率。

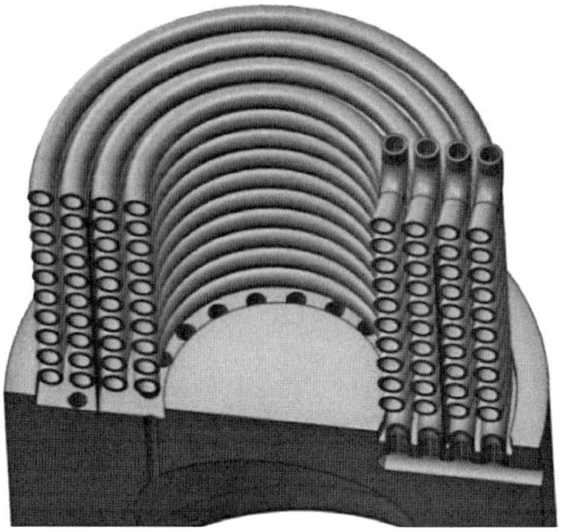

图 7-36　盘管式加热器结构

7.5.4　热电转换系统

热电转换系统是一种利用热电转换技术直接将热能转化为电能的能量转换系统。热电转化技术基于塞贝克(Seebeck)效应,将两种不同的热电材料(P型和N型)的一端通过优良导体连接起来,另一端则分别与导体连接,构成一个PN结,得到一个简单的热电转化组件,也称为PN热电单元。在热电单元开路端接入负载电阻,此时若在热电单元一端流入热流,形成高温端(即热端),从另一端散失掉,形成低温端(即冷端),就在热电单元热端和冷端之间建立起了温度梯度场。热电单元内部位于高温端的空穴和电子在温度场的驱动下,开始向低温端扩散,从而在PN电偶臂两端形成电势差,电路中便会有电流产生。

热电转化技术是一种直接将热能转化为电能的有效方法,具有系统设备使用寿命长、无噪声、绿色环保等优点,多应用于航天、航空及民用工业等领域的余热回收。热电转化系统主要包括半导体温差发电系统、磁流体发电系统、碱金属热电转换系统等。

7.5.4.1　半导体温差发电系统

半导体温差发电直接将热能转换为电能,具有无污染、结构紧凑、无旋转部件、无噪声、免维护等优点,是一种新型的节能环保发电技术,可将地热能、太阳能、工业及生活余热废热、汽车尾气废热等低品位热能转化为电能,提高能源利用率。

温差发电的基本原理是热电材料的塞贝克效应,即处在温差环境中的两种具有不同自由电子密度（或载流子密度）的金属导体（或半导体）a 和 b 相互接触时，接触面上的电子从高浓度向低浓度扩散，且电子的扩散速率与接触区的温度差成正比。因此，只要保持两接触导体间的温差，电子就能持续扩散，两导体另两个端点之间就会形成稳定的电压，如图 7－37 所示。

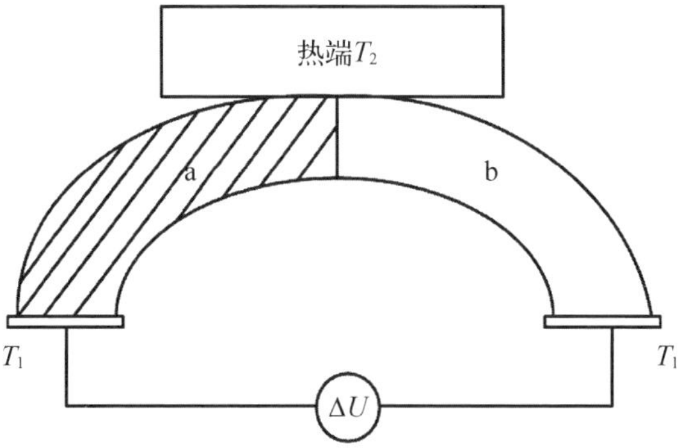

图 7－37　塞贝克效应示意图

两导体间的电压计算公式为

$$\Delta U = \alpha \Delta T \tag{7-1}$$

式中，ΔU 为温差电动势，α 为塞贝克系数，ΔT 为两端温差。

根据塞贝克效应，将 P 型（空穴）和 N 型（电子）两种热电材料一端连接形成一个 PN 结，将 PN 结置于冷、热源之间，使之处于温差环境中，如图 7－38 所示。由于热激发作用，PN 型材料热源端空穴（电子）浓度高于冷端，在空穴

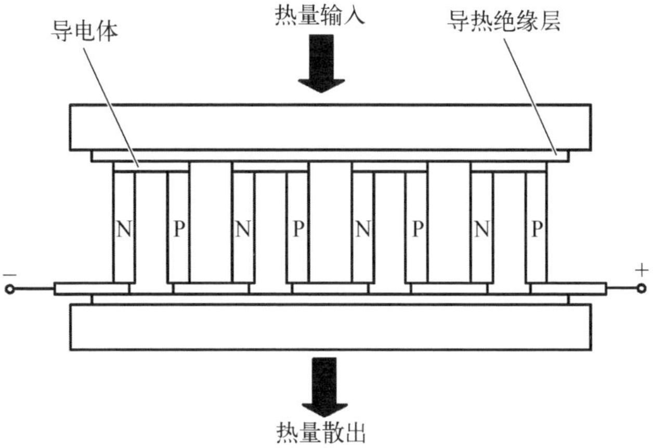

图 7－38　温差发电结构示意图

(电子)浓度梯度的驱动下,空穴和电子从热源端向冷端扩散,从而形成电动势,电势之间连接负载即可产生电流,这样热电材料就通过冷、热源之间的温差完成了将热源端的热能直接转化成电能的过程。一个 PN 结形成的电动势很小,将很多这样的 PN 结组合成温差发电器便可得到足够高的电压。

虽然早在 19 世纪人们就发现了塞贝克效应,但温差发电技术研究却始于 20 世纪 40 年代,第一台温差发电器发电效率仅为 1.5%,具有结构简单、无噪声、无运动部件、免维护等优点;20 世纪 60 年代温差发电首先应用在航空、军事等领域。苏联和美国首先研制并应用于卫星及探测器电源、导航标识等。日本、美国等发达国家近年围绕废热、余热等低品位热能的利用开展了许多项目,如日本政府开展的"固体废物燃烧能源回收研究计划",将温差发电装置安装在垃圾焚烧炉上发电,不仅解决了大量垃圾问题,还有效地利用了焚烧垃圾所产生的热量,达到废热合理利用的效果。

当前,半导体温差发电技术面临的最大问题是其热电转换效率很低,只有 5%~7%,远低于水电、火电、核电、风电、光电等发电方式。

7.5.4.2　*磁流体发电系统*

磁流体发电是一种直接将热能转化为电能的新型发电方式,其工作原理为法拉第电磁感应定律,使燃烧产生的高温等离子体以一定的速度流过与其相互垂直的磁场,切割磁感线而发生定向偏移,正负电荷分别在两电极板聚集从而产生电能。磁流体发电是由导电的高温燃气切割磁感线发电,而普通发电机是金属导体切割磁感线发电。因此,磁流体发电无须进行热能向金属导体动能的转换,能量损失较少,可实现高效率发电。

图 7-39 展示了较为常见的磁流体发电机装置,主要包括燃烧室、强磁体、发电通道 3 个部件。其中,燃烧室用于填充高能化学燃料,通过高压高温燃烧将其化学能转换成热能,从而产生高电导率流体(可以是等离子体或液态

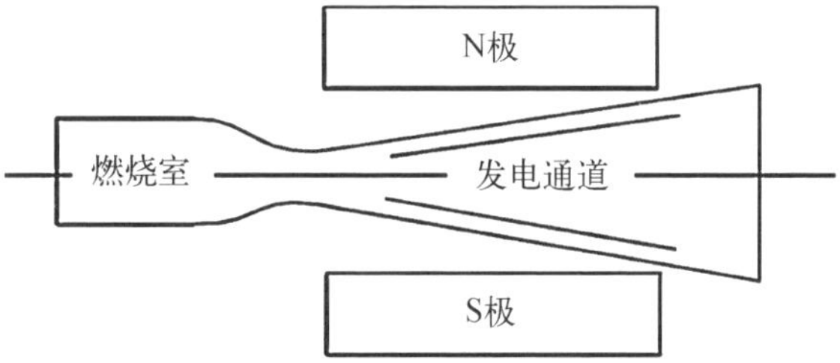

图 7-39　磁流体发电机装置简图

金属)，经喷管加速喷出并进入发电通道。强磁体位于发电通道两端，可以是普通电磁体或超导磁体，在发电通道中产生强磁场。发电通道由相互对称的电极和绝缘壁组成，可耐高温，当高温、高速、高电导率流体在发电通道中与强磁场进行电磁相互作用时，可产生电能。

与传统的火力发电相比，磁流体发电具有效率高、污染小、启动快等优势。目前磁流体发电系统中还有一些关键技术问题并没有很好地解决。归纳起来有如下几个方面的问题：一是材料问题，由于在磁流体发电中温度一般为2 000～3 300 K，这对于燃烧室、发电通道等的材料和制作方面都造成不少困难。二是超导磁体的制作问题，由于在磁流体发电中要求有较强的磁场，这一般由超导磁体产生，而超导磁体的制作是其中的一个技术难题。最后就是排渣问题，由于燃煤磁流体发电直接烧煤，通道中的排渣问题就成了一个关键性的问题。

7.5.4.3　碱金属热电转换系统

碱金属热电转换器(alkali metal thermoelectric converter，AMTEC)是以基于 $\beta''Al_2O_3$ 的固体电解质(beta" alumina solid electrolyte，BASE)为离子选择性渗透膜，以液态碱金属或气态碱金属为工质的热电能量直接转换器件，适用热源温度范围为 900～1 300 K，理论上热电转换效率可达 30%～40%。AMTEC 适用于核能、化石能、太阳能等多种形式的热源，是一种结构简单、工作可靠、有较高功率密度、高效洁净的热电能量转换装置，不论在地面还是空间，都有很好的应用前景，在国内外已引起了广泛的关注。

AMTEC 的核心工作原理基于 BASE 独特的选择透过性，表现为 BASE 对碱金属离子远高于对碱金属原子和电子的透过率。如图 7-40 所示，AMTEC 是一个密闭容器，被毫米级厚度的 BASE 和电磁泵(或毛细吸液芯)分隔成压力不同的两部分。BASE 的高温高压侧为阳极，充有适量的钠等碱金属作为工质，温度保持在 900～1 200 K。低压侧为与冷凝器相邻的阴极，冷凝器的温度为 400～800 K。BASE 的两端覆盖着导电性能优良的多孔薄膜电极，外电路通过引线连接电极上的集流栅[6]。

外电路接通时，电子通过外电路流通，碱金属离子通过 BASE 流通，正是通过碱金属离子在 BASE 中从阳极侧向阴极侧的迁移过程实现了热能到电能的转换。冷凝后的液态钠通过电磁泵或毛细力驱动回到高温端得以循环使用。

基于 BASE 独特的选择透过性，美国福特公司的 Kummer 于 1962 年提出

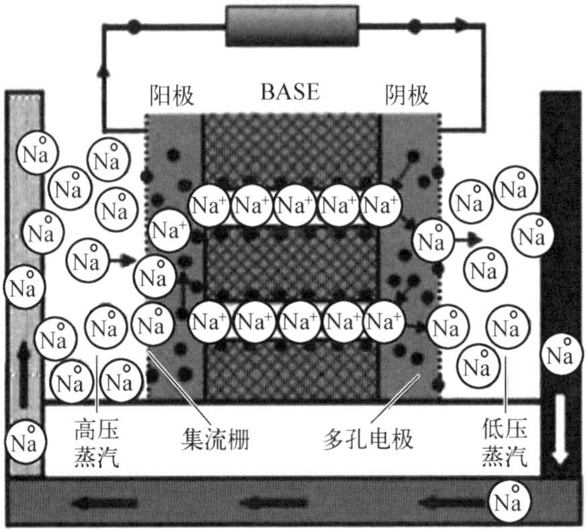

图 7-40　钠 AMTEC 工作原理示意图[6]

注：$\mathrm{N\mathring{a}}$ 表示钠蒸气。

了高温钠浓度差电池设想。之后 Kummer 和 Weber 通过实验，证明了该项技术的可行性，并于 1969 年申请了专利，将之称为“钠热机”(sodium heat engine)，此即 AMTEC 的雏形。在 20 世纪 90 年代，以美国先进模块电源公司为代表，提出气态阳极多管 AMTEC 设计，虽然制造工艺较复杂，但 BASE 管间的绝缘比较容易实现，可获得较高电压。为进一步提高电压等指标，2000 年左右以美国新墨西哥大学为代表，提出了气馈-液态阳极 AMTEC 设计。我国对 AMTEC 的研究起步较晚，参与的研究机构相对较少。中国科学院电工研究所与上海硅酸盐研究所合作，于 1994 年率先在国内开展钠 AMTEC 技术应用研究，搭建了薄膜电极、器件封接用的工艺装备，开展了多管器件的设计和工艺研究，取得了显著进展。此后，哈尔滨工程大学、重庆大学、华北电力大学、西北核技术研究所等机构相继开展了一些基础和应用研究。

7.6　安全系统

为了保证在事故工况下，核反应堆的安全运行或实现安全停堆，防止放射性物质向环境中外泄，必须设置相应的安全系统，通过不同的安全系统配置，确保在各种事故条件下核反应堆的安全性与放射性物质的包容性。常见的安全系统有事故余热排出系统，蒸汽发生器事故保护系统，钠堆中的钠火消防系统等。

7.6.1　事故余热排出系统

本节主要针对反应堆专设安全设施的事故余热排出系统介绍其系统的主要功能和工艺原理。

7.6.1.1　系统功能

事故余热排出系统是反应堆的专设安全设施之一，其主要功能是当反应堆在预期运行事件或设计基准事故导致的事故停堆后，主热传输系统等正常余热排出方式失效时，依靠本系统排出余热，以一定的速率降低堆芯和反应堆冷却剂温度，保证燃料棒、堆内构件和堆容器处于可接受的温度限值范围内，确保反应堆在安全状态。

7.6.1.2　工艺原理

目前，世界范围内设计和建造的液态金属冷却快堆所采用的余热排出系统按照其具体结构形式大致可分为中间回路辅助冷却系统（IRACS）方案、直接反应堆辅助冷却系统（DRACS）方案、堆容器辅助冷却系统（RVACS）方案三类。

1）中间回路辅助冷却系统方案

在此类设计中，整个堆芯余热排出流程对中间回路有极大的依赖性。通常设计中，余热排出回路与中间回路主管道相连，热量通过中间热交换器传递到中间回路，再经余热排出回路将热量导入大气最终热阱。在部分型号设计中，可能并未单独设置余热排出回路，而是利用蒸发器将余热导入最终热阱。在法国凤凰堆的设计中，即是通过蒸汽发生器外壁实现热量交换，将热量最终导入大气，但其设计仍然高度依赖中间回路的完整性。

在此类设计中，余热排出系统的设计更为自由，堆容器内设计相对固定，简化了堆内布置，降低了堆容器内布置难度；但由于对中间回路的高度依赖性，使得在设计中，需提高中间回路的安全等级，将中间回路设为安全级。

2）直接反应堆辅助冷却系统方案

在此类设计中，余热排出回路通常独立于中间回路布置，其热量传递路径不经过中间回路，通过布置在堆容器内的独立热交换器实现热量导出，余热排出回路独立于主回路存在。按照独立热交换器的布置位置，DRACS 又分为四类：热池、中间热交换器内、贯穿冷热池和冷池。

由于余热排出回路的独立性，紧急停堆后，通过直热热交换器可在堆内直接冷却堆芯，在主传热回路丧失和严重事故后期也能起到重要的冷却作用。但由于独立热交换器布置位置的复杂性，其对主容器内布置的影响及主容器内自然循环特性需要特别关注。

3) 堆容器辅助冷却系统方案

在此类设计中，热量通过主容器及保护容器外壁导出，主容器外布置以水、空气为介质的循环回路，主容器壁直接作为主回路与外部水的热交换器，因此没有钠-钠热交换器，独立性相对较高，对主系统的影响相对较小。正常条件可冷却堆坑，也可作为严重事故后的冷却方式，但由于通过主容器传递热量热阻相对较大，其本身热量导出能力较为有限。

7.6.2 蒸汽发生器事故保护系统

蒸汽发生器事故保护系统是液态金属冷却快中子反应堆（包括钠冷快堆和铅基冷快堆等）中特有的安全系统，用于水发生泄漏与高温液态金属冷却剂发生反应时保护设备和系统。

7.6.2.1 系统功能

1) 钠冷快堆蒸汽发生器事故保护系统

液态金属钠与水接触会发生剧烈的钠水反应，严重影响蒸汽发生器和二回路主冷却系统的安全性，因此钠冷快堆蒸汽发生器事故保护系统的主要功能应包括以下几个方面：

(1) 在蒸汽发生器模块换热管发生微小泄漏时，通过及时和可靠的探测泄漏并报警，识别出缺陷单元并将其退出运行以保持其余蒸汽发生器的运行。

(2) 发生钠水反应事故时，保护蒸汽发生器、二回路管道和设备避免超压以及失去密封的可能性。

(3) 当出现蒸汽发生器模块泄漏的情况下，通过快速切除二回路和三回路中的缺陷单元，保持故障蒸汽发生器处于可维修的状态，并将介质以最短的时间从事故单元腔体中排放并用惰性气体进行封存；尽可能使钠和水的反应产物在二回路中的扩展减到最低限度，防止钠进入三回路。

2) 铅基冷快堆蒸汽发生器事故保护系统

虽然铅基与水不会发生剧烈的化学反应，但是高温高压的水喷射到铅基中依然会发生迅速沸腾和蒸汽爆炸等现象，因此铅基冷快堆的蒸汽发生器事故保护系统应具备以下功能：

(1) 在传热管破裂后,探测泄漏到覆盖气体中的水蒸气。

(2) 在发生泄漏事故造成压力迅速升高时,具有压力泄放功能,保护一回路模块和蒸汽发生器。

(3) 在事故状态下,具有泄放物质过滤及降温的作用。

7.6.2.2 工艺原理

蒸汽发生器事故保护系统用于保护蒸汽发生器和二回路主冷却系统的压力边界,在蒸汽发生器发生水泄漏时能够及时探测,通过系统内设备的动作配合,保证二回路主冷却系统和蒸汽发生器的压力不超过允许的限值。

以钠冷快堆为例,当蒸汽发生器传热管发生破损时,水向液态钠中泄漏,钠中氢浓度、压力、温度及钠流量都会发生变化,通过氢计、温度、压力、流量等各类仪表的探测信号,能自动发出报警或自动触发设备动作,通过快速隔离阀隔离三回路水/蒸汽,关闭蒸汽发生器进出口的钠阀,然后打开蒸汽发生器排钠阀进行排钠,若蒸汽发生器发生大泄漏钠水反应,压力升高过快,可通过非能动的爆破片装置爆破自动泄放压力,同时将钠排放到一级事故排放罐中。钠水反应产物在一级事故排放罐中进一步反应后分离,气体产物进入二级事故排放罐,其他反应产物留在一级事故排放罐中等待处理。若在一级事故排放罐中的钠与水继续反应导致事故排放罐内压力超高,可通过二级事故排放罐上的爆破片装置和安全阀进行排放泄压。

铅基冷快堆同样需要设置蒸汽发生器事故保护系统,当铅基冷快堆蒸汽发生器传热管发生破裂时,高压的水从破口处喷出会对周围的液态金属铅基产生压力波,同时高压的水进入低压的高温液态铅基中时会瞬间汽化,发生蒸汽爆炸现象。因此,铅基冷快堆蒸汽发生器事故保护系统与钠冷类似,同样通过对水泄漏情况的探测触发报警信号,连锁各个设备的动作,将液态铅基排放到反应物包容设备中,同时对系统进行泄压。

7.6.3 钠火消防系统

钠火消防系统是钠冷快堆特有的安全专设系统,由于钠的化学性质活泼,高温液态钠极容易与空气反应导致钠火事故的发生,因此在钠冷快堆中,为确保钠冷却剂的包容性,设置钠火消防系统是必要的,但在铅基冷却剂快堆中由于铅基冷却剂不会与空气剧烈反应,因此不需要设置特殊的消防系统。钠冷快堆中设置的钠火消防系统由钠泄漏及钠火探测系统、石墨灭火系统与漏钠接收抑制盘组成。

1）钠泄漏及钠火探测系统

在快堆电站中，钠火事故是不允许发生的，可是钠漏又无法杜绝，因而钠泄漏的快速探测与终止，是阻止或减小钠事故后果的有效方法。钠泄漏及钠火探测系统的设置是针对钠工艺间发生钠火灾时，能够立即自动发出钠泄漏及火灾报警信号，实现火灾早期预报，以便及早采取相应措施，自动或手动启动消防系统及相应的联动系统，以防止钠火灾进一步扩大。

钠泄漏及钠火探测系统主要功能如下：自动提供钠泄漏早期探测和钠燃烧早发现，保证一回路和二回路钠设备厂房的可靠性；形成并传递钠火信息至消防控制室和电站消防保卫处；监测和诊断钠火灾的信号探测器和消防监测控制系统能够自动形成火灾信号；传递有关火情及火灾信息至上一级系统以发出火情及火灾信号，以便记录和归档。

钠泄漏及钠火探测系统主要包括探测和报警控制两部分。探测部分主要包括管道上的泄漏探测器、房间取样探测器、光电感烟探测器、差定温温感探测器、热电偶以及通风系统上的熔断器等。设置在钠系统、钠设备、钠管道上以及钠工艺间的各类探测器组成钠火探测系统，同一探测区域应使用几种不同类型的探测器，确保系统的可靠性。系统线路上探测器均带有独立地址编码，这些探测器使运行人员能从中央火警监测柜上迅速准确地识别出火警位置。

2）石墨灭火系统

移动式石墨灭火装置和固定式石墨喷撒系统均属于钠火消防的一个重要部分，属于主动消防设施。移动式石墨灭火装置包括推车式灭火器、手提式灭火器和灭火剂盒。将这些设备布置在钠工艺房间内，当这些房间发生小型钠火时，工作人员按下石墨灭火器的开启机构，石墨灭火剂在高压氮气的驱动下向目标喷撒，将钠火扑灭。

一般而言，当发生小量的钠泄漏并发生钠火灾时，工作人员可用簸箕、铁铲将石墨灭火剂直接从灭火剂盒内铲出撒到燃烧钠上，将钠火扑灭。当发生大一些的钠泄漏，可用手提式石墨灭火器或推车式石墨灭火器，将钠火扑灭。当二次钠火发生时，工作人员可酌情启动相应的灭火设备向火源喷撒石墨灭火剂进行灭火。

固定式石墨喷撒系统由三台独立的灭火剂喷撒装置构成，每台装置包括一个石墨灭火剂罐、两条供氮管线和一条灭火剂喷撒管线，每条喷撒管线上各设一个手动阀门，系统的氮气由氮气供给系统供应，石墨灭火器人工预先灌装，当钠泄漏发生后，现场工作人员或值班人员手动开启灭火剂输送管线上的阀门，对着钠火喷撒石墨灭火剂，灭火剂将钠火覆盖，隔绝空气，抑制钠的燃烧，直至火灾熄灭。

3）漏钠接收抑制盘

漏钠接收抑制盘是当钠工艺间回路或钠阀发生大量钠泄漏时的补救措施。采用屋脊式原理，结合导流管及盘盖设计，使泄漏的钠向接收盘中流入，流入的钠由于与空气隔绝而自动熄灭。而各独立接收盘采用盘间导流装置，实现流入单个漏钠接收盘的钠相互连通，保证泄漏钠顺利向其他连接盘扩散，使所有接收盘形成一个整体，从而提高了漏钠接收的容量，并有效抑制了钠的燃烧，以及钠燃烧产生的高温对工艺间建筑的冲击。

7.6.4　氮气淹没系统

氮气淹没系统属于快堆钠火消防的一个重要部分，该系统属于主动消防设施，主要用于乏燃料转换桶冷却系统、乏燃料转换桶钠净化系统、一回路钠净化系统所在的房间的防火消防。当房间内发生大量钠泄漏时，用氮气将燃烧钠淹没覆盖，使其与空气隔绝，从而使钠火得到抑制。

氮气淹没系统的氮气由核岛厂房外氮气供应系统进入氮气罐，当发生事故时，通过远程操作，将氮气罐内的氮气通入事故房间，氮气淹没系统中的电动隔膜阀都处于关闭状态，手动隔膜阀都处于常开状态。氮气罐内应充好氮气，同时需保持一定压力，进气电动隔膜阀采用压力联锁控制方式可自动开启，排气电动隔膜阀在正常工况下处于关闭状况，且阀门的开关按钮需锁定。

当乏燃料转换桶冷却系统、乏燃料转换桶钠净化系统、一回路钠净化系统发生钠泄漏时，由火灾报警及消防控制系统输出火灾信号，一定时间后输出火灾联动信号，此时立即释放排气电动隔膜阀的开关钮，操纵员在主控室同时开启排气电动隔膜阀，氮气由氮气罐首先经过常开手动隔膜阀再经电动隔膜阀向乏燃料转换桶冷却系统、乏燃料转换桶钠净化系统、一回路钠净化系统所在的房间充氮气。氮气罐内压力下降，当压力降到允许值以下时，进气电动隔膜阀自动开启，向氮气罐内补充氮气。

当氮气罐内压力大于设定值时输出信号使进气电动隔膜阀自动关闭。氮气罐中的氮气经管道充入发生钠火事故的工艺间后使钠火得到抑制，当火灾控制到一定程度时，由操纵员关闭好电动隔膜阀，事故后对排气电动隔膜阀实行重新锁定。

7.7 辅助系统

辅助系统是参与辅助反应堆稳定运行的系统。钠冷快堆可作为液态金属冷却的典型堆型，下面将以中国实验快堆为例，介绍液态金属冷却剂的接收充排系统、净化系统、分析监测系统、氩气接收和分配系统、加热系统、燃料破损覆盖气体监测系统和真空系统等这些系统的功能和基本工作流程。

1）液态金属接收充排系统

液态金属接收充排系统由液态金属接收系统和液态金属充排系统组成，下面将分别介绍其功能。

（1）液态金属接收系统：液态金属接收系统功能是接收从液态金属制造厂运来的核级液态金属，并将液态金属充入相应的充排系统中，为液态金属充排系统向主回路中充入液态金属做好准备；承装液态金属的容器运到现场后，用可拆卸管道将容器连接到液态金属接收系统以及氩气分配系统上。接通容器的电加热电源以及液态金属接收系统的电加热电源，对容器内的液态金属进行加热熔化，当容器内液态金属完全熔化，且温度升高到适合流动的条件下，向运输容器内填充足够的氩气，使液态金属接收系统内的管道和电磁泵内充满液态金属。电磁泵启动后开始向液态金属充排系统储罐中充填液态金属，在充入过程中利用可移动式的取样器进行取样。

（2）液态金属充排系统：液态金属充排系统的功能是接收来自液态金属接收系统的合格液态金属，向事故余热排出系统、主热传输系统进行充钠，并接收来自上述各系统排出的钠。

液态金属充排系统主要由储罐、电磁泵、真空容器及相关管道和阀门组成，其中用于给堆芯充液态金属的储罐与主容器气腔相连，用于补偿因为温度波动导致主容器气腔的容积变化。

2）液态金属净化系统

针对钠冷、铅冷两种液态金属冷却堆型的液态金属净化有着共性的问题，但存在各自不同的特点和关注对象。

（1）钠净化系统：钠净化系统的功能为净化由于不同运行工况而引入系统钠中的氧、氢等杂质，确保一回路钠在堆芯中正常流动，不会由于杂质造成堆芯燃料棒通道堵塞，二回路钠不会出现杂质在局部堆积造成管路堵塞等情况发生。

钠净化系统主要由电磁泵、省热器、冷阱及相连接的管道和阀门等组成。主回路或主容器中的钠在电磁泵的驱动下进入省热器传热管外侧，与从冷阱出来的低温钠进行换热，将未净化钠的温度降低到冷阱入口要求后进入冷阱，在冷阱中钠被进一步降温析出其中的杂质，被净化后的钠流出冷阱，进入省热器的传热管，被传热管外的未净化钠加热升温，再返回到主回路或主容器中。

(2) 铅基净化系统：铅基净化系统主要功能是铅基入堆前对充排系统中熔料罐和铅基储存罐内的氧含量进行控制，并除去铅基中的杂质，以节省进堆后达到预定氧浓度的时间；对铅基冷却剂中氧含量进行控制，确保一回路铅基冷却剂中的氧含量在允许的限值范围内；在反应堆运行期间，清除铅基冷却剂中的金属、非金属杂质，腐蚀产物和裂变产物，以确保纯度，防止铅基中的杂质在反应堆装置内部狭窄处沉积，堵塞流道，从而影响冷却剂的流动和热传输；反应堆在启动前和维修后，清除反应堆结构和一回路与铅基接触表面落入铅基中的杂质，保证冷却剂中的有害杂质含量在核级铅基的限值范围内；反应堆换料后，清除由燃料组件或操作工具带入铅基中的杂质。

熔料罐和铅基储存罐的氧控分为反应堆启动前铅基储存罐的氧浓度控制与反应堆运行后铅基储存罐的氧浓度控制。入堆后，一回路铅基净化系统从反应堆主容器内将铅基冷却剂引出到堆外管道，通过两条互为备用的辅助泵支路后，流入铅基液相除钋混合搅拌罐，在除钋混合搅拌罐内与熔融氢氧化钠(NaOH)碱液混合并萃取，分离后的铅基-氢氧化钠混合液引至静置分层床，经充分分离后自分层床底部引出分层后的铅基液相流至两条并联的静置支路，在静置罐中静置一段时间后，将除钋净化后的液态铅基通过三通阀进行流量分配，分别进入三条氧控支路，分别是气态氧控支路、固态氧控支路和无氧控支路，然后汇合通过省热器完成铅基冷却剂的升温，再流入冷阱，经物理过滤净化后，将控制好氧浓度的铅基冷却剂返流入反应堆主容器内，完成整个铅基冷却剂的除钋、氧浓度控制以及固态杂质过滤等的净化过程。

3) 液态金属分析监测系统

液态金属分析监测系统主要由一回路和二回路分析监测系统组成，其功能是在线监测系统回路冷却剂中总的杂质含量，并通过离线方式取出能够代表系统回路冷却剂品质的样品，送至放射化学实验室进行分析，为液态金属净化系统中冷却剂的杂质含量是否符合堆用质量标准提供依据。同时一回路要在线测量放射性核素种类和活度，而二回路则要在线监测回路冷却剂中氧、碳的含量。

分析监测系统的液态金属冷却剂来自一回路净化系统，并联流入一回路取样支路、阻塞计支路、碳计支路、氧计支路、γ 光谱和铯测量支路，经过取样、分析之后，再集中到混合器返回到净化系统，在各自支路内完成对应的杂质含量检测、放射性和非放射性杂质的检测。

在线监测过程中，阻塞计非常重要，对于监测液态金属杂质的总含量起关键作用。阻塞计的机械部分由过滤器、总流量计、恒压溢流器、阻塞孔流量计、阻塞计本体、离心风机及仪控电系统等组成，如图 7－41 所示。

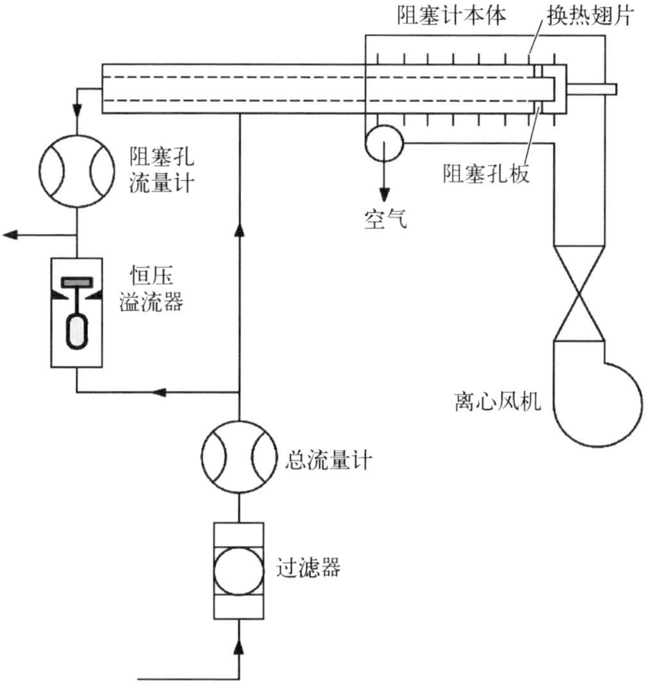

图 7－41　阻塞计结构示意图

4）氩气接收系统

氩气接收系统的功能是接收和储存由液氩运输车送来的高纯液态氩，温度为－186 ℃。通过管道连接将高纯液氩输入液氩储罐内。当用户有氩气需求时，本系统将液态氩由液氩储罐输入汽化器，使液态氩立即汽化成高纯氩气，直接供给主回路氩气分配系统和事故余热排出系统的氩气分配系统。

氩气接收系统的主要设备为液氩储罐、汽化器。

（1）液氩储罐及部件：包括低温低真空液氩储罐、增压器、差压液位计、压力表、安全阀、调节阀、防爆装置及其连接管道。其功能是接收和储存低温液氩。液氩储罐与增压器相连，能使液氩储罐增加压力，向外输送液氩，经汽化器使之汽化。

(2) 汽化器及部件：包括汽化器、调节阀、安全阀、截止阀、压力表、温度计、连接管道、输送氩气管道。液氩汽化系统主要功能是将由液氩储罐输送来的高纯液氩立即汽化成高纯氩气，通过气体输送管道输送到需要气体的用户。

5) 氩气分配系统

在液态金属冷却快中子反应堆中，凡是有可能存在自由金属液面的地方都需要用惰性覆盖气体来保护，并且在任何有液态金属流通的管道、腔室中都应该具有惰性气体的保护氛围。钠冷快堆、铅基快堆的主回路中最高温度或热段温度均高于 400 ℃，由于在高于 400 ℃的环境下，氮气对钢制外壳存在氮化问题，所以液态金属快堆多选用氩气作为覆盖气体。

各氩气分配系统的功能基本一致，主要区别在于是否携带放射性，其主要功能是为回路内容器、管道、设备等进行气体置换，在容器、设备和管道内营造氩气环境，防止与空气接触；用于给带放射性的反应堆容器、设备和管道提供氩气，并在其内放射性活度达到规定值时，用新鲜氩气置换，以降低氩气中杂质的含量与放射性活度；给各系统和设备供气，并且为用户设备提供抽真空及氩气排放通道，在反应堆投运前、停堆换料、紧急和事故停堆工况下要保证向所连接的系统和设备补充氩气。

氩气分配系统主要由氩气分配罐、金属蒸气捕集过滤装置、管道、各类阀门、仪表、配套的电气传动系统、电伴热系统以及保温装置等组成。

系统中阀门主要包含减压阀、电动截止阀、手动截止阀、仪表阀以及止回阀等，其中减压阀实现减压功能，可为不同用户提供不同压力等级的氩气。系统的氩气分配由压差提供输气动力，供气过程中没有流量调节装置及流量联锁控制要求，因此减压阀的设计选型的合理性与可靠性对于系统功能的实现至关重要。

6) 放射性氩气吹扫与衰变系统

放射性氩气吹扫与衰变系统的主要功能包括在反应堆正常运行时，通过液态金属蒸气阱捕集过滤反应堆主容器氩气中的液态金属蒸气，将过滤后的氩气送入燃料破损覆盖气体监测系统；在进行反应堆停堆、换料的准备阶段和维修工作时，回收反应堆主容器的放射性氩气并进行衰变处理，当放射性活度满足排放要求时，将其排入核岛工艺废气排放系统中；放射性氩气吹扫与衰变系统是反应堆一回路的放射性边界和压力边界，承担放射性气体的衰变、达标排放的功能，对抽入氩气衰变罐内放射性气体具有包容功能。

放射性氩气吹扫与衰变系统的主要设备包括氩气缓冲罐、氩气衰变罐、隔膜压缩机。放射性氩气吹扫与衰变系统的正常工况为在反应堆停堆、换料的准备阶段，关闭与燃料破损覆盖气体监测系统相连的阀门，打开氩气缓冲罐前的阀门并启动隔膜压缩机，系统开始接收反应堆主容器的放射性氩气，通过隔膜压缩机增压，将高压氩气送入衰变罐中储存并衰变，以降低其放射性活度，并安全排放。

7）气体加热系统

反应堆气体加热系统是液态金属冷却快堆中特有的气体辅助系统，该系统为一闭式气体系统，流动工作介质为氩气，用于反应堆充入液态金属冷却剂前预热反应堆主容器、主容器内部各设备及构件和反应堆保护容器，最终使堆本体的主容器和保护容器内的温度不低于 200 ℃，加热气体最高温度约为 420 ℃。

反应堆气体加热系统主要由气体加热风机、管道加热器、过滤器及相连的管道和阀门仪表等组成。来自一回路氩气分配系统的氩气为系统及主容器置换后，经风机加热，分内、外两路加热反应堆主容器、堆内设备和构件以及保护容器。内路分别由泵支撑专用工具和冷却剂充排管道入口进入主容器内部，由主容器的人孔流出；外路由保护容器底部入口进入，由保护容器上部出口流出，内、外路出口氩气汇总后返回气体加热风机入口，通过这样的闭式循环将堆容器温度加热至 200～250 ℃。

8）燃料破损覆盖气体监测系统

从反应堆气腔内连续进行覆盖气体取样，并将完成放射性活度监测的覆盖气体通过主容器超压保护系统送回到反应堆容器中；通过连续抽取反应堆覆盖气腔内气体到堆外进行放射性活度浓度的连续监测；当监测到覆盖气体放射性活度升高时，进行覆盖气体的放射性核素组成和特征放射性核素放射性活度的分析，并向主控室提供覆盖气体的放射性活度浓度值和报警信号，以便操纵员及时关注信息并采取措施；为在线氩气取样分析系统提供覆盖气体取样。

系统分为两个部分，即系统回路部分和覆盖气体放射性活度监测部分，系统回路部分主要包括微型压气机、金属网过滤器、纤维网过滤器、γ 谱仪探测站和系统管道等；覆盖气体放射性活度检测部分主要包括宽量程惰性气体监测仪和 γ 谱仪。

以钠冷快堆为例，反应堆容器内的覆盖气体经堆内取样半环取样后送到主容器出口位置，经放置在堆主容器气腔内的取样半环，向下送往钠蒸气阱，经钠蒸气阱冷凝过滤后，覆盖气体去除了大部分钠蒸气，随后送往金属网过滤器，通过内部小孔径的金属网过滤介质中的钠微小颗粒，还剩少量钠气溶胶的覆盖气体送往纤维网过滤器，建立起整个系统回路强迫循环的微型压气机，在微型压气机的后端，两条取样支路汇为一路，覆盖气体送往宽量程惰性气体监测仪进行放射性活度浓度的监测，监测完毕的覆盖气体可送往 γ 谱仪探测站进行放射性核素分析。最后覆盖气体借助主容器超压保护系统的热管段返回反应堆主容器气腔内。

9）真空系统

真空系统与氩气系统配合对其连接的相应气体及辅助系统进行抽真空和气体置换，将设备、系统和反应堆容器内的空气抽出，使之达到工艺所要求的真空度，为氩气置换提供必要的先决条件。

真空系统主要由机械真空泵、油分离器、蒸汽捕集器及相应的管道、阀门和仪表等组成，主要分为反应堆本体真空系统、辅助系统的真空系统、移动式真空系统等。反应堆本体真空系统通过机械真空泵对一回路主冷却系统、一回路冷却剂充排系统、一回路氩气分配系统、反应堆主容器超压保护系统等进行抽真空；辅助系统的真空系统与反应堆本体真空系统相似，分别为与其相连的系统抽真空；移动式真空系统作为其他固定式真空系统的补充，在其他固定式真空系统不便于抽真空时使用，因此将真空泵及其控制柜放置在小车上，便于移动至厂区的各个位置进行抽真空操作。

参考文献

[1] Ponciroli R，Cammi A，Bona A D. Development of the ALFRED reactor full power mode control system[J]. Progress in Nuclear Energy，2015(85)：428－440.

[2] 苏著亭，叶长源，阎凤文，等. 钠冷快增殖堆[M]. 北京：原子能出版社，1991.

[3] 徐銤. 快堆主热传输系统及辅助系统[M]. 北京：中国原子能出版传媒有限公司，2011.

[4] 徐銤. 快堆本体及燃料操作系统[M]. 北京：中国原子能出版社，2011.

[5] 杨红义，杨晓燕，张东旭，等. 基于超临界二氧化碳动力转换系统的革新型钠冷快堆关键技术研究[J]. 中国科学：技术科学，2021(3)：324－340.

[6] 张昊春，张秀，刘秀婷，等. 空间堆碱金属热电转换系统性能分析与优化[J]. 工程热物理学报，2020(2)：277－284.

第 8 章 仪控与供电系统

反应堆及核电厂的安全稳定运行离不开仪控系统。仪控系统就好比人的感觉器官和神经中枢，监测着核电厂的运行状态，控制和调节运行参数，在反应堆趋于非安全运行状态时及时停闭反应堆以实现自我保护。为实现上述功能，仪控系统必须具备测量电厂所有运行参数、监测和判断电厂运行状态、控制调节各系统和设备的运行和紧急停堆保护的手段和能力。液态金属冷却快中子反应堆(包括钠冷快堆和铅基快堆)由于采用液态金属作为冷却剂、一回路采用池式结构等原因，使其与压水堆这样的热中子反应堆相比，其过程参数测量需采用新的技术或原理，控制方式和保护的重点也发生了变化，供电系统也出现了新的需求。

8.1 过程测量

快堆过程检测系统的监测主要针对反应堆及核电厂的各种过程参数，包括温度、压力、压差、流量、液位、钠(铅)存在、钠(铅)泄漏和转速等。

1) 温度测量

测量液态金属温度一般不采用直接接触的方式，而是把温度敏感元件与液态金属相互隔离。

液态金属冷却快中子反应堆的温度测量与其他堆型一样，一般采用热电偶或热电阻，仅在安装方式上根据安全和工况要求有特殊考虑，如采取措施避免因测量装置故障导致冷却剂泄漏。

2) 压力测量

除了水、气(汽)、油等常规介质的压力测量采用通用压力测量仪表(如1151 压力变送器)以外，液态金属介质的压力测量需采用专门的压力测量装置。

大多数液态金属系统的压力测量是由其静态压力决定的。静态压力通过置于液态金属中测点上的传感器来测量,测量以不扰动液体为原则。通常而言,要严格符合这些条件,传感器放入液体中是不可能的,只能放置在容器外侧,通过一根管子或远距离引压管线与容器相连,但这样会对压力指示有影响,引入误差。主要影响有以下三方面因素[1]:① 响应时间,对于不太长的引压管来说,这种影响可以忽略;② 管中的液态金属重量对加到传感器上的压力有贡献,其大小正比于传感器和取压点之间的高度;③ 当测点在流动的液态金属中时,探头或引压头可能引起流动液体的扰动。同时,在液态金属系统中,需要考虑的一个额外影响因素是取压管或远距离引压管的堵塞。

减小堵塞的方法是加大引压管的管径和缩短引压管的长度,或增大管道上的引压开口。但从结构和制造上考虑,却希望开口小些,有利于减小引起压力误差的流动扰动。

为此,在液态金属快堆中压力计的压力测量元件必须与被测介质进行隔离,一般可采用封装了钠钾合金隔离介质的压力传感器。

3)液位测量

液态金属液位测量有三种方法,分别是探针式液位计、电阻式液位计和电感式液位计。

(1)探针式液位计:利用液态金属的良好导电特性,将一根金属棒插入被测容器内并与被测容器绝缘。将金属棒作为一个输出端,将被测容器作为另一个输出端,当液态金属液面接触到金属棒底端时,两输出端将导通,测量两个输出端是否导通,就能测得液面是否达到金属棒底端位置。

(2)电阻式液位计:将一根电阻棒插入被测容器内并与被测容器绝缘。将电阻棒作为一个输出端,将被测容器作为另一个输出端,当液态金属液面不断浸没电阻棒时,就像一个可变电阻。将两输出端引出,测量两个输出端的电阻值,就能测得相应的液面高度。

(3)电感式液位计:该形式液位计的工作原理如图8-1所示。在导磁体上缠绕两组线圈,加保护套管封装后成为液位计插入盛装液态金属的容器内,两组线圈分别引出,一组作为原边线圈,接高频恒流电源,另一组线圈作为副边线圈,测量其输出电压。当液态金属浸没液位计时,随着液面的上升,副边线圈的输出电压将下降,与液面高度呈对应关系,根据副边线圈输出电压可以换算出相应液面高度。

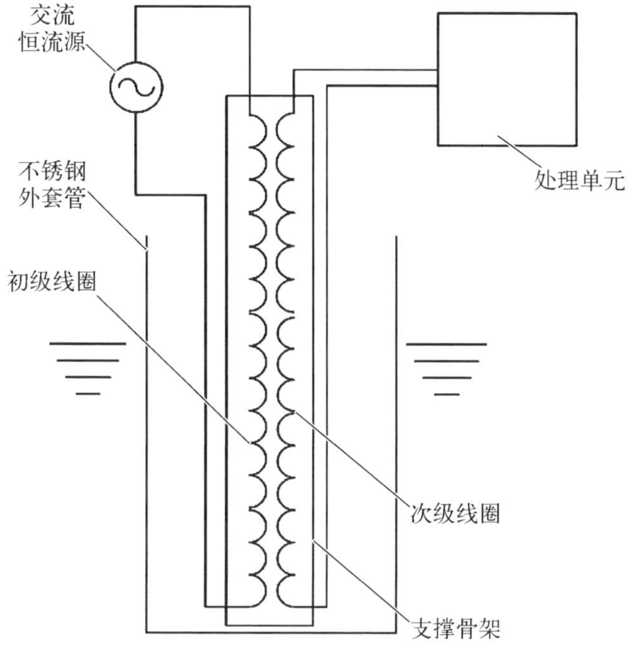

图 8-1　电感式液位计工作原理

4）流量测量

常规介质如水、气（汽）、油的流量测量一般采用节流（孔板）流量计、涡街流量计、热电流量计（主要用于气体流量测量）等，而液态金属介质流量的测量一般采用永磁式流量计。永磁式流量计的工作原理如图 8-2 所示，液态金属具有良好的导电性，当液态金属在管道中流动时，在管道两侧安装磁钢，让磁力线正交穿越管道内的钠流，流动的液态金属相当于一根根导线切割磁力线，按照法拉第电磁感应定律在管道上与磁场、液态金属流动方向相垂直的一对电极上形成感应电动势，其数值与液态金属的流速成正比，流速越高，电动势越高，测量该感应电动势，即可推算出管道内液态金属流量的大小。这种测量的优点是不破坏原有管道的完整性，无运动部件，动态特性好，不影响液态金属的流动[1]。

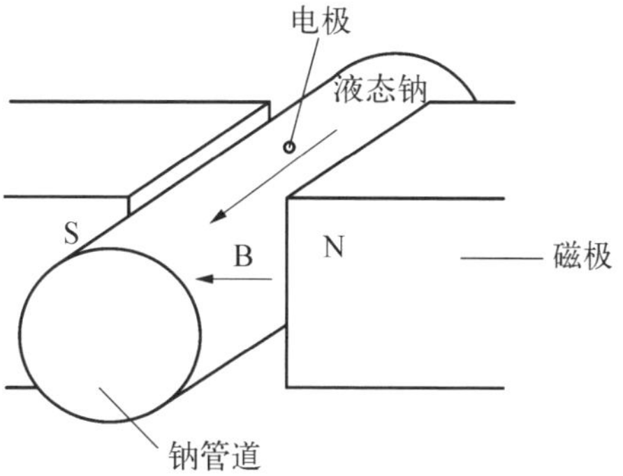

图 8-2　永磁式流量计工作原理

5）泄漏测量

液态金属回路若发生泄漏是比较严重的事件，因为无法补充和回收，必须尽早发现并采取措施制止泄漏的发展，特别是钠泄漏到周围环境更是一件危险的事，高温钠漏出后会在空气中燃烧。直接测量的方法主要利用液态金属的导电性，当有泄漏发生时，泄漏出来的液态金属将原本不连通的探测器一极与另一极或地连通，从而给出发生泄漏的电信号。

6）冷却剂存在信号装置

在液态金属介质的系统中，有些设备（如电磁泵）启动的前提是设备中已充满液态金属，因而需要检测设备和管道中是否已充满液态金属，即对钠（铅）存在的监测。钠（铅）存在信号装置原理是当管道内充满液态金属时，会对包围或接近的变压器二次侧输出产生影响，根据二次侧的输出信号变化来判断管道中是否充满了液态金属。

7）浓度测量

针对浓度测量，对于不同的液态金属冷却剂堆型有着不同的测量对象，钠冷快堆主要关注氢浓度的测量，而铅基冷却快堆对氧浓度控制有要求。

(1) 氢浓度测量：当钠冷快堆蒸汽发生器发生泄漏时，高压侧的水或水蒸气会进入低压侧的钠中，与钠发生化学反应生成氢气和氢氧化钠等，监测氢浓度的变化是判断蒸汽发生器发生泄漏的重要手段，主要监测钠中氢浓度和缓冲罐覆盖气体中的氢浓度[1]。为了在发生微小泄漏时就能检测到，要求氢浓度测量具有很高的灵敏度（0.1 ppm），需使用专用氢浓度测量装置——氢计，目前比较成熟的是扩散型氢计。

(2) 氧浓度测量：在铅（铅铋）冷却的快堆中，氧浓度的控制非常重要，需要严格控制冷却剂中氧的含量，以降低腐蚀影响，因此需要在线测量氧浓度。

8.2 核测量系统

核测量系统是核电厂控制保护系统的重要组成部分，用于对反应堆的换料、启动、功率运行、停堆等各种状态下的反应堆核功率、周期等参数进行监测，并向保护系统、控制室系统等提供相关参数。

8.2.1 核测量系统功能及特点

反应堆的热功率与单位时间的核裂变率成正比，因此测定了中子注量率就可以知道反应堆的热功率。中子测量响应时间快，在低中子水平时，测量精度也比较高，所以在反应堆启动和安全保护监测中中子探测是极其重要的，核测量主要是中子测量。

中子测量的范围很宽，达 8～12 个数量级，因而需要划分成 3 个子量程：源量程、中间量程和功率量程，相邻子量程相互覆盖至少 1 个数量级以保证量程间的无缝衔接。各子量程的测量信号除用于显示、记录、报警外，还将这些信号送至有关的控制、保护系统，用于反应堆的控制保护。

对于池式液态金属冷却快堆，由于堆外核探测器距离堆芯较远，在反应堆停堆和换料期间，堆外核探测器的输出可能会很弱，为提高探测灵敏度，减少探测盲区，有些池式液态金属冷却快堆设有池内核探测系统（不同于压水堆的堆内探测系统），探测器布置在堆芯活性区外靠近活性区的位置进行中子注量率的测量，向操纵员提供中子注量率的多种指示：如脉冲计数、对数计数率、计数声响等，并设有中子脉冲输出。

核测量与其他过程测量系统相比，具有一些独特之处，特别是快中子反应堆的中子测量，更具有一些不同于热中子反应堆的特点，其主要特点如下：

（1）目前核测仪表均对热中子敏感度高，检测快中子的效率相对较低，为提高探测灵敏度，需要在探测器周围布置慢化材料。

（2）对于池式液态金属冷却快堆，核探测器的位置离堆芯较远，中子注量率的衰减要比压水堆大，因而要求核测仪表具有更高的灵敏度，或采取特殊措施，提高信号的信噪比。

（3）快堆 γ 剂量场较热堆高，因而要特殊考虑核仪表的抗 γ 性能。

对于池式液态金属冷却快堆，在反应堆停堆和换料期间，堆外核探测器的输出可能会很弱，为提高探测灵敏度，减少探测盲区，有些池式液态金属冷却快堆设有池内核探测系统，在堆芯附近的反应堆主容器内设置测量通道进行中子注量率的测量，向操纵员提供中子注量率的指示：如脉冲计数、对数计数率、计数声响等。池内核探测系统一般采用高温裂变计数管作为探测器，配备相应的检测仪表。

8.2.2　快堆核测量系统设计

由于快堆的物理特性，其中子探测不需要进行径向功率分布的测量，只需要功率水平测量。所以，其探测器的布置就不需要考虑不同方位的分布，而是在情况允许的条件下，根据测量需要尽可能靠近堆芯，使得探测器所处位置达到测量量程要求及最低测量要求。所以，堆外中子测量需要考虑以下几个方面的问题：

（1）由于我国快堆采用池式结构，导致堆外探测器离堆芯较远；满功率时探测器位置的中子注量率相较压水堆要低，而 γ 射线水平较高。

（2）探测器材料的快中子截面小。

（3）由于钠池和增殖区对于中子的屏蔽作用，会极大地降低探测器位置的中子注量率水平。

为此，一般快堆堆外核测量系统探测器选型通常如下。

（1）源量程采用涂硼正比计数管，主要参数：① 灵敏度约为 30 $cm^{-2}\cdot s^{-1}$；② 计数管外形尺寸为∅70～90 mm；③ 耐 γ 照射率为 10^3 R/h。

（2）中间量程采用裂变室，主要参数：① 中子计数灵敏度约为 0.8 $cm^{-2}\cdot s^{-1}$；② 最大外形尺寸约为∅50 mm；③ 耐 γ 照射率为 10^4 R/h。

（3）功率量程采用补偿电离室，主要参数：① 灵敏度≥1.55×10^{-13} $A\cdot cm^{-2}\cdot s^{-1}$；② 外形尺寸约为∅70 mm；③ γ 感应度为 5×10^{-12} A/(R·h)。

8.3 保护系统

保护系统是检测反应堆运行中出现的异常瞬态事件或事故工况，并为中止这些事件或缓解事故工况后果触发相应动作的系统。本节将对该系统功能和主要设计准则进行介绍。

8.3.1 保护系统功能及设计准则

设置保护系统的主要目的是防止向环境排放放射性物质。为了达到这一目的，保护系统一定要起到防止非安全运行的作用，因为非安全运行可能导致事故工况。防止非安全运行是通过保护系统引发安全保护停堆实现的。一旦发生事故，保护系统将触发专门减轻事故后果的专设安全设施，保护系统通过监测反应堆的安全状态，将监测参数的测量与预先设定或根据运行条件设定的整定值进行比较，根据比较的结果进行逻辑判断，决定是否触发紧急停闭反应堆。针对不同的运行工况，保护系统的停堆动作和触发停堆的信号会有所区别，因而在保护系统内设有允许和联锁系统，在反应堆正常启动、停闭或者提升功率的过程中，或在某些特殊情况下，允许手动或自动闭锁或接通某些保护通道；当出现某些异常情况而又要避免反应堆保护停堆时，如反应堆核功率升高，可以闭锁控制棒的提升操作，包括手动提升和自动提升。

综上所述，保护系统具有四大功能，即保护停堆、触发专设安全设施、允许和联锁。快堆的专设安全设施主要是余热导出系统。

保护系统是如此重要，因而必须保证该系统具有高的可靠性。为此，在保护系统设计中需要遵循以下原则。

1）单一故障准则

保护系统对每个保护功能都提供冗余（二取一、三取二或四取二）的仪表测量通道和二取一逻辑序列电路。这些冗余通道和序列在电气上是独立的，从实体上是隔开的。因此，在一个通道或序列出现单一故障时，不会妨碍所要求的保护作用。

2）设备合格性

通过广泛的环境合格试验和性能试验等，保证设备在事故环境下能够继续工作。试验结果要能证明这种设备达到了设计总则的要求。

3）独立性

在从传感器到触发保护动作的装置整个系统内都采用通道独立性原则。利用实体分隔和功能隔离实现冗余通道的独立。每个冗余通道都采用分隔开的电线槽、电缆支架、电缆管道路线和贯穿件，从而实现布线分隔。通过把组件安置在不同的保护机架上，分隔冗余设备。每个冗余通道都由分隔开的交流供电线路供电。通过两个分隔开的逻辑矩阵使两个事故保护停堆断路器动作来切断控制棒驱动机构电源和（或）驱动机构电磁离合器电源，使控制棒以自由落体或更快的速度插入堆芯，实现停闭反应堆。两个停堆断路器中任何一个动作都能切断控制棒驱动机构和（或）驱动机构电磁离合器的电源，实现停闭反应堆。

4）多样性

设计中最大限度地采用多种不同的测量。一般来说，在可能产生不可容忍的后果之前，会有两种或两种以上不同的保护功能起作用，以终止事故发生。

5）控制和保护系统之间的关系

要把保护系统设计成独立于控制系统。在某些情况下，控制系统等需要和保护系统共用信号，为防止其他系统故障对保护系统的干扰，该信号首先进入保护系统，然后通过隔离装置传送给其他系统使用，并且该信号不再返回保护系统，隔离装置属于保护系统。

6）故障安全准则

在设计中尽可能保证在系统内部件出现故障时，所引起的后果是趋向于触发保护动作，例如在系统失电情况下应给出保护动作。

8.3.2 保护参数

保护系统监测保护参数的变化，当其中的某个或多个参数超出预先设定的整定值时，给出相应的停堆报警信号，经过保护系统的逻辑判断，决定是否给出停堆触发信号。保护参数的选择是根据反应堆装置的安全分析确定的，下面介绍典型的快堆保护参数。

1）反应堆核功率高保护

当反应堆核测量功率高于保护整定值时，触发保护停堆，防止反应堆功率过高导致燃料元件破坏。

2）反应堆短周期保护

当反应堆周期测量检测到反应堆周期过短时（小于 20 s），触发保护停堆，防止反应堆功率升高过快而导致反应堆不可控地提升功率而烧毁燃料元件。

3）核功率与一回路冷却剂总流量之比高保护

快堆采用一回路流量可变运行方式，不同核功率对应不同的一回路钠流量，以保持堆芯出口钠温不变。保证一回路钠流量与堆芯核功率的一致，就能保证燃料元件的冷却，将热功率导出，因而有些设计采用该保护参数替代反应堆核功率高保护，在保证反应堆安全的前提下避免过多的保护停堆，特别是反应堆运行功率较低时，其优势将更加明显。

4）堆芯出口钠温度高保护

池式钠冷快堆在反应堆堆芯出口设置了温度检测，当反应堆出口钠温度偏离运行值而过高时，紧急停闭反应堆，防止堆芯因温度过高而损毁。

5）主容器内钠液位低保护

当检测到主容器内钠液位低于停堆整定值时，紧急停闭反应堆。这主要是针对主容器出现泄漏事故和一回路管道破损引起的泄漏，采用停堆方式防止由于钠泄漏使堆芯热量导出能力下降或出现堆裸露而烧毁堆芯的情况发生。

6）一回路钠流量低保护

反应堆堆芯产生的热量是通过一回路冷却剂在堆芯的流动带走的，若钠流量下降则导致堆芯热量导出能力下降，使堆芯温度上升而危及堆芯安全，当检测到一回路钠流量下降到保护整定值以下时，采用停堆方式保护反应堆堆芯。

7）二回路钠流量低保护

钠冷快堆主热传输系统包括三个回路，二回路作为中间回路从一回路吸收热量，通过蒸汽发生器传递给三回路（水-蒸汽回路）。二回路流量下降意味着热量导出能力的下降，使堆芯温度持续上升，危及反应堆安全，因而采取停堆方式进行保护。

8）二回路钠压力偏离正常运行值保护

该保护参数主要针对二回路主管道断裂、蒸汽发生器发生钠水反应和中间热交换器泄漏事故，采用停堆方式进行保护。由于二回路运行压力高于一回路，当发生二回路主管道断裂或中间热交换器泄漏事故时，二回路的钠向外泄漏，导致二回路压力下降。快堆三回路（水-蒸汽）压力远高于二回路（钠）压力，当蒸汽发生器出现泄漏时，三回路的水注入蒸汽发生器钠侧，发生钠水反应，产生大量的热和氢气，使二回路压力快速升高而超出保护限值。二回路压力是通过对二回路缓冲罐的覆盖气体压力测量得到的。

9）蒸汽发生器钠侧出口温度高保护

该保护参数主要针对蒸汽发生器给水中断和汽轮机甩负荷等事故，蒸汽发生器丧失冷却能力，致使蒸汽发生器一次侧出口钠温升高，反应堆失去热阱，采用停堆方式进行保护。

10）手动紧急停堆

当操纵员判断反应堆处于不安全运行状态时，可以手动触发紧急停堆按钮而停堆保护。手动触发装置与自动事故保护停堆电路无关，它不受自动电路联锁或故障的影响而一直有效。触发控制室内两个停堆按钮中的任何一个，都会引起事故保护停堆。

8.3.3　保护系统

保护系统包括从过程变量的测量，直到产生保护动作信号的所有有关的电气、机械器件和线路，包含了检测元件、测量仪表、报警触发装置、逻辑符合单元、停堆执行机构控制器等环节。为满足单一故障准则，保护系统设计成两个独立的逻辑序列，每个序列都能根据检测到的信号进行逻辑符合，按照多数表决的原则产生停堆触发信号，该信号能够单独触发停堆保护动作。每个逻辑序列内分多个通道，每个通道相互独立，保证实体分隔和电气隔离，每个保护参数的停堆报警信号是冗余的，经多数表决或二取一逻辑处理，给出本逻辑序列的保护触发信号。一个逻辑序列内也可以由多个保护参数的相互符合产生停堆保护触发信号。

快堆比较特殊的是快堆保护停堆只有快速下插控制棒这一种方式向堆内引入负反应性来实现保护停堆，并没有第二种停堆手段（早期曾有在小的实验反应堆上采用改变反射层、增加泄漏的方法实现保护停堆），因而要求快堆控制棒分成两部分，构成第一和第二停堆系统，两套停堆系统的控制棒驱动机构要求有不同的结构。每套控制棒的反应性当量也要满足独立实现停堆的要求。

为了实现在线检测功能，保护系统专门设计了在线检测系统，保证在不妨碍反应堆正常运行和保护系统功能执行的情况下实现保护系统各通道的完好性检测。

8.4 主要控制调节系统

反应堆控制调节系统是根据不同工况对各参数进行匹配调节的系统。快堆主要的控制调节系统包括反应堆功率调节系统、一回路流量调节系统、二回路流量调节系统、蒸汽发生器给水调节系统、汽轮机控制系统、蒸汽旁排控制系统等。

8.4.1 快堆控制及其特点

快中子反应堆在物理、热工、结构等方面与热堆有明显的不同，因而决定了运行方式和控制系统有其自身的特点。

1）物理特性对控制系统的影响

以中国实验快堆为例，利用重核元素（铀或钚）吸收快中子裂变释放能量，其物理特性与热堆差异很大，将对控制系统产生影响。

（1）快堆芯富集度高、能谱硬、多普勒效应比热堆小，而且快堆缓发中子份额小，中子代时间短，这些对快堆控制来说是不利的，要求快堆控制系统有更好的瞬态响应特性。

（2）在快堆中，热中子几乎是不存在的，因此在热堆设计中十分关键的热中子吸收截面高的材料在快堆中几乎并不显得那么重要，像^{135}Xe和^{149}Sm那样的裂变产物，相对来说是不重要的，快堆没有氙中毒引发的瞬态过渡问题。快堆堆芯小，快中子平均自由程比热中子的长，因此快堆堆芯耦合得比热堆更紧密，不存在区域不稳定问题。因而快堆不必考虑功率分布波动的控制问题，也不必像压水堆那样进行堆芯功率分布的测量，从这个意义上说对简化仪表控制系统设计是有益的。

(3) 由于快堆采用液态金属作为冷却剂，无法使用可溶性毒物来控制反应性，一般采取单一的控制棒控制反应性的方式，因而必须设置两套独立的控制棒停堆系统，以保证冗余和安全。

(4) 目前核测仪表均对热中子敏感度高，但检测快中子的效率相对较低，因而要求合理考虑核测仪表的设置和灵敏度问题。快堆 γ 剂量场较热堆的高，因而要特殊考虑核仪表的抗 γ 性能。

2) 热工特性对仪表控制系统的影响

快堆堆芯小、功率密度大，液态金属以其优良的热工特性成为快堆的冷却剂。但它在解决快堆冷却问题的同时也带来了新问题。快堆热工特性对仪表控制系统设计具有较大影响。

(1) 对于钠冷快堆，由于钠容易被活化，一次钠系统带有较强的放射性，为避免放射性钠与蒸汽发生器中的水相接触，快堆设计成三个回路，比压水堆多一个中间回路(二次钠回路)，这样就增加了热传输时间，加大了电厂系统的时间常数。

(2) 与热堆相比，快堆具有堆芯温度高、堆芯进出口温差大、堆芯呈矮胖型、冷却剂在堆芯的流程短等特点。以压水堆、俄罗斯 BN-600 快堆电站及 CEFR 的相应参数为例，如表 8-1 所示，这就使堆芯温度变化限制变得更为突出，因为快速的温度变化对结构材料很不利。所以为防止在堆功率变化时堆芯平均温度和进出口温差变化太大，快堆采取冷却剂流量可变运行方式，而不是像压水堆所采取的一回路流量固定运行方式。这样可以避免在功率变化时堆芯温度场出现较大变化，以减轻对堆芯结构材料的热冲击。正是出于此种考虑，快堆一般尽可能减少紧急停堆次数，而快堆本身的固有安全特性也为此提供了可行性。

表 8-1　热工参数对照

堆　型	参　数		
	堆芯平均温度/℃	堆芯进出温差/℃	堆芯尺寸(直径/高)/(m/m)
压水堆(900 MW)	约 300	35～40	3.04/3.66
俄罗斯 BN-600	463.5	173	2.06/0.75
中国实验快堆	445	170	0.6/0.45

(3) 由于液态金属的沸点很高,因而不存在压水堆的偏离泡核沸腾问题,不必像压水堆一样设置超温 ΔT 保护、超功率 ΔT 保护等保护参数。

(4) 快堆一次冷却剂系统基本工作在常压下,并且为防止主容器发生泄漏设置了保护容器,一般不会有堆芯裸露的危险,因而快堆不必设置安全注入系统。

(5) 由于快堆二回路的压力低于三回路的压力,因而其蒸汽发生器的结构与热堆不同,一般采用直流式蒸汽发生器,管侧为三回路的汽-水回路,壳侧为二回路的液态金属,三回路侧空间小,缓冲能力差,对负荷的变化更加敏感,因而蒸汽旁排系统要求有更快的响应。直流式蒸汽发生器的水位无法直观监测,因而快堆给水调节系统的输入信号不同于压水堆,代替水位信号的是蒸汽发生器一次侧出口温度。

3) 稳态运行方案

快堆采用冷却剂流量可变运行方式,保持反应堆堆芯出口温度恒定。当发生反应堆功率瞬态或负荷变化时,在无外界调节的情况下,反应堆功率与负荷的失配将长期存在,必须借助于外调节系统调节一回路流量来平衡反应堆功率与负荷的变化。因而快堆跟随负荷变化的自调节性比压水堆差。

8.4.2 快堆控制调节系统

快堆控制调节系统包括反应堆功率调节系统,一、二回路流量调节系统,蒸汽发生器给水调节系统,汽轮机控制系统,蒸汽旁排控制系统与蒸汽发生器事故保护系统。

1) 反应堆功率调节系统

反应堆功率调节系统根据负荷或运行人员的指令,自动稳定反应堆的核功率。该系统由中子探测器、定值比较放大器、调节控制器、驱动电路、控制棒驱动机构和控制棒组成。中子探测器一般为电离室,检测反应堆物理功率(核功率),产生电流信号,该信号送入定值比较放大器,在此与输入的定值信号进行比较(定值信号可以由负荷变换产生,也可由运行人员手动设置,采用何种方式取决于设计和快堆电厂的运行方式),产生偏差信号,偏差信号经调节控制器按设计的控制算法运算后,产生控制驱动信号,送给驱动电路控制棒驱动机构带动控制棒在反应堆内移动,改变反应堆内的反应性,使反应堆功率稳定在期望值。

功率调节系统参与反应堆的启停和升、降功率,并能自动地使反应堆功率维持在某一规定的水平上。当接收到来自保护系统的停堆命令时，功率调节系统的控制棒快速全部插入反应堆，向堆内引入负反应性，实现快速停堆。

2）一、二回路流量调节系统

对于池式快堆，一回路全部浸在主容器的钠中，流量不易准确测量，而对于一回路流量来说，它和循环泵的转速有着很好的线性对应关系，一般采用控制循环泵转速的方式控制流量，因而也可以称为循环泵转速控制系统。在系统运行前，通过试验手段标定流量与泵转速的对应关系曲线。泵转速控制是通过对供电电源调频的方式实现的，控制系统接收转速需求信号，同时测量循环泵的实际转速，调整供电电源的频率，使实际转速等于需求转速。

二回路流量调节系统基本上采用一回路同样的控制调节方式。

3）蒸汽发生器给水调节系统

快堆蒸汽发生器的特点是一次侧压力低、二次侧压力高，一般设计为一次侧液态金属在换热管外流动，二次侧水和水蒸气在管内流动，换热管内水汽两相转换的位置是不固定的，随相关条件的变化而移动，水位无法直接测量，因而快堆蒸汽发生器给水调节系统的主调参数不是水位，而是一次侧出口温度。快堆蒸汽发生器给水调节系统测量一次侧出口温度，调节主给水调节阀开度，使蒸汽发生器一次侧出口温度保持恒定；同时，测量一次侧进出口温差和流量以及给水流量和蒸汽流量，保持二次侧与一次侧之间热匹配，经过计算产生的偏差信号同样输出用于控制主给水调节阀。

4）汽轮机控制系统

汽轮机控制系统主要实现转速控制、功率控制、甩负荷控制、蒸汽流量限制和蒸汽压力限制、一次调频、二次调频和超速保护控制等功能。通过调节主蒸汽阀开度来调节蒸汽流量以控制汽轮机功率输出。对于快堆比较特殊的是，直流式蒸汽发生器二次侧缓冲能力差，蒸汽流量调节还承担调节蒸汽压力的功能。

5）蒸汽旁排控制系统

当反应堆启动或电厂甩负荷时，通过蒸汽旁排系统将蒸汽直接排放到冷凝器中。当反应堆运行时，控制系统监测蒸汽压力信号，当超出设定压力时，控制系统打开相应的旁排阀门，使全部或部分蒸汽不经过汽轮机，直接排放到冷凝器中。控制系统根据蒸汽压力控制旁排阀的开度。

6）蒸汽发生器事故保护系统

对于钠冷快堆，蒸汽发生器是工作介质钠和水的分界面，在蒸汽发生器中，一次侧（壳侧）工作介质为钠，二次侧（换热管内）工作介质为水和水蒸气。如果换热管发生泄漏，二次侧高压的水或水蒸气泄漏到一次侧钠中，由于钠是活泼金属，将与水发生剧烈反应，释放出大量热量，造成更进一步的破坏。因此，必须对钠水反应进行监测和防范，在钠冷快堆系统中设置了蒸汽发生器事故保护系统，监测钠水反应的发生，根据检测到的信息判断是否有钠水反应发生以及泄漏规模，形成大、小泄漏信号，触发蒸汽发生器事故保护动作，排出二回路中侧的钠，充氩气保护；排出三回路侧的水和水蒸气，充氮气保护。如果发生大的泄漏而瞬时产生高压，将使预先设置的爆破膜破裂，快速排出二回路侧的钠，防止二回路系统因超过设计压力而损坏。

钠水反应的检测是基于发生钠水反应后的现象。钠与水反应将产生氢气和热量，使钠回路系统压力上升；氢气在钠中使钠流量中出现气泡，流量出现波动，短时间内还可能引起流量突然增大。因此，钠水反应的检测信号包括二回路钠中和二回路缓冲罐内覆盖气体中的氢含量、二回路缓冲罐内覆盖气体压力、蒸汽发生器钠侧进出口流量等。

8.5 辐射监测

快堆辐射监测系统连续监测快堆厂房内各种流出物以及厂内的各个场所的放射性剂量水平。一旦被监测的系统或区域的放射性发生显著变化，立即给控制室发出报警。辐射监测系统连续记录所监测的放射性水平数据，并永久保存。辐射监测系统还监测和管理运行人员和实验室人员所受的辐射剂量水平。快堆辐射监测系统包括工艺监测、排出流监测、区域监测、事故后监测、保健物理、厂区环境监测和离线测量分析等[2]。

1）工艺监测

快堆工艺辐射监测系统监测接触放射性介质的各工艺系统的放射性水平，监测反应堆及工艺系统的运行状态，确定工艺系统内介质流程，如储存、排放、处理等。主要监测内容包括一回路氩气系统放射性监测、反应堆燃料更换过程放射性监测、一回路钠工艺间钠燃烧产物气溶胶放射性监测、二回路主冷却系统钠管道放射性监测、乏燃料组件清洗放射性监测、废过滤材料水力卸料过程放射性监测、堆坑 γ 放射性监测、工艺间气溶胶放射性监测。

2）排出流监测

快堆排出流监测系统监测厂内排出流（气体和液体）的放射性水平，防止向环境排放过量放射性物质。主要监测内容包括反应堆堆顶防护罩气体放射性监测、通风系统气体放射性监测、工艺间气体放射性监测、放射性废水监测、烟囱排出流气体放射性监测。

3）区域监测

快堆区域监测系统监测厂内各区域的放射性水平，给出辐射本底的连续指示，如有强辐射则向电厂工作人员报警。与区域辐射监测有关的报警装置包括控制室报警和就地报警。就地报警器与辐射探测器位于同一地点，有强辐射时，其指示既有视觉的（闪烁光）又有听觉的（报警铃或蜂鸣器）。

4）事故后监测

一旦发生放射性泄漏事故，厂房内和烟囱排出物的放射性强度会大幅度提高，用于正常情况下监测的低量程仪表已无法测量和记录实际的放射性水平，必须采用高量程的仪表测量和记录事故状态下的放射性水平，作为事故后分析和环境影响评价的数据。

5）保健物理

为保障从事放射性工作人员的身体健康，防止其接受超过国家标准规定的放射性剂量水平，必须对其个人剂量进行监测和控制，按照“合理可行尽量低”的原则管理工作人员的放射性剂量。采取的措施如下：

（1）控制区出入口污染监测：对通过控制区出入口离开控制区人员的衣服和携带物品进行监测，对通过控制区出入口离开控制区人员的体表进行监测，防止放射性污染物带出控制区和个人污染离开放射性区域。

（2）个人剂量监测和管理：对工作人员的个人剂量进行监测和管理，为合理安排工作提供依据；降低个人剂量风险。

6）厂区环境监测

对厂区及周界进行放射性连续监测，监督厂区放射性本底水平和可能发生的放射性污染；同时对厂区内及厂区周边地区进行离线放射性检测，定期对土壤、动植物、水体等进行取样检测。

7）离线测量分析

对不需要连续监测的或需要精密分析的监测对象，采取取样后送实验室进行测量和分析的方法进行检测，为此需要配备相应的实验室检测仪表和便携式仪表，如 α、β 低本底测量装置，氚测量装置，多道 γ 谱仪，便携式 γ、中子测量仪和中子剂量当量率仪等。

8.6 燃料破损探测

燃料元件可能因加工缺陷、运行瞬态、燃耗等各种原因引起包壳破损，燃料裂变产物泄漏到冷却剂中。当燃料元件破损达到一定程度（破损面积、燃料元件破损数量），反应堆必须停止运行，将破损燃料组件取出、处理，更换新的燃料组件才能继续运行。因而有必要对燃料元件的破损情况进行连续监测，发现燃料元件破损时，及时给出警报和破损程度，供运行人员判断是否继续运行反应堆。快堆燃料元件在线破损探测包括缓发中子探测系统和覆盖气体探测系统，在换料过程中还可以通过乏燃料组件破损检测系统和燃料破损堆内定位系统进行离线检测。

1）缓发中子探测系统

在反应堆裂变产物中包括一些缓发中子先驱核，如果燃料元件发生破损，燃料芯块与冷却剂钠接触，部分裂变产物泄漏到冷却剂中，检测流过反应堆堆芯的冷却剂中缓发中子的注量率，判断是否发生了燃料元件的破损。通常的方法是测量流经中间热交换器的冷却剂中缓发中子注量率（泄漏到冷却剂中的裂变产物会随冷却剂流经中间热交换器）或将堆芯出口的冷却剂抽出到堆外进行测量以避开反应堆本身强的中子注量率本底，因为缓发中子的注量率水平很低。

2）覆盖气体探测系统

如果燃料元件发生破损，元件内的裂变气体将释出，汇集到主容器上部的覆盖气体（氩气）中，测量覆盖气体中裂变气体的放射性，即可判断是否发生了燃料元件破损。方法是将覆盖气体连续抽出，经过钠蒸气捕集器过滤掉钠蒸气后流经探测器测量其放射性（γ）水平，然后将气体送回主容器气腔。

8.7 供电系统

供电系统的功能是为核电厂的所有用电设备提供电力，根据用电设备的重要性配置具有相应能力的供电系统，一般由正常电源电力系统和应急电源电力系统两部分组成。在快堆上比较特殊的是快堆的所有钠管道和与之相接的可能存在钠蒸气的气体管道均需要采用电加热的方式进行预热、保温和解冻（当管道中有固态钠时），因而需要为电加热系统配备专门的供电系统。每个快堆电厂根据自身的特点，其供电系统会有所差别，典型系统如图 8－3 所

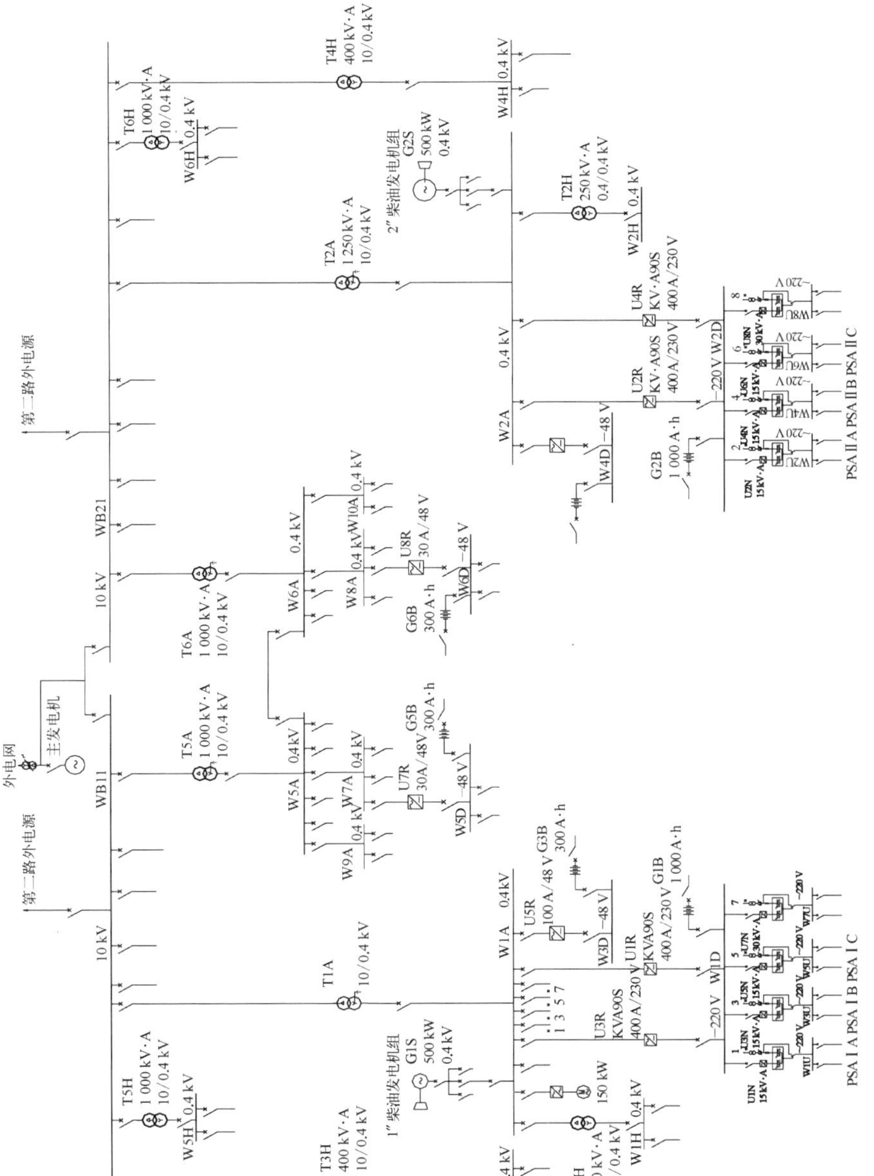

图8－3　典型快堆供电系统图

示。供电系统的电力来源包括两部分,当核电厂正常发电运行时,供电系统使用核电厂自身发电;其他情况下,供电系统使用外电网电源。

8.7.1 正常电源电力系统

正常电源电力系统主要是向那些对电力供应没有提出过高要求的用户供给电力,允许短时间停电而不会影响核电厂安全。这些用户均为正常运行系统和设备,安全重要系统和设备的供电不属于此列。从输电网到厂内配电系统至少要由两路电源供电,以便一路发生故障仍能保持供电。根据设备对供电的不同需求,正常电源电力系统需提供中压交流电力(10 kV 或 6 kV 系统)、低压交流电力(0.4 kV)和直流电力(220 V、48 V 等)。

中压交流电力系统的功能是为厂房内中压动力负荷(大功率水泵、风机等)和配电变压器供应电力。一般中压配电系统按其负荷执行的功能分为多段母线配电。主要设备包括中压变压器和配电系统。

低压交流电力系统的功能是接收中压交流电力系统经变压器供给的 0.4 kV 电源,分配给各低压用电负荷,一般包括两段或两段以上母线。

直流电力系统的功能是接收低压交流电力系统提供的 0.4 kV 电源,经整流器转换成直流电源,向相关直流负荷供电。为保证直流供电的可靠性,还有蓄电池组作为备用电源。当低压交流电源正常时,通过整流器向蓄电池组进行浮充电;一旦失去低压交流电源,由蓄电池组向直流供电母线供电,以保证直流电力系统的母线持续向负荷供电。

8.7.2 应急电源电力系统

应急电源电力系统是向那些对电力供应有比较高要求的用户供给电力,这些用户包括反应堆及核电厂的安全系统和其他指定的安全重要物项,使它们即使在电厂失去正常电力系统供电时仍维持电力供应,保证安全重要设备和系统能够继续执行其安全功能。为达到上述目的,应急电源电力系统必须配备备用电源,以保证失去正常电源供电时的电力供应。同时,为保证供电系统的可靠性,系统必须具备多重性和独立性,即系统至少设计成两个独立通道,两个通道实行功能隔离和实体分隔。当一个通道出现故障时,另一个通道仍能保证向安全重要设备提供电力,实现安全停堆以及余热导出等安全功能。应急电力系统的设计要满足单一故障准则的要求。应急电源电力系统分为应急电力系统的交流电力系统、应急电力系统的直流电力系统和应急电力系统的不间断交流电力系统。

1）应急电力系统的交流电力系统

应急交流电力系统是专指电压为10 kV或6 kV及0.4 kV的母线及以下的配电系统。该系统能保证反应堆在正常运行工况、预计运行事件和事故工况时向所连接的负荷供应交流电。应急交流电力系统分为互为冗余的两个通道，事故工况下又有各自独立的备用电源，两个通道之间没有任何电气连接，以实现功能隔离。当一路电源失去后，另一路也完全能保证反应堆的安全运行。应急交流电力系统的备用电源一般为柴油发电机组，且必须是冗余配置的，至少为两台柴油发电机组或更多，保证其中一台无法正常启动情况下仍能保证重要设备得到电力供应。

2）应急电力系统的直流电力系统

应急电力系统中的直流电力系统向控制、监测、开关操作设备等直流负荷提供220 V的直流电力，保证它们在正常运行工况、预计运行事件和事故工况下的运行。这些负荷还包括应急照明系统等需要直流供电的系统和设备。应急直流电力系统分为互为冗余的两个通道，这两个通道相互独立，在电气上没有任何连接，实现了功能隔离，这两个通道分别布置在厂房的不同区域，保证实体分隔。每个通道包含充电整流器、蓄电池组，当整流器失效时还会有蓄电池组来给这段线供电，保证了它的不间断性。

3）应急电力系统的不间断交流电力系统

应急电力系统的不间断交流电力系统是将直流电力系统中的直流电通过逆变器转换为电压为380 V/220 V的交流电，为那些不允许中断电力供应的交流电用户供电，以确保反应堆的安全运行。这些用户主要包括反应堆控制保护系统、安全重要仪表系统、主控制室、计算机系统、辐射监测系统等。应急不间断交流电力系统设计为冗余的两列，相互独立，没有任何电气连接，满足功能隔离的原则，同时两列分别布置在核岛厂房的不同区域，保证实体分隔。

4）电加热供电系统

快堆采用液态金属作为（钠/铅铋合金）冷却剂，而它们在常温下是固态。为保证系统的正常运行必须提供加热装置，在其注入系统前，对容器以及系统管道和设备进行预热；系统充填冷却剂以后对系统进行保温；如果冷却剂凝固在系统内，系统再次启动前要对凝固的冷却剂进行解冻和升温，这些工作由电加热系统完成。加热方式包括在容器内插入电加热棒和在管道及设备外表面敷设电加热丝两种方式。为了防止电加热丝发生对地短路时引起供电系统故障，电加热系统的供电系统一般设计为中性线不接地的方式。为此，向电加热系统供电时需增加隔离变压器，变压器副边中性点不接地。该系统主要设备包括隔离变压器和配电系统。

参考文献

[1] Foust O J. Sodium-NaK engineering handbook[M]. New York: Gordon and Breach Science Publishers INC, 1978.

[2] 徐銤，赵郁森. 快堆辐射防护[M]. 北京：中国原子能出版传媒有限公司，2011.

第 9 章
安全分析

核能在造福人类的同时，也可能给人类和环境带来放射性的风险。20 世纪 60—70 年代，关于核安全的一些基本原则与理念得以建立，之后发生了 3 次严重核事故——分别是 1979 年发生的美国三哩岛核事故、1986 年发生的苏联切尔诺贝利核事故以及 2011 年发生的日本福岛核事故。为此，这套体系和安全标准得以不断完善和提高。

9.1 核安全目标与核安全理念

本节将从核安全目标出发，阐述纵深防御和多道屏障的核安全理念，以及核安全设计应遵循的相关原则。

9.1.1 核安全目标及纵深防御

核反应堆的安全目标是由技术安全目标与辐射防御目标组成的。根据国际原子能机构的定义，核安全活动的目标是确保开展核电厂运行和活动能够达到合理最高安全标准，为此必须采取措施保证实现以下目标[1]：

(1) 控制运行状态中对人的辐射照射和向环境的放射性释放；

(2) 限制可能导致核电厂核反应堆堆芯、核链式反应、辐射源、乏核燃料、放射性废物或任何其他辐射源失控事件发生的可能性；

(3) 在发生这类事件的情况下减轻其后果。

为达到这些目标，核反应堆安全设计时采用纵深防御方法，设置一系列屏障，以阻止放射性物质的逸出。

纵深防御主要通过将一系列连续和独立的防御层次结合，防止事故对人员和环境造成危害。如果某一层次防护失效，则由后一层次提供保护。每一层次防御的独立有效性都是纵深防御的必要组成部分。纵深防御共分为五个层级：

(1) 第一层级防御的目的是防止偏离正常运行和安全重要物项出现故障。这也就要求我们应当基于成熟的质量管理体系、经充分论证的工程经验，可靠且保守地开展对核电厂选址、设计、建造、维护和运行等方面工作。

(2) 第二层级防御的目的是探知和控制偏离正常运行状态的情况，以防止核电厂的预计运行事件逐步升级到事故工况。这也是充分考虑到在核反应堆的运行寿期内千方百计防止发生假想始发事件，但还是有可能发生这种事件的事实。主要措施如下：在设计中提供特定系统和设施；通过安全分析确认其有效性；制订各种运行规程，以防止发生此类始发事件或尽量减轻其后果，并使电厂回到安全状态。

(3) 对第三层级防御所做的假设是，上一层级防御或许未能控制某些预计运行事件或假想始发事件的逐步升级，并可能由此酿成事故。在核电厂设计中，这种事故是假定会发生的。为此，也提出了更严格的要求，即固有安全性和(或)专设安全设施、安全系统和程序应当能够防止对反应堆堆芯造成损坏或防止需要厂外防护行动的放射性释放，并使核电厂回到安全状态。

(4) 第四层级防御的目的是减轻第三层级纵深防御失灵所引起的事故后果。即针对设计基准可能被超过的严重事故，采用事故处置及特殊设施以避免或最大限度地减少厂外污染。

(5) 第五层级即最后层次的防御目的是为减轻事故工况下可能的放射性物质释放后果。这一层次要求具有适当装备的应急控制中心，制订和实施厂区内外的应急响应计划。

为了达到和保持五个纵深防御层次内所执行的安全功能，核反应堆安全设计还应遵循以下几个基本的可靠性原则：

(1) 单一故障准则。在满足单一故障准则的设备组合的任何部位发生随机单一故障时，仍然能保持所赋予的功能。由单一随机事件引起的各种继发故障，均视作单一故障的组成部分。

(2) 多重性原则。采用多于最少套数的设备或系统来完成某一项特定的安全功能。它是提高重要设备的可靠性并满足单一故障准则的重要设计原则。

(3) 多样性原则。为减少某些共因故障的可能性，对某些至关重要的系统采用多样性设计，即采用不同的工作原理、不同的物理变量或不同的运行条件以及使用不同制造厂商的产品等。

(4) 独立性原则。为提高系统的可靠性,设计中采用功能隔离或实体分隔来实现其独立性。

(5) 采用固有安全性的设计原则。在一些重要安全设备或系统的设计中,特别是反应堆堆芯设计,要使其具有固有安全性,使假设始发事件不产生与安全有关的重大影响或只产生趋向安全状态的变化。

9.1.2 多道屏障

为了阻止放射性物质向外扩散,核反应堆设计是非常重要的环节,在放射性裂变产物与人所处的环境之间设置多道实体屏障,力求最大限度地包容放射性物质,尽可能减少放射性物质向周围环境的释放量。以钠冷快堆为例,最为重要的是以下三道屏障[2]。

(1) 第一道屏障是燃料元件包壳。快堆一般采用高浓 MOX(UO_2-PuO_2 的混合物)或二氧化铀燃料,并将其烧结成圆柱形芯块,沿轴向装入不锈钢包壳内。包壳使燃料棒保持结构上的完整性,并把燃料和冷却剂隔离开来,因而可以避免裂变产物进入一次冷却剂。

在中子的轰击下,重核裂变后产生的裂变产物有固态的,也有气态的。其中的绝大部分滞留在燃料芯块基体内,只有部分气态裂变产物扩散出芯块,进入芯块和包壳之间的间隙内。燃料元件包壳的工作条件是十分苛刻的,既要受到非常高的中子通量的辐照,又要受到热应力和机械应力的作用。在正常运行时,仅有极少的包壳由于有加工缺陷而可能导致破损,从而会有少量的裂变产物进入冷却剂。一般情况下,包壳破损率均限制在1%以下。根据美国的统计,正常运行时实际最大破损率为0.06%。

(2) 第二道屏障是包容反应堆冷却剂的一次压力边界。压力边界的形式与反应堆类型、冷却剂特性以及其他设计考虑有关。对于典型的池式快堆,主要是指主容器,另外还包含一些贯穿件的密封。而对于回路式快堆,一次压力边界主要由反应堆容器和堆外冷却剂环路组成,包括蒸汽发生器传热管、泵和连接管道等。

为了确保第二道屏障的严密性和完整性,防止带有放射性的冷却剂漏出,除了在设计时要在结构强度上留有足够的裕量外,还必须注意屏障的材料选择、制造和运行。

(3) 第三道屏障是安全壳系统。对于大型快堆,由于要考虑在严重事故下释放的裂变产物较多，并承受一定的温度和压力，所以一般设计成可以承受压力的密闭的安全壳；对于小型快堆，由于事故时放射性物质的释放量小，且不会造成厂房内压力的明显升高，所以一般采用厂房与通风系统相结合的包容壳系统。

对于钠冷快堆而言，为了防范钠火，通常在主厂房内部还设置有包容小室，在有钠泄漏时将火灾范围限制在一定区域内，使之不致影响相邻房间的使用。安全壳系统将反应堆和冷却剂系统的主要设备都包容在内，当事故(如放射性钠的泄漏等)发生时，能够阻止从一次边界逸出的裂变产物不可控地释放到环境中去，是确保厂址周围居民安全的最后一道物理屏障。安全壳的另外一个重要功能是防止外部事件对重要设备的破坏，如飞机坠落、冲击波等。对安全壳一般有严格的密封要求，在设计压力下，典型的泄漏率为每昼夜不超过安全壳总容积的0.1%。同时还要设计成可以定期进行泄漏检查，以便验证安全壳及其贯穿件的密封性。对包容壳的密封性要求相应低得多，但对通风和过滤的要求较高。

除了上述的三道实体屏障之外，每个商业核反应堆的周围都有一个公众隔离区，反应堆的厂址又远离居民中心。这样，可对释放出的任何气载放射性提供大气扩散以及自然稀释的途径，并在万一发生严重事故时提供疏散居民的时间。核反应堆附近的居民一般较少，易于疏散。

9.2 液态金属快堆的安全特性

液态金属会为反应堆带来特殊的安全优势与特定的安全问题，特别是化学性质活泼的液态金属作为冷却剂时，需要考虑其与其他介质(如水、空气等)发生化学反应从而造成的风险，比如钠火事故和钠水反应事故。本节通过与常见的轻水反应堆的比较，说明液态金属反应堆的特殊安全特征。

9.2.1 物理特征

液态金属反应堆通过裂变反应释放能量的基本原理与其他反应堆没有区别，但是由于冷却剂特征的差异，导致其物理设计与一般轻水反应堆相比存在明显的差异，这些差异也使得液态金属反应堆的部分安全特征与其他反应堆不同。

与轻水、重水以及石墨相比，钠的中子吸收截面小，散射慢化能力不强，铅或铅铋合金的慢化能力则更弱，这使得液态金属冷却剂反应堆往往是快中子反应堆，而快中子裂变截面要小于热中子，这就要求堆芯内燃料密度与燃料富集度更高。同时，液态金属的导热能力要高于水、空气等介质，即使常压下，其沸点也远高于水在高压下的沸点，很难产生沸腾导致传热恶化的情况发生，因此液态金属冷却剂传热性能好，能够承担更高的堆芯功率密度。

由于冷却剂特征的影响，钠冷快堆在设计上的主要特征是高功率密度、高富集度和高燃耗的特征。由于这些物理特征和冷却剂的特殊物理特征，使得钠冷快堆具有以下特殊安全特征：

(1) 大型反应堆空泡反应性可能为正。对于轻水反应堆而言，空气进入堆芯取代同等体积的慢化剂后必然导致慢化能力下降，引入负的反应性反馈。而大型液态金属反应堆堆芯中进入空泡后，可能会引入正的反应性反馈。一般而言，液态金属反应堆在设计基准范围内部不允许堆芯出现空泡，因此该效应主要对于严重事故以及堵流事故存在影响。

(2) 含氢物质进入堆芯可能引起正反应性。如果润滑剂等含氢物质进入堆芯可能引起中子慢化，进而引入正反应性。该事件在反应堆早期发展时确曾发生过，不过随着反应堆设计的改进可以实际消除该事件发生的可能性，且定量的安全分析证明，该事件的实际影响不大，其引入的正反应性不足以威胁反应堆安全。

(3) 冷却剂密度、温度变化对于反应性的影响很小。对于轻/重水反应堆而言，其冷却/慢化剂以及其冷却剂中溶解的可溶毒物对于反应性存在重大的影响。因此当冷却剂密度或其中可溶毒物发生突然变化时，可能会引入反应性问题，包括冷却剂温度下降，可溶毒物被稀释。而液态金属反应性无须考虑此类事故的影响。

(4) 堆芯不是按照最大反应性布置。液态金属冷却快堆中的裂变材料不是以反应性最大模式布置的，在反应堆堆芯整体形态发生变化，比如在燃料元件弯曲变形和严重事故下出现燃料进一步密集化的情景时，可能引入正的反应性导致更为严重的事故后果。

9.2.2 冷却剂热工水力特征

液态金属钠有较大的热导率，在快堆堆芯平均温度(如 450 ℃)下热导率是压水堆运行工况下水热导率的百倍以上，堆芯和燃料不易过热，在一回路冷却剂系统失流时，堆芯事故余热很快导入钠中。在采用池式设计时，一回路装载了大量液态金属冷却剂，是很好的热阱，极大地降低了专设安全系统的投入要求。

钠的沸点在大气压下是 883 ℃，一般一回路工作温度远低于该温度，一回路系统压力低，冷却剂系统、容器和设备几乎不可能破裂，不可能出现压水堆的冷却剂丧失事故。另外，运行压力低，停堆后的余热容易导出。

钠冷快堆燃料包壳一般采用 316 不锈钢，而纯钠在 800 ℃以下对奥氏体不锈钢几乎无腐蚀，所以快堆的钠容器和钠管道不易因腐蚀而泄漏。

对于铅/铅铋冷却快堆而言，铅/铅铋合金作为冷却剂具有反应性负反馈系数，在出现温度升高的情况下，堆芯的反应性会自动下降。铅/铅铋合金的高密度也使得反应堆在严重事故下燃料随冷却剂流动扩散，不易发生再临界情况。铅/铅铋合金材料密度高、热膨胀率较高和运动黏度系数较低且可以采用大燃料元件栅距，自然循环能力强，能够不依靠外部电力驱动，仅通过自然循环即可带走堆芯余热。铅/铅铋合金沸点非常高，消除了冷却剂沸腾问题，且反应堆可在常压下运行，使得反应堆不易失去冷却剂。铅/铅铋合金化学稳定性好，几乎不会与水和空气反应，也无锆水反应，消除了氢气爆炸风险。另外，铅/铅铋合金材料与气态放射性核素碘和铯能形成化合物，可降低反应堆放射性源项。

9.2.3 碱金属冷却快堆的特殊安全问题

碱金属的导热能力强，熔点低，从热工水力特性上相比铅/铅铋合金而言是更为优越的冷却剂，但是其化学性质活泼，与空气和水均可发生剧烈反应，导致特殊的安全问题，本节以钠为例进行说明。

钠的化学性质活泼，它能与非金属元素如氧、硫、氮以及卤素等直接作用。它也能与水直接作用发生钠水反应，释放出大量能量。而液态钠一旦暴露在空气中将发生燃烧，产生钠气溶胶。

由于钠是化学性质极活泼的金属，当管道或设备破损发生钠泄漏时，泄漏的钠与空气接触发生燃烧形成钠火。钠的泄漏和燃烧是钠冷快堆中非常重要的安全问题。钠火的特征为火焰和白色浓密烟雾，燃烧的钠并不完全消耗形成烟雾，大多数是钠氧化物形式的沉积物和没有反应的钠。沉积物和烟雾中的反应产物都包括 Na_2O 和 Na_2O_2。钠火按燃烧方式可分为池式钠火、喷雾钠火和混合钠火，不同形式的钠火将分别导致不同的后果。钠火燃烧方式的影响因素主要包括泄漏孔的几何形状、大小、位置以及钠的温度、流量和速度等[3]。

当钠流本身只是部分燃烧或不燃烧，主要能量是由形成的钠池释放时，将发生池式钠火。钠池的燃烧速率是能量释放的主要参数，其燃烧速率随钠池表面积而增大，在达到某一个值后停止增长。比较典型的是管道破裂或者大泄漏。这时绝热层被迅速破坏，钠可以不受干扰地流出。典型的池式钠火有三个阶段：

(1) 第一阶段：在最初的数分钟内，周围空气剧烈受热，直到接近燃烧过程中的最高温度。钠的受热取决于钠容器的条件(如材料、绝热层等)和钠池的厚度。

(2) 第二阶段：接近常温水平，其温度取决于钠池的尺寸、钠容器的容积和通过墙壁的热传递。

(3) 第三阶段：钠池内的热残留物逐渐冷却。

喷雾钠火的特点是钠在空气中立即反应，没有或几乎没有形成钠池。在破口散开或被障碍物散开的喷射钠流可能形成喷雾钠火，其能量释放与钠流量直接相关。钠泄漏流量和钠泄漏总量是影响喷雾钠火后果的最重要因素，但流量并不是唯一的重要参数，还有钠喷流的几何条件和形状。一般而言，喷射钠火在事故早期将产生一个压力峰值，而池式钠火在事故的长时间内形成温度峰值。

混合钠火表现为池式钠火和燃烧钠喷流的组合。其行为主要取决于位于破口和钠池表面之间的钠喷流的特性。如果钠喷流不受干扰而仅依靠水力学效应散开，那么与钠池相比，它释放的能量较小。也有可能由钠喷流行为而非钠池决定能量释放。干扰后的钠喷流(如障碍物干扰)可能导致类似喷雾钠火的后果。

因此，在钠冷快堆的设计中必须考虑防止钠火事故的发生。可采取的措施包括增加防漏的保护容器或保护套管、提供消防系统等。例如在敏感的区域，如一次钠回路，通常采用保护容器、惰性气体覆盖以及装设钠泄漏探测器的方式来提供多重保护。而对于二次钠所在的区域，由于其放射性很低，只需通过设置漏钠接收抑制盘以及配备适当的消防系统以保证安全。

钠冷快堆蒸汽发生器可能在运行过程中经常发生换热管泄漏事故，导致蒸汽发生器的水向钠中泄漏。当蒸汽发生器发生漏水时，水与钠接触将发生强烈的钠水反应，并产生氢氧化钠和氢气，随之产生大量的热。骤然膨胀的氢气泡将产生以声速传播的冲击波和随之而来的压力波。

导致蒸汽发生器水向钠中泄漏的原因主要有如下几种：① 不纯的液态钠

或水中杂质引起的应力腐蚀,造成设备在运行中承受着最恶劣的工作条件;② 蒸汽发生器的换热管道在制造过程中管束焊接等质量问题;③ 液态钠温度变化引起的热冲击或热疲劳;④ 管支撑强度不足引起的机械疲劳;⑤ 此外还有换热管两侧的侵蚀、管束和支撑间的振动等。

因此,在钠冷快堆中为防止钠水事故,设置了蒸汽发生器事故保护系统,用来终止事故进程并缓解钠水反应的事故后果。

相对碱金属而言,液态金属铅的化学性质稳定,避免了与空气或者水的剧烈化学反应,更加有利于反应堆的简化与小型化。但是铅本身对人体有害,铅蒸气具有化学毒性,因此要考虑防止化学毒性铅及其气溶胶(氧化铅)的释放。

铅铋合金冷却剂受中子辐照后,会生成危害性的放射性产物^{210}Po,具有极强的毒性。为保障工作人员与公众的安全,需要设置专门的系统控制^{210}Po在冷却剂以及覆盖气体中的含量,进而控制正常运行以及事故期间由于^{210}Po造成的危害[3]。

与此同时,熔铅具有腐蚀性,在静载荷(脆性断裂)或时间依赖载荷(疲劳和蠕变)下会诱发或加速材料破坏。熔铅的腐蚀性可能腐蚀结构材料,而腐蚀产生的金属杂质可以在一次系统中输运,可能导致冷却剂流道堵塞。因此,铅/铅铋冷却快堆设计为可在低温范围(400～520 ℃)下运行,从而保持冷却剂中溶解氧的受控浓度,该浓度必须足够高以支撑表面保护层的数量,同时浓度又要足够低,以防止形成大量的 PbO 沉淀,这可能导致一次系统结垢和结渣,并随后导致冷却剂堵塞。

铅/铅铋冷却剂的高密度产生浮力,在设计堆内结构时,尤其是可移动设备,例如燃料组件和控制棒组件,应考虑该浮力的影响。此外,铅的凝固点高(327 ℃),可能导致冷却剂凝固,如果未采用适当的熔化顺序,则在解冻过程中可能会对结构施加机械应力。

9.3 典型的液态金属反应堆始发事件

在反应堆设计中,必须使用系统化的方法确定一套全面的假设始发事件,以在设计中考虑所有可预见的具有严重后果的事件和发生频率高的事件。安全分析是安全系统的设计依据。

典型的池式钠冷快堆始发事件以及其分组如下:

(1) 反应性的意外变化,包括或可能存在反应堆各种状态下调节棒非规定位移、补偿棒非规定位移、含氢物质落入堆芯、气泡进入和通过燃料组件等现象。

(2) 一、二回路冷却能力减小，包括或可能存在一台一回路主循环泵停运、一台二回路主循环泵停运、一回路主管道断裂、一台一回路主循环泵转子卡住或泵轴断裂、一台二回路主循环泵转子卡住或泵轴断裂，二回路主管道泄漏等现象。

(3) 一、二回路冷却能力增加，包括或可能存在一台一回路泵转速意外提升、功率运行时事故余热排出系统误投入等现象。

(4) 三回路丧失部分或全部热阱，包括或可能存在汽轮机事故停机(主气门关闭)、蒸汽发生器失水、失去厂外电、导致蒸汽流量减少的蒸汽压力调节装置故障、冷凝器失真空故障、主蒸汽隔离阀意外关闭、主给水管道小泄漏，主给水管道破损等现象。

(5) 三回路排热能力增加，包括或可能存在导致给水温度降低或给水流量增加的给水系统故障、汽轮机负荷过度增加、蒸汽发生器一台大气释放阀误开启、导致蒸汽流量增加的蒸汽压力调节装置故障、主蒸汽管道安全阀打开后无法回座、主蒸汽管道小泄漏、主蒸汽管道破损等现象。

(6) 反应堆设备和管道的泄漏，包括或可能存在中间热交换器传热管泄漏、蒸汽发生器传热管小泄漏、主容器泄漏(钠液面以下部分)、一回路钠净化系统管道泄漏、蒸汽发生器传热管大泄漏等现象。

(7) 系统或设备的放射性释放，包括或可能存在堆本体覆盖气体边界泄漏，一次氩气衰变罐破损等现象。

(8) 一盒燃料组件局部堵流造成的堵流事件。

(9) 列出外部事件清单，如地震、失去厂外电等。

9.4　典型的液态金属快堆安全系统

在液态金属反应堆发生始发事件或进入事故工况时，反应堆需要由相关的安全系统执行相应的安全功能确保反应堆最终进入安全状态，这些安全系统包括保护系统、紧急停堆系统以及专设安全设施。

9.4.1　保护系统

反应堆保护系统的功能是保证反应堆屏障完好，限制反应堆在允许范围内运行或者缓解事故后果。当反应堆运行中出现异常或事故工况，反应堆保护系统能够触发相应的系统动作终止这些事件或减缓事故工况后果。当保护参数达到或超过系统动作的设计限值时，反应堆保护系统能够自动触发紧急停堆动作，使控制棒插入堆芯，反应堆进入次临界状态，同时自动触发相应的专设安全设施动作，以减轻事故引起的后果。

反应堆保护系统是反应堆安全系统的重要组成部分，具有很高的可靠性。保护系统的设计一般应遵循以下原则[4]：

(1) 保护通道的多重性原则。按其功能，每个保护参数仅需设计一个保护通道。为了提高系统的可靠性，往往增设一个或几个功能完全相同的通道。每个通道彼此独立，其中任何一个通道发生故障，系统的保护功能仍然有效。为使反应堆具有高度的连续运行性能，这些多重通道一般又按照"三取二"或"四取二"逻辑组合。

(2) 保护参数的多样性原则。针对反应堆每一种事故工况，设置几个保护功能相同的保护参数，即使在某一保护参数的全部保护通道同时失效的情况下，仍能确保反应堆安全。

(3) 失效安全原则。当设备发生故障时，应使设备处在有利于反应堆安全的状态。

(4) 在线检测功能。在线检测是指在反应堆运行过程中，在任何时候能够手动或自动检测系统的完好性，如果发现某个设备故障，应立即将其切除，组织维修或换上备用设备。在进行此类活动时不需要中断反应堆运行。

(5) 响应快。一旦反应堆出现事故危险状态，保护系统应尽快地投入保护动作。事实上，从反应堆出现事故危险状态到安全棒落入堆芯需经历一段时间，这是因为组成保护系统的一次测量仪表和测量电路的响应存在着滞后，执行机构接到停堆信号至安全棒动作也存在时间滞后。保护系统动作延迟的时间越长，对反应堆的安全越不利。

(6) 各保护通道应具有独立的供电线路。各通道有独立线路供给可靠仪表电源(安全级)，并应考虑实体隔离，如连接导线应处于不同的电缆槽中。

9.4.2 紧急停堆系统

反应堆停堆系统的功能是补偿、控制和调节由各种原因引起的反应性变化，在必要的时候紧急快速地将反应堆引入次临界并保持次临界状态。

液态金属冷却快堆设置两套独立的停堆系统，即第一停堆系统和第二停堆系统。第一停堆系统的功能包括安全停堆、功率调节、温度与燃耗补偿，以及换料和其他因素所引起的反应性偏差的补偿。第二停堆系统的功能是安全停堆。两套停堆系统都满足卡棒准则，即当每套系统中价值最大的一根控制棒组件被卡住时，两系统中任何一套系统都能使反应堆从任何工况到达热停堆状态。两套停堆系统均能使反应堆到达冷停堆状态，并保持足够的停堆深度。每套停堆系统都应满足卡棒准则，即当价值最大的一根控制棒卡于堆外时，利用任何一套停堆系统都能使反应堆停闭。

9.4.3　专设安全设施

当反应堆运行过程中发生异常或事故工况时，仅仅依靠正常的控制保护系统仍不足以保障堆芯的冷却。因此，除反应堆保护系统外，还应设置专设安全设施。专设安全设施具有使事故限制在局部、受控、缓解或终止的功能，当发生设计基准事故和设计扩展工况时，专设安全设施可以保证核动力厂能够实现三大基本安全功能（紧急停堆、余热导出和放射性包容），建立并保持对放射性危害的有效防御，以保护人与环境免受放射性的危害。

对于池式钠冷快堆而言，其典型的专设安全设施包括事故余热排出系统、反应堆容器超压保护系统、蒸汽发生器事故保护系统、安全壳系统和非能动停堆系统等。

下面以池式钠冷快堆为例，对其专设安全设施的设计进行详细说明。

1）事故余热排出系统

事故余热排出系统的功能是在发生不能通过主热传输系统将堆发热排出时，将反应堆剩余发热和蓄热排到最终热阱。事故余热排出系统的设计具有两个突出的特点。

(1) 除了空冷器的风门外，整个系统都采用了非能动设计。为了及时有效地打开风门，在其驱动机构上除正常电源外还接驳了可靠电源，同时还保留了可以用手动打开由三段组成的空冷器风门的可能性。

(2) 在任何情况下风门均保持有一个最小开度（使得功率约为额定值的10%），可以保证回路内随时都能建立自然循环。

以典型的池式钠冷快堆为例，其事故余热排出系统有两个独立的冗余环路，每个环路由一个位于堆容器内的独立热交换器、一个带闸门的空气热交换器和中间回路管道组成。采用一回路冷却剂自然循环、中间回路钠自然循环、空气自然对流的非能动方式排出反应堆剩余发热，两个环路的总设计功率为1.05 MW。图 9-1 为事故余热排出系统流程图。

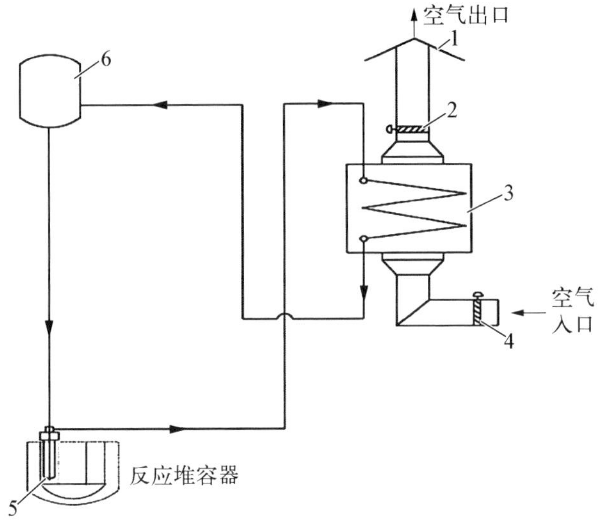

1—拔风烟囱；2—出口风门；3—空气热交换器；4—进口风门；5—独立热交换器；6—缓冲罐。

图 9-1　事故余热排出系统流程图

2) 反应堆容器超压保护系统

反应堆容器超压保护系统的功能是用来保护反应堆主容器和保护容器，防止其中的保护气体超压，并可在过渡工况中自动调节反应堆保护气体的压力以及在需要缓解事故时紧急降低堆内的压力。系统包括主容器和保护容器的气腔、主容器和保护容器的保护装置（液封装置）、补偿容器、紧急卸压支路及电动阀、连接管道、保温层电加热器及支吊架等[4]。

主容器超压保护系统采用非能动的设计理念，整个系统没有任何调节阀和截止阀，具有很高的可靠性。当主容器内的压力超过限值时，通过该系统的液封器可以将堆内压力卸掉，以免一回路压力边界出现不可控的破坏。

当主容器或保护容器的气腔压力超过允许值时，液封装置先将氩气排到专用包容小室，待其衰变至允许水平后通过事故通风系统排出。根据工作状态的不同，主容器和保护容器液封的动作压力值也有变化。液封的工作液体为有机硅油，其特点是与钠蒸气和空气不发生爆炸反应，也不生成高熔点产物，密度与水接近，运行过程中不改变性质（黏度、密度）。补偿容器用来提供一个补偿空间，以保证在反应堆运行时自动调节堆气腔压力，使其处于允许的范围内。补偿容器的工作介质为氩气，但允许钠蒸气存在。有一条管道把主容器的气腔和补偿容器连接起来。保护容器气腔与保护容器的液封装置也有管道连接。图 9-2 为快堆反应堆容器超压保护系统流程图。

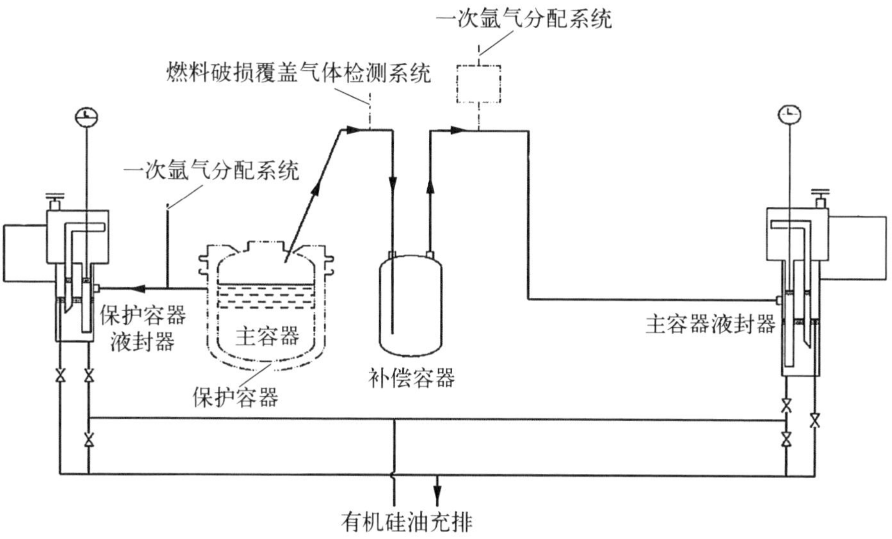

图9-2　快堆反应堆容器超压保护系统流程图

3）蒸汽发生器事故保护系统

蒸汽发生器事故保护系统的功能是保证蒸汽发生器安全运行，防止钠水反应的扩大和蔓延。在发生钠水反应事故时，保护蒸发器壳体、中间热交换器、换热管等重要设备的完整性。

蒸汽发生器事故保护系统用来根据水（或蒸汽）漏入钠的指示系统发出的信号及时地切除蒸汽发生器，以保证蒸汽发生器安全运行条件破坏时防止事件的扩大，保护蒸汽发生器及其相应环路。蒸汽发生器事故保护系统履行下述功能：

（1）当蒸汽发生器传热表面密封性破坏时，及时给出信号；

（2）将三回路卸压，排出水和蒸汽，用氮气填充；

（3）从蒸汽发生器中排出钠；

（4）将钠水反应产物排入排放罐，从钠蒸气中分离出反应产物。

蒸汽发生器事故保护系统包括防止钠水反应时二回路压力增长的保护系统、防止三回路压力增长的保护系统和水（蒸汽）漏入钠中的信号监测系统。

水（蒸汽）漏入钠中的信号监测系统包括缓冲罐气腔压力监测仪表、蒸汽发生器出口流量监测仪表、出现“大漏”征兆切除环路用的预警和事故信号系统及连锁装置、蒸汽发生器出口钠中氢监测仪表、缓冲罐气腔氢含量监测仪表、钠流中气态氢监测仪表[4]。

泄漏监测系统的功能是及时发现泄漏，给出预警和事故信号。以 CEFR 为例，当出现“小漏”信号时，由操纵员手动完成下列过程：停堆→二回路钠冷却系统主泵惰转，直至停运→打开汽（水）侧大气释放阀→给水泵停运，并禁止使用备用泵→关闭给水调节器阀门→关闭蒸汽发生器的蒸汽出口阀门，蒸汽和水经安全阀排入大气。

当出现水或蒸汽大量漏入钠中时，会产生保护动作信号，上述过程自动完成。如果“大漏”过程中缓冲罐的压力达到限值，爆破片将爆破，气体混合物（氩、氢、钠蒸气）排入一级排放罐，部分钠蒸气将沉积在罐的壁面，气体混合物进入二级排放罐，钠蒸气将全部沉积在冷壁上。当二级排放罐压力达到脉冲安全阀动作整定值时，脉冲安全阀打开，残余气体排入大气。

值得提出的是，有的快堆（如示范快堆）在进行蒸汽发生器事故保护系统设计时，停堆不切除环路，只切除蒸汽发生器。

4）安全壳系统

核反应堆的设计一般都会包括安全壳系统，该系统应起到两个方面的作用，一是对内部放射性的包容，二是对外部事件的防御。对于池式钠冷快堆，由于其低压特性以及较低的大量放射性释放的可能性，所以一般都设计成不承压的包容形式。

在安全壳系统的设计中应考虑对反应堆容器内覆盖气体超压排放、一回路净化系统放射性钠泄漏导致的钠火、外来飞射物或冲击波这些事件的设防。

该系统的设计应满足放射性氩气包容，放射性钠气溶胶的包容与净化，外来飞射物或冲击波的防范等功能。

池式钠冷快堆的安全壳一般分为两个层次，即一次安全壳的放射性包容小室和二次安全壳的反应堆主厂房，同时有正常通风系统和事故通风系统保持着两道屏障维持负压状态。一次安全壳可以分为两类：一类是有较高密封要求的，由于其负担包容自堆内事故排出的放射性气体的任务，所以密封性要求较为严格，同时房间内还有相应的放射性、压力监测等装置；另一类是有较高通风要求的，如堆顶防护罩和钠设备房间等，要求在有放射性释放时能够保持负压，以限制放射性污染区域及对放射性物质进行有效过滤。二次安全壳的主要作用是防御外部事件，如飞机坠落、爆炸冲击波或恶劣天气等，但同时对密封性有一定要求。

由于一次安全壳具有较高的密封性，能够进入二次安全壳的放射性很有限，因此二次安全壳的密封性要求可大大降低。一次和二次安全壳内均无须配置喷淋等能量控制设施和可燃气体控制系统，使得整个安全壳系统大为简化，建造成本大为降低。图 9－3 为安全壳系统示意图。

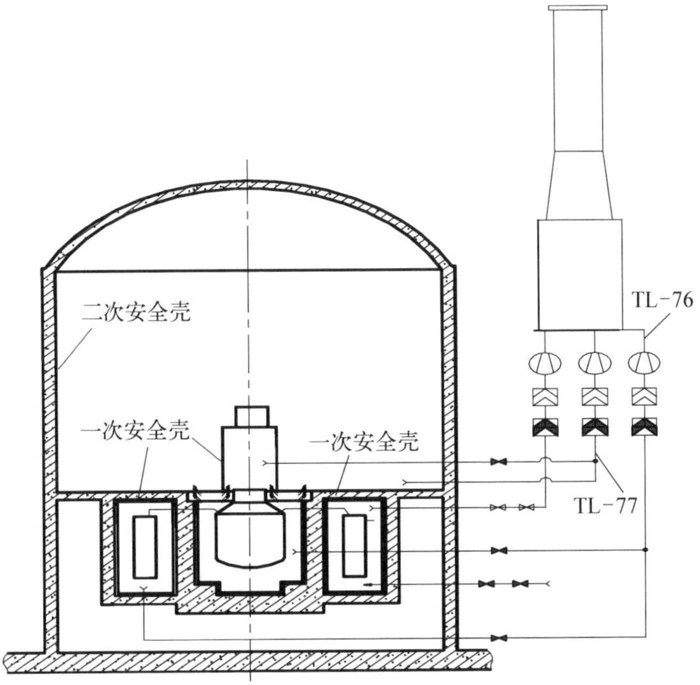

图 9－3　安全壳系统示意图

5）非能动停堆系统

非能动停堆系统是一种在事故情况下用于停堆的装置，其投入不需要任何触发信号或外力驱动，也不受反应堆保护系统中外部驱动的控制，只是由堆芯物理特性的变化来操控。对于大型池式钠冷快堆，采用非能动停堆系统以保证其安全性已成为国际上快堆发展的共识和主要研究方向。

非能动停堆系统采用液体悬浮式的技术方案。液体悬浮式非能动停堆系统由非能动停堆组件和驱动机构组成，其中非能动停堆组件包括棒束次级组件、导向管、管脚和操作头。正常运行时，控制棒移动体在钠中受到的向上水力推力大于其在钠中的重力，从而悬浮在工作位置。在发生失流事故时，当堆芯流量减少到一定程度时，重力大于水力推力，移动体开始下降，降至最低位置。液体悬浮式的控制棒对于冷却剂的流量变化非常敏感，其流量的稳定性决定了该停堆系统工作的稳定性。液体悬浮式非能动停堆系统属于能动停堆系统的补充措施,主要针对的是未能停堆的预期瞬态等无保护的失流事故,是对严重事故的后果起缓解作用的反应堆安全设施。

非能动停堆系统的关键参数包括启动时间、下落时间、反应性价值、可靠性指标、满足液力自紧的流量以及使用周期。其中启动时间的确定主要与液体悬浮式非能动停堆系统在发生失流事故时选取的临界流量有关;下落时间主要与组件的水力学设计有关;可靠性指标包括非能动停堆系统的误动率和拒动率,主要与组件的设计有关;液力自紧的流量主要与组件的水力学设计有关;使用周期主要与移动体在堆内的辐照肿胀情况有关。对非能动停堆系统的安全评价是利用安全分析程序,对非能动停堆系统在事故情况下的响应和结果进行模拟计算分析,确保系统满足安全方面的功能需求,达到纵深防御的目标。

9.5 确定论安全分析

确定论安全分析是重要的安全分析手段之一,采用系统分析程序对核电厂在各类运行状态下的响应及后果进行分析,评估核电厂是否处于危险状态。

确定论安全分析方法可用于核电厂的设计分析与设计修正、执照申请、全厂仿真、监管审核分析、运行事件分析、为事故管理和应急计划提供支持等多种用途。

根据 HAF102,确定论安全分析方法主要用于以下几方面: ① 制定和确认所有安全重要物项的设计基准;② 表征与核动力厂设计和厂址相适应的假设始发事件;③ 分析和评价假设始发事件导致的事件序列,以确认鉴定要求;④ 将分析结果与验收准则、设计限值、剂量限值以及可接受限值进行比较,以满足辐射防护要求;⑤ 论证通过安全系统的自动响应并结合所规定的操纵员动作,能够管理预计运行事件和设计基准事故;⑥ 论证通过安全系统的自动响应和利用安全设施功能并结合预期的操纵员动作,能够管理设计扩展工况。

9.5.1 瞬态事故

瞬态事故是钠冷快堆最大的事故类别,主要包括由于各类反应性引入、反应堆排热增减以及流量变化导致的事件,液态金属反应堆瞬态事故的分析一般不涉及相变,不涉及钠与空气或者水的特殊反应,其分析过程与其他反应堆类似,但是物理模型存在差异,故本节仅针对钠冷快堆几类典型的瞬态事故进行介绍。

1）反应性引入事故

反应性引入事故是指向堆内突然引入一个意外的反应性，导致反应堆功率急剧上升而发生的事故。这种事故发生在反应堆启动时，可能会出现瞬发临界，反应堆有失控的危险；发生在功率运行工况下时，堆内严重过热，可能会造成燃料元件的大范围破损。

导致反应性引入事故的原因有多种，在钠冷快堆中主要有以下几种可能。

（1）控制棒失控抽出：在快堆中设置有三种类型的控制棒，包括安全棒、补偿棒和调节棒。在正常运行工况下，安全棒全部提出堆外，在保护系统的触发下可以快速插入堆芯停闭反应堆；补偿棒位于堆内的某一位置，用以补偿燃耗造成的反应性损失。在平时其位置保持不动，只有在调整功率等特定工况下的过程中才移动；而调节棒则处于不断上下运动的过程中，用以平抑功率的波动。在反应堆控制系统或控制棒驱动机构失灵的情况下，调节棒或补偿棒不受控地抽出，向堆内持续引入反应性，引起功率不断上升的现象称为控制棒失控抽出事故（又称提棒事故）。

（2）冷却剂沸腾或气泡通过堆芯：堆芯内不同位置的沸腾以及气泡通过不同位置的组件，会引入不同的反应性。对于大型快堆来讲，空泡出现在堆芯中心位置会引入正的反应性，而在边缘位置则会引入负的反应性。对于小型快堆，因为堆芯小，所以在任何位置都是负反馈。

（3）冷却剂温度变化：冷却剂温度的变化会导致两方面的后果，一种是钠的密度变化，导致类似于钠空泡的反馈；另一种是结构以及燃料元件的变形，从而产生变形反馈。由于堆的负反馈特性，所以在冷却剂温度降低的情况下会引入正的反应性。

（4）堆芯裂变材料的密集：在某些极端的情况下会有部分或全部堆芯的熔化，而后在重力等作用下存在裂变材料进一步密集的可能性。由于快堆燃料的富集度很高，裂变材料不是最大反应性的状态，燃料的密集会导致大的正反应性引入，从而引发严重的瞬发临界事故。但在小型快堆中，由于其强烈的负反馈特性，没有可信的始发事件会导致这样的极端事件。

2）失流事故

反应堆事故与堆芯中热量的产生和传输能力之间的不平衡是密切相关的。这种不平衡可能是因为反应性引入引起的超功率，即热量产生过多而引起的；也可能是因堆芯冷却系统发生故障或破坏而形成的。前者着重研究反应性引入事故发生后，堆芯中子平衡受到破坏而引起的事故瞬变，一般简称为物理瞬变，这在上一节中已有分析；本节将对后者进行分析，这类事故又简称为热工瞬变。当然，堆芯反应性引入效应和堆芯热传输行为之间存在着强烈的反馈联系，严格区分这两种事故瞬变是困难的。在反应性引入事故中，必须考虑堆芯温升引起的反应性反馈效应。而在堆芯冷却系统故障和破坏事故中，反应堆功率变化也起着重要的作用。

3）热阱丧失事故

由于主热传输系统故障，使得反应堆产生的热量无法排出，从而导致反应堆整体温度升高的事故，称为热阱丧失事故。典型的热阱丧失事故包括一台二回路主循环泵停运、蒸汽发生器失给水、主给水管道断裂和失去厂外电、汽轮机故障停运等。

9.5.2 钠火事故

钠火事故是钠冷快堆特有的事故类型，当钠从单层或双层的管道、容器中泄漏后就有可能发生钠火事故，钠火事故的后果包括三方面，即热力学后果、化学后果和环境影响。

热力学后果直接表现为发生钠火的房间温度和压力升高，可能危及该房间内的安全设备和系统以及建筑结构的安全。

化学后果包括钠与材料的反应、混凝土脱水和钠燃烧产物与材料的反应。

钠与材料的反应中最重要的是钠和混凝土的反应。它的重要性有两方面：一方面，它与大量应用于建筑的混凝土有关；另一方面，它可能导致大的破坏。钠与混凝土的反应包括钠与混凝土中水的反应和钠与混凝土中各种矿物质的反应。混凝土的一种成分是水，包括自由水和结合水。水与钠反应产生氢气。氢气产生的速度取决于钠的温度和混凝土的厚度。如果氢气和氧气的混合物达到爆炸浓度，将导致钠微粒喷射。这样，由氢氧反应形成的爆炸会伴随着喷射钠火。

一般而言，由于钠活泼的化学性质，所有包含矿物质成分的材料都与钠发生反应而减少。硅石和所有硅石材料将变成硅酸盐。磷酸盐产物尤其是磷化混凝土会减少，这样的产物与潮湿的空气发生反应会形成高毒性产物磷化氢（PH_3）。

实验表明，气溶胶作为钠燃烧产物之一，其主要成分为 Na_2O_2。它与水的反应生成腐蚀性极强的 NaOH，从而使钠气溶胶具有很高的氧化能力，同时该

反应中形成了 H_2O_2。它在反应热和 NaOH 的影响下分解，分解容易产生特别活跃的新鲜氧气。房间中的有机元素，尤其是油漆容易燃烧。当钠中氧化物沉积超过 500 g/m^2 时，容易发生钠的二次燃烧。

钠燃烧产物有两种形式：气溶胶和沉积物。气溶胶最初由 Na_2O_2 组成。在开放的空气中可能首先转变成氢氧化物，然后变成碳酸盐。沉积物是钠、NaO_2 和 Na_2O_2 的混合物。它们也可能变成氢氧化物和碳酸盐。这些高活性的产物，尤其是 Na_2O_2 和 NaOH，会造成放射性物质的释放，对人和环境均有害。

在环境影响方面，NaOH 对人体的致死剂量为 20 g。皮肤可以接受 1%的溶液。法国、美国、俄罗斯和英国都制定了空气中 NaOH 浓度的限值规范。含有 NaOH 的混合物对环境的影响包括短期效应和长期效应。短期效应指该混合物会使植物燃烧，在叶子表面穿孔。长期效应即钠离子效应。它会导致植物细胞和土壤溶液中的渗透压不同。在土壤中，它将与 Ca^{2+}、Mg^{2+} 等离子交换导致土壤碱化。当土壤溶液中 Na^+ 含量达到 0.05%时开始危及叶子，当钠吸附率为 2.25 时可能发生土壤碱化。

9.5.3　钠水反应事故

在钠冷快堆的各个部件中，除了堆芯组件之外，蒸汽发生器的工作条件是最为恶劣的。在换热管的一侧是高温的钠，另一侧是高温高压的水。同时为保证一定的换热面积，传热管的数目也比较庞大，这也增加了泄漏的可能性。

蒸汽发生器中水/汽的泄漏又分为小泄漏和大泄漏。微小的泄漏通过安装在二回路上灵敏的氢计进行探测，并根据情况采取相应的措施。而对于大泄漏，由于其发展速度快、后果严重，所以主要依靠蒸汽发生器事故保护系统的自动运行进行保护。根据俄罗斯的经验，当泄漏低于 0.025 g/s 时，初始缺陷的自发展时间对于具有高温钠的区域甚至可能达到数小时或更长，因此运行操作人员有足够的时间进行状况分析和采取必要的措施；当泄漏大于 5 g/s 时，相邻管在钠水反应的火焰中的破坏速度开始加快。

假如在蒸汽发生器中的水泄漏至钠中，并发生大泄漏事件，此时必然导致钠回路中产生严重的热工水力效应，同时伴随出现剧烈的压力增长。因此，蒸汽发生器和二回路设备的结构必须进行负载计算，防止压力波造成相应边界的破坏。

蒸汽发生器换热管泄漏事故发生后，蒸汽发生器事故保护系统会启动并有效缓解事故后果。蒸汽发生器事故保护系统由水向钠中泄漏信号触发，事故信号使得子系统快速隔离蒸汽/水回路侧、隔离钠侧后，将水-汽和钠排放到相应的系统，并充以惰性气体。

同时，每个子系统又有多重装置来监测和保证蒸汽发生器事故保护系统的探测、隔离和防止系统超压三大功能的实现，满足多重性、多样性原则，具有很高的可靠性。

9.5.4 严重事故

严重事故是指堆芯遭到严重损坏和融化的事故。尽管概率很小，但是钠冷快堆的瞬态事故如果未能及时执行停堆保护或者在停堆保护后的余热排出过程中出现严重的多重故障就有可能导致严重事故。下面基于 UO_2 或 MOX 燃料介绍典型的钠冷快堆严重事故。

1）无保护超功率瞬态(UTOP)

调节棒失控提升合并无紧急停堆是可以设想的比较有代表性的 UTOP 事故。

在反应堆正常运行期间，两根调节棒位于堆芯中平面以上的位置。一根处于自动调节状态，另一根处于备用状态。假设处于自动调节状态的调节棒失控提升到顶；处于备用状态的调节棒转入自动调节状态，并接着提升到顶。可能引入的最大反应性相当于一根调节棒从底部失控提升到顶引入的反应性。在此过程中，保护系统没有动作。

调节棒失控提升后，因堆功率和功率流量比升高超过整定值产生保护信号，但全部控制棒驱动机构未动作，反应堆未能紧急关闭。不能紧急停堆的原因可能是保护系统失效(未形成保护信号，或保护信号虽然形成，但未传至控制棒驱动机构)，或者控制棒驱动机构失效。

2）无保护失流事故(ULOF)

无保护失流事故的典型代表为全厂断电合并不能紧急停堆。

该事故描述如下：两路厂用电源故障，柴油发电机启动失效，使反应堆装置丧失全部交流电。与此同时，由于某种原因使得全部控制棒均不能按设计插入堆芯，反应堆未能及时停堆。

当厂用电母线上频率或电压低于整定值时，引发紧急停堆信号“电网电源丧失”。该信号应触发反应堆自动紧急停堆，但在本事故中，假设此项安全功能失效。同时该信号应触发自动转入由柴油发电机组和蓄电池组供电的可靠电源系统，在本事故中认为柴油发电机组启动亦失败，但蓄电池依旧可以提供照明电以及仪表监测用电。

一、二回路泵按各自的规律惰转，蒸汽发生器二次侧钠的强迫循环停止。由于停泵，使堆芯失去冷却，包壳温度和堆芯冷却剂出口钠温快速升高，导致引入较大的负反馈，从而使反应堆功率下降。随着堆功率的下降，包壳温度和堆芯出口钠温亦相应下降。

3）一盒燃料组件瞬时全堵（TIB）

作为整堆的安全评价，TIB 在欧洲得到了一定的研究。由于该事件的发生概率极低，属于超设计基准事故，研究的目的是确认设计已经防止了堆芯大范围熔化的可能性。对于大型快堆来讲，堆芯的大范围熔化预示着有可能伴随引入大的正反应性，从而导致更大的事故后果，所以对 TIB 的后果通常都限定在熔化蔓延于 7 盒的范围内。

对于类似中国实验快堆这样的小堆，由于钠空泡的负反馈特性以及组件较小，所以上述的担心是不必要的。但为了尽量避免大范围的堆芯损伤的可能，也对该假设事故采取了相应的措施。

由于该事故发展速度快，根据法国 SCARABEE－N 实验，从一盒组件瞬时全堵开始至蔓延到周围 6 盒组件，时间为 20 多秒。因此，要在如此短的时间内实现探测和干预，前面提到的缓发中子探测和裂变气体探测已变得力不从心，所以必须采用新的探测手段。以中国实验快堆为例，目前采取了两种手段，一种是测量反应性变化，另一种是根据调节棒的移动进行判断。这两种方法都可以在以“秒”为单位的量级内做出响应，触发停堆，终止事故的发展。

9.6　概率安全分析

概率安全分析（PSA）是核动力厂评价风险、认识风险和管理风险的有效工具。PSA 技术起源于 20 世纪 70 年代，经过 40 多年的发展，该项技术已逐步发展为进行安全评价和安全决策的重要工具，为提高核动力厂的安全性发挥了重要的作用，其在核安全运营及监管领域的应用也日趋成熟。

9.6.1　概述

PSA 方法为核电厂设计、建造、运行、维修、人员行为、堆芯损坏事故物理进程以及对公众健康与安全的潜在影响等进行的综合分析提供了一种有效的手段。应用 PSA 技术不仅可以识别核电厂在设计和运行管理中的薄弱环节，从而有的放矢地加以改进，提高核电厂的设计与运行安全水平，而且还可以识别核电厂安全管理中过分保守或不合理的规定，加以适当的优化，提高核电厂的经济业绩。

根据不同的维度，PSA 分为不同的等级。从工况角度，分为功率运行、低功率和停堆工况；从分析对象角度，分为堆芯 PSA、乏池 PSA 及干式储存阱 PSA；从始发事件的角度，分为内部事件、内部灾害和外部灾害；从事故进程的角度，分为一级、二级和三级，一级 PSA 的目的在于计算堆芯损伤频率，二级 PSA 的内容是分析堆芯熔化及其后续的物理过程，计算大规模放射性释放频率，三级 PSA 的研究内容是放射性物质在环境中的扩散及其对公众和环境的影响。目前反应堆一级 PSA 技术已经非常成熟，而二级 PSA 也在轻水反应堆日趋发展成熟的过程中，三级 PSA 尚处于研究阶段。

与确定论分析基于一套保守假设确定事故序列的方式不同，概率安全分析是一种基于现实假定的系统工程方法。

概率安全分析将事故序列视作始发事件、始发事件的继发事件、操作员失误以及设备随机故障的组合，这些组合发生的可能性基于现实情况，并使用基于可靠性技术的一套方法对于各种可靠性发生的概率或者频率进行估计。

无论是确定论还是概率论安全分析大致都可以分为确定始发事件、确定始发事件后的电厂响应、确定事故后果这三个步骤。

9.6.2 概率安全的分析流程

液态金属冷却快堆 PSA 方法和流程分析与轻水堆的基本类似，可参考轻水堆 PSA 方法开展相关分析。轻水堆核电厂概率安全分析的全部内容和一般分析流程如图 9-4 所示[5]。

1）初始信息的收集

PSA 分析所需要的初始信息与分析的范围有关，大致可以分为电厂设计、厂址及运行的信息；通用数据和电厂特定数据；关于 PSA 方法的标准及文件报告三大类。

一级 PSA 分析需要安全分析报告、系统工艺流程图、电气系统图和仪表系统图等；关于所分析系统的说明性资料；试验、维修、运行以及审批规程。应尽可能收集一套完整的电厂设计和运行的文件报告。

二级 PSA 分析需要的附加信息包括关于反应堆冷却剂系统和安全壳更

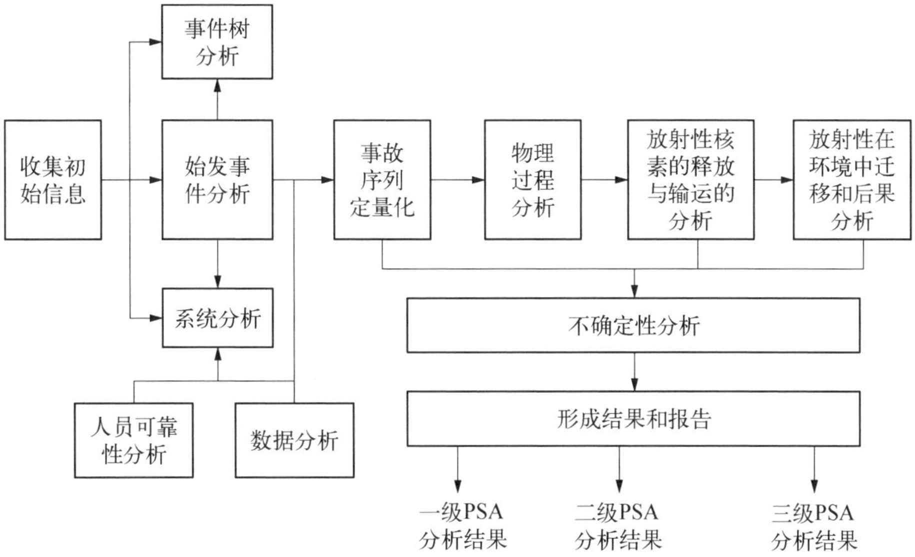

图 9-4　核电厂 PSA 分析内容和流程

详细的设计资料。

三级 PSA 分析需要厂址处具体的气象数据，以计算放射性核素在环境中的输运问题。

2）一级 PSA 分析

此项任务包括始发事件分析、事故树分析、系统分析、人员可靠性分析、数据分析以及事故序列定量化。这是 PSA 工作的主要组成部分，在进行事故序列分析和系统分析时，由于相关性而需要做多次反复迭代才能得出正确的结果。

(1) 始发事件分析。所分析的始发事件分为两大类：内部始发事件和外部始发事件。外部始发事件一般包括火灾、地震和水淹。对于钠冷快堆来说，外部始发事件还应包括钠火这一特殊的事件。

(2) 事件树分析。该项任务主要是分析由始发事件与各系统成功或失效组合而形成的各种事故序列。其工作主要包括根据所确定的始发事件组，说明电厂响应始发事件所涉及的系统或人员行动，然后形成事件树。

(3) 系统分析。这项任务是对 PSA 中所涉及的电厂系统进行可靠性分析。系统建模的方法包括可靠性框图法、故障树分析法、马尔可夫分析法、FMEA 法和 GO 法。目前核电厂 PSA 中广泛采用的是故障树分析法。在系统建模中，应考虑系统试验、维修和人为差错、共因失效以及系统相互作用等因素。

(4) 人员可靠性分析。根据对执行申请者事件报告(LER)的研究发现，在造成对环境有放射性释放的事件中，有 43%是由于人员违章或规程缺乏而造成的。现有压水堆 PSA 分析结果也表明人员可靠性的重要性。因此，在 PSA 分析中应包括对试验、维修和规程的审查，找出可能的人员差错，并在 PSA 中加以分析。

(5) 数据分析。PSA 定量化所需要的数据类型主要包括始发事件频率、设备需求失效概率、设备备用失效率、设备运行失效率、试验和维修不可用度、共因失效参数及人员失误概率等。PSA 中所使用的数据一般有两个来源：现有的通用数据和电厂运行所累积的特有数据。

(6) 事故序列定量化。这项任务是根据始发事件的发生频率和相应各电厂系统失效概率或人员可靠性，利用计算机程序算出事件树中各事故序列的发生频率。

3) 二级 PSA 分析

(1) 安全壳分析：安全壳分析主要包括两项任务，一是物理过程分析。堆芯熔化事故将会引起堆芯、压力容器、反应堆冷却剂系统和安全壳内许多物理过程。研究者已经开发了一些计算机程序来分析这些物理过程。其计算结果可帮助分析人员透彻地了解与事故序列有关的各种物理现象和预计安全壳是否失效。二是放射性核素释放和输运的分析。对每一种可能造成安全壳破裂的堆芯熔化事故，必须估计释放到环境中的放射性核素总量。利用计算模型分析事故期间从反应堆燃料释放出的放射性核素总量，并估计安全壳失效之前放射性核素在安全壳内的输运和沉积。该分析的结果是预计每个事故序列下安全壳失效时释放到环境中去的放射性核素总量。

(2) 放射性核素在环境中的迁移和后果评价：根据安全壳分析提供的从安全壳释放出的源项，利用厂址处具体的气象数据和局部地信息，分析放射性核素在环境中的输运和弥散，计算核电厂周围居民受到的放射性剂量和造成的有害健康效应。最后给出核电厂放射性释放造成的各种后果：早期死亡、晚期癌症死亡和财产损失。

(3) 不确定性分析：不管分析的范围如何，不确定性分析都是 PSA 中不可或缺的组成部分。在 PSA 分析的每一步都有不确定性的问题，有些不确定性可能还很大。不管是定性或定量分析，都要考虑数据库的不确定性、建模时假设的不确定性以及分析的不完备性。

综上所述，福岛核事故发生之后，国内外轻水反应堆概率安全分析水平有了较大的提高，对于典型的外部事件建立了评价方法和体系；而液态金属反应堆由于多处于研究堆和示范堆阶段，在这方面还有待进一步提高。

9.6.3 钠冷快堆PSA的特殊性

压水堆内部始发事件一般可分为三大类：冷却剂丧失事故、瞬态及未能紧急停堆的预期瞬态。与压水堆相比，钠冷快堆内部始发事件不包括未能紧急停堆的预期瞬态，因为钠冷快堆依靠控制棒来控制反应性，没有类似压水堆注硼等缓慢控制反应性的方式。因此，在事故序列分析时保守地认为不能停堆即发生堆芯损伤。

压水堆中冷却剂丧失事故由于高压往往伴随着喷放现象，且破口大小不同，其物理现象及其所需的缓解系统配置也不同，例如AP1000核电厂破口尺寸的划分主要根据缓解事故所需的非能动堆芯冷却系统设备情况而定。而钠冷快堆中冷却剂丧失事故因为常压不会出现喷射现象，且破口大小主要影响冷却剂的流失速率，不影响其所需的缓解系统配置，因此钠冷快堆冷却剂丧失事故与压水堆不同，不划分大、中、小破口。

为保证电厂在发生事故工况下的安全，需设置相关的安全系统或采取相应的措施来预防事故的发生及缓解或减轻事故导致的后果。在PSA分析中，需要对这些缓解系统进行分析，并体现在事件树的题头事件中。

由于钠冷快堆本身的固有安全性高，其一回路不需要加压以获得更高的出口温度，相比高压系统可能出现的管道或容器破裂，钠冷快堆不会出现喷射而使堆芯裸露的事故。另外，钠冷却剂沸腾的裕度大，往往能够通过设置依赖自然循环的非能动安全系统保证其在事故下堆芯的安全。因此，与轻水堆相比，快堆缓解系统及缓解措施较少。在钠冷快堆事故序列分析中，不需要考虑类似压水堆的降压、补水等缓解功能，故快堆事件树的题头事件相对较少，事故序列也相对简单。

在钠冷快堆事故序列分析中考虑了非能动系统的缓解作用，因此需要进一步加强对非能动系统的可靠性分析。对于自然循环能够成功建立的假设也需要热工水力分析的支持。

参考文献

[1] 国际原子能机构. 第SSR-2/1(Rev. 1)号核动力厂安全：设计[S]//国际原子能机构安全标准. Vienna：IAEA，2016.

[2] 苏著亭,叶长源,阎凤文,等. 钠冷快增殖堆[M]. 北京:原子能出版社,1991.
[3] GIF LFR PSSC. LFR-SDC-00 safety design criteria for generation IV lead-cooled fast reactor system DRAFT[S]. GIF,2015.
[4] 徐銤,张东辉,任丽霞. 快堆安全分析[M]. 北京:中国原子能出版传媒有限公司,2011.
[5] 朱继洲. 核反应堆安全分析[M]. 北京:原子能出版社,1988.

第 10 章
瞬态设计与分析

反应堆在设计寿期内应保证三大安全功能的实现。一是控制反应性；二是排出堆芯余热，导出乏燃料储存设施所储存燃料的热量；三是包容放射性物质，屏蔽辐射、控制放射性的计划排放，以限制事故的放射性排放。这些功能依靠相关系统和部件的可靠设计来实现。

反应堆由不同系统和部件组成，各个系统和部件承担的功能对安全功能实现的重要度不同。设计上通常会根据系统和部件承担的功能进行安全级别划分，将承担安全功能的系统和部件确定为安全级，其设计应遵循相关的规范标准。目前世界上使用较为广泛的规范标准有美国 ASME《锅炉和压力容器建造规则》第Ⅲ卷《核设施部件建造规则》，法国 RCC《核电站设计建造规则》中的 RCC－M《压水堆核岛机械设备设计建造规则》、RCC－MR《快增殖堆核岛机械设备设计建造规则》、RCC－P《法国 90 万千瓦压水堆核电厂系统设计和建造规则》等。

RCC－P 指出[1]，在反应堆运行工况下，设备受到各种环境作用，例如压力、应力、辐射、热流、腐蚀、振动等。其中的某些作用，例如重力、内压力、外压力、材料中的不均匀性膨胀等会产生机械功、设备变形和应力。由于这些作用力，特别是由于应力影响，使得设备处于不同的状态；每一种状态对应于一组称为载荷的应力状态。通常设备状态可分为正常状态、扰动状态、应急状态和事故状态四类。每一种状态与一组由机械力、热效应、该设备所处环境的效应所引起的载荷相对应。

总的来说，对每个部件和每种状态都应确定这些载荷，并应在设计说明书中进行说明，一般包括如下内容：① 压力、温度和流量条件；② 地震引起的外部载荷（加速度、位移）或其他载荷（各厂房之间不同的位移，施加的位移和载荷）；③ 每种状态下设备可能经受的环境条件（如周围空气的湿度和含盐量，外部压力和温度,环境辐射,腐蚀性介质的存在,灰尘、水的喷射等)。

除了起因于辐照、侵蚀、腐蚀等造成的失效模式外,设备可能发生的失效模式还包括过度变形和塑形失稳,弹性失稳或弹塑性失稳(屈曲),交变载荷作用下的渐进性变形、疲劳(渐进性开裂),快速断裂。部件或设备设计应保证针对上述不同类型的失效模式都具有必要的安全裕度。

反应堆在设计寿期内经历各种瞬态工况,部件或设备承受相应载荷。为确保部件或设备的高度完整性,完成预定的安全功能,使反应堆运行满足安全目标的相关要求,在进行反应堆冷却剂系统和部件设计、建造时,应对其在各种瞬态情况下的载荷进行评定,因此在反应堆设计中需要进行瞬态设计和分析工作,相应的瞬态一般称为设计瞬态。

10.1 设计瞬态

设计瞬态是指反应堆冷却剂系统和部件在设计寿期内经受的各种瞬态情况。设计瞬态通常包括温度、压力、流量、重点关注峰值、变化速率等情况。设计瞬态的主要目的是用于安全级设备和部件的疲劳评定和应力分析。通过瞬态设计和分析,有助于确保安全级设备和部件在反应堆设计寿期内的安全运行,保证反应堆的安全性。

10.1.1 设计瞬态工况分类

设计瞬态工况分类方式与采用的标准规范相关,不同的标准规范采用的分类方式也不完全相同。例如:按照 ASME 规范,设计瞬态工况分为 A 级工况、B 级工况、C 级工况、D 级工况和试验工况,按照 RCC-P 定义,设计瞬态工况分为第 1 类工况(参考工况)、第 2 类工况(正常瞬态和常见运行故障)、第 3 类工况(应急工况)、第 4 类工况(事故工况)和试验工况。

虽然分类方式不完全一致,但实质上都主要是根据发生频率进行分类、互相对应的。例如:ASME 的 A 级工况和 B 级工况分别对应 RCC-P 中第 2 类工况的正常瞬态和常见运行故障、ASME 的 C 级工况和 D 级工况分别对应于 RCC-P 中的第 3 类和第 4 类工况。

在设计瞬态工况分类的基础上,均需给出各类瞬态下的事件以及在反应堆设计寿期内的发生次数。下面主要以 A 级工况、B 级工况、C 级工况、D 级工况以及试验工况的分类方法介绍各类瞬态工况的定义。

1) A 级工况

A 级工况也为正常运行工况，或称为 A 类工况，主要包括反应堆启动、功率运行、热态零功率、热停堆、冷停堆、换料、维修、运行试验等。设计要求反应堆处于本工况时，各项参数与保护定值之间应留有适当裕量。A 级工况应满足 A 级使用限制。

2) B 级工况

B 级工况也称为中等频率事件工况，或称为异常工况、B 类工况是每年可能发生一次或几次偏离正常运行工况的一般事故，它要求部件有能力承受这种工况条件而无运行损伤。这类瞬态由诸如操纵员操作失误或控制故障、某一系统中的设备发生故障需与该系统隔离、丧失负荷或丧失厂外电源等原因引起。设计要求发生这种瞬态时最多只引起紧急停堆，而不发展成事故工况，采取纠正措施（纠正措施不包括任何机械损坏修理）后即可恢复运行，燃料棒不会额外破损，阻止放射性物质泄漏的任何屏障不应失效。B 级工况应满足 B 级使用限制。

3) C 级工况

C 级工况也称为稀有事故工况，或称为 C 类工况，是在反应堆设计寿期内可能发生的大事故，例如二回路管道泄漏、反应堆冷却剂系统全部失流等。设计要求发生这种瞬态时，燃料元件的额外破损只是少量的，对环境造成的放射性后果不应达到妨碍或限制居民使用禁止居住区以外的区域。C 级工况应满足 C 级使用限制。

4) D 级工况

D 级工况也称为极限事故工况，或称为 D 类工况，极限事故是预期在反应堆设计寿期内不会发生，但设计假想的极小概率的重大事故，这些假想事故的后果会使核能系统的完整性以及可运行性削弱到需要考虑公众健康与安全的程序。例如一回路主管道断裂、主蒸汽管道破裂、给水管道破裂、主泵转子卡住或泵轴断裂等。设计要求发生这种瞬态时，专设安全设施和有关的安全保护系统不能丧失功能，并能确保冷停堆。D 级工况应满足 D 级使用限制。

5) 试验工况

试验瞬态是指系统、设备按设计规定进行的水压试验、气压试验、检漏试验和汽轮机初始转动试验等。

ASME 规范指出[2]，在设计技术规格书中，业主或其代理人对每一个部件或支承件应明确载荷及载荷组合，并规定其相应的设计、使用和试验限制。在明确设计、使用和试验载荷时应考虑核电厂或系统在其部件或支承件的预定使用寿命期间预期或假定会出现的所有运行工况和试验工况。

上述介绍的A、B、C、D级工况及试验工况属于运行和试验工况，使设备或部件承受相应的使用载荷和试验载荷，在此基础上还应根据A级工况分析的结果确定设计载荷，包括设计压力、设计温度和设计机械载荷，ASME也对其进行了定义。

（1）设计压力：规定的内部和外部的设计压力不应小于产品内外侧的最大压差，或者不小于一个组合单元的任何两个腔室之间的最大压差，这种压差存在于采用A级使用限制的最严重的载荷作用下。该设计压力应包括下列容差值：压力波动、控制系统误差和系统布置的影响，如静压头。

（2）设计温度：规定的设计温度应不低于在所考虑的零件整个厚度上预期最高平均金属温度，该零件规定采用A级使用限制，对于受到微量加热的部件，例如感应线圈加热、夹套加热或受到内部发热，在确定其设计温度时应考虑这类热输入的影响。设计温度还应考虑控制系统误差和系统布置的影响。

（3）设计机械载荷：规定的设计机械载荷应选定与设计压力效应相结合时，它们任何一个同时发生的载荷组合产生的最大一次应力，在设计技术规格书中指定为A级使用限制。

10.1.2 设计瞬态与运行工况、运行模式的区别与联系

在反应堆设计过程中，除设计瞬态外，通常提及较多的还有运行工况、运行模式，这三者之间互有联系，又有所区别，下面对运行工况及运行模式进行介绍，然后说明三者之间的区别与联系。

随着核电的发展，沸水堆、重水堆、压水堆等水冷反应堆发展已较为充分，针对目前世界上分布广泛的压水堆，从1970年美国国家标准协会（American National Standards Institute，ANSI）根据反应堆事故发生频率以及后果将核电厂运行工况分为四类开始，国际上及国内陆续发布了各种涉及压水堆运行工况的定义及验收准则的法规标准，如ANSI/ANS-51.1—1983、RCC-P、NB/T 20035—2011(2014R)等，并给出了每类运行工况中包含的典型假设始发事件。由于液态金属冷却反应堆的发展历史较短，目前尚缺少专门针对液态金属冷却反应堆运行工况的法规标准，但其运行工况的定义及分类可以借鉴水堆经验，而每类运行工况中包含的假设始发事件则需结合液态金属冷却

反应堆主热传输系统的配置及特点选取。

同时,2016 年修订并发布的核安全法规《核动力厂设计安全规定》(HAF 102—2016)规定[3],必须确定核动力厂状态并主要按发生频率将核动力厂状态分成有限的几类;为每类核动力厂状态确定准则,使得发生频率高的核动力厂状态必须没有或仅有微小的放射性后果,而可能导致严重后果的核动力厂状态的发生频率必须很低。如表 10－1 所示,核动力厂状态包括运行状态和事故工况,其中运行状态包括正常运行和预计运行事件,事故工况包括设计基准事故和设计扩展工况。

表 10－1　HAF 102—2016 核动力厂状态划分

<table>
<tr><th colspan="2">运行状态</th><th colspan="3">事故工况</th></tr>
<tr><td rowspan="2">正常运行</td><td rowspan="2">预计运行事件</td><td rowspan="2">设计基准事故</td><td colspan="2">设计扩展工况</td></tr>
<tr><td>没有造成堆芯明显损伤</td><td>堆芯熔化(严重事故)</td></tr>
</table>

正常运行即核动力厂在规定的运行限值和条件范围内的运行。

预计运行事件即在核动力厂运行寿期内预计会发生的事件;在核动力厂运行寿期内预计至少发生一次或数次的偏离正常运行的各种运行过程;由于设计中已采取相应措施,这类事件不至于引起安全重要物项的严重损坏,也不至于导致事故工况。

设计基准事故是导致核动力厂事故工况的假设事故,这些事故的放射性物质释放在可接受限值以内,该核动力厂是按确定的设计准则和保守的方法来设计的。

设计扩展工况包括了堆芯熔化事故。不在设计基准事故考虑范围的事故工况,在设计过程中应该按最佳估算方法加以考虑,并且该事故工况的放射性物质释放在可接受限值以内。设计扩展工况包括没有造成堆芯明显损伤的工况和堆芯熔化(严重事故)工况。

下面遵照 HAF 102—2016 以及参考压水堆工况分类,以池式钠冷快堆为例,介绍运行工况分类及典型事件[4]。

1) 正常运行工况

正常运行是机组经常性或定期出现的各种状态和过程,正常运行工况下反应堆的任何运行参数与自动或手动保护系统动作整定值之间应有一定的裕量。事故分析中,初始条件对应于正常运行工况时最不利的条件。

正常运行包括的典型事件如下:

(1) 在技术规格书规定限值范围内的各种稳态运行和启动、停堆过程,包括功率运行、机组稳定在某一功率、停堆、反应堆启动和提升功率、反应堆降功率,反应堆换料。

(2) 允许的带偏离运行,但这些偏离(或缺陷)不超出技术规格书规定的限值范围,包括有停运设备或系统,如一列事故余热排出系统处于检修状态;燃料包壳缺陷,允许有限值以下的燃料破损;一回路钠中技术规格书限值以下的杂质浓度升高,包括氧、裂变产物、腐蚀产物等;技术规格书所允许的实验工况。

(3) 运行瞬态包括正常启动、停堆以外的升温和降温过程(符合技术规格书规定的升降温速率);负荷连续变化;甩负荷。

(4) 调试和维修包括调试工况和维修工况。

2) 预计运行事件

预计运行事件指在运行寿期内可能出现一次或数次的各种异常事件或一般事故,不影响反应堆运行或最多要求反应堆停堆,不应导致事故工况,不应导致放射性包容屏障的功能丧失。采取必要的检修和纠正措施后,反应堆能够恢复正常运行。预计运行事件的发生频率一般大于 1×10^{-2}/(堆·年)。

预计运行事件包括中间热交换器泄漏、在堆各种状态下调节棒意外提升、在堆各种状态下补偿棒意外提升、部分功率运行时一台一次钠泵突然加速、含氢物质通过堆芯、控制棒意外跌落到堆内、各种工况下一台一回路主循环泵停运、二回路主循环泵停运、失去厂外电源、汽轮机停运、由于冷凝器真空破坏使汽轮机停运、一台给水泵停止工作、蒸汽管道上的安全阀误开启或汽轮机旁路上的减压阀意外打开、除氧器中的水位降低、额定功率下给水流量意外降低和部分功率运行时一台主循环泵突然加速等典型事件。

3) 设计基准事故

设计基准事故是指预期在寿期内发生频率很低或不会发生,但发生后会偏离反应堆的安全运行状态,会导致燃料元件的损坏或系统的功能丧失,但其放射性的释放由恰当的设计限制在可接受的限值以内。本类工况根据发生概率和后果的不同分为稀有事故和极限事故。

(1) 稀有事故:稀有事故是指在机组寿期内可能发生但频率很低的事件。

该工况下可能会导致燃料损伤并使反应堆在长时间内不能恢复功率运行，但燃料的破损仅限于一个小的份额，释放的放射性物质不足以中断或限制居民使用非居住区半径以外的区域。稀有事故的发生频率一般为 $(1\times10^{-4}\sim1\times10^{-2})$/(堆·年)。

稀有事故包括一回路外无保护套管的钠净化管道泄漏或阀门泄漏、反应堆一回路覆盖气体系统泄漏、反应堆一次氩气衰变罐泄漏、二回路主管道泄漏、蒸汽发生器水向钠中泄漏的钠水反应事故、二回路钠向房间的泄漏、气泡进入和通过燃料组件、蒸汽发生器给水中断、高功率燃料组件误提到转运室、在转运运输线上悬挂燃料组件的转运机构损坏、提升机损坏、当燃料组件未彻底安放好或未从堆芯全部提出时旋塞转动、换料时燃料组件落入堆内、转运机损坏、燃料组件落入清洗水池中、燃料组件落入保存水池中和燃料组件流道面积减小或堵塞等主要事件。

(2) 极限事故：极限事故是指在寿期内预计不会发生，但应采取针对性设计措施的假想事故。该类工况会导致反应堆不能恢复运行的破坏。但该类工况不应导致用于应对这类事故的安全系统故障。极限事故的发生频率一般为 $(1\times10^{-6}\sim1\times10^{-4})$/(堆·年)。

典型的极限事故包括主容器泄漏、主蒸汽管道断裂、各种工况下一台一回路主循环泵卡轴、一台二回路主循环泵卡轴、主给水管道断裂、一回路主管道断裂、乏燃料组件或新燃料组件尚未完全放在转换桶插座中时转换桶转动。

4) 设计扩展工况

设计扩展工况(design extension condition，DEC)分为两类，其选取在概率论(序列与频率)、确定论(后果)和工程判断的基础上得出。

典型的设计扩展工况包括全厂断电合并不能紧急停堆，并失去全部热阱；一回路无保护套管的外辅助管断裂或泄漏，隔离阀关不住；全厂断电合并事故余热排出系统失效；调节棒失控提升合并无紧急停堆；一回路两个逆止阀同时关闭；主容器和保护容器泄漏以及一盒燃料组件流道瞬时全部堵塞。

为了论证反应堆安全，同时用以改进安全设计和指导安全运行，应对反应堆各种可能发生的预计运行事件和设计基准事故进行详细的分析计算，即通常所说的事故分析。

除了设计基准事故内的事故分析，HAF 102—2016 也指出，必须对核动力厂开展设计扩展工况分析，以预防核动力厂发生超过设计基准事故的事故工况，或合理可行地减轻这类事故工况的后果。

关于各类工况，通用的验收准则可参考其定义描述。

(1) 正常运行工况：反应堆的任何运行参数不会达到触发自动或手动保护系统动作整定值。

(2) 预计运行事件：当反应堆参数达到规定限值时，保护系统可及时停闭反应堆；采取必要的检修和纠正措施后，反应堆可重新投入运行；不会导致反射性包容屏障的功能丧失；不会发展成为后果更严重的事故(如稀有事故和极限事故)。

(3) 稀有事故：可能发生燃料损伤，但数量有限；不得中断或限制居民使用非居住区半径以外的区域；不会发展成为后果更严重的事故(如极限事故)。

(4) 极限事故：可能导致燃料元件重大损伤，但堆芯的几何形状不受影响，堆芯冷却可以保持；反应堆冷却剂系统和安全壳厂房的功能能够保证。

通用的验收准则不便于直接用于事故分析结果的评定，一般针对特定的反应堆制定具体的验收准则，例如压水堆中会对最小偏离泡核沸腾比率(DNBR)、包壳最高温度、一回路压力给出相关限值。液态金属冷却反应堆中冷却剂温度一般离沸点有一定距离，且一回路常为低压系统，因此其具体验收准则与压水堆存在不同。以钠冷快堆为例，通常会对燃料芯块、燃料包壳以及冷却剂温度做出限制，例如燃料芯块温度不超过熔点、燃料包壳温度不超过相关限值、冷却剂温度不超过沸点等；此外，验收准则通常也会对放射性后果给出限制，即给出个人有效剂量限值。

10.1.3 运行模式简介

运行模式是堆芯状态、反应性、功率水平、发电情况和冷却剂温度等在一定范围内的组合构成的状态和工况。将反应堆不同的标准运行状态划分为不同的运行模式，每种模式有相近的堆物理和热力学特性，以及相似的运行条件和运行目标，反应堆在不同运行模式之间转换。

运行模式通常由正常运行中的功率运行(额定功率和部分功率)、计划停堆、启动、换料等工况组成，以中国实验快堆为例，核岛设计运行模式共有十余种，即冷停堆、热停堆、冷启动、热启动、部分功率运行、额定功率运行、计划停堆、换料、更换设备、技术检查及蒸汽发生器化学清洗。

根据上述对运行工况及运行模式的简介可知，运行工况根据事件或事故的发生频率对反应堆的状态进行分类，并对各类运行工况确定验收准则，使得频率发生高的核动力厂状态必须没有或仅有微小的放射性后果，而可能导致严重后果的核动力厂状态的发生频率必须很低。运行工况中预计运行事件、设计基准事故中确定的假想始发事件清单，更多地是用于确定论事故分析以及安全重要物项的设计基准等。而运行模式主要关注反应堆正常运行工况中在技术规格书规定限值范围内的各种稳态运行和启动、停堆等过程，并对其进行细化，给出堆芯状态、反应性、功率水平、发电情况和冷却剂温度等的变化范围。

由此可知，运行模式源自运行工况，并对关键参数或状态进行了细化，给出了关键参数或状态的组合。

10.2　瞬态分析技术

设计瞬态分析应涵盖上述提及的运行及试验工况。为与 10.1.1 节中工况描述加以区别，在此节中将设计瞬态分析中的 A、B、C、D 级工况统称为使用工况。使用工况应通过对各级使用工况中瞬态事件的分析或估算，给出保守的温度、压力等参数的瞬态变化；试验工况应确定试验瞬态下的温度和压力；此外，根据 A 级工况的分析确定设计温度、设计压力以及设计机械载荷。

10.2.1　设计瞬态分析范围

设计瞬态过程中温度、压力等参数变化的保守程度是针对系统或部件而言的，这些系统或部件的确定基于反应堆系统和部件的设计和力学分析的要求。此外，由于不同系统和部件对反应堆设计的重要性不同，应区分需要仔细计算分析确定其设计瞬态工况的系统和部件以及其他功能上比较独立的辅助系统和部件，后者的参数变化可以通过估算等方式给出。

以典型池式钠冷快堆为例，其设计瞬态分析所涵盖的重要系统和部件如表 10－2 所示，其他系统和部件如表 10－3 所示。

表 10－2　设计瞬态分析所涵盖的重要系统和部件

序　号	系统或部件	安全等级
1	堆容器和堆芯构件	—
2	主容器	1

（续表）

序　号	系 统 或 部 件	安全等级
3	保护容器	2
4	堆内支承结构	1
5	堆内屏蔽	4
6	栅板联箱	CS
7	堆芯围筒	CS
8	压力管部件	2
9	一次钠泵支承结构	2
10	中间热交换器支承结构	2
11	泵支承波纹管补偿器	2
12	中间热交换器支承波纹管补偿器	2
13	堆芯熔化收集器	3
14	主容器内热屏蔽	3
15	堆芯组件	—
16	燃料组件	—
17	控制棒组件	23,2H3
18	反射层组件	3
19	屏蔽层组件	3
20	控制棒驱动机构	—
21	安全棒驱动机构	23
22	补偿-调节棒驱动机构	2H3
23	堆顶固定屏蔽	3
24	堆内换料系统	—
25	控制棒上导管提升机构	2

（续表）

序　号	系 统 或 部 件	安全等级
26	堆内换料机	3H
27	装料提升机	3H
28	旋转屏蔽塞	2
29	一回路钠冷却系统	—
30	一回路钠循环泵	3H
31	虹吸破坏装置	2
32	二回路钠冷却系统	—
33	二回路管道系统	3
34	二回路钠循环泵	3H
35	中间热交换器	3H
36	蒸汽发生器	3H
37	钠缓冲罐	2
38	蒸汽发生器事故保护系统	—
39	管道系统	2
40	事故余热排出系统	—
41	独立热交换器	2
42	空气热交换器	2
43	余热排出系统管道	2
44	三回路系统	—
45	主蒸汽隔离阀前管道	3
46	主蒸汽隔离阀	3
47	安全阀及大气释放阀	3
48	蒸汽发生器事故隔离阀后管道	3
49	主给水快速隔离阀	3

表 10-3　设计瞬态分析所涵盖的其他系统和部件

系统或部件	安全等级	系统或部件	安全等级
电离室装置		二回路钠泵蒸馏水冷却系统	
堆外电离室传动机构	3	水箱	3
堆内电离室通道	2	热交换器	3
堆外电离室通道	3	一回路钠充、排系统	
堆外换料系统		管道系统	2
转换桶	3	一回路储钠罐	2
转运机	3	一回路钠净化系统	
堆顶组件进出口密封塞及传动装置	2	管道系统	2
气密闸门	3	冷阱	2
燃料工艺运输系统	3	省热器	2
乏燃料清洗系统	3	二回路钠净化系统	
堆本体可拆卸部分清洗容器	3	管道系统	2
堆顶防护罩	3	冷阱	2
一回路钠泵润滑油(风)冷却系统		省热器	2
压力油罐	3	钠接收和二回路充、排钠系统	
密封漏油罐	3	管道系统	3
一回路钠泵蒸馏水冷却系统		二回路储钠罐	3
水箱	3	反应堆容器超压保护系统	
热交换器	3	管道系统	2
二回路钠泵润滑油(风)冷却系统		主容器的液封器	2
压力油罐	3	保护容器的液封器	3
密封漏油罐	3	氩气系统	
		一次氩气分配系统(截止阀与堆容器之间)	2

（续表）

系统或部件	安全等级	系统或部件	安全等级
一次氩气分配罐	3	主蒸汽隔离阀	3
二次氩气分配系统（截止阀与堆容器之间）	3	安全阀及大气释放阀	3
二次氩气分配罐	3	蒸汽发生器事故隔离阀后管道	3
一次氩气吹扫与衰变系统（截止阀与堆容器之间）	2	主给水快速隔离阀	3
氩气缓冲罐	3	通风空调系统	
氩气衰变罐	3	TL40 反应堆装置通风系统	3
事故余热排出系统的氩气系统	2	TL70 反应堆装置通风系统	3
钠分析监测系统		TL76 一回路钠房间事故排烟系统	3
一回路钠分析监测系统	2	UV01 主控制室空调系统	3
一回路钠取样系统	2	UV03 辅助控制点空调系统	3
一回路阻塞计系统	2	其他辅助系统	
γ 光谱与铯监测系统	2	核岛设备冷却水系统与设备	3
事故余热排出系统中间回路钠分析与监测系统	2	燃料保存水池冷却和净化系统与设备	3
一回路钠分析监测系统	2	放射性废物收集与转运系统与设备	3
二回路钠取样系统	3	所有反应堆厂房的贯穿件	3
二回路阻塞计系统	3	保存水池池水检漏间（074）漏液返回泵	3
保存水池冷却系统、净化系统	3	消防系统	
燃料破损覆盖气体监测系统	2	氮气罐	3
三回路系统		漏钠接收抑制盘	3
主蒸汽隔离阀前管道	3		

10.2.2 设计瞬态分析方法

如前所述,设计瞬态分析的任务是在所确定的设计瞬态工况的基础上,保守地确定相应系统或部件的设计载荷、使用载荷和试验载荷,系统或部件的重要度不同,在相应设计瞬态分析的过程中所采用的方法也不同。总体而言,设计瞬态分析主要采用的方法涉及以下四种情况。

(1) 采用各种分析软件详细计算各级使用工况:如表 10-2 列出的堆容器及堆内构件、主热传输系统以及事故余热排出系统中的设备或部件,承担重要的安全功能,其使用工况的分析需采用各种分析软件,经过较为详细的热工流体力学动态分析来计算确定。其基本过程如下:首先从某一类设计瞬态工况中挑选出对所分析部件的力学状况最恶劣的瞬态事件,其次运用系统分析程序或商用计算流体力学软件等工具对这(些)瞬态事件的发展过程进行分析计算,最后给出保守的温度和压力的瞬态变化。所选择的瞬态事件的次数应该加上它所包络的同一类瞬态工况中其他瞬态事件的次数。

(2) 保守估算:如表 10-3 列出的主泵油冷系统、钠充排系统、钠分析监测系统等辅助系统中的设备或部件,它们受反应堆设计瞬态工况的影响不大,可在定性分析的基础上保守地给出其载荷区间,但应根据确定的设计瞬态工况确定用于这些设备或部件疲劳分析的循环次数。

(3) 设计工况参数确定:根据 ASME BPVC-Ⅲ第 NCA 分卷的规定,可在 A 级工况分析的基础上确定设计温度、设计压力和设计机械载荷。

(4) 试验工况参数确定:根据设计瞬态工况中规定的试验工况,定性地保守估算温度和压力的变化区间。

根据所做力学评价的设备或部件的重要性,可能需要采用各种软件对使用工况进行详细的计算分析,这些软件既可能是系统分析程序,也可能是商业三维计算流体力学分析软件,有关设计瞬态分析软件的介绍将在下面章节给出,本节介绍在进行各级使用工况的计算分析时应做的保守假设,以说明在进行设计瞬态分析时的考虑。

在此需要说明,设计瞬态分析时采用的保守假设应区别于事故分析的保守假设,这是由于两者的着重点不同。事故分析主要关注三道屏障的完整性,特别是燃料元件包壳的完整性和放射性物质向环境的释放;但设计瞬态主要关注设备或部件所承受的载荷,即在设计瞬态中所做的保守假设以能造成反应堆冷却剂系统或部件的最大应力状态为重点。

总体而言，为反应堆冷却剂系统设计瞬态研究所做的基本假设涉及控制系统运行、反应堆保护系统运行、专设安全设施运行、操纵员动作等方面。

由于各级使用工况的评价准则不同，因此在具体假设方面也有一定区别。各级使用工况的分析假设如下。

(1) A 级工况：A 级工况是反应堆的正常运行工况，由于反应堆正常运行时各种参数与保护整定值之间有一定的裕量，这种工况不会引起保护系统动作，反应堆在控制调节系统的作用下运行，比较典型的如启动、停堆、额定功率运行等，主要涉及的控制调节系统如棒控系统、泵速控制系统、给水流量调节系统等。通常 A 级工况分析中考虑调节系统运行、不需要保护系统动作、不需要专设安全设施动作和操纵员的可能干预动作等因素。

(2) B 级工况：B 级工况最多要求反应堆紧急停堆，经过必要的检修后反应堆可以重新投入运行，该过程可能会启用专设安全设施。以中国实验快堆为例，除“失去厂外电(厂用电母线失电)”或导致三回路给水全部丧失的设计瞬态外，在 B 级工况的分析中通常不会假设失去厂外电，反应堆主热传输系统可以维持排热功能，反应堆余热可通过主热传输系统排出，那么事故余热排出系统这一专设安全设施就无须启动。通常 B 级工况在分析中应考虑如下几点：① 大量反应堆控制系统未起作用或它们的作用相当保守；② 反应堆保护系统正确地起作用；③ 专设安全设施可能启用。

(3) C 级和 D 级工况：C 级工况是稀有事故工况，是在反应堆设计寿期内可能发生的大事故。设计要求发生这种瞬态时，燃料元件仅可发生少量的额外破损，对环境造成的放射性后果不应大到妨碍或限制居民使用禁止居住区以外的区域。D 级工况为极限事故工况，是指在反应堆设计寿期内不会发生，而是设计时假想的重大事故，例如一、二回路主循环泵卡轴，一回路主管道断裂，主给水管道断裂，主蒸汽管道断裂等，设计要求这些瞬态发生时，专设安全设施和有关安全保护系统不能丧失功能，并能确保停堆冷却。

通常 C 级和 D 级工况分析中应考虑三个方面：一是事故出现的短期内不考虑调节系统，除非这些系统的功能会加剧瞬态过程。二是保护装置运行。分析中所取的保护定值应偏保守地区别于其标称值，两者的偏差代表测量通道的误差以及整定值的校正误差。对通道的滞后时间也应保守地取值，使瞬态偏于恶化。三是应考虑厂外电源丧失，此时所考虑的柴油发电机组启动时间应使瞬态偏于恶化。

10.3 瞬态分析软件

在进行设计瞬态分析时,应结合反应堆主热传输系统特点以及需做力学评价的部件或设备所处的环境及特点来选择相应的分析软件,通常可能使用到的分析软件有以下三种。

1) 系统瞬态分析程序

系统瞬态分析程序关注全厂的动态响应并兼顾计算速度,通常采用点模型和一维模型来模拟反应堆的主热传输系统中的物理和热工流体过程。系统瞬态分析程序模拟范围通常包括主热传输系统中的主要设备和部件,以典型的池式钠冷快堆为例,模拟范围包括堆芯、冷池、热池、中间热交换器、一回路主泵、二回路主泵、蒸汽发生器、二回路管道、缓冲罐、钠分配器、阀门等。采用系统瞬态分析程序,可得到主热传输系统中主要节点参数(包括温度、流量、压力等)的变化情况,典型如堆芯入口温度、堆芯流量、堆芯出口温度、中间热交换器一次侧和二次侧进出口温度及流量、蒸汽发生器一次侧和二次侧进出口温度及流量等。

2) 具有特定功能的二维或三维模拟软件

上述提及的系统瞬态分析程序通常采用一维模型,无法准确模拟反应堆中存在的三维效应,典型的如池式钠冷快堆中冷池及热池中的热分层现象、堆芯出口区域的温度振荡等。与国际商业通用的三维计算流体力学软件相比,开发具有特定功能的二维和三维模拟软件,虽然计算精度无法比拟于前者,但从计算速度及计算目的角度而言,该类软件具有较好的优势,可针对特定类型的反应堆的特点以及模拟目的构建程序架构、建立计算模型,模拟特定的三维复杂效应。

3) 商用三维计算流体力学软件

随着计算机硬件的精进、软件技术的发展以及数值计算方法的日益成熟,目前世界上已发展了各种集流体力学、数值计算方法、计算机图形为一体的模拟技术的三维计算流体力学(computational fluid dynamics,CFD)软件。三维计算流体力学软件具有诸如流动、传热、辐射、化学反应、燃烧、多相流等通用模型,还具有凝固、沸腾、多孔介质、相间传质等大批复杂现象的实用模型,已广泛应用于各种工业领域,如航天航空、汽车领域、建筑工业、船舶工业、能源工业等。目前,三维计算流体力学软件在核能领域的应用也日趋广泛,其在模拟三维效应方面发挥了巨大作用。

10.3.1　系统瞬态分析程序

本节主要以钠冷快堆瞬态分析为例，介绍几款国际上常用的系统瞬态分析程序，并对每个软件的功能和特点进行说明。

1) SAS4A/SASSYS-1(美国)

SAS4A/SASSYS-1 程序由美国阿贡国家实验室(ANL)开发，用于液态金属冷却核反应堆的热工水力以及中子学分析。其中，SAS4A 程序用于分析伴随有冷却剂沸腾、燃料熔化和迁移等过程的严重堆芯损伤事故；SASSYS-1 程序初始用于分析失热阱事故，现已发展用于设计基准事故(DBA)分析的裕量评价以及超设计基准事故(BDBA)分析的后果评价。SASSYS-1 程序包含描述堆芯响应的中子学、热工水力模型，可详细描述一回路钠冷却剂回路和二回路钠载热剂回路的热工水力行为，并且可模拟水/蒸汽回路的热平衡。其中钠和水/蒸汽回路模型包含中间热交换器、泵、阀门、汽轮机和冷凝器等部件模型以及管道和腔室的热工水力模型。除此之外，SASSYS-1 还包含有反应堆控制和保护系统模型。

2) CATHARE(法国)

CATHARE 程序由法国原子能委员会(CEA)、法玛通公司(Framatome)、法国电力公司(EDF)和法国放射保护和核安全研究所(IRSN)共同研制开发的热工水力计算程序，采用六方程、两流体模型，初始是用于法国压水堆的系统分析工具。后来对 CATHARE 程序进行了功能扩展，增加了机械泵模拟、主热传输系统建模(包括钠冷快堆中关键部件建模、氮气循环模型)等，以用于钠冷快堆的瞬态分析。

3) OASIS(法国)

OASIS 程序是一个快中子反应堆系统安全分析和仿真研究程序，它可用来模拟整个快中子堆核电厂的所有回路的质量、能量的传输，从而可用于分析池式钠冷快中子反应堆的各种一般瞬态工况及事故工况。OASIS 程序运用最新的经验和实验数据、有效的数值方法和系统、科学的模块化系统结构，通过求解快中子核反应堆所有热传输系统的质量、能量方程，模拟池式钠冷快堆各主要回路以及各回路的所有环路的稳态和各种瞬态工况。程序运用特定的物理模型模拟堆芯、钠热交换器、泵、阀门、管道、缓冲罐、空冷器、蒸汽发生器、给水泵、电磁泵、溢流道(主容器冷却系统)、堆芯熔化收集器、边界条件 13 个部件的功能。OASIS 程序的所有物理模块均来自另外一个快中子反应堆系统模拟程序 DYN2B。DYN2B 是法国原子能委员会 20 世纪 80 年代的快堆系统安全分析程序，它曾经用于凤凰反应堆和超凤凰反应堆的安全分析报告中，其计算的可靠性与合理性已经得到充分的验证。

4) BURAN(俄罗斯)

BURAN 程序是由俄罗斯阿夫里坎托夫机器制造试验设计局(OKBM)开发的用于钠冷快堆瞬态计算的系统分析程序。该程序模拟范围包括了反应堆主热传输系统及事故余热排出系统的主要设备和部件，可用于模拟反应堆正常运行工况、各种事故工况的短期及长期过程。该程序已在俄罗斯各种规模的钠冷快堆上进行验证与确认工作。

5) CBTO(俄罗斯)

CBTO 是用来模拟事故余热排出系统的程序，该程序以事故余热排出系统中的空冷器为核心，既可以计算由通风系统保持事故冷却系统房间内空气温度稳定时的事故冷却系统工作工况，也可以计算由通风系统失灵导致的事故冷却系统房间内空气温度升高情况下的事故冷却系统工作工况。CBTO 程序可以作为一个单独的程序对事故余热排出系统的性能及其工作工况进行全面分析，又可以作为程序模块与其他程序一起描述在上述始发事件引起的设计事故和超设计事故时反应堆装置的性能，还可以用来编制在这些情况下对操作人员的操作建议。

6) FR - Sdaso(中国)

FR - Sdaso 程序是由中国原子能科学研究院(CIAE)自主开发的快堆瞬态分析程序，模拟范围涵盖了主热传输系统中的关键部件和设备模型，诸如堆芯中子学、堆芯热工、一二回路流动、冷热池换热、中间热交换器(IHX)、一二回路主泵、事故余热排出系统(DHRS)等，已完成阶段验证与确认工作，主要用于 600 MW 示范快堆工程的电厂工况设计和分析、事故分析、IHX 及 SG 等设备的设计瞬态分析等。FR - Sdaso 的 V&V 工作正在进行中。

7) FASYS(中国)

FASYS 程序是由中国原子能科学研究院自主开发的快堆瞬态分析程序，模拟范围同样涵盖了主热传输系统中的关键部件和设备模型，诸如堆芯中子学、堆芯热工、一二回路流动、冷热池换热、IHX、一二回路主泵、DHRS 等，已完成阶段验证与确认工作，主要用于 600 MW 示范快堆工程的事故分析、堆芯组件以及事故余热排出系统的设计瞬态计算分析等。FASYS 的 V&V 工作正在进行中。

10.3.2　二维或三维模拟软件

本节主要以钠冷快堆为例，介绍法国和俄罗斯在热工水力分析方面的计算程序和软件特点。

1）TRIO（法国）

法国目前用于钠冷快堆热工水力分析的三维软件包括 TrioMC 和 TrioCFD。其中 TrioMC 是针对钠冷快堆组件（六角形棒束、绕丝定位、六角管）的全堆芯子通道程序；TrioCFD 是开源的 CFD 程序，可采用结构化和非结构化网格，具有湍流、多孔介质等模型，主要用于钠冷快堆中局部研究（如单个组件、射流混合等）、完整的一回路研究等。TrioMC 和 TrioCFD 均是基于开源的 TRUST 平台开发的。目前，TrioMC 和 TrioCFD 程序已实现与法国自主开发的系统分析程序 CATHARE 的耦合计算。

2）GRIF（俄罗斯）

GRIF 程序是俄罗斯联邦国家科学中心物理动力研究院研制的一个钠冷快堆瞬态热工流体力学计算的大型程序，可用于钠池单相流体的三维计算。该程序以三维柱坐标描述堆芯及钠池，使用了多孔体模型，故可以描述复杂的几何形状和结构。程序中还包含有中子动力学模块、反应性反馈模块、反应堆剩余发热计算模块等，适合于池式快堆钠池及堆芯计算。GRIF 可单独使用，也可以与计算二回路热工流体特性的 LOOP2 程序及计算事故余热排出系统热工流体特性的 CBTO 程序联用。在联用时，可以构成系统程序，进行一、二回路热工流体耦合计算，可以计算稳态及事故工况下钠池内的热工流体状况，分析全厂断电合并事故余热排出系统失效等多种事故，一般联合使用的情况较多。

10.3.3　商用三维计算流体力学软件

本节将介绍几款在流体力学计算方面常用的软件，并对其特点进行描述。

1）ANSYS（美国）

ANSYS 软件是由美国 ANSYS 公司研制开发的大型通用有限元法分析软件，包括前处理、计算分析和后处理三个模块。其中，前处理模块提供实体建模和网格划分功能，计算分析模块可进行结构分析、流体动力学分析、电磁场分析等多种分析过程，后处理模块则提供结果的图形、图表、曲线显示。

ANSYS 公司于 2003 年收购了原由英国 AEA Technology 公司研制开发

的流体工程分析工具 CFX。CFX 采用基于有限元的有限体积法，具有分析各种流动、传热、多相流、燃烧和化学反应、磁流体力学、流固耦合等功能，适用于各种坐标系（直角/柱面/旋转）、稳态/非稳态流动、不可压缩/弱压缩/可压缩流体、非牛顿流体等功能。

ANSYS 公司于 2005 年收购了世界上较为流行的商用 CFD 软件包 Fluent。Fluent 用于计算流体流动和传热，采用非结构化网格，可生成诸如二维的三角形和四边形网格，三维的四面体、六面体及混合网格，且具有网格自适应能力，不仅适用于较大梯度的流场的精确求解，同时由于网格的自适应及调整主要用于需要网格加密的流动区域，因此可以有效地节约计算时间。

2）Star－CD（英国）

Star－CD 软件由 CD－adapco 集团研制开发，采用完全非结构化网格生成技术和有限体积方法，用于分析研究工业领域中的复杂流动。Star－CD 可对大部分典型物理现象进行建模分析，并具备较为高速的大规模并行计算能力。在反应堆设计瞬态分析中，采用 Star－CD 可应用结构化网格模拟复杂的三维流体、固体的温场和压力场。

3）STAR－CCM+（德国）

STAR－CCM+是由 CD－adapco 集团研制开发的新一代 CFD 集成化平台，采用最先进的连续介质力学算法（computational continuum mechanics algorithms）技术。该平台具备强大的网格能力，相比于同类软件，其在网格自适应性、计算的稳定性和收敛性等方面优势显著。此外，STAR－CCM+也具备较为完备的模型，包括层流、湍流、多相流、辐射、边界层转捩、共轭热传导、气穴、燃烧、高马赫流等物理模型，适用各种流体计算领域，已在多个行业广泛应用。

参考文献

[1] RCC－P. 法国 90 万千瓦压水堆冷却剂系统和部件的设计规则[S]//法国核电设计建造标准. 1991.

[2] ASME BPVC－Ⅲ. 核动力设备部件建造规则 NCA 分卷[S]//美国机械工程师协会. ASME，2015.

[3] 国家核安全局. HAF 102—2016 核电厂设计安全规定[S]//北京：国家核安全局，2016－10－26.

[4] CEFR 01Z20LRS03－SM. 中国实验快堆设计瞬态的确定和分析大纲[S]//北京：中国原子能科学研究院，2001.

附　　录
国内外钠冷快堆发展情况

国家	型　号	反应堆名称	运行时间	热功率/MW	冷却剂	燃　料	结构形式
美国	Clementine	第一座快中子实验堆	1946—1952	0.025	汞	金属钚	回路式
	EBR-Ⅰ	实验增殖堆Ⅰ	1951—1963	1.2	钠钾	金属铀	回路式
	LAMPRE 1	洛斯阿拉莫斯熔融钚反应堆	1961—1963	1	钠	熔钚合金	回路式
	EFFBR (Fermi 1)	恩里科费米快中子增殖反应堆	1963—1972	200	钠	U-Mo	回路式
	EBR-Ⅱ	实验增殖堆Ⅱ	1964—1994	62.5	钠	U-Zr	池式
	SEFOR	西南实验氧化物快堆	1969—1972	20	钠	PuO_2-UO_2	回路式
	FFTF	快速通量试验装置	1980—1992	400	钠	PuO_2-UO_2	回路式
	CRBRP	Clinch 河增殖反应堆	—	975	钠	PuO_2-UO_2	回路式
	ALMR	先进液体金属反应堆	—	840	钠	U-Zr	池式
俄罗斯	BR-1/BR-2	快堆-1/快堆-2	1956—1957	0.1	汞	金属钚	—
	BR-5/BR-10	快堆-5/快堆-10	1958—2003	8	钠	PuO_2/UC	回路式
	BOR-60	实验堆-60	1969 至今	55	钠	PuO_2-UO_2	回路式
	BN-350	快中子-350(原型堆)	1972—1999	750	钠	UO_2	回路式
	BN-600	快中子-600(示范堆)	1980 至今	1 470	钠	UO_2	池式

（续表）

国家	型　号	反应堆名称	运行时间	热功率/MW	冷却剂	燃　料	结构形式
俄罗斯	BN-800	快中子-800(商用堆)	2014至今	2 100	钠	PuO_2-UO_2	池式
	BN-1600	快中子-1600	—	4 200	钠	PuO_2-UO_2	池式
	BN-1200	快中子-1200	—	2 800	钠	PuO_2-UO_2	池式
法国	RAPSODIE	—	1961—1983	40	钠	PuO_2-UO_2	回路式
	Phénix	凤凰堆	1973—2009	563	钠	PuO_2-UO_2	池式
	Super-Phénix	超凤凰堆	1985—1996	2 990	钠	PuO_2-UO_2	池式
	EFR	欧洲快堆	—	3 600	钠	PuO_2-UO_2	池式
德国	KNK-Ⅱ	紧凑钠冷核反应堆-Ⅱ	1977—1991	58	钠	PuO_2-UO_2	回路式
	SNR-300	原型快堆-300	1984	762	钠	PuO_2-UO_2	回路式
意大利	PEC	试验快堆	—	120	钠	PuO_2-UO_2	回路式
英国	DFR	唐瑞快堆	1959—1977	60	钠	U-Mo	回路式
	PFR	原型快堆	1974—1994	650	钠	PuO_2-UO_2	池式
	CDFR	商用示范快堆	—	3 800	钠	PuO_2-UO_2	池式
日本	JOYO	常阳堆(实验堆)	1977至今	140	钠	PuO_2-UO_2	回路式
	MONJU	文殊堆(原型堆)	1994—2016	714	钠	PuO_2-UO_2	回路式
	JSFR	日本钠冷快堆	—	3 250	钠	PuO_2-UO_2	池式
印度	FBTR	快增殖试验堆	1985至今	40	钠	PuO_2-UO_2	回路式
	PFBR	原型快增殖堆	2014至今	1 250	钠	PuO_2-UO_2	池式
中国	CEFR	中国实验快堆	2011至今	65	钠	PuO_2-UO_2	池式
	CFR600	示范快堆	在建	1 500	钠	PuO_2-UO_2	池式
韩国	KALIMER	韩国先进液态金属反应堆	—	1 500	钠	U-Zr	池式

索　　引

G

H

J

K

L

M

N

O